电子工程师成长之路

U0814010

Cadence Allegro 17.4
高速 PCB 设计实战攻略

林超文　周　鹏　洪镇球　李卫国　编　著

電子工業出版社
Publishing House of Electronics Industry
北京 · BEIJING

内 容 简 介

本书依据 Cadence Allegro 17.4 版本编写，详细介绍了利用 Cadence Allegro 17.4 实现原理图与 PCB 设计的方法和技巧。本书结合设计实例，配合大量示意图，以实用易懂的方式介绍 Allegro 17.4 印制电路板设计流程及电路综合设计方法。

本书注重实践经验和应用技巧的分享。在编写过程中，力求精益求精，确保内容浅显易懂且工程实用性强。通过实例，细致阐述了具体的应用技巧及操作方法。

本书适合从事电路原理图与 PCB 设计相关工作的技术人员阅读。此外，书中附有练习题，可作为大中专院校电子技术类、电气类、计算机类、物联网类、自动化类及机电一体化类专业的 EDA 教材，亦可供广大电子产品设计工程师和电子制作爱好者参考使用。

图书在版编目（CIP）数据

Cadence Allegro 17.4 高速 PCB 设计实战攻略 / 林超文等编著. -- 北京 : 电子工业出版社, 2025. 9.
(电子工程师成长之路). -- ISBN 978-7-121-51287-2

Ⅰ. TN410.2

中国国家版本馆 CIP 数据核字第 2025909CQ4 号

责任编辑：张　迪（zhangdi@phei.com.cn）
印　　刷：三河市华成印务有限公司
装　　订：三河市华成印务有限公司
出版发行：电子工业出版社
　　　　　北京市海淀区万寿路 173 信箱　邮编　100036
开　　本：787×1 092　1/16　印张：19.75　字数：625 千字
版　　次：2025 年 9 月第 1 版
印　　次：2025 年 9 月第 1 次印刷
定　　价：79.00 元

凡所购买电子工业出版社图书有缺损问题，请向购买书店调换。若书店售缺，请与本社发行部联系，联系及邮购电话：（010）88254888，88258888。

质量投诉请发邮件至 zlts@phei.com.cn，盗版侵权举报请发邮件至 dbqq@phei.com.cn。

本书咨询联系方式：（010）88254469，zhangdi@phei.com.cn。

前　言

Cadence 是一家总部位于美国加州硅谷的电子设计自动化（Electronic Design Automation，EDA）工具与半导体 IP 的领先供应商，拥有 30 多年的计算机软件专业知识。Cadence 原名 ECAD，1988 年 6 月，ECAD 与 SDA 合并后更名为 Cadence。此后，Cadence 持续开发计算机辅助设计的基础架构以及集成电路（IC）整合设计工具，在推动电子设计自动化的发展中发挥了重要作用，并持续研发高品质、高精度的电子设计自动化工具，协助客户开发各类电子元件与系统。通过使用先进的电子设计自动化工具，Cadence 能够设计高复杂度的芯片和系统，满足客户对性能、低功耗和上市时间的要求。

Allegro 和 OrCAD 均为 Cadence 旗下的 EDA 软件。其中，OrCAD 主要用于绘制原理图，而 Allegro 则专注于 PCB 设计。Cadence Allegro 提供了良好的交互工作界面和强大完善的功能，与前端产品 Cadence OrCAD 的结合，为当前高速、高密度、多层复杂 PCB 设计布线提供了完美的解决方案。目前，许多知名的电子厂商均采用 Cadence 进行设计开发。

本书是由高校教师与从事 PCB 设计的一线工程师共同编写的 Cadence Allegro 17.4 版本的简明入门教材。作为一线教学人员，编者具备丰富的教学实践经验与教材编写经验，多年的教学工作使其能够准确把握学生的学习心理与实际需求。同时，从事多年 PCB 设计的工程师参与本书编写工作，能够紧密结合具体项目，实现理论与实例的有机结合。本书中凝聚了教育工作者与工程师的经验与体会，贯穿了教学思想与工程经验，旨在为读者的学习（尤其是自学）提供一条简捷、有效的途径。

本书采用理论与实例相结合的方式，深入浅出地介绍 Cadence Allegro 的使用方法和技巧。在编写过程中，力求做到精益求精、浅显易懂且工程实用性强，通过实例细致地阐述了具体的应用技巧及操作方法。其中扫描书中最后的二维码可得附赠内容，即 RK3568、RK3588 主板 PCB 设计实例。

由于本书涉及的知识领域较新，编写时间较为仓促，尽管编者在编写过程中竭尽全力，但由于水平有限，书中难免存在疏漏和不足之处。恳请各位专家和读者提出宝贵建议，并对本书进行批评指正。

编著者

2025 年 9 月

目 录

第 1 章　Allegro 17.4 新增功能介绍

Allegro 17.4 在多个方面进行了升级，这些改进不仅提升了软件的性能，还为用户带来了更优质的使用体验。其稳定且强大的性能，能够有效提高工作效率。Allegro 17.4 的升级主要体现在以下几个方面。

（1）采用全新深色主题：深色主题的设计不仅提升了视觉效果，还降低了长时间使用时对眼睛的压力，为用户提供了更舒适的视觉体验。

（2）全新工具栏图示和自定义重组：工具栏的图标经过重新设计，更加直观易懂。同时，用户可以根据自己的操作习惯对工具栏进行自定义重组，从而提高工作效率。

（3）提供多屏幕操作显示功能：支持多屏幕操作，用户可以在多个屏幕上同时查看和编辑设计内容，极大地提高了设计的灵活性和效率。

（4）窗口界面的设计优化：对窗口界面进行了优化，布局更加合理，操作更加便捷。用户可以更快速地找到所需功能，从而提高设计效率。

（5）原理图可直接创建 PCB：新增了从原理图直接创建 PCB 的功能，简化了设计流程，减少了设计步骤，提高了设计效率。

（6）优化兼容 17.2 版本：对兼容性进行了优化，能够更好地与 17.2 版本进行兼容，方便用户在不同版本之间进行切换和协作。

（7）增强 3D 显示功能：3D 显示功能得到了进一步增强，用户可以更直观地查看和编辑设计内容，从而更好地进行设计优化。

（8）优化过孔排列功能，设计更便捷：对过孔排列功能进行了优化，用户可以更便捷地进行过孔排列，从而提高设计效率和质量。

1.1　用户界面与操作体验提升

1. 采用全新深色主题

在 Allegro 17.4 中，你可以根据自己的使用习惯进行主题切换，以下是具体操作步骤。

1）OrCAD 主题切换

对于习惯使用早期版本（如 16.6 或 17.2）的用户，可能会更喜欢白色主题界面。在 Allegro 17.4 中，你可以通过以下步骤切换到白色主题（见图 1-1）。

（1）打开 Allegro 17.4。

（2）选择菜单【Options】→【Preferences】。

（3）在 Preferences 对话框中，找到 User Defaults 部分，你会看到一个 Application Theme 选项。

（4）在 Application Theme 下拉菜单中选择 Light，然后单击 OK 按钮保存设置。

这样，你就可以切换到白色主题，适应早期版本的界面样式。

2）PCB Editor 17.4 主题切换

如果你在使用 PCB Editor 时需要进行主题切换，可以按照以下步骤操作。

（1）打开 Allegro 17.4，选择菜单【Setup】→【User Preferences】。

（2）在打开的对话框中，找到 UI 部分。

（3）选择 General，在弹出的界面中，将其切换为你喜欢的主题（如 Light 或 Dark，见图 1-2）。

（4）单击 Next 按钮保存更改。

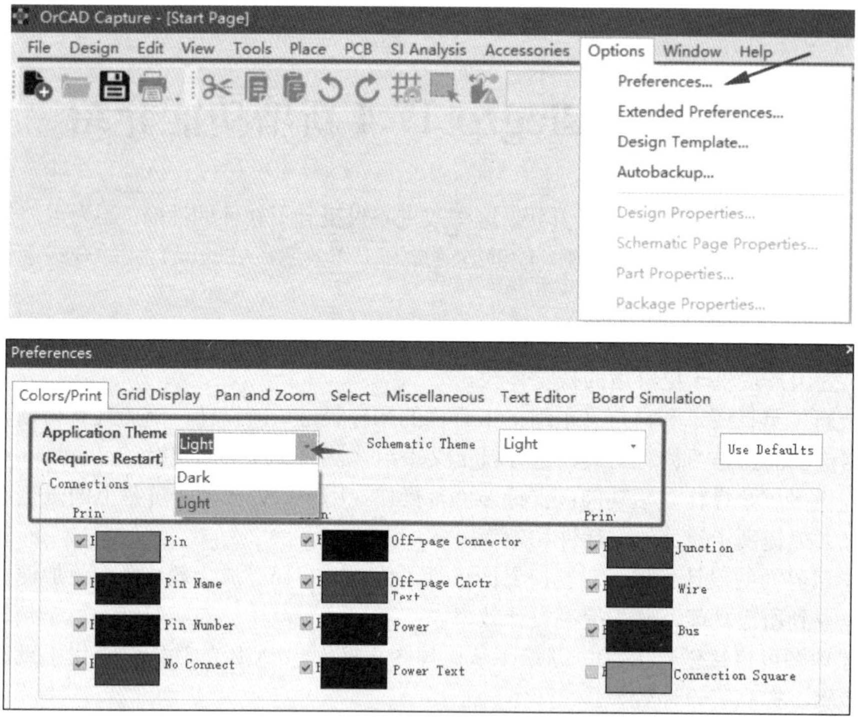
OrCAD Capture - [Start Page]
File Design Edit View Tools Place PCB SI Analysis Accessories Options Window Help
Preferences...
Extended Preferences...
Design Template...
Autobackup...
Design Properties...
Schematic Page Properties...
Part Properties...
Package Properties...
Preferences
Colors/Print Grid Display Pan and Zoom Select Miscellaneous Text Editor Board Simulation
Application Theme (Requires Restart)
Light
Dark
Light
Schematic Theme
Light
Use Defaults
Connections
Pin
Pin Name
Pin Number
No Connect
Off-page Connector
Off-page Cnctr Text
Power
Power Text
Junction
Wire
Bus
Connection Square

图 1-1

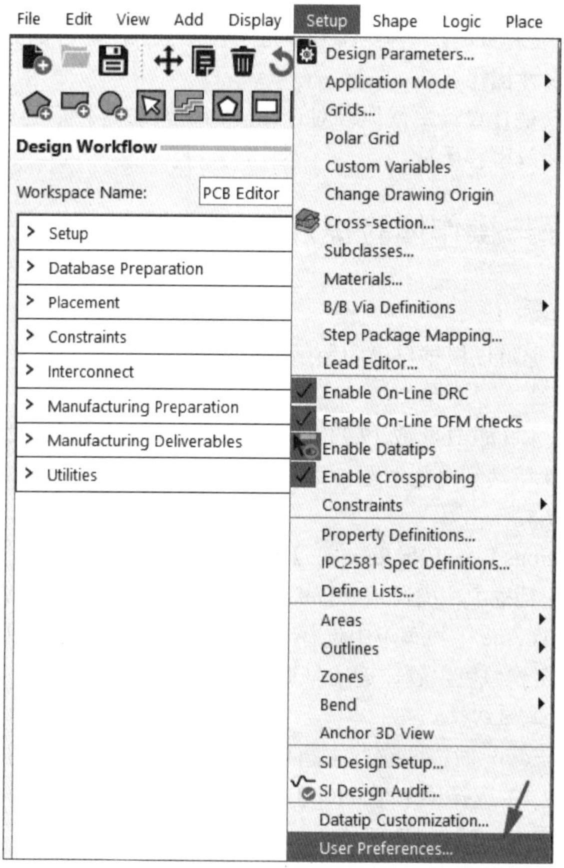
File Edit View Add Display Setup Shape Logic Place
Design Workflow
Workspace Name: PCB Editor
Setup
Database Preparation
Placement
Constraints
Interconnect
Manufacturing Preparation
Manufacturing Deliverables
Utilities
Design Parameters...
Application Mode
Grids...
Polar Grid
Custom Variables
Change Drawing Origin
Cross-section...
Subclasses...
Materials...
B/B Via Definitions
Step Package Mapping...
Lead Editor...
Enable On-Line DRC
Enable On-Line DFM checks
Enable Datatips
Enable Crossprobing
Constraints
Property Definitions...
IPC2581 Spec Definitions...
Define Lists...
Areas
Outlines
Zones
Bend
Anchor 3D View
SI Design Setup...
SI Design Audit...
Datatip Customization...
User Preferences...

图 1-2

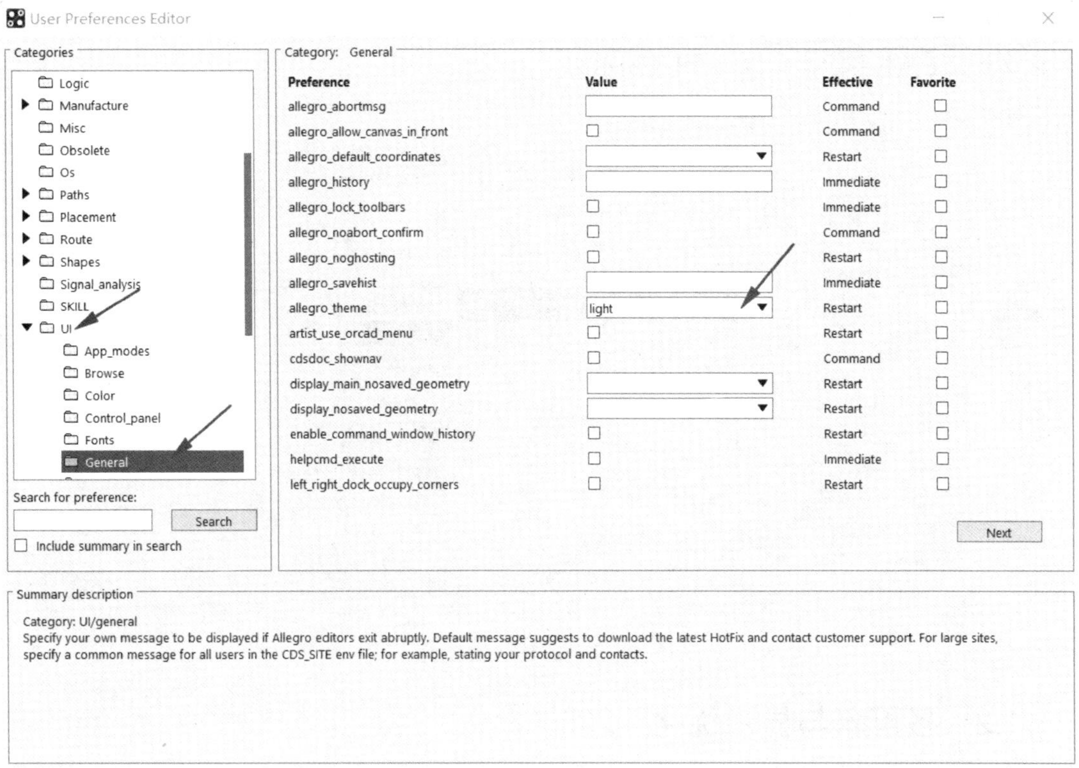

图 1-2（续）

这样，你就可以轻松地切换 PCB Editor 的主题设置。

通过这些设置，你可以根据个人喜好进行界面调整，提升操作的舒适度和可视性。

2. 全新工具栏图示及自定义重组

Allegro 17.4 版本中有了全新的工具栏图示，各功能的图示也进行了 UI 的优化，如图 1-3 所示。

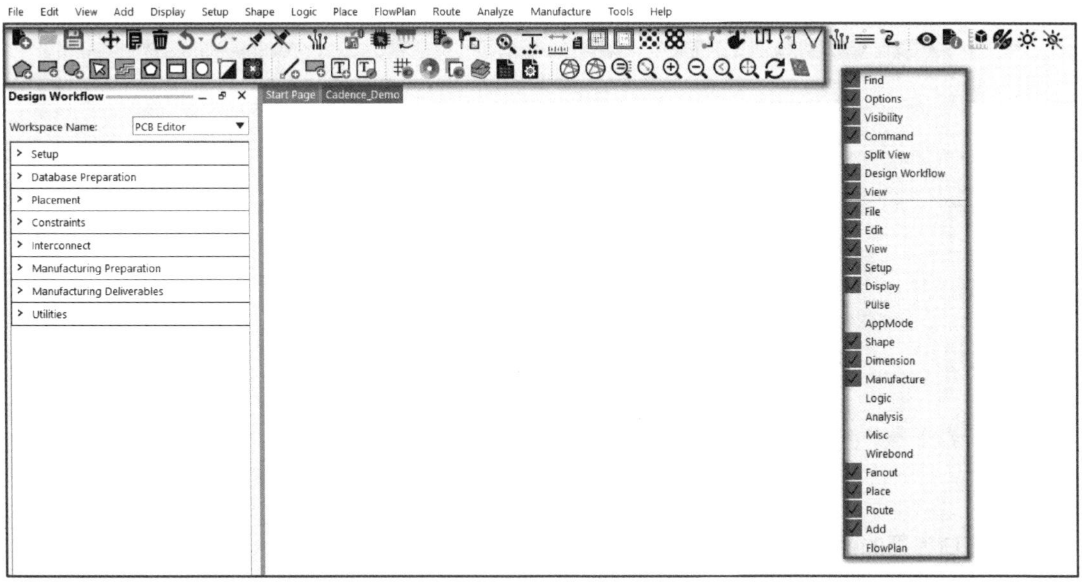

图 1-3

打开 Allegro 17.4，选择菜单【View】→【Customize Toolbar】，在弹出的对话框中可以定制自己喜欢的工具栏图示，具体如图 1-4 所示。

图 1-4

1.2 多屏幕与显示优化

1. 可以多屏幕进行操作显示

当使用两个或多个屏幕进行操作时，Allegro 17.4 允许用户通过单击并拖动标题栏，将单页原理图或其他页面进行分屏显示，便于多屏幕分区展示（见图 1-5）。这种功能有助于用户更好地规划设计思路，提高工作效率。

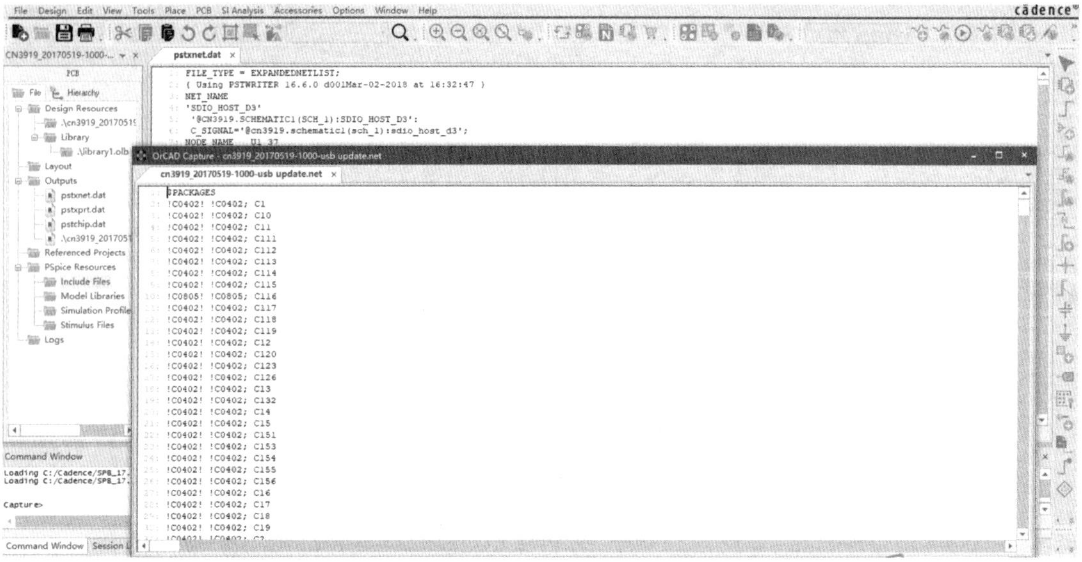

图 1-5

2. 窗口界面的优化

通过树状显示，可在同一个 Project Manager 中打开多个 Project 文件（见图 1-6）。

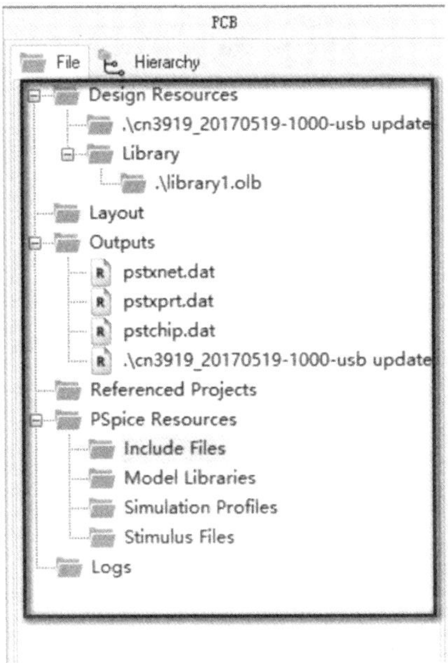

图 1-6

1.3 设计流程与兼容性增强

1. 可从原理图中直接创建 PCB

（1）在 Allegro 17.4 中，新增了从原理图直接生成 PCB 文件的功能，用户无须通过 PCB Editor 软件新建 PCB 文件，这大大提高了操作的便捷性和工作效率。用户只需选择菜单【PCB】→【New Layout】，在弹出的 New Layout 对话框中单击 OK 按钮，即可快速创建 PCB 文件，如图 1-7 所示。

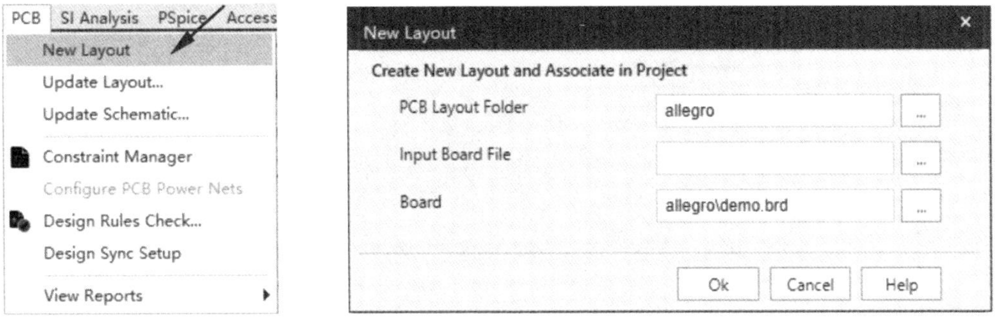

图 1-7

（2）在工程管理窗口中，用户可以通过单击鼠标右键，使用从原理图直接生成 PCB 文件的功能添加访问关联的 PCB Layout 文件，或者选择删除不需要的 PCB Layout 文件，便于管理项目中的多个布局文件，如图 1-8 所示。

2. 兼容模式优化至 17.2 版本

Allegro 17.4 版本提供了兼容模式功能，允许用户在 17.4 版本环境下打开并操作 17.2 版本的 PCB 文件。通过此功能，在保存文件时不会自动更新为 17.4 版本，从而避免了不同版本用户间文件编辑后导致低版本文件无法打开的问题。以下是如何启用 17.2 兼容模式的步骤。

（1）启动 17.2 兼容模式：选择菜单【Setup】→【User Preferences Editor】，在弹出的对话框中按照图 1-9 进行操作。

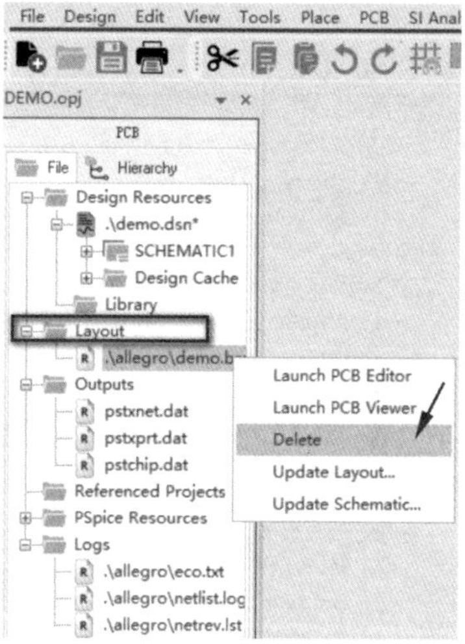

图 1-8

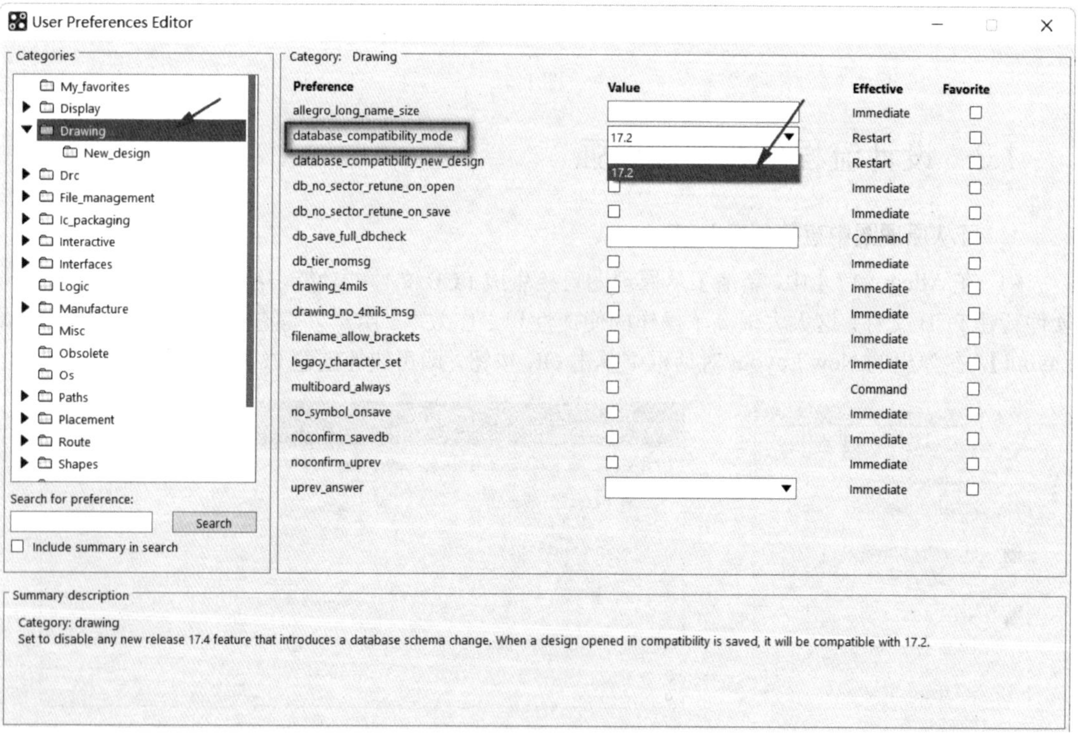

图 1-9

注意：在 Allegro 17.2 兼容模式下打开 Allegro 16.6 版本的 PCB 文件，保存文件后仍会自动升级为 Allegro 17.2 版本，这将导致 16.6 版本后续无法打开该文件。此功能仅适用于 17.4 与 17.2 版本之间的兼容使用。

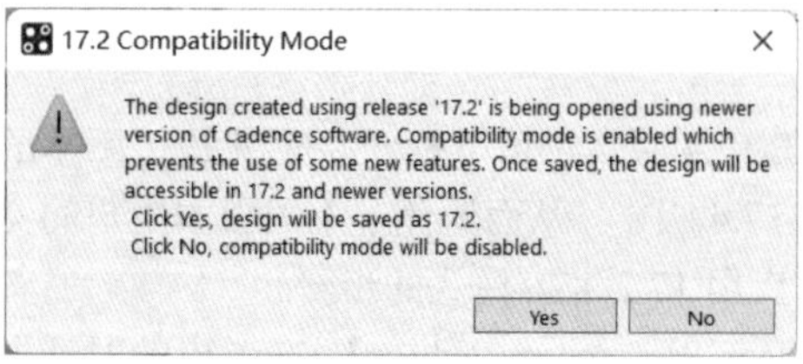

图 1-10

（2）启用 Allegro 17.4 兼容模式时的提示：当你在 Allegro 17.4 中启用 17.2 版本兼容模式时，将会弹出一个提示窗口，告知兼容模式正在启用。你可以选择保留 17.2 版本，或取消兼容模式。如果单击 No 按钮，在保存文件后，文件将被自动升级为 17.4 版本，如图 1-10 所示。

（3）兼容模式提示：当你使用兼容模式打开文件时，文件的标题栏和状态区将显示【17.2 Compatibility Mode •】，提醒用户当前处于兼容模式下进行操作，如图 1-11 所示。

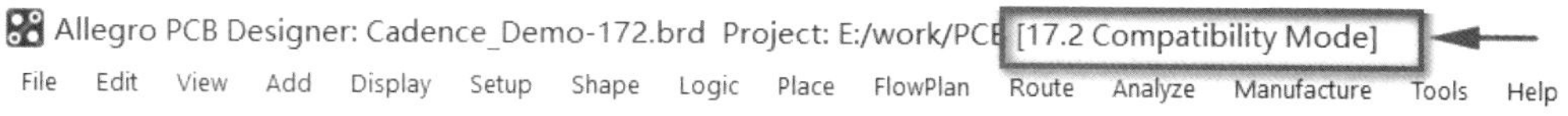

图 1-11

1.4 可视化与设计效率提升

1. 增强 3D 显示功能

在 Allegro 17.4 中，用户可以通过选择菜单【View】→【3D Canvas】来启用 3D 视图功能。在弹出的对话框中允许用户选择要显示的层面与物件，同时提供了更强大的视图效果，以增强操作体验。单击 OK 按钮后，系统会加载 3D 视图界面，用户可以在各功能对话框中的窗口中进行编辑或查看 3D 视图内容，如图 1-12 所示。

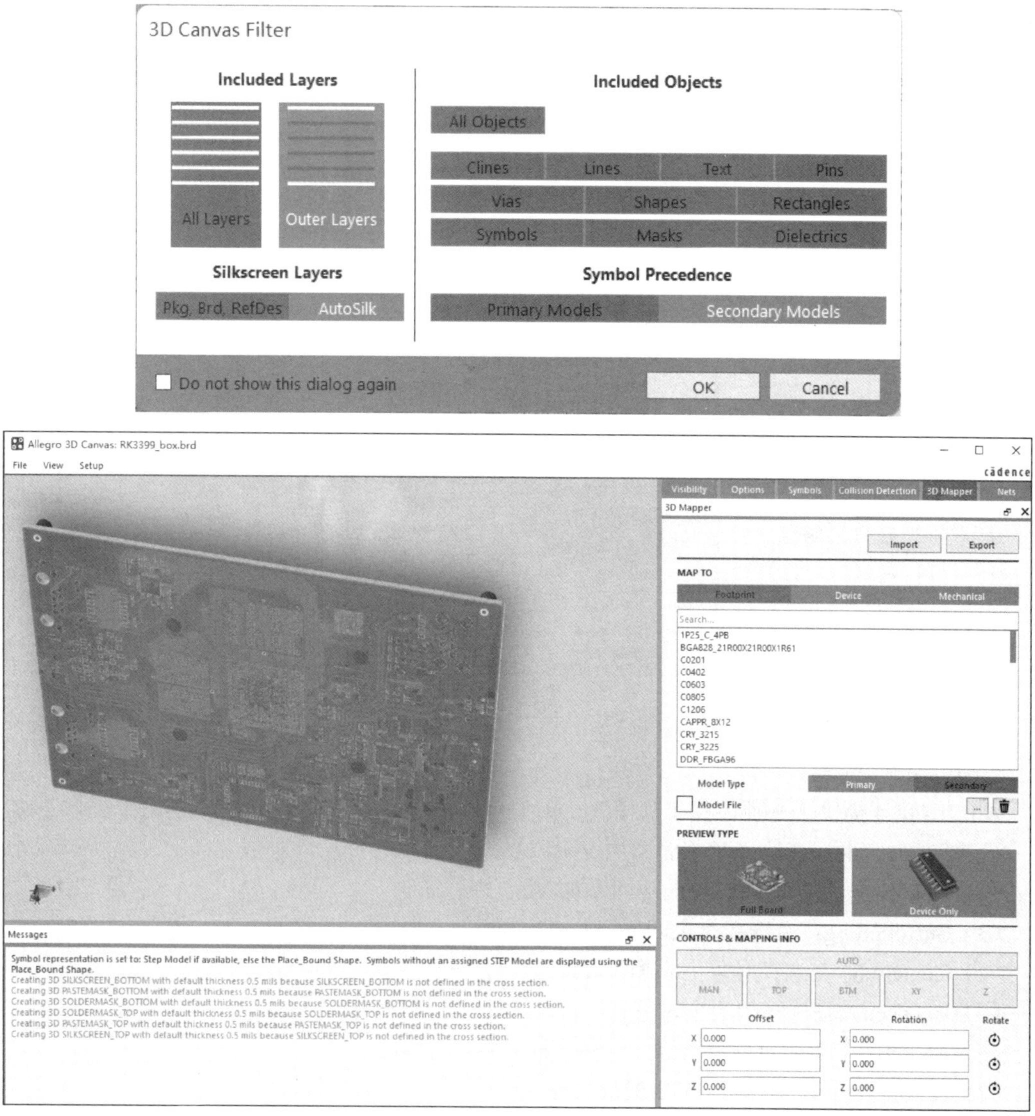

图 1-12

2．过孔排列方式优化

在 Allegro 17.4 中，过孔阵列（Via Array）功能进行了重新设计，使操作更加便捷和高效。以下是该功能的详细介绍。

1）整合命令

打开 Allegro 17.4，选择菜单【Place】→【Via Array】可以执行过孔阵列功能。在新版中，过孔阵列的添加、删除和更新三个功能命令已经整合到一个命令中，用户可以快速选择并执行相应操作，提升了操作的便捷性和效率，如图 1-13 所示。

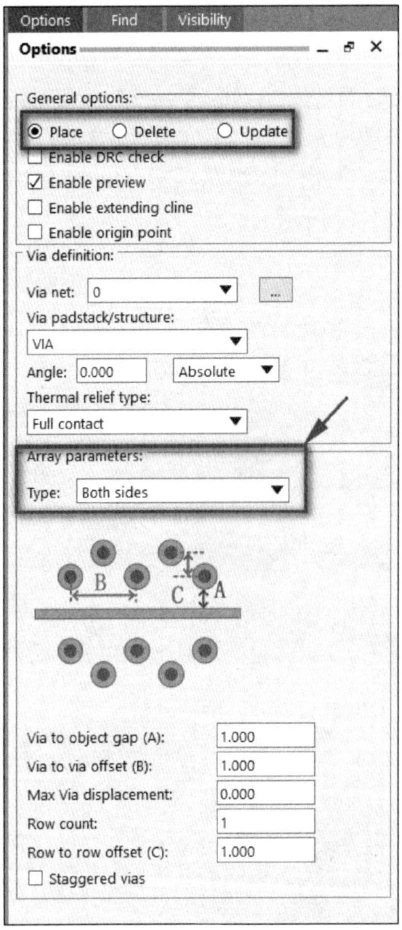

图 1-13

2）过孔排列模式

Allegro 17.4 提供了 9 种过孔排列模式，用户可以根据不同需求选择合适的排列方式。

（1）Single Side：在选择对象面添加 Via。

（2）Both Sides：在选择对象的两面添加 Via。

（3）Surrounding：在选择对象四周添加 Via。

（4）Centered：在选择对象上添加 Via。

（5）Between：在选择的两个对象之间添加 Via。

（6）Radial：在选择的对象周围，以极坐标方式添加 Via。

（7）Across Board：对整个 PCB 板添加 Via。

（8）Across Shape：对选中的 Shape 添加 Via。

（9）Across Window Area：对选中的区域添加 Via。

这些模式可以进行动态预览，并通过控制起点和终点的方式来调整过孔的排列位置，如图 1-14 所示。

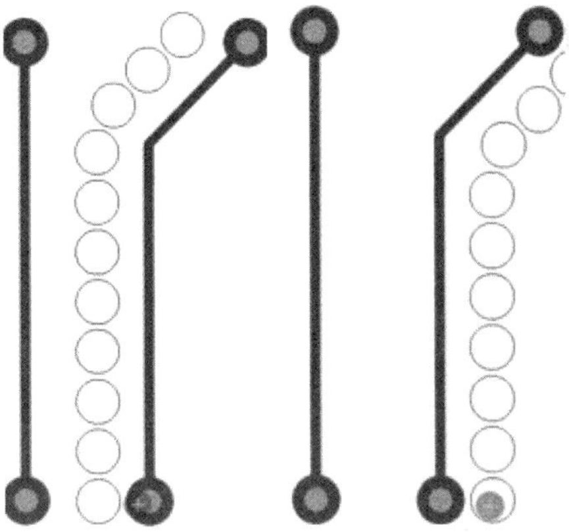

图 1-14

3）更新过孔排列

Allegro 17.4 的更新功能使得在已存在的 Via Array 基础上重新添加过孔阵列变得更加简便。用户无须删除原有的 Via Array，只需设定新的参数后，选中目标并执行 Update 命令，即可完成更新，如图 1-15 所示。

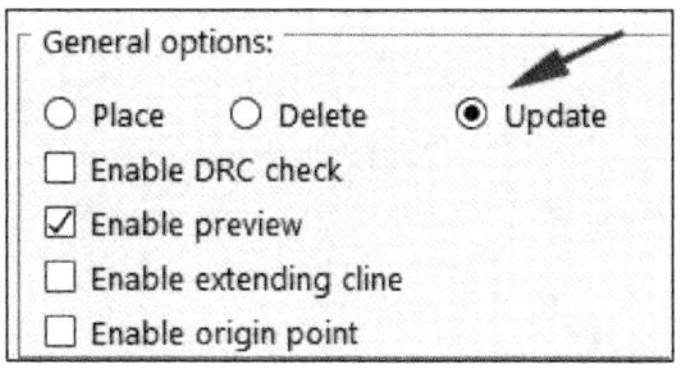

图 1-15

第 2 章　Allegro 17.4 软件安装

本章将讲解 Cadence Allegro 17.4 的安装步骤。下载完成的安装包包含两个主要文件夹：安装文件和补丁，如图 2-1 所示。

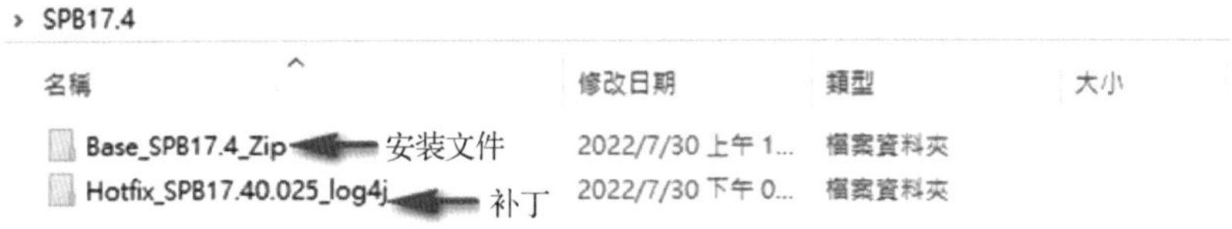

图 2-1

2.1　安装 License Manager

安装 License Manager 的具体步骤如下所述。

（1）按照图 2-2 中所示，打开 LM 文件夹，双击“setup.exe”。

图 2-2

（2）开始安装 License Manager。启动安装对话框，单击 Next 按钮，如图 2-3 所示。

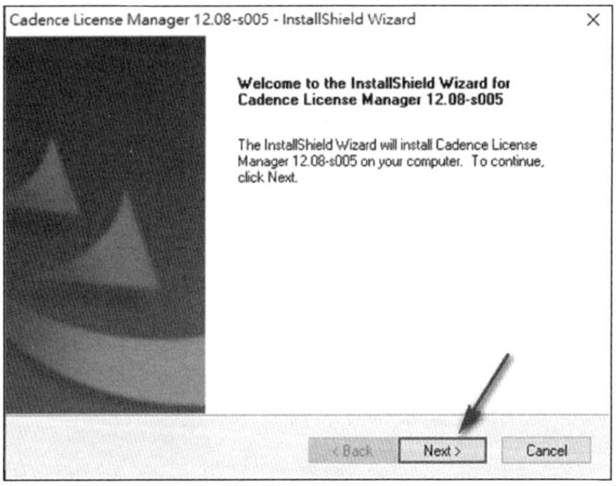

图 2-3

（3）在弹出的对话框中选择“I accept the terms of the license agreement”选项，单击 Next 按钮，如图 2-4 所示。

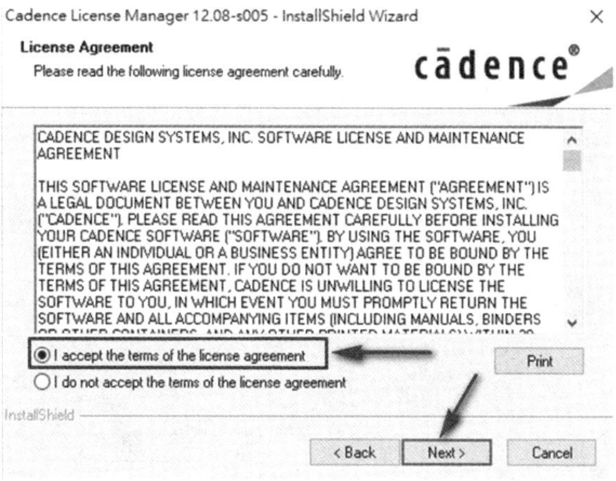

图 2-4

（4）在弹出的对话框中，选择 License Manager 安装的路径，单击 Change 按钮可以更改需要的安装路径，软件默认安装路径是 C 盘，单击 Next 按钮，如图 2-5 所示。

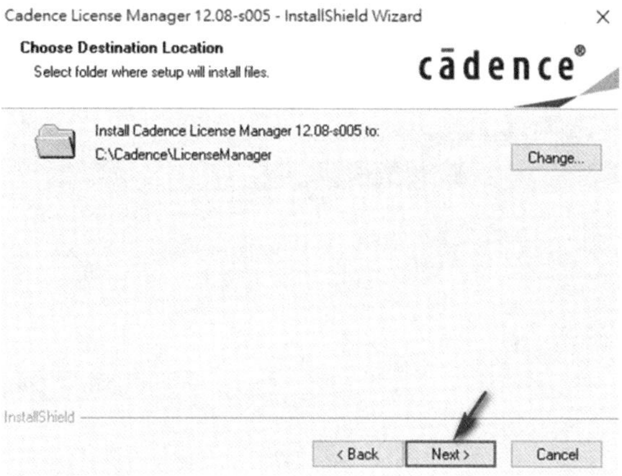

图 2-5

（5）在弹出的对话框中，License 产品选择全部，单击 Next 按钮，如图 2-6 所示。

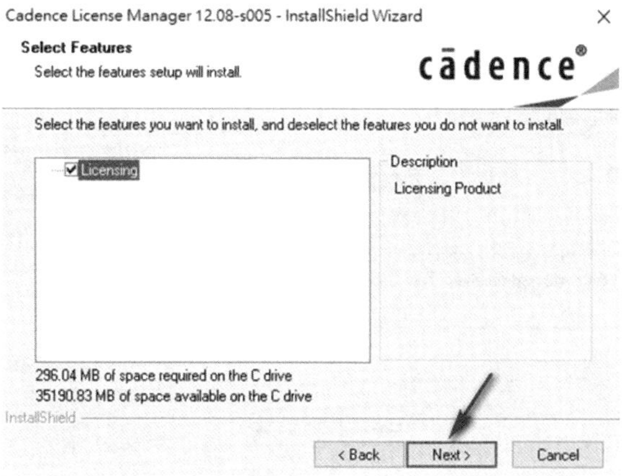

图 2-6

（6）在弹出的对话框中单击 Install 按钮开始安装，如图 2-7 所示。

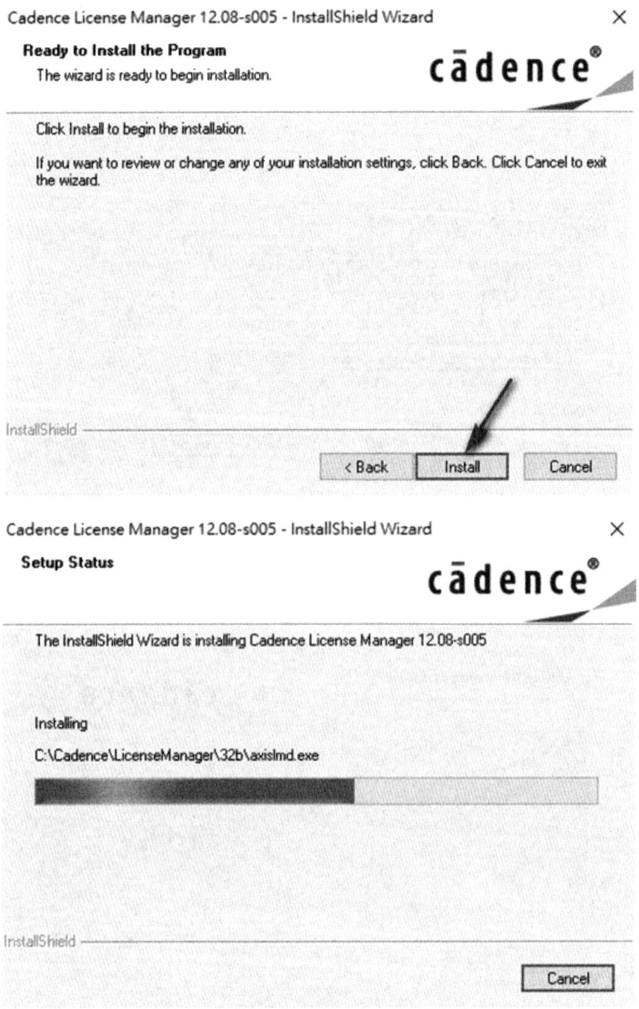

图 2-7

（7）单击 Browse 按钮，加载 License 官方授权文件，否则无法激活软件使用，如图 2-8 所示。

（8）如图 2-9 所示，在 Host Name 中输入电脑名称，可在系统属性中找到计算机名称。

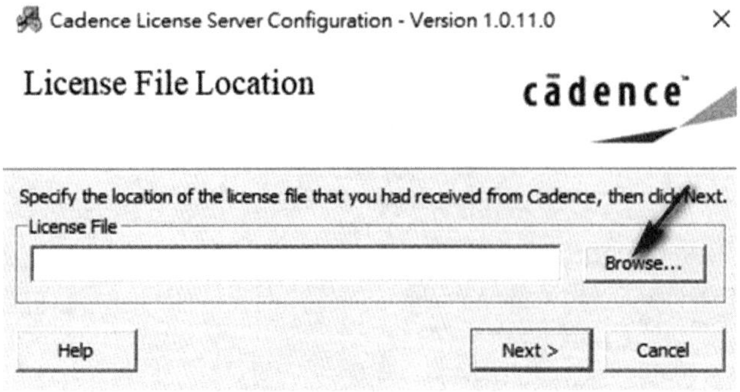

图 2-8

图 2-9

（9）单击 Finish 按钮，完成 License Manager 的安装，如图 2-10 所示。

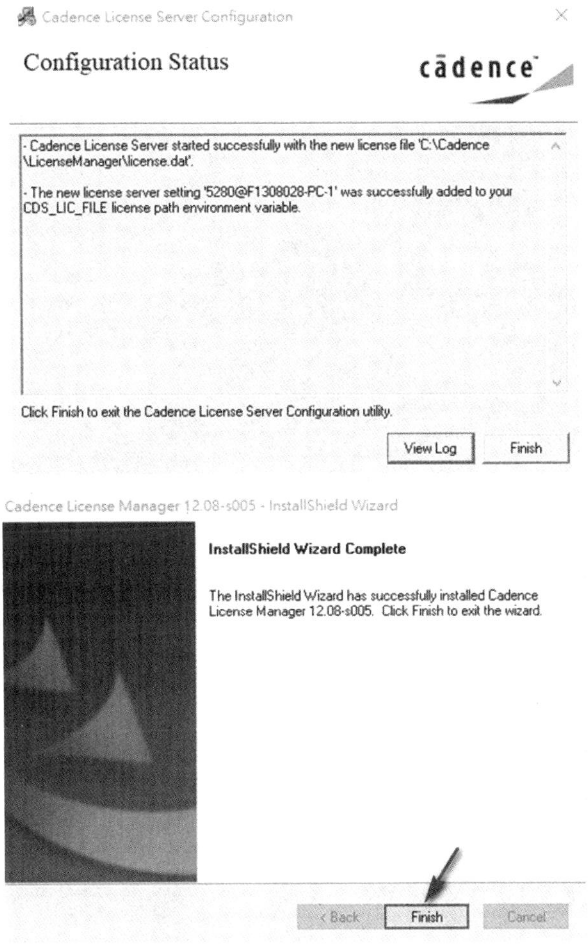

图 2-10

2.2 安装 Allegro 和 OrCAD

安装 Allegro 和 OrCAD 的具体步骤如下所述。

（1）双击 X:\SPB17.4\Base_SPB17.4_Zip 路径下的“setup.exe”，如图 2-11 所示。

图 2-11

（2）在弹出的对话框中，单击“OrCAD and Allegro Products Installation”对应的 Install 按钮，开始产品的安装，如图 2-12 所示。

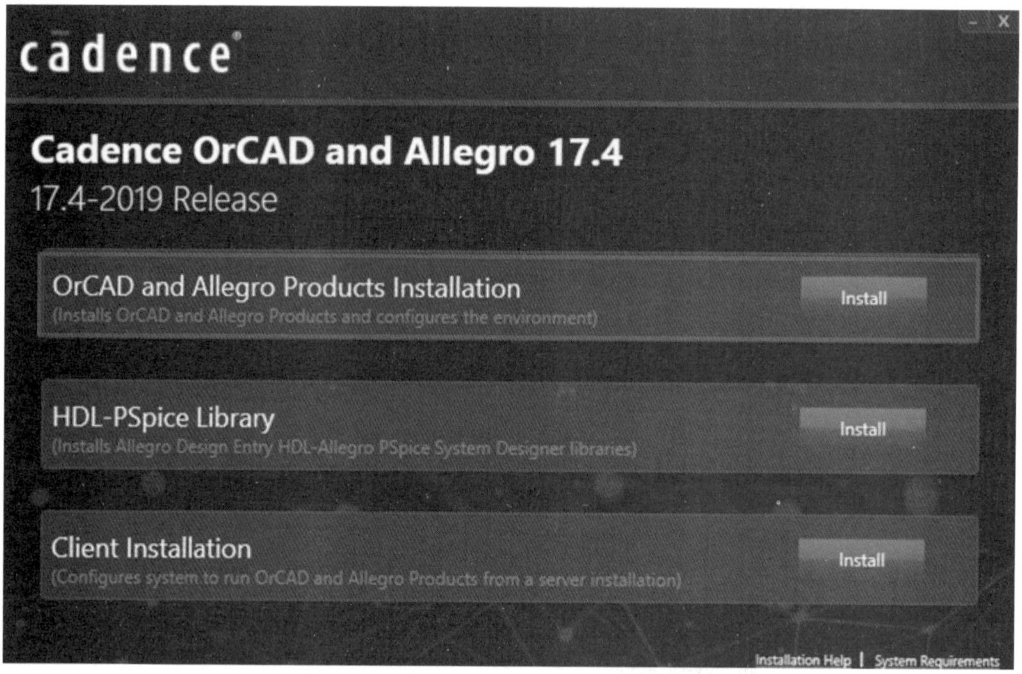

图 2-12

（3）如图 2-13 所示，在弹出的对话框中选择“I Accept”，接受注册协议，单击 Next 按钮。

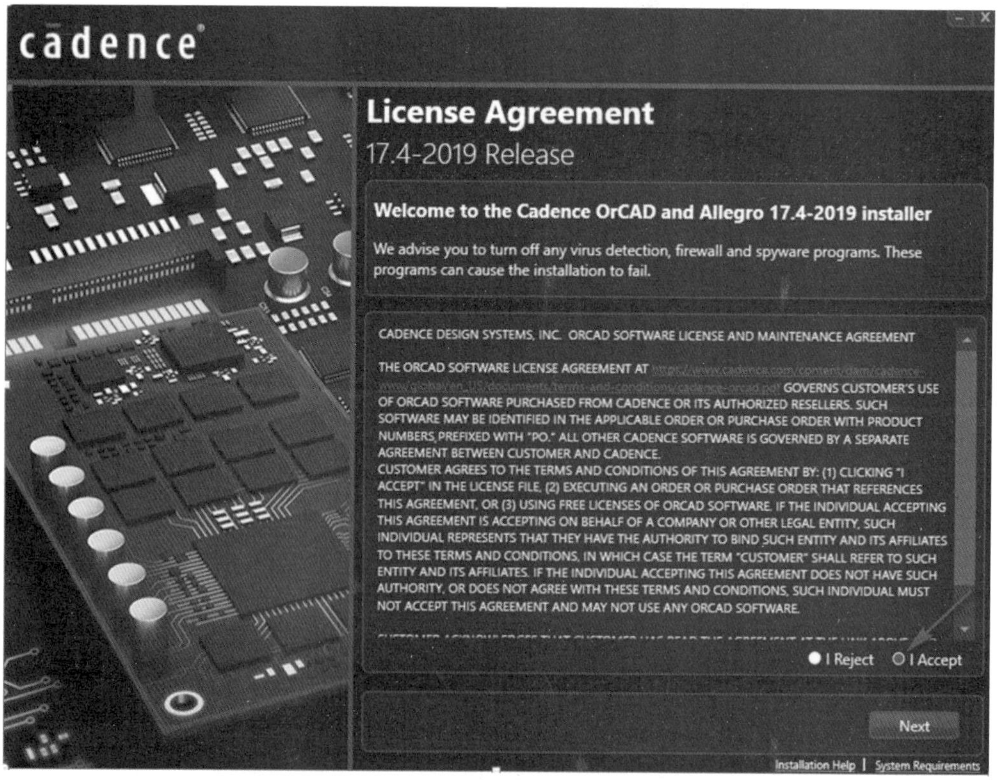

图 2-13

（4）如图 2-14 所示，在弹出的对话框中建议选择“Anyone who uses this computer（All Users）”，这台电脑的任何用户都能打开 Allegro。选择安装路径，单击 Next 按钮。

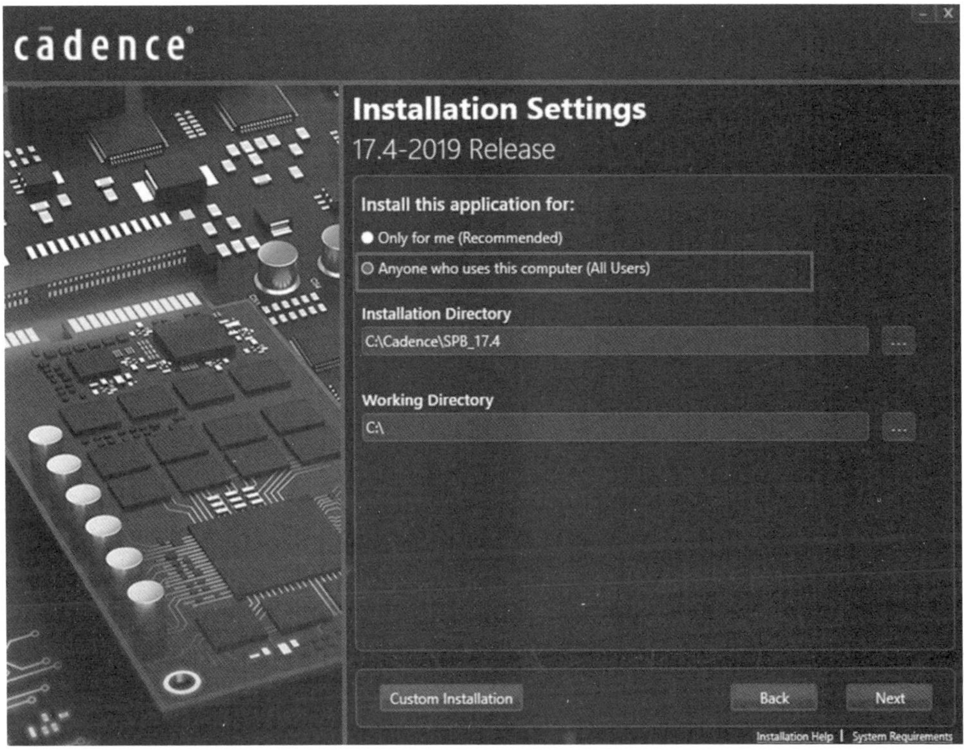

图 2-14

（5）如图 2-15 所示，在弹出的对话框中选择“Connect to Existing License Server”，并在“Host Name”中输入电脑名称，单击 Install 按钮开始安装。

图 2-15

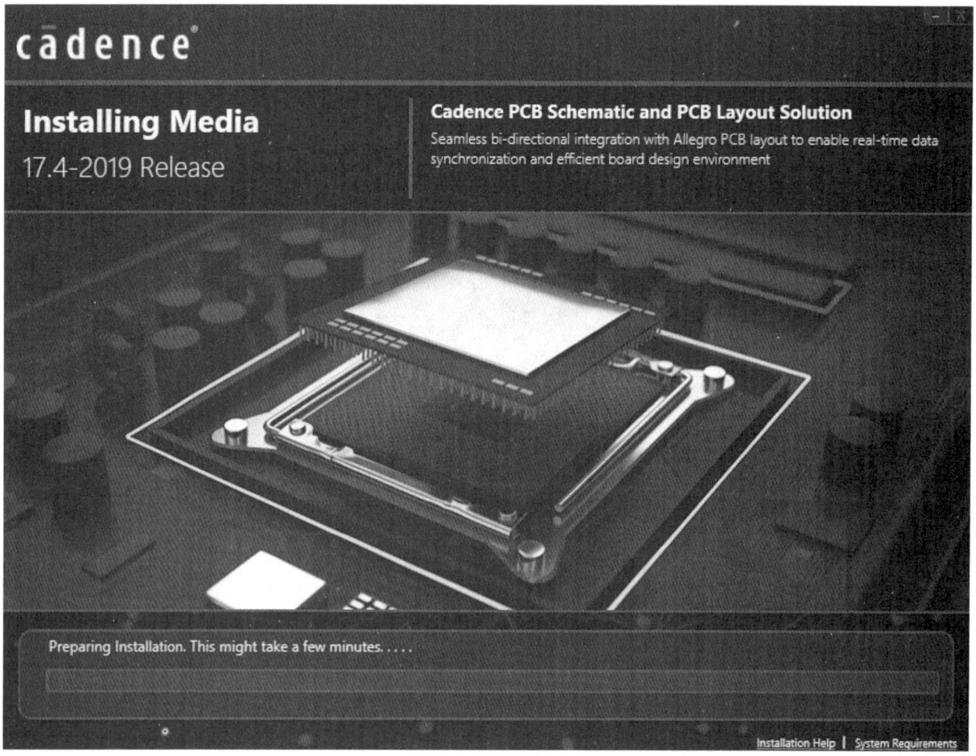

图 2-15（续）

（6）如图 2-16 所示，单击 Finish 按钮完成安装。

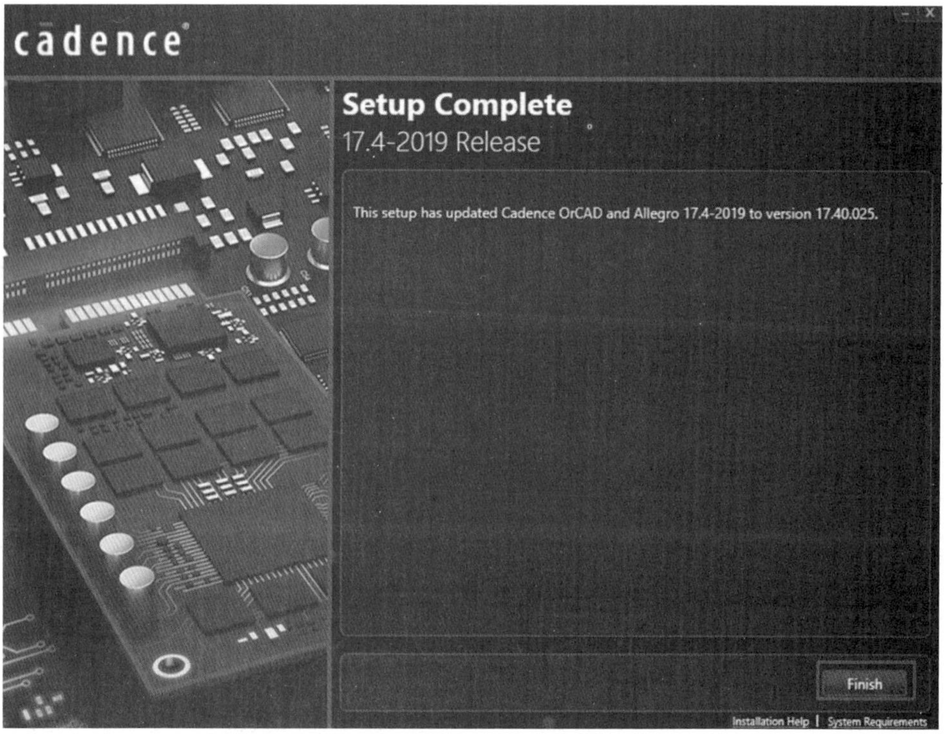

图 2-16

2.3 安装补丁

安装补丁的具体步骤如下所述。

（1）双击 X:\SPB17.4\Hotfix_SPB17.40.025_log4j 路径下的“setup.exe”，如图 2-17 所示。

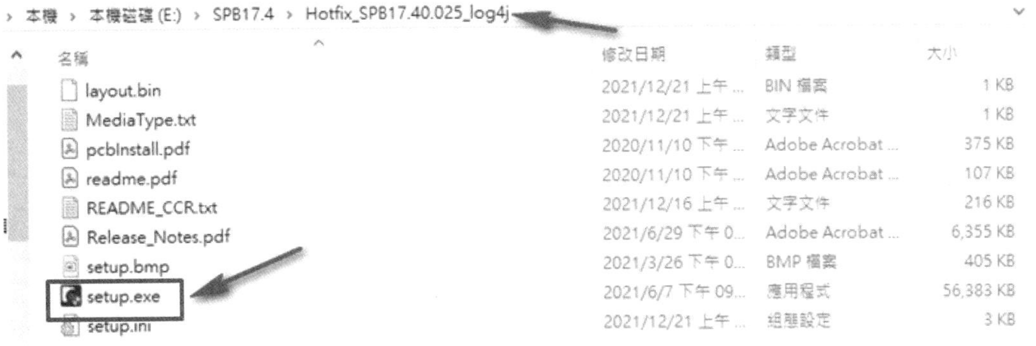

图 2-17

（2）如图 2-18 所示，在弹出的对话框中选择“I Accept”，接受注册协议，单击 Next 按钮。

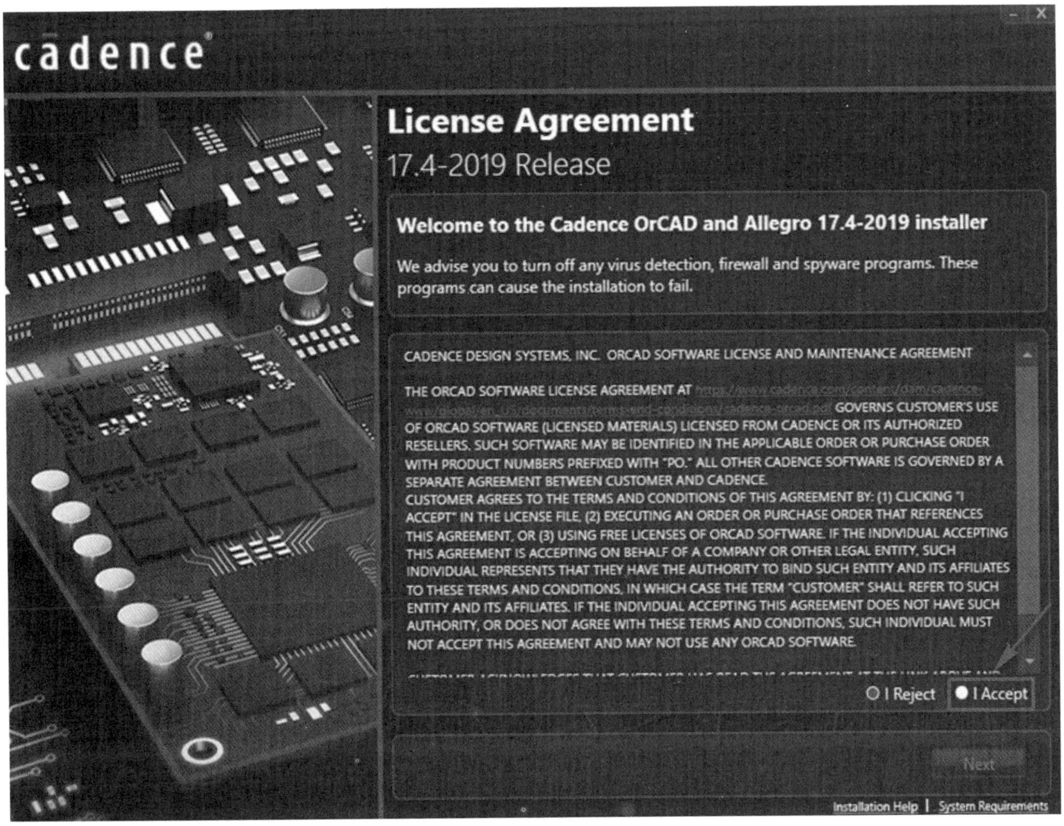

图 2-18

（3）如图 2-19 所示，在弹出的对话框中单击 Install 按钮开始安装。

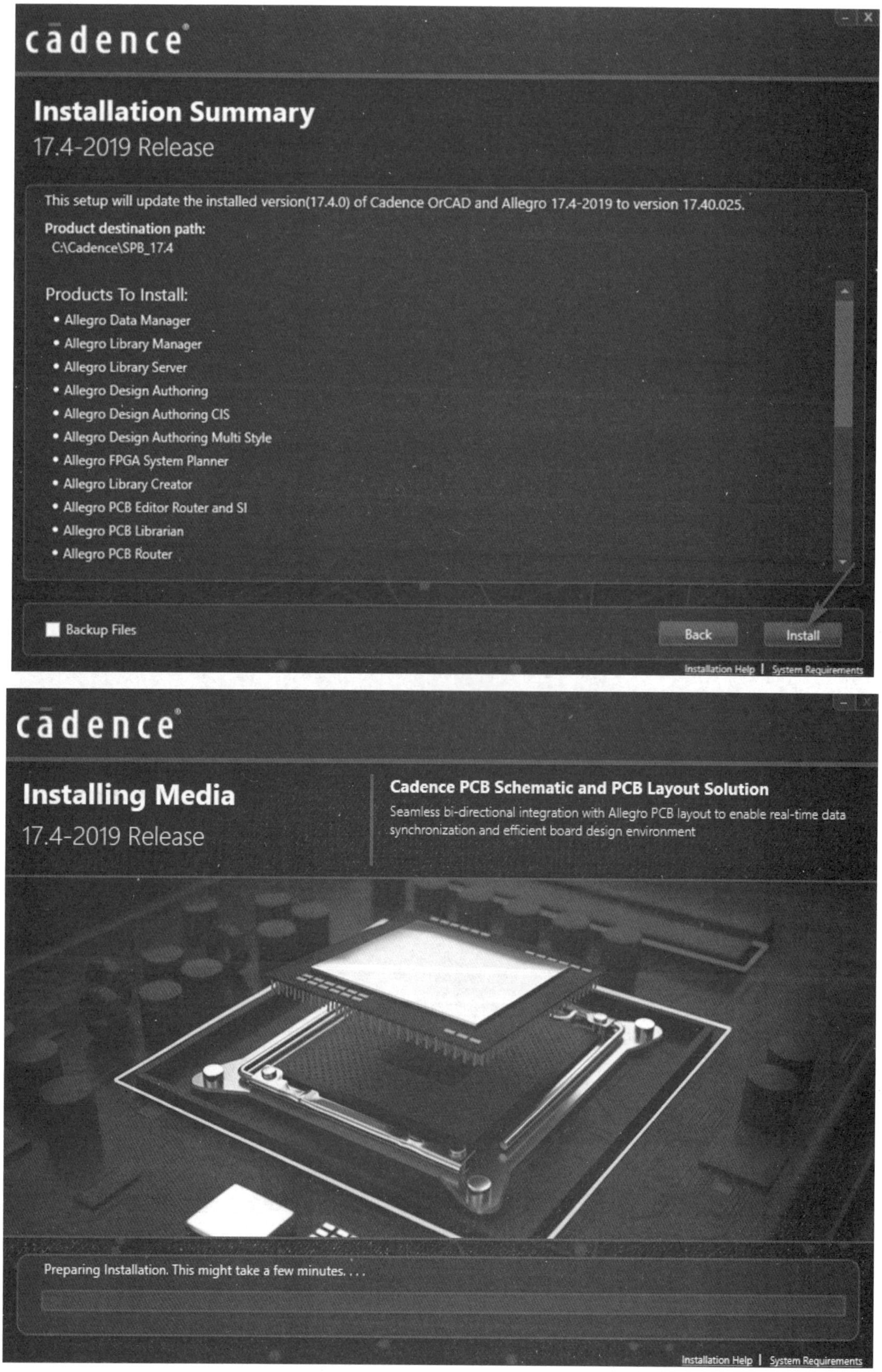
cadence
Installation Summary
17.4-2019 Release
This setup will update the installed version(17.4.0) of Cadence OrCAD and Allegro 17.4-2019 to version 17.40.025.
Product destination path:
C:\Cadence\SPB_17.4
Products To Install:
Allegro Data Manager
Allegro Library Manager
Allegro Library Server
Allegro Design Authoring
Allegro Design Authoring CIS
Allegro Design Authoring Multi Style
Allegro FPGA System Planner
Allegro Library Creator
Allegro PCB Editor Router and SI
Allegro PCB Librarian
Allegro PCB Router
Backup Files
Back
Install
Installation Help | System Requirements
cadence
Installing Media
17.4-2019 Release
Cadence PCB Schematic and PCB Layout Solution
Seamless bi-directional integration with Allegro PCB layout to enable real-time data synchronization and efficient board design environment
Preparing Installation. This might take a few minutes. . . .
Installation Help | System Requirements

图 2-19

（4）如图 2-20 所示，单击 Finish 按钮，安装完成。

图 2-20

第 3 章　OrCAD 原理图设计

3.1　创建工程

用 OrCAD 绘制原理图的基本过程包括以下 5 个步骤。

（1）打开 OrCAD 软件。

单击桌面上的图标 

，启动 Capture CIS 17.4。如图 3-1 所示，在弹出的对话框中选择 OrCAD Capture CIS 选项，单击 OK 按钮，打开程序界面。勾选 Use as default，以后打开该软件不再弹出该对话框，默认选中 OrCAD Capture CIS 启动。

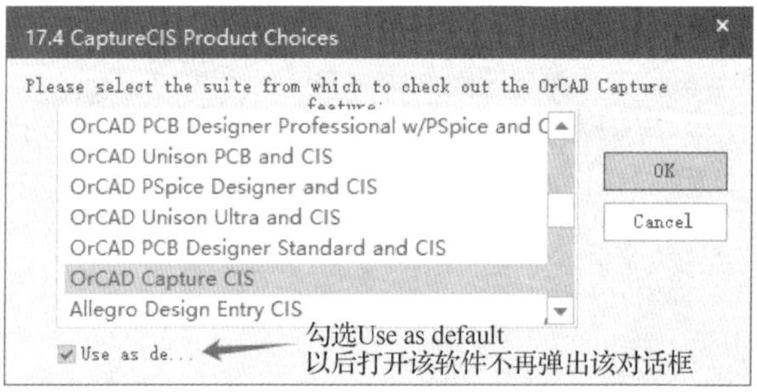

图 3-1

（2）新建设计项目。

选择菜单【File】→【New】→【Project】，弹出 New Project 对话框。如图 3-2 所示，在该对话框中需要进行两项设置：在 Name 文本框中输入工程名称；在 Location 文本框中选择工程的存储路径。设置好后单击 OK 按钮，显示 OrCAD 界面。

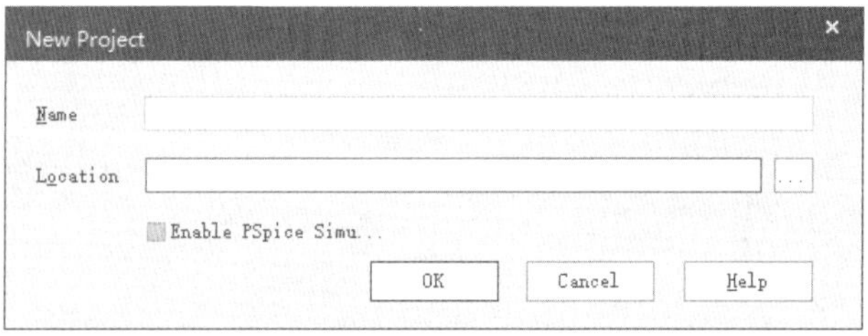

图 3-2

打开的 OrCAD 界面有两个子窗口：工程管理窗口和原理图编辑窗口。将子窗口最大化，这时，单击子窗口上方的小标签就可切换所有打开的窗口。

在工程管理器中，project.dsn 是工程数据库文件，包括 SCHEMATIC1 和 Design Cache 两个文件夹。SCHEMATIC1 文件夹保存了原理图的各个页面。例如，在创建工程时，默认会在此文件夹中创建一个名为 PAGE1 的新原理图页面。双击 PAGE1 即可打开该页面并进入原理图编辑界面，在该界面内，你可以放置所需的元件。如果你需要根据功能需求对该原理图页面进行命名，可以右键单击页面名，选择 Rename 功能进行重命名。此时，Design Cache 文件夹中就会自动出现该元件的名称和路径等信息，这是数据库中的元件缓存，利用该缓存能够对整个设计中的某种元件进行批量替换或更新，使用非常方便。

（3）绘制原理图。

电路图的绘制和修改主要是在原理图编辑窗口中完成的，该窗口用于构建和编辑系统的原理图。通过该窗口，用户可以添加、连接和修改电路元件，以完成整个系统的设计。具体的操作方法将在后续章节中进行详细介绍。

（4）原理图的后处理。

电路图绘制完成以后，还需要进行包括元器件自动编号、封装调用、电气规则检查、统计数据清单报表的输出和生成 PCB 设计所需的网络表等各种后处理。

（5）设计文件的保存。

3.2 元件库管理

3.2.1 添加元件库

添加元件库的具体步骤如下所述。

（1）在新建的工程中打开原理图页面，选择菜单【Place】→【Part】，或者单击绘图工具栏中的放置元件按钮图标，或者执行快捷键“P”，弹出如图 3-3 所示的对话框。

（2）在图 3-3 中，单击图标，弹出库文件浏览对话框，如图 3-4 所示。

图 3-3

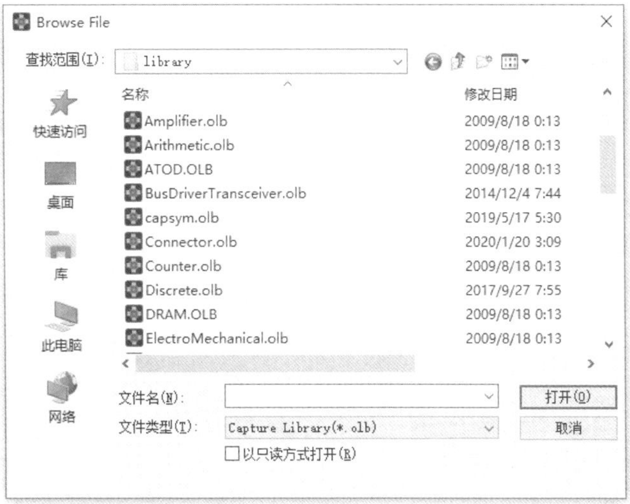

图 3-4

（3）选择好需要添加的元件库，单击“打开”按钮，对话框自动返回。此时，Libraries 库文件显示区中多了新添加的元件库。如果要删除已添加的库文件，只需在库文件列表中选择它，然后单击图标删除即可。将库文件添加后就可以选择需要的元器件类型了，这里可以通过 Par 输入器件的名称后，按回车键查找器件，也可以通过鼠标滚轮在 Part 区域查找并选择所需要的元器件，通常相同名称开头的元器件会被归类到一起排序，也就是我们经常使用的查库法。

（4）选择好需要的元器件后，双击该元器件，此时将鼠标光标放置在原理图页面内，即可看到选择好的元器件附着在鼠标光标上，接着选择需要的位置放置即可，如图 3-5 所示。

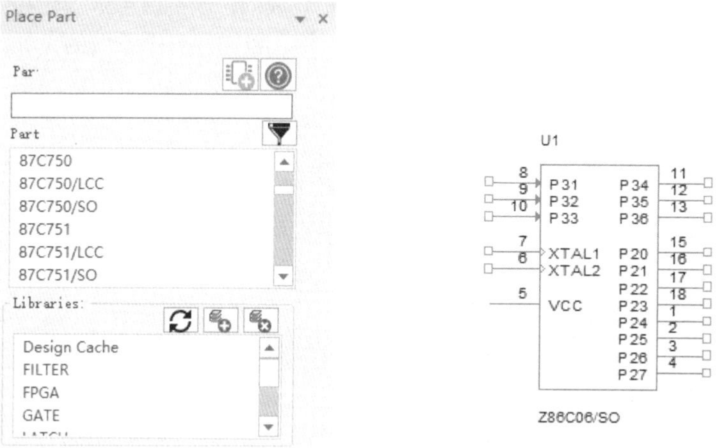

图 3-5

3.2.2　元件库及单个元件的创建

创建元件库及单个元件的步骤如下所述。

（1）在工程管理窗口中，选择菜单【File】→【New】→【Library】，在弹出的对话框中将元件库添加到工程中并显示在 Library 文件夹中，新建立的库文件名称默认为“library1.olb”，如图 3-6 所示。

（2）右键单击“library1.olb”，选择菜单【Save As】，在弹出的对话框中修改元件库名（也可保持默认）和保存路径，这样新的元件库就建好了。

（3）建好元件库后，接下来即可在其中创建元件逻辑封装。右键单击新建的元件库“library1.olb”，选择菜单【New Part】，弹出如图 3-7 所示的对话框。

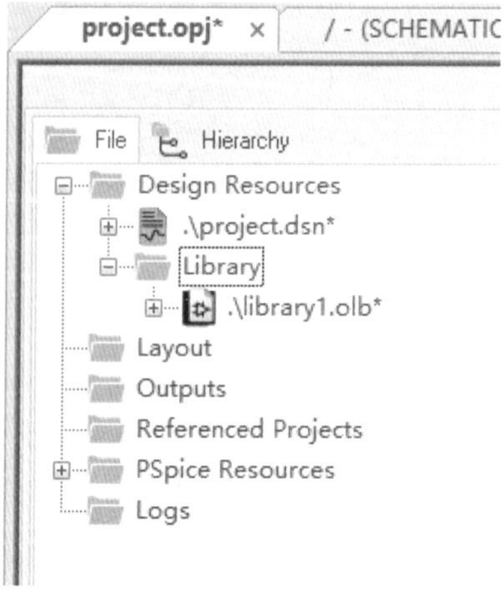

图 3-6

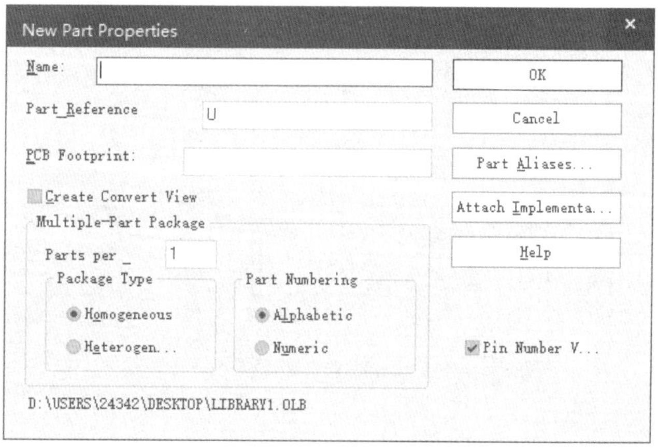

图 3-7

（4）在 Name 文本框中输入元件名称 DIP-10，Part_Reference 为元件的索引编号，保持默认的 U。单击 OK 按钮，弹出元件图形编辑窗口，如图 3-8 所示。

（5）利用 Ctrl+鼠标滚轮可以放大和缩小视图的显示，调整视图后拖动虚线方框的右下角，根据栅格点的情况，调整其大小能放下 10 个引脚。

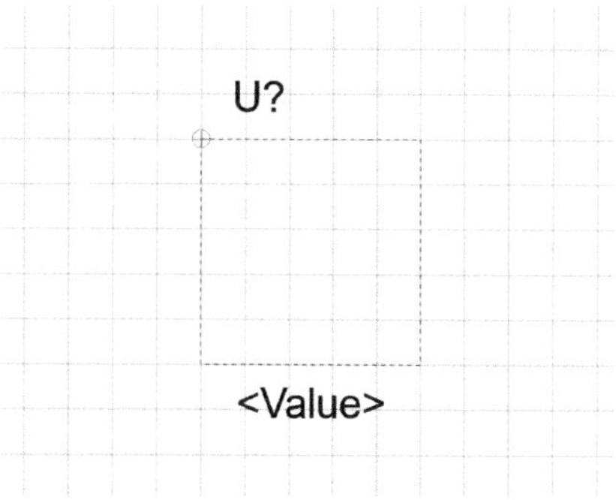

图 3-8

（6）单击绘图工具栏中的 Place Pin 图标，弹出如图 3-9 所示的对话框。在 Name 中输入引脚功能名称，在 Number 中输入引脚编号，选择所需的形状（Shape）和类型（Type）。单击 OK 按钮，引脚图形附着在鼠标光标上，单击合适位置即可放置。

（7）在放置第一个引脚后，鼠标光标上仍然会附着有引脚图形，你可以直接单击放置，引脚的编号会自动增加。这样，你可以逐个放置引脚，并根据需要修改每个引脚的名称及参数。完成后，按下 Esc 键退出命令，这种方法适用于逐一添加所有引脚。另外，为了提高设计效率，你也可以一次性放置多个引脚，并统一进行编辑。操作方法如下：单击绘图工具栏中的图标，在弹出的对话框（见图 3-10）中，根据需要设置各项参数。例如，设置起始引脚名和引脚编号从 1 开始，引脚总数为 10，其他参数保持默认设置。

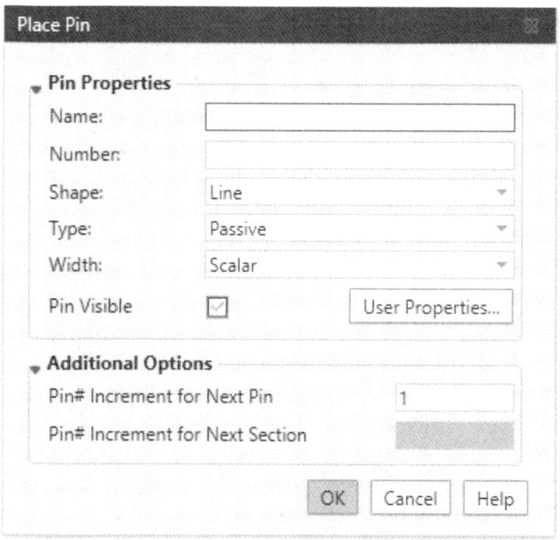

图 3-9

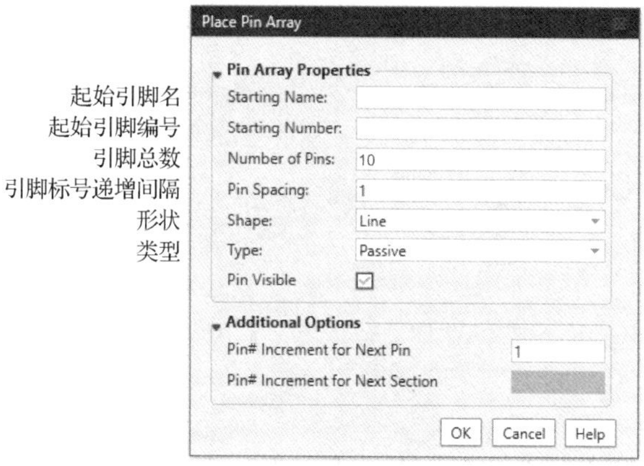

图 3-10

（8）单击 OK 按钮后，10 个引脚将附着在鼠标光标上。此时，你可以单击设计区域中的合适位置来放置这些引脚。放置完成后，单击鼠标右键，选择菜单【End Mode】，或者直接按下 Esc 键来结束命令。如果需要调整引脚的位置，你可以通过框选引脚 6 到引脚 10，随后将其拖动到虚框的右边。通过调整虚框的大小，你可以精确调整引脚的位置，以确保布局的整洁与合理性。调整完成后，元件的布局将呈现如图 3-11 所示的效果。

（9）双击图 3-11 中的<Value>，弹出如图 3-12 所示的文本框。在该文本框中输入元件名称，如 DIP-10，然后按回车键或单击空白的地方确定。

（10）单击绘图工具栏中的矩形绘制图标，按虚线框大小拉出一个矩形框作为元件的实体边框。按下 Esc 键，完成后的元件图如图 3-13 所示。

创建非规则图形元件的过程与上述步骤类似，区别在于虚框中的图形不仅限于单一的元素，可能包含多种形式，如线段、曲线、三角形、圆形以及文字等，如图 3-14 所示为一个三角形外框的运放元件。

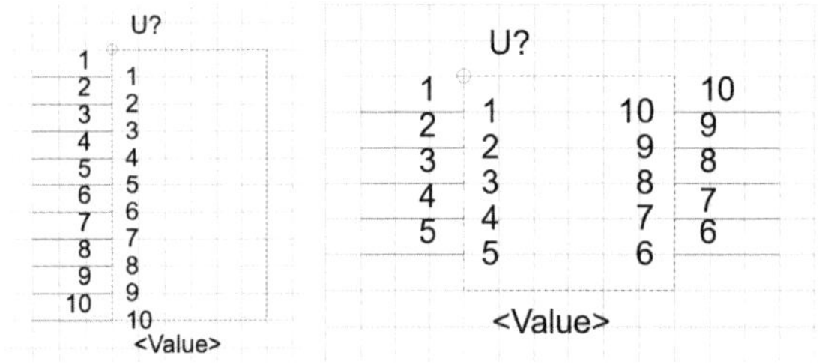

图 3-11

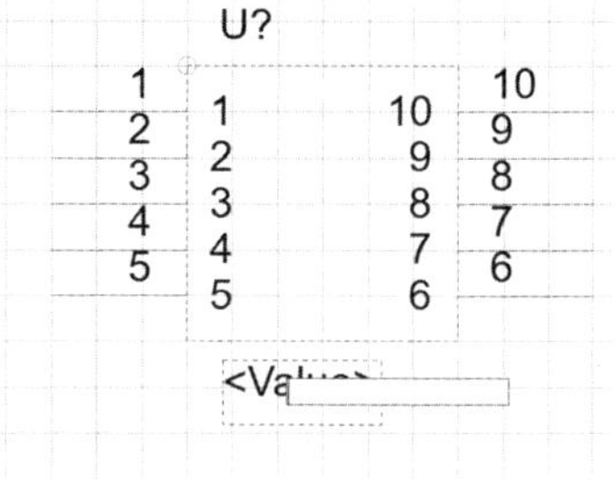

图 3-12

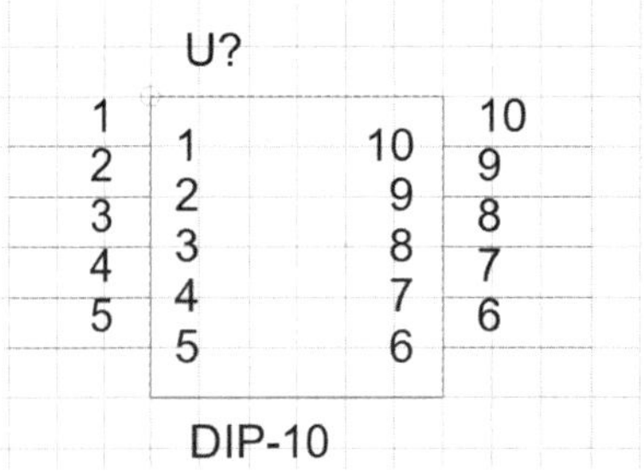

图 3-13

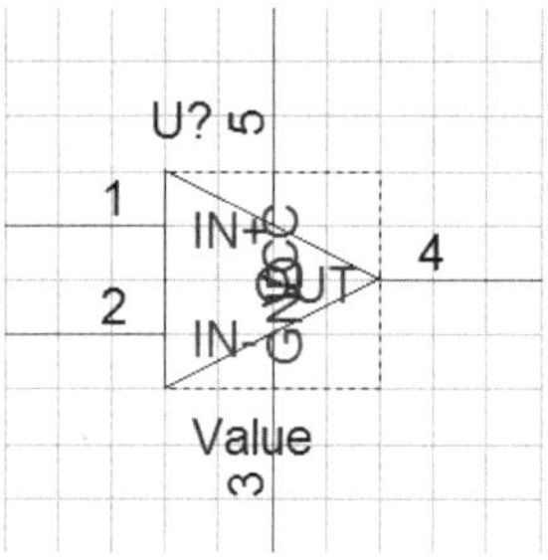

图 3-14

（11）为了隐藏重叠的引脚的名称，在右侧窗口将 Pin Name Visible 取消勾选即可，如图 3-15 所示。隐藏引脚名称后的运放如图 3-16 所示。

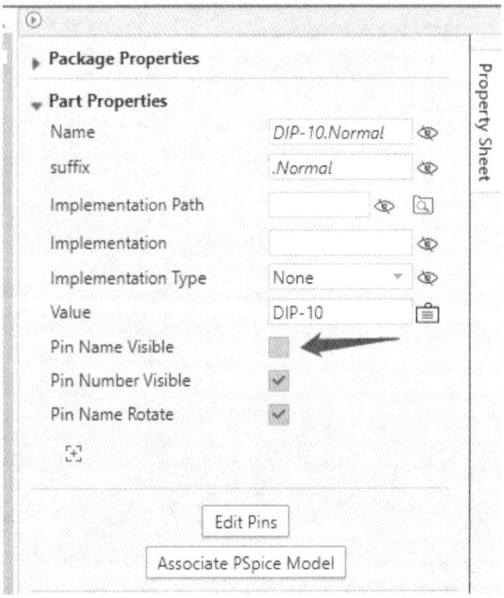

图 3-15

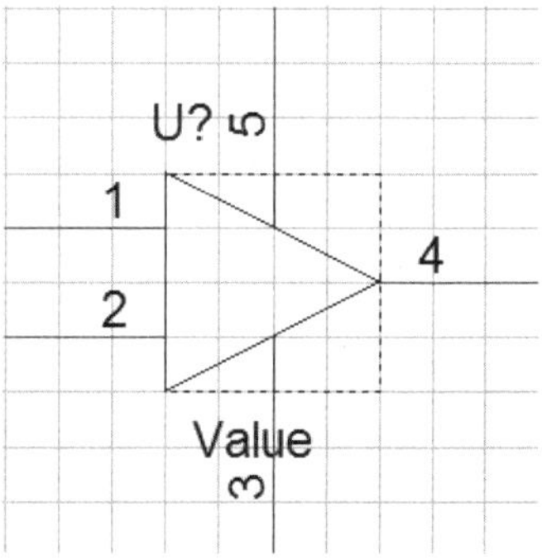

图 3-16

（12）此时的运放还需要放置差分信号的输入极性标记，取消吸附栅格（单击设计工具栏中的 Snap To grid 图标，取消吸附栅格）。

（13）单击绘图工具栏中的 Place Text 图标，在文本框中输入“+”，单击 OK 按钮。将符号放到引脚 1 对应的位置，由于取消了吸附栅格点，所以可以任意调整符号位置。接着放置负极性符号。放置正极性、负极性符号后的运放如图 3-17 所示。

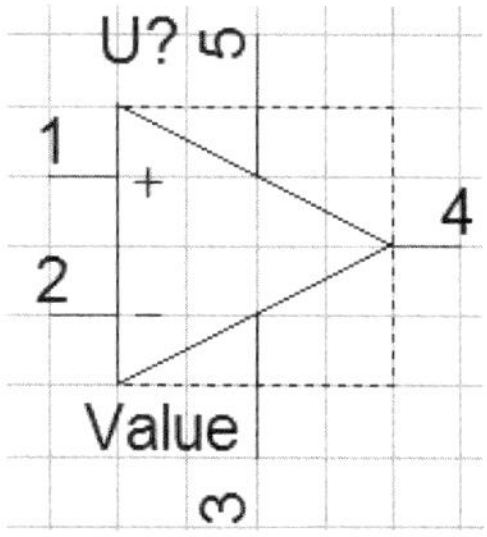

图 3-17

（14）单击此时中间为正方形的 Snap To grid 图标，恢复吸收栅格点。保存创建的元件，注意灵活使用栅格的吸附以及对各个引脚的属性设置。

3.2.3 分裂元器件的创建及使用

创建元器件符号时，对于一些引脚数特别多的芯片，如 FPGA 芯片，它们可能具有上千个引脚，若将所有引脚绘制在一个元器件符号内，图形的尺寸将非常庞大，导致原理图无法在一张图纸上显示完全。因此，为了便于管理和绘制，通常需要将这些复杂的元器件分成多个功能模块进行绘制。

在绘制 PCB 图时，任何元器件，如芯片、电阻、电容等，都有其特殊的封装形式。为确保图形与元器件的实际物理封装和尺寸相对应，必须按照单个元器件的封装形式进行创建，不能将元器件拆分成多个部分。然而，在原理图中，元器件的放置仅为逻辑上的表示，重点是引脚数和引脚的属性。元器件的形状和是否分成多个部分并不重要，关键在于各个引脚的电气特性必须正确。

绘制原理图的主要目的是生成一个代表各功能模块逻辑连接的网表，其中包含引脚的属性和各元器件之间的互联关系。实际上，即使不绘制原理图，也可以手动编辑网表，但使用原理图能更清晰地表达设计，并使得管理和修改更加方便。

创建分裂类型的元器件的方法与上一节相同，在工程管理器中右键单击.olb 文件，选择菜单【New Part】。在弹出的对话框中，Multiple-Part Package 选项组用于设置如何创建分裂元器件；Parts per 文本框中的数字表示将一个芯片分为多少个部分进行绘制；Package Type 选项组用于选择创建分裂元器件的类型；Homogeneous 表示分裂后的各部分完全相同，只需绘制一次，唯一的区别是引脚的名称和编号不同；Heterogeneous 表示分裂后的各部分具有不同的功能、引脚数量和电气属性，需单独绘制每一部分。

通过这些设置，你可以灵活地管理和创建引脚数极多的元器件，并确保原理图和 PCB 设计的正确性和可行性。

3.2.4 创建 Homogeneous 类型元器件

创建 Homogeneous 类型的元器件的具体步骤如下所述。

（1）如图 3-18 所示，在 Name 文本框中输入元器件的名称，在 Parts per 文本框中输入 2，在 Package Type 选项组中选择 Homogeneous，我们首先创建一个同质的分裂元器件。单击 OK 按钮，进入 U？A 部分编辑页面。

（2）如图 3-19 所示，绘制 U？A 部分的图形，按 Ctrl+N 快捷键进入 U？B 部分编辑页面，此时系统已经自动创建 U？B 部分。选择菜单【View】→【Package】，查看所创建元器件的各个部分。

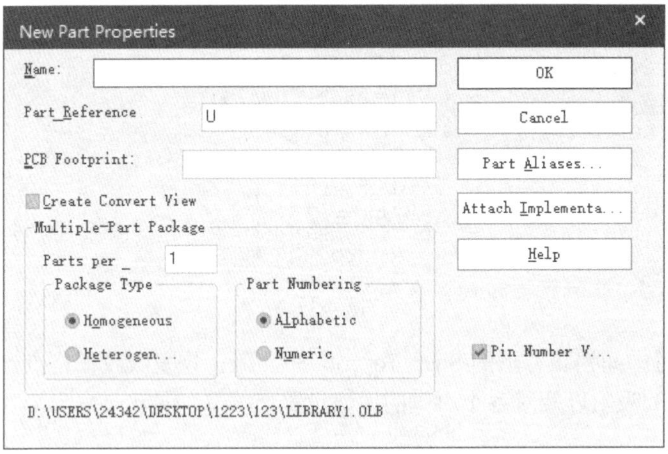

图 3-18

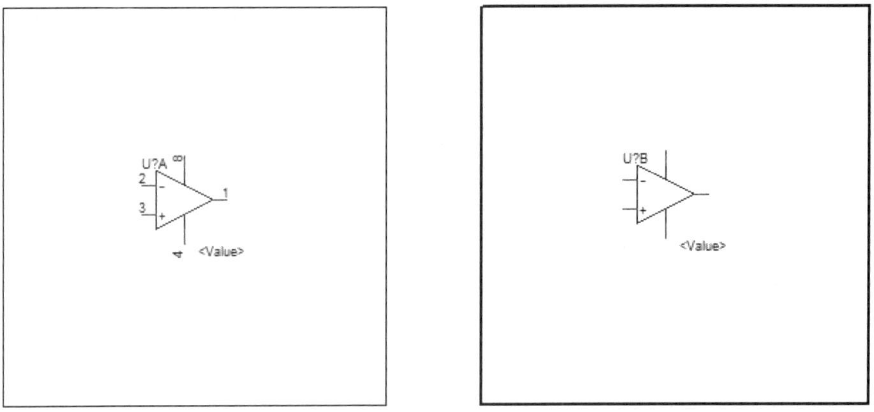

图 3-19

（3）除引脚编号外，U? B 部分其他元素均与 U? A 部分相同，只需要根据数据手册设置引脚编号即可。

注意：在本例中，4 号引脚和 8 号引脚分别是芯片的正负供电引脚。如果使用 Homogeneous 类型来创建元器件的两个部分（如 U? A 和 U? B），这两个引脚会同时出现在 U? A 和 U? B 部分。虽然这种做法可能导致引脚的重复，但它并不会影响元器件的使用。在绘制原理图时，只需对 U? A 和 U? B 部分的 4 号引脚和 8 号引脚进行相同的处理即可，尽管这种方法稍显烦琐。本例的目的仅是为了演示 Homogeneous 类型元器件的创建方法，实际工作中，通常会将其处理为 Heterogeneous 类型。这样可以避免引脚重复的问题，使得每一部分的引脚都能独立处理，尤其是像 4 号和 8 号引脚这样的供电引脚。使用 Heterogeneous 类型时，你可以为每个部分绘制不同的引脚属性和连接方式，便于后续处理和原理图的管理，避免因引脚重复而带来的混淆。因此，尽管 Homogeneous 类型的分裂方法可以使用，但在实际的设计工作中，Heterogeneous 类型通常更为常用，尤其在面对复杂的元器件时，它能够更方便地处理不同部分的引脚和功能，避免不必要的重复和错误。

3.2.5 创建 Heterogeneous 类型元器件

创建 Heterogeneous 类型的元器件的具体步骤如下所述。

（1）新建元器件后，弹出 New Part Properties 对话框。如图 3-20 所示，在 Name 文本框中输入元器件的名称，在 Parts per 文本框中输入 2，在 Package Type 选项组中选择 Heterogeneous，单击 OK 按钮，进入 U？A 部分编辑页面。

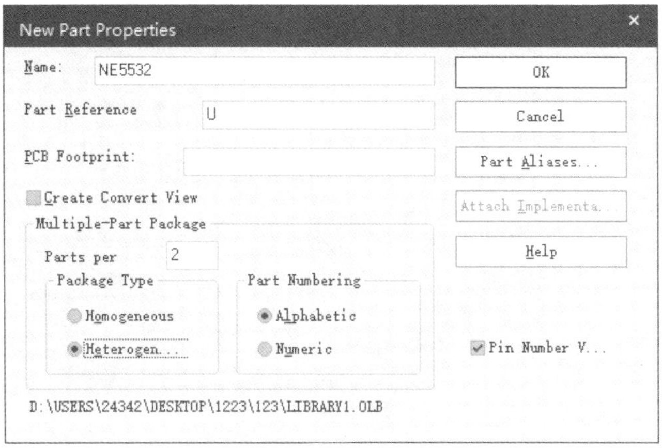

图 3-20

（2）如图 3-21 所示，绘制 U？A 部分的图形，按 Ctrl+N 快捷键进入 U？B 部分编辑页面，U？B 部分仍为空白。绘制 U？B 部分，并设置引脚属性。选择菜单【View】→【Package】，查看所创建元器件的的各个部分。

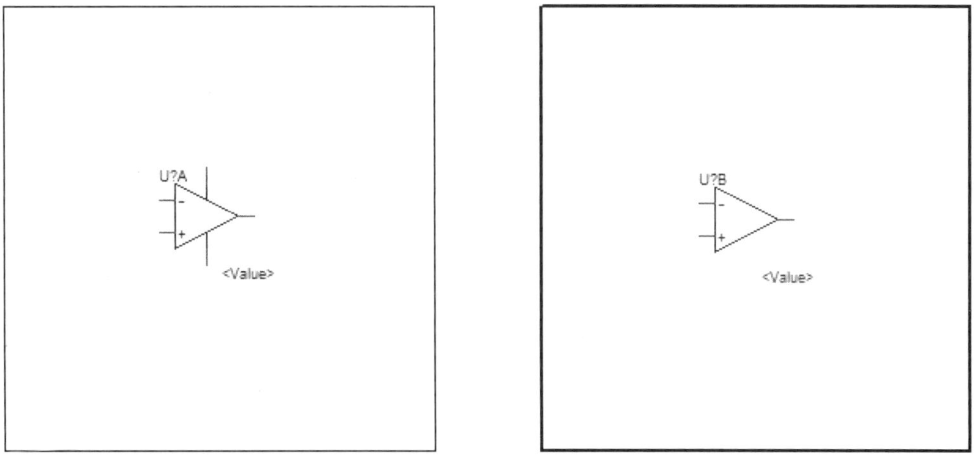

图 3-21

3.2.6 使用分裂元器件

若一张原理图中使用两种同样的分裂元器件，在索引编号时就会出现多个元器件未正确分组的错误。为了避免这个错误，必须以某种方式说明哪两个部分是属于同一块芯片的。

所以，在创建分裂元器件时，在右侧窗口的 Part Properties 选题栏下，单击 按钮，为分裂元器件创建新的属性，如名称为 PACKAGE、值为 1 的属性（见图 3-22）。为 U？A 和 U？B 两个部分添加同样的属性和值。

这样，在原理图中放置该元器件时，就可以修改元器件各部分的 PACKAGE 属性，如第一块芯片的为 1，第二块芯片的为 2，以此类推。

选择菜单【Tool】→【Annotate】，弹出 Annotate 对话框。在该对话框中，在 Physical Packaging 选项组中设置 Combined property 属性为 {Value}{Source Package}{PACKAGE}，即可根据 PACKAGE 属性值正确分组。

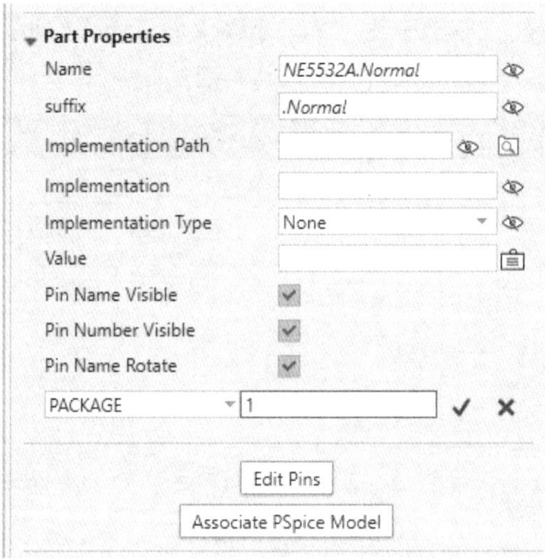

图 3-22

3.2.7 使用电子数据表创建元器件

对于引脚很多的元器件，按照前面的方法创建会很烦琐。Capture 提供了一种相对简便的方法来创建元器件，即使用电子数据表。具体步骤如下所述。

（1）在工程管理器中，右键单击.olb 文件，选择菜单【New Part From Spreadsheet】，弹出如图 3-23 所示的对话框。

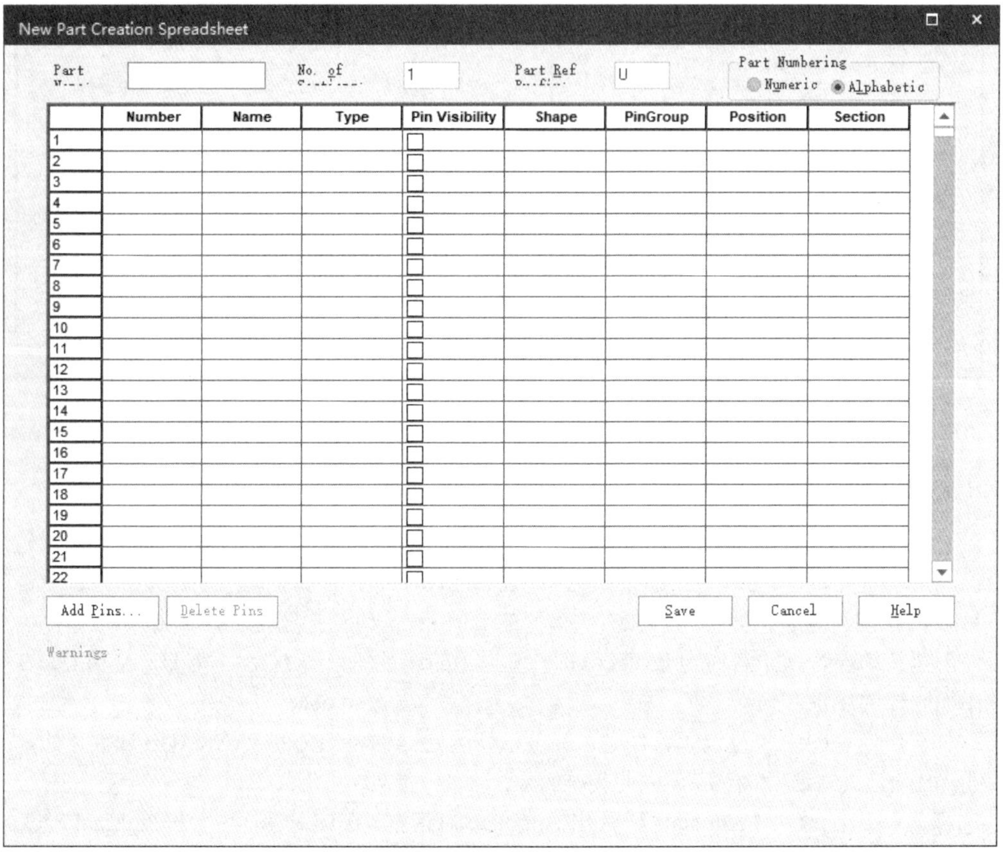

图 3-23

（2）在 Part Name 文本框中输入元器件的名称，在 No.of Sections 文本框中输入元器件由几部分组成，在 Part Ref Prefix 文本框中输入元器件的标号前缀。

（3）根据芯片的数据手册，在表格中填入每个引脚的信息，包括引脚编号（Number）、引脚名称（Name）、引脚类型（Type）、引脚可见性（Pin Visible）、引脚形状（Shape）和引脚位置（Position）等。单击 Save 按钮，相应的元器件即被创建完成。

3.2.8 修改元器件

1. 直接在线编辑元器件

当我们在绘制电路图时，对某个已放置的元器件不满意，就可以直接编辑它，即选中需要编辑的元器件，单击鼠标右键，选择菜单【Edit Part】（见图 3-24），进入该元器件的编辑窗口。具体的编辑方法之前已经叙述过，这里不再赘述。编辑完成后，当我们关闭该窗口时，将出现如图 3-25 所示的对话框。在该对话框中，单击 Update Current 按钮，元器件编辑结束，只将修改后的元器件更新到选取的元器件上；单击 Update All 按钮，元器件编辑结束，将图中所有相同的元器件更新为修改后的元器件；单击 Discard 按钮，放弃刚刚的修改并返回到电路图编辑界面；单击 Cancel 按钮，关闭对话框继续编辑元器件；单击 Help 按钮，寻求在线帮助。

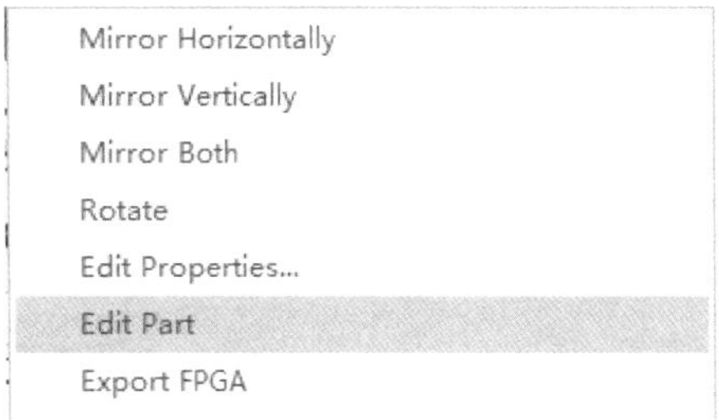

图 3-24

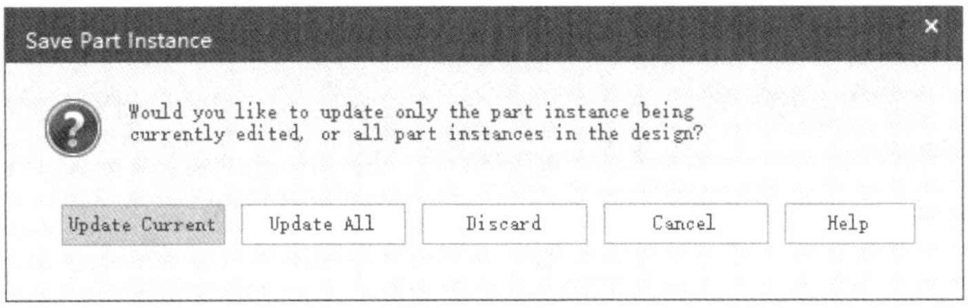

图 3-25

2. 在元件库中修改

基本上，元件库里的元器件与电路图里的元器件是不相干的。编辑电路图里的元器件并不会影响到其所在的元件库；而编辑元件库里的元器件时，也不会影响到已放置在原理图中的元器件。

当我们要编辑某个元器件时，选择菜单【File】→【Open】→【Library】，打开它所在的库。在工程管理器中，单击.olb 文件前的⊞，打开元器件列表，双击需要编辑的元器件，打开元器件编辑窗口。

按照前面所述的方法编辑元器件，完成后保存元器件和元件库，就可在原理图中调用更改后的元件库和元器件了。

3.3 原理图编辑

设计原理图的方法如图 3-26 所示。在此过程中，首先需要进行工程的新建，相关操作已经在上一章中详细介绍，因此在本章中不再赘述。重点将放在如何初步绘制并打印原理图上。

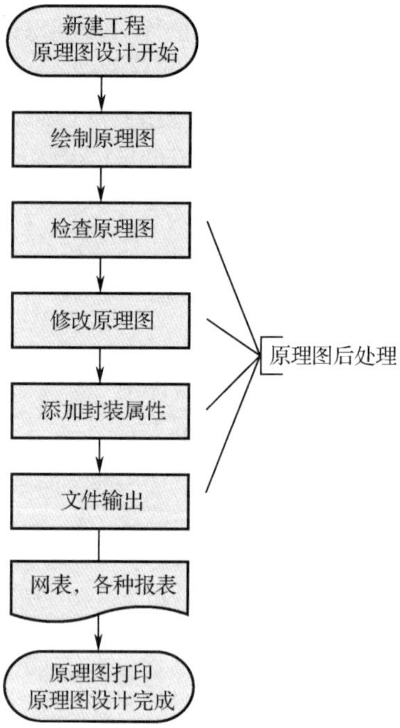

图 3-26

3.3.1 放置普通元器件

如图 3-27 所示，在 Par 下方的文本框中，你可以输入要放置元器件的名称。随着字母的输入，系统会自动过滤出与输入名称相匹配的元器件。通过这种方式，你可以快速找到所需的元器件。当找到要放置的元器件时，双击元器件在 Part 列表中的名称，元器件就会附着在鼠标光标上。此时，你可以移动鼠标将元器件放置在工作区域的合适位置。通过单击鼠标，元器件就会固定在当前位置，完成放置。

如果你不知道元器件所在的具体库，可以使用元器件搜索功能来快速查找。例如，假设你想查找名称首字母为“C”的元器件，可以在 Search 后的文本框中输入“c”（见图 3-28），然后按下回车键。这样，Library 列表框中就会显示所有符合该条件的元器件名称以及每个元器件所在的库。

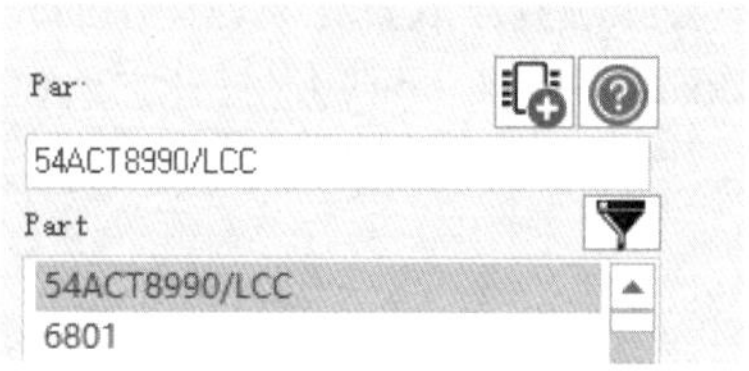

图 3-27

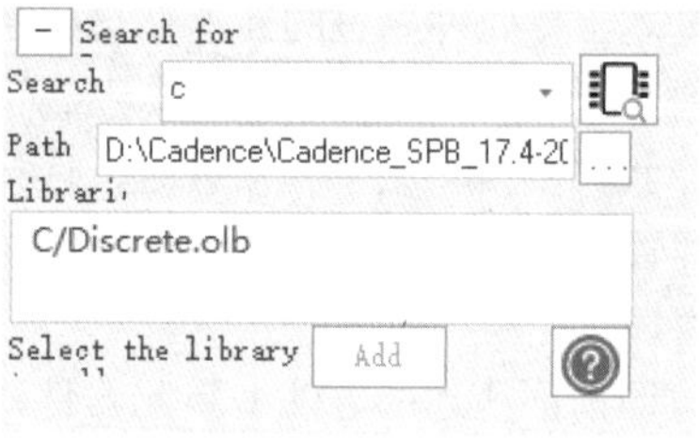

图 3-28

找到目标元器件后，双击该元器件，元器件将附着在鼠标光标上，等待放置。在此过程中，该元器件以及它所在的库会自动添加到 Place Part 窗口中相应的列表中，方便查看和管理。

3.3.2 放置电源和地

放置电源和地的具体步骤如下所述。

（1）单击绘图工具栏中的电源图标 ≑，弹出 Place Power 对话框（见图 3-29）。

（2）在该对话框中，在 Name 文本框中输入电源的名称，然后单击 OK 按钮，电源图形便会附着在鼠标光标上，准备进行放置。

（3）单击合适位置以放置电源。需要注意的是，单击放置地图标 ⏚ 时，也会弹出 Place Power 对话框，且其放置方法与电源类似，按照同样的步骤完成电源的放置操作。

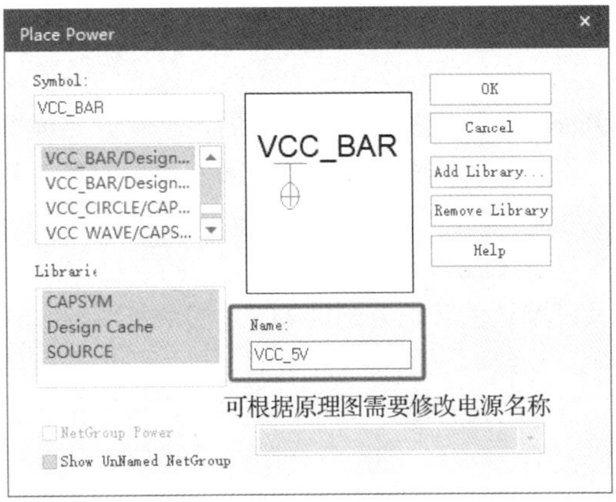

图 3-29

3.3.3 元器件的基本操作

1. 选择元器件

（1）选择单个元器件：单击元器件进行选择。

（2）选择多个元器件：按住 Ctrl 键逐个单击所需元器件。

（3）选择区域内的所有元器件：框选所需区域内的元器件。

（4）选择多个区域内的所有元器件：按住 Ctrl 键逐个框选多个区域中的元器件。

2. 移动元器件

选中元器件后，直接拖动即可移动元器件。默认情况下，移动元器件时，电气连接也会随之一起移动。如果希望切断电气连接，可以按住 Alt 键再进行拖动。

3. 旋转元器件

选中元器件后，按快捷键 R，或选择菜单【Edit】→【Rotate】进行旋转。需要注意的是，旋转元器件会切断电气连接，且旋转命令可能在某些情况下不起作用，通常发生在页边没有足够空间时。

4. 镜像翻转元器件

选中元器件后，可以按快捷键 H 进行水平翻转，按快捷键 V 进行垂直翻转，或者选择菜单【Edit】→【Mirror】选择相应的翻转方式。需要注意的是，文本和位图不能执行镜像翻转操作。

5. 修改元器件的属性

要修改元器件的索引编号和 Value，只需双击它们，在弹出的对话框中直接修改即可。

3.3.4 创建电气连接

当元器件、电源和接地点放置完毕后，接下来就是连接电路。在 Capture 中，元器件的引脚上会显示一个小方块，表示电气信号接线的接点。通过这些接点，你可以将不同的元器件、电源以及接地点连接在一起，完成电路的设计。连接时，只需单击方块并拖动鼠标，按照需要的电气连接方式进行接线即可。

3.3.5 在同一个页面创建电气互联

在同一个页面创建电气互联的常用方法分别是使用连线 Wire 和网络标号 Net Alias。

1. 使用连线 Wire

1）放置连线

单击绘图工具栏上的 Place Wire 图标，或按快捷键 W 开始放置连线。执行上述操作后，光标将变成十字状。此时，将光标移动到元器件的引脚上，单击鼠标开始画线。移动光标可以画出任意走线，直到到达另一个引脚，再单击鼠标完成一条走线。然而，此时光标仍处于画线状态，你需要单击鼠标右键，选择菜单【End Wire】来结束当前的连线。

在绘制线条过程中，系统默认的转角方向是 90°。如果需要绘制任意角度的连线，可以按住 Shift 键并拖动鼠标进行绘制。当绘制完成一条连线后，鼠标仍处于画线状态。如果不再需要继续连线，你可以单击绘图工具栏中的图标，或按快捷键 Esc 来退出画线模式。

2）连接方式

如果两条线成 T 形，系统会自动添加连接点，表示这两条线在电气上存在连接关系；如果两条线成十字形，则默认为没有电气连接。在这种情况下，如果需要在交叉点上放置连接点，可以单击绘图工具栏中的 Place Junction 图标，连接点将附着在光标上。然后，单击鼠标即可将连接点放置在交叉点上。

如果原先已有连接点，执行此操作会取消原先的连接。此外，你还可以按住 S 键选中连接点，然后按 Delete 键删除它。

3）处理悬空引脚

如果需要在没有任何电气连接的引脚上放置无连接标记，可以单击绘图工具栏上的 Place No Connect 图标。此时，光标上会附着一个无连接标记，单击即可将其放置在相应的引脚上，表示该引脚处于悬空状态。

当两个芯片的引脚直接连接在一起，或电源和接地点与引脚直接相连时，执行 Back Annotate 命令时可能会出现问题。这是因为在这些情况下，电气连接可能不被正确识别，导致注释过程出错或缺失。在这种情况下，建议检查电气连接是否符合设计规范，并确保没有不必要的悬空或错误连接。

2. 使用网络标号 Net Alias

网络标号仅适用于两个连接点在同一个页面内的情况。要放置网络标号，首先单击绘图工具栏中的 Place Net Alias 图标，或按快捷键 N，此时将弹出如图 3-30 所示的对话框。

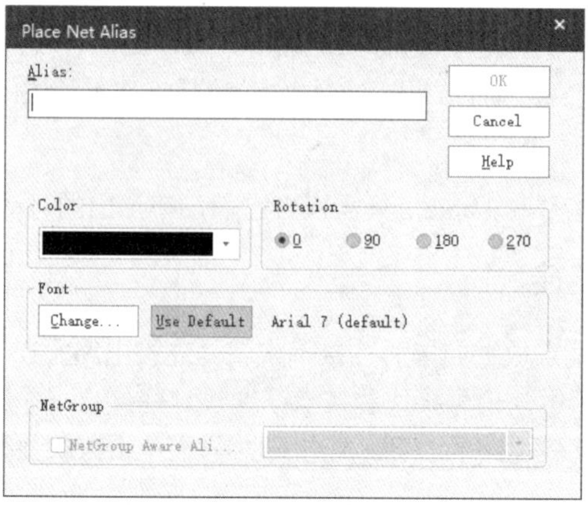

图 3-30

在 Alias 文本框中输入所需的网络名称，单击 OK 按钮确认。此时，光标上会附着一个方框，你可以单击并将其放置在合适的位置。然而，方框必须与一条连线相连，否则无法放置。

放置网络标号后，代表 Net Alias 的方框仍会附着在光标上。如果本次放置的网络名称以数字结尾，则继续放置时，网络标号的数字将自动递增。例如，如果本次放置的 Net Alias 是 A0，那么接下来放置的将是 A1、A2 等。要结束命令，右键单击后，选择菜单【End Mode】即可退出。

3.3.6　在不同页面之间创建电气互联

在不同页面之间创建电气互联的具体步骤如下所述。

（1）单击绘图工具栏中的 Place Off-Page Connector 图标，弹出放置连接端子对话框。在该对话框中，选择合适的 Off-Page Connector 图标，然后单击 OK 按钮确认。此时，Off-Page Connector 将附着在光标上。

（2）单击页面内的合适位置，放置 Off-Page Connector，如图 3-31 所示。

（3）双击已放置的 Off-Page Connector 的文本部分，弹出如图 3-32 所示的对话框。在该对话框中，在 Value 文本框中输入所需的网络名称，然后单击 OK 按钮确认。

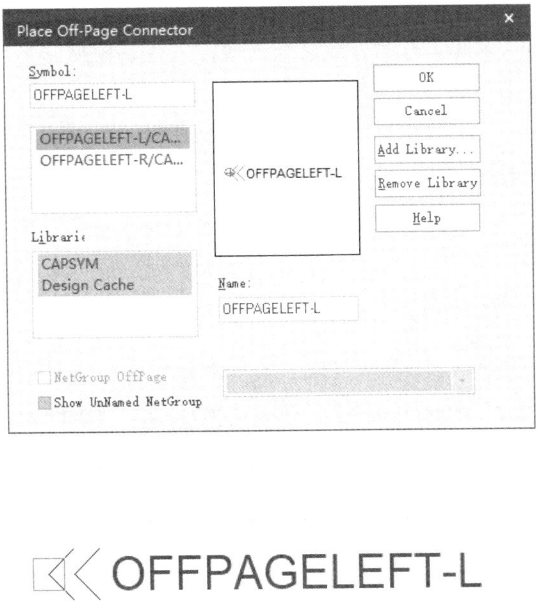

图 3-31

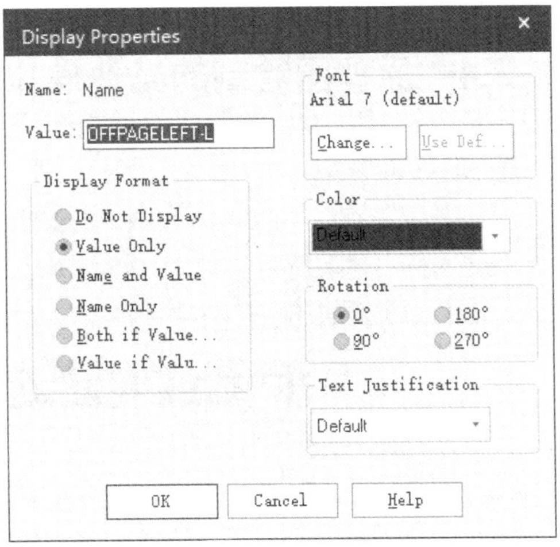

图 3-32

（4）在另一个页面中，放置同名的 Off-Page Connector，确保其网络名称与之前页面中的 Off-Page Connector 相同。这样，两个原理图页面之间就会建立电气连接。

3.3.7　使用总线创建连接

使用总线创建连接的具体步骤如下所述。

（1）单击绘图工具栏中的 Place Bus 图标，在原理图中选择总线的起点，单击开始绘制总线，拖动鼠标继续绘制，双击结束。当绘制总线需要转向时，只需单击页面，系统默认旋转角度为 90°。如果需要绘制任意角度的轨迹，按住 Shift 键并单击转角点即可。

（2）创建总线后，需要为总线命名，并在总线和信号线之间创建电气连接，放置总线入口。

（3）总线名称用于确定总线的网络连接，其命名格式主要有三种：BUSNAME[0..31]、

BUSNAME[0:31]、BUSNAME[0-31]。注意，BUSNAME 不能以数字结束，并且与“[”之间不能有空格。为总线命名时，根据是否存在跨页面互联，选择使用 Net Alias 网络标号或 Off-Page Connector 跨页面连接端子。

（4）连接总线和信号线时，单击绘图工具栏中的 Place Bus Entry 图标或按快捷键 E，此时总线入口将附着在光标上，可以按 R 键旋转调整方向。将 Bus Entry 移动至与总线相接的位置，然后单击放置。按快捷键 F4 可以重复放置。最后，使用 Wire 连接引脚和总线入口，并为 Wire 添加网络标号。

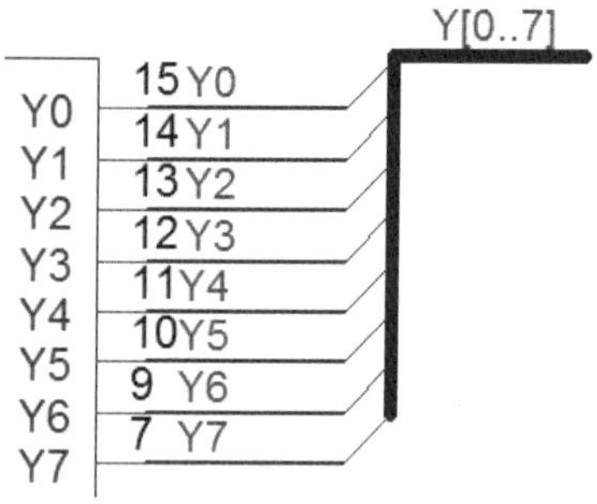

图 3-33

（5）按住 Ctrl 键并拖动 Wire 连接到其他线时，Wire 上的网络标号将自动递增。根据这一特性，为方便操作，在连接总线和信号线时，最好先放置网络名称末尾数字较小的网络，这样操作会更顺畅。信号与总线的连接结果如图 3-33 所示。

连接总线与信号线时需要注意以下几点：

（1）总线和信号线之间只能通过网络标号实现电气连接。

（2）如果不使用网络标号，而是将 Wire 直接连接到总线，则在连接处会显示连接点，但这并未形成真正的电气连接。总线必须通过 Bus Entry 与信号线进行连接，并且要根据命名规则为二者命名。

（3）当两端的总线呈 T 形连接时，系统会自动放置连接点，从而实现电气互联；而两端是十字形连接时，默认情况下没有电气互联。要实现电气互联，必须手动放置连接点。

3.4 原理图绘制的其他操作

1. 放置文本

单击绘图工具栏中的 Place Text 图标或按快捷键 A，弹出 Place Text 对话框。在该对话框中，在文本框中输入所需的文字，若需换行，按 Ctrl+Enter 组合键。在 Color 选项组中选择文本颜色，在 Font 选项组中选择字形和字体大小，如图 3-34 所示。

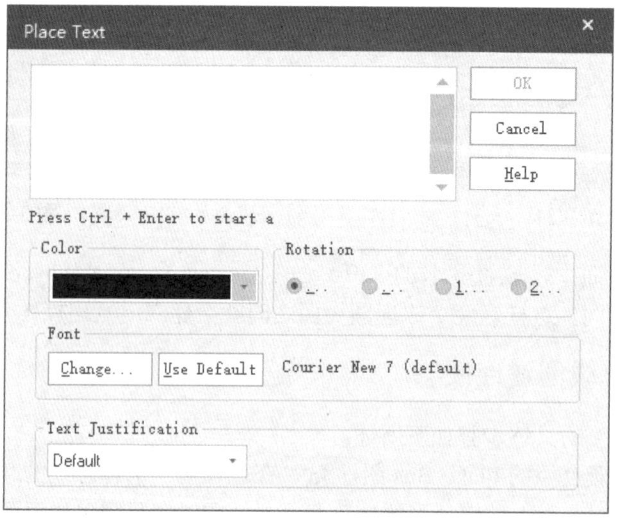

图 3-34

放置文本后，可以直接选中文本并拖动来移动位置，也可以按快捷键 R 旋转文本，以调整其方向。

2. 放置图形

单击绘图工具栏中的绘制图形工具（见图3-35），可选择直线、多边形、矩形、椭圆、圆弧等。

图3-35　绘制图形工具图示

3. 原理图页的相关操作

在使用 OrCAD Capture CIS 时，可以通过文件夹来组织设计中的原理图，一个设计可能包含多个原理图文件夹。为了提高工作效率，多个原理图文件可以在文件夹之间转移或复制。尤其是当一个工程中有多个原理图页在其他工程中需要使用时，可以通过转移或复制这些原理图页来充分利用现有资源，避免重复设计。还可以将整个原理图文件夹从一个工程转移到另一个工程，但需要注意，移动的原理图文件夹不能处于打开状态。

1）移动

将原理图页面转移到其他原理图文件夹或不同工程中有两种方法：选择原理图页面，按下 Ctrl+C 进行复制或 Ctrl+X 进行剪切，然后选择目标文件夹，按下 Ctrl+V 进行粘贴；直接拖动原理图页面到目标文件夹，如果需要复制原理图，则按住 Ctrl 键并拖动。

2）重命名

若需要重命名文件或文件夹，右键单击需要重命名的文件或文件夹，选择菜单【Rename】，在弹出的对话框中输入新名称，单击 OK 按钮确认。如果需要重命名工程文件（.opj），则需要使用 Save As 命令。

3）新建

创建新的原理图文件夹或原理图页面时，首先选择目标文件夹进行保存，然后单击 Design，在下拉菜单中选择需要新建的文件类型进行创建。

4. 原理图设置及打印

（1）在打印原理图之前，首先需设置各页面的打印选项。在工程管理窗口中，右击原理图页面，选择菜单【Schematic Page Properties】，如图3-36所示。

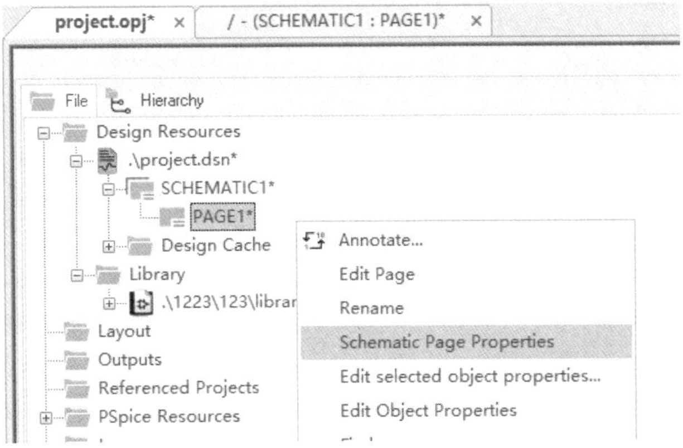

图3-36

（2）在弹出的对话框中可设置各种原理图参数，打开 Grid Reference 选项卡，如图3-37所示。

（3）选择 Border Visible 选项组中的 Printed 复选框，表示打印边框；选择 Title Block Visible 选项组中的 Printed 复选框，表示打印标题栏；选择 Grid Reference Visible 选项组中的 Printed 复选框，表示打印页边的参考栅格。单击“确定”按钮完成该页面的设置。

图 3-37

（4）选择.dsn 文件，选择菜单【File】→【Print Setup】，弹出打印设置对话框。如图 3-38 所示，在该对话框中，根据实际情况进行打印机设置，单击确定按钮完成。

（5）选择菜单【File】→【Print】，弹出 Print 对话框，如图 3-39 所示，在 Scale 选项组中选择 Scale to paper size，单击 OK 按钮完成打印。

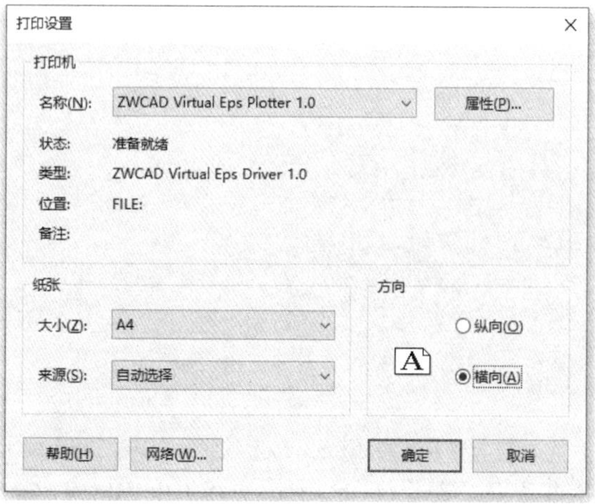

图 3-38

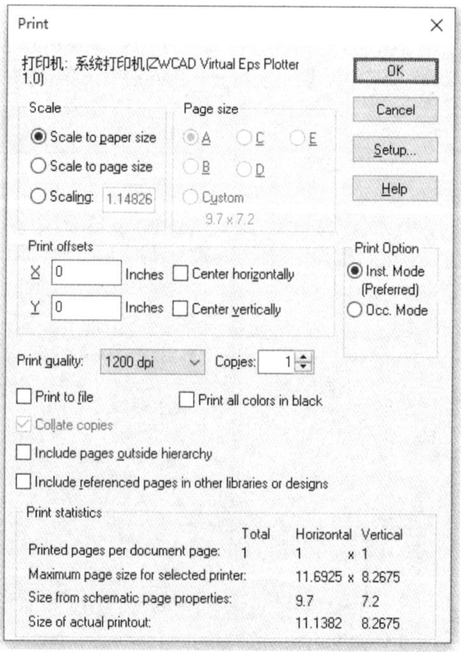

图 3-39

3.5 原理图的后处理

绘制电路图后，通常需要调用 OrCAD 软件包中的一组后处理工具，对设计好的电路图进行各项处理，包括对电路的检查与修改、元器件属性的添加与更新、生成连接网表以及输出各种报表等。

检查原理图有两种方法，一是原理图初步检查，主要检查元器件是否已赋值，是否存在未命名的电源网络等问题；二是 DRC 设计规则检查。

3.5.1 原理图初步检查

初步完成原理图后，需要查错和修改。为此，在工程管理器中选择.dsn 文件，单击鼠标右键，选择菜单【Edit】→【Browse】，可选择 Parts 和 Nets 等子菜单，如图 3-40 所示。

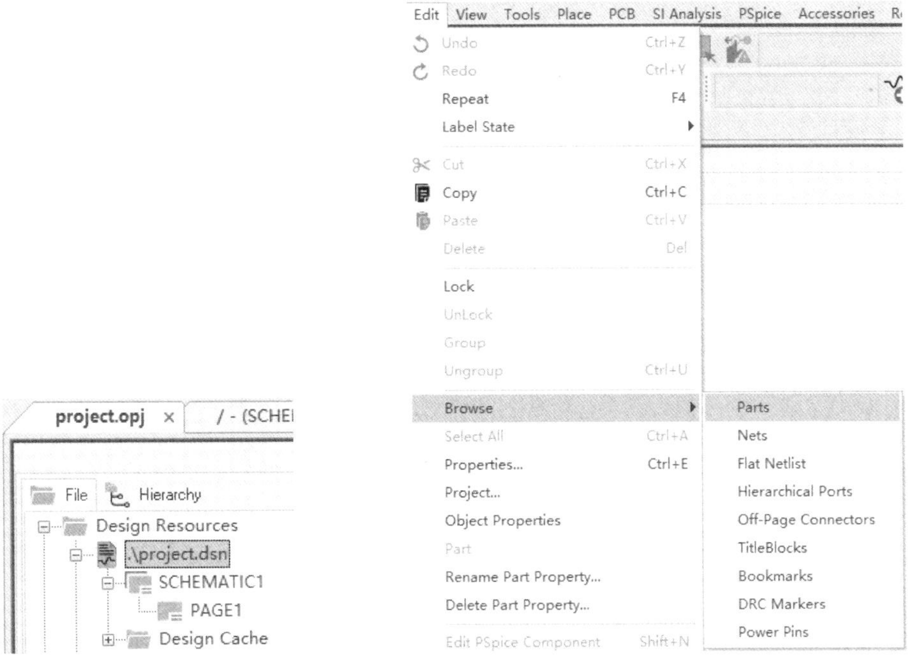

图 3-40

1. Parts 子菜单

选择菜单【Edit】→【Browse】→【Parts】，弹出如图 3-41 所示的对话框。

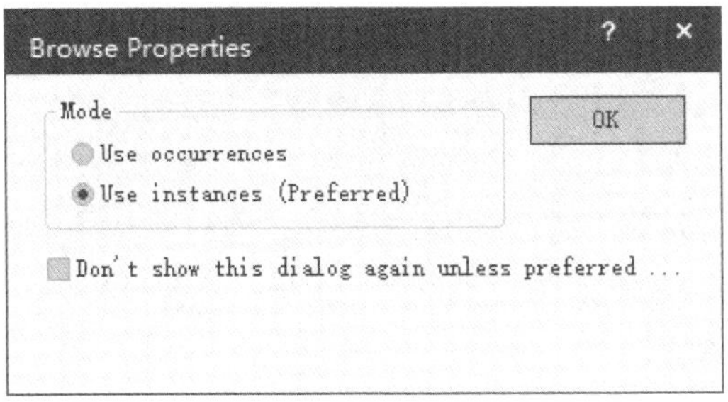

图 3-41

单击 OK 按钮，打开工程中用到的所有元件列表窗口，如图 3-42 所示。从 Part Reference 选项中可以查看元器件是否已编号，如果没有编号，则需要重新进行编号；通过 Value 选项可以检查是否有元器件未赋值，如电容和电阻的数值等。如果存在未赋值的元器件，双击该元器件的 Reference，然后在原理图中进行修改。

Start Page × / - (SCHEMATIC1 : PAGE1) × PROJECT.DSN - BROWSE Parts ×

Part Reference	Value	Source Part	Source Library	Page	Schematic
U1	54ACT8990/LCC	54ACT8990/LCC	D:\CADENCE\C...	PAGE1	SCHEMATIC1

图 3-42

在该窗口中，双击某个元器件的 Part Reference 选项，该元器件所在的原理图页面将被打开，并且该元器件会高亮显示。通过这种方式，可以在原理图工程中方便地定位特定元器件。

2. Nets 子菜单

选择菜单【Edit】→【Browse】→【Nets】，弹出 Browse Properties 对话框。在该对话框中，单击 OK 按钮，打开网络浏览窗口，如图 3-43 所示。

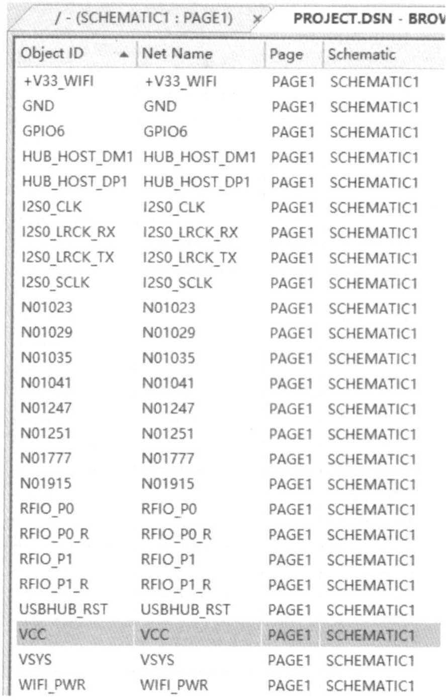

/ - (SCHEMATIC1 : PAGE1) × PROJECT.DSN - BROV

Object ID	Net Name	Page	Schematic
+V33_WIFI	+V33_WIFI	PAGE1	SCHEMATIC1
GND	GND	PAGE1	SCHEMATIC1
GPIO6	GPIO6	PAGE1	SCHEMATIC1
HUB_HOST_DM1	HUB_HOST_DM1	PAGE1	SCHEMATIC1
HUB_HOST_DP1	HUB_HOST_DP1	PAGE1	SCHEMATIC1
I2S0_CLK	I2S0_CLK	PAGE1	SCHEMATIC1
I2S0_LRCK_RX	I2S0_LRCK_RX	PAGE1	SCHEMATIC1
I2S0_LRCK_TX	I2S0_LRCK_TX	PAGE1	SCHEMATIC1
I2S0_SCLK	I2S0_SCLK	PAGE1	SCHEMATIC1
N01023	N01023	PAGE1	SCHEMATIC1
N01029	N01029	PAGE1	SCHEMATIC1
N01035	N01035	PAGE1	SCHEMATIC1
N01041	N01041	PAGE1	SCHEMATIC1
N01247	N01247	PAGE1	SCHEMATIC1
N01251	N01251	PAGE1	SCHEMATIC1
N01777	N01777	PAGE1	SCHEMATIC1
N01915	N01915	PAGE1	SCHEMATIC1
RFIO_P0	RFIO_P0	PAGE1	SCHEMATIC1
RFIO_P0_R	RFIO_P0_R	PAGE1	SCHEMATIC1
RFIO_P1	RFIO_P1	PAGE1	SCHEMATIC1
RFIO_P1_R	RFIO_P1_R	PAGE1	SCHEMATIC1
USBHUB_RST	USBHUB_RST	PAGE1	SCHEMATIC1
VCC	VCC	PAGE1	SCHEMATIC1
VSYS	VSYS	PAGE1	SCHEMATIC1
WIFI_PWR	WIFI_PWR	PAGE1	SCHEMATIC1

图 3-43

在该窗口中，双击某个 Nets 的 Object ID，将打开原理图的相应页面，并且该网络的连线会高亮显示。通过这种方式，可以方便地定位到某一特定网络。

使用网络浏览窗口，可以方便地查看电源网络是否已赋值。例如，图 3-43 中的 VCC 就是一个未赋值的电源网络。虽然在 DRC 检查时不会报错，但该电源网络在 PCB 中将不会与任何电源相连，从而可能导致严重的设计错误。此时，可以在该窗口中查看并进行修改。

建议在绘制原理图后进行全面检查，选择菜单【Edit】→【Browse】快速进行错误查找和修正。

3.5.2 设计规则检查

在电路设计过程中，可能会出现一些不符合常规设计规则的情况。通过调用设计规则检查（DRC）工具，可以及时发现这些问题，生成错误信息报告，并在电路图中标识出错误位置，帮助用户快速定位并修正。

在设计项目管理器窗口中，选中需要进行 DRC 检查的电路图页，单击设计工具栏中的 Design Rules Check 图标，弹出如图 3-44 所示的对话框。

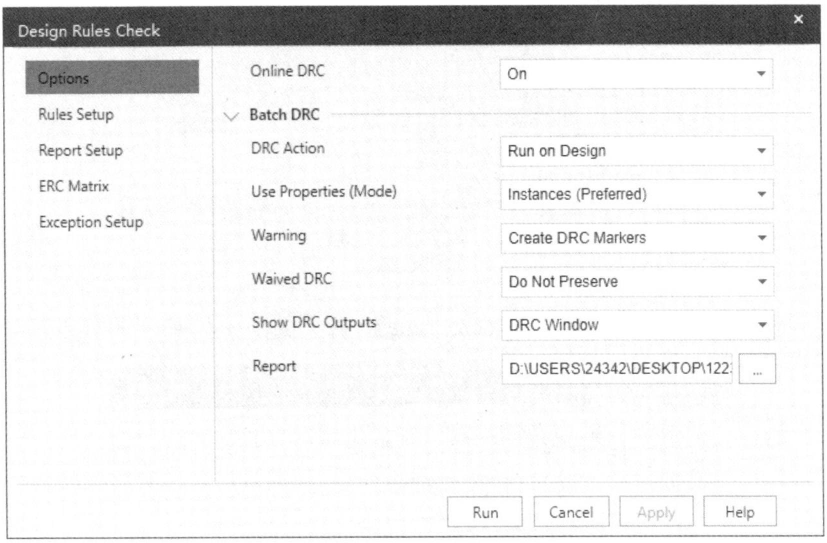

图 3-44

在图 3-44 中设置好相应选项后单击 Run 按钮，检验开始，若发现违背检验标准的 Error 情况，将在电路图中相应位置放置形状为环形的 DRC 标识符。

对于包含有多页电路图的电路设计，DRC 标识符将分散在不同页的电路图中。这时，在项目管理器窗口中，选择菜单【Edit】→【Browse】→【DRC Markers】，弹出 Browse DRC Markers 窗口。该窗口中列出了设计中全部的 DRC 图标，以及出错类型和位置（包括所在的电路层名、电路图纸编号以及在图纸上的坐标）。

双击 DRC Error 列中的某一个 DRC 出错信息项，屏幕上将显示出该错误信息对应的 DRC 标示符所在的电路图，并使该 DRC 标示符处于选中状态。

在显示有 DRC 标示符的电路图中，双击某一个 DRC 标示符，屏幕即弹出相应的 View DRC Marker 文本框，显示与该 DRC 标示符对应的出错信息内容。

DRC 结束后，DRC 检验的情况以及发现的出错信息将显示在屏幕下方的 Session Log 窗口（见图 3-45）中，并同时存放在以 DRC 为扩展名的输出文件中。

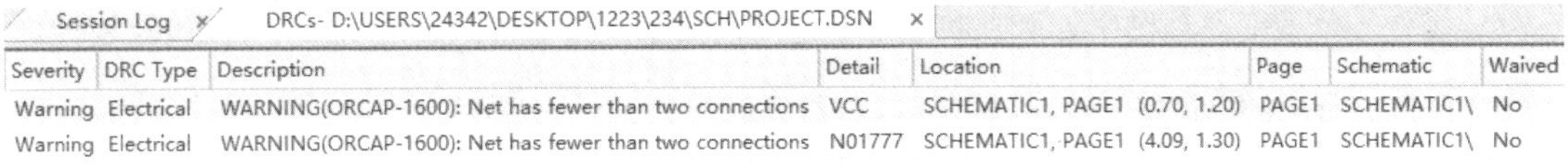

图 3-45

3.6 原理图的添加和修改

原理图初步完成后，通常需要进行一系列的添加和修改。下面介绍几种常用的修改工具。

修改元件较为简单的一种方法是使用批量替换和批量更新功能。通过这两种方式，可以快速高效地替换或更新原理图中的多个元件，无须逐一操作，节省时间并提高修改的准确性。

3.6.1 批量替换

在工程管理器中打开 Design Cache 文件夹，选择要替换的元器件，如图 3-46 所示。

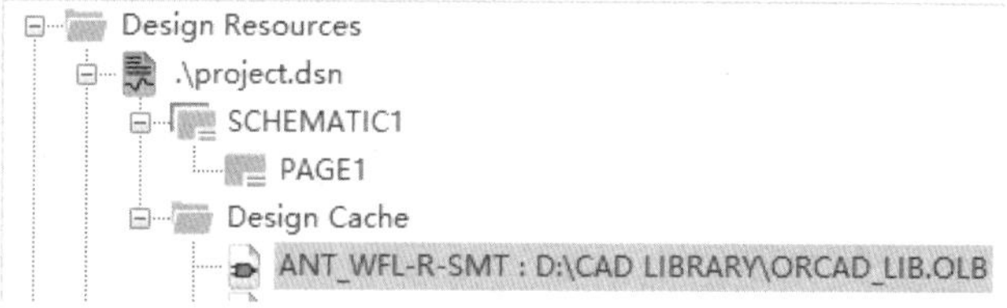

图 3-46

右键单击此元器件，选择菜单【Replace Cache】，弹出如图 3-47 所示的对话框。

图 3-47

单击 Browse 按钮，选择元件库。在 New Part Name 下拉列表框中选择用来替换原来元器件的新元器件，在 Action 选项组中选择是否保留原来元器件的属性，最后单击 OK 按钮执行替换。

该操作可以改变元件库的连接，为此选择不同的库即可，可以使用不同的元器件及不同的库。如果在元件库中添加了元器件的封装信息，并需要通过处理 Cache 将其带到原理图中，则只能执行替换操作。

3.6.2 批量更新

在工程管理器中打开 Design Cache 文件夹，选择要更新的元器件，右键单击元器件，选择菜单【Update Cache】。

该操作不能改变原理图中元器件和元件库之间的关系，只能带来新的 User Properties 属性。

3.6.3 元器件编号

每个元器件编号的第一个字母作为关键字，表示元器件的类别。其后由字母和数字组合，区分同一类中的不同个体。对于某些数字元器件，如一个 74HC08 集成电路封装中包含多个数字单元（如四个反相器），同一个封装中的不同单元会使用相同的元器件编号，在编号后添加字母 A、B 等来区分。例如，同一封装中的四个反相器可以编号为 U1A、U1B、U1C、U1D。

在绘制原理图时，可以设置系统在放置元器件时自动编号。通过选择菜单【Options】→【Preferences】打开设置软件运行环境窗口，单击 Miscellaneous 选项卡。如图 3-48 所示，在该选项卡中勾选 Auto Reference 下的 Automatically reference placed parts 复选框，系统会在绘制元器件时自动进行编号。此时，元器件编号会在关键字母后依照绘制顺序自动加上数字，如电阻元器件会被自动编号为 R1、R2 等。

图 3-48

如果未选中该复选框，则电路中每个元器件的编号会显示为在关键字母后加上问号“？”，表示待编号处理。例如，所有电阻的编号为 R？，所有反相器单元的编号则为 U？A、U？B 等。

在对电路图做进一步处理之前，首先必须保证电路图中每个元器件均有一个单独的元件编号。下面就介绍几种可修改元器件编号的工具。

1．Annotate 选项卡

在项目管理器窗口中，选中待进行编号的一页或多页电路设计，或者整个电路设计。单击设计工具栏中的 Annotate 图标，进入自动编号设置界面，具体设置选项如图 3-49 所示。

设置好选项后单击确定按钮，启动 Annotate 模块。这时屏幕上出现提示信息，要求用户再次确认。如图 3-50 所示，若单击提示信息对话框中的确定按钮，即运行了 Annotate 模块，并将更新了元器件编号的电路图存入文件。同时，在 Session 窗口中显示更新过程的信息，包括电路图中每一类元器件的最高编号和序号。

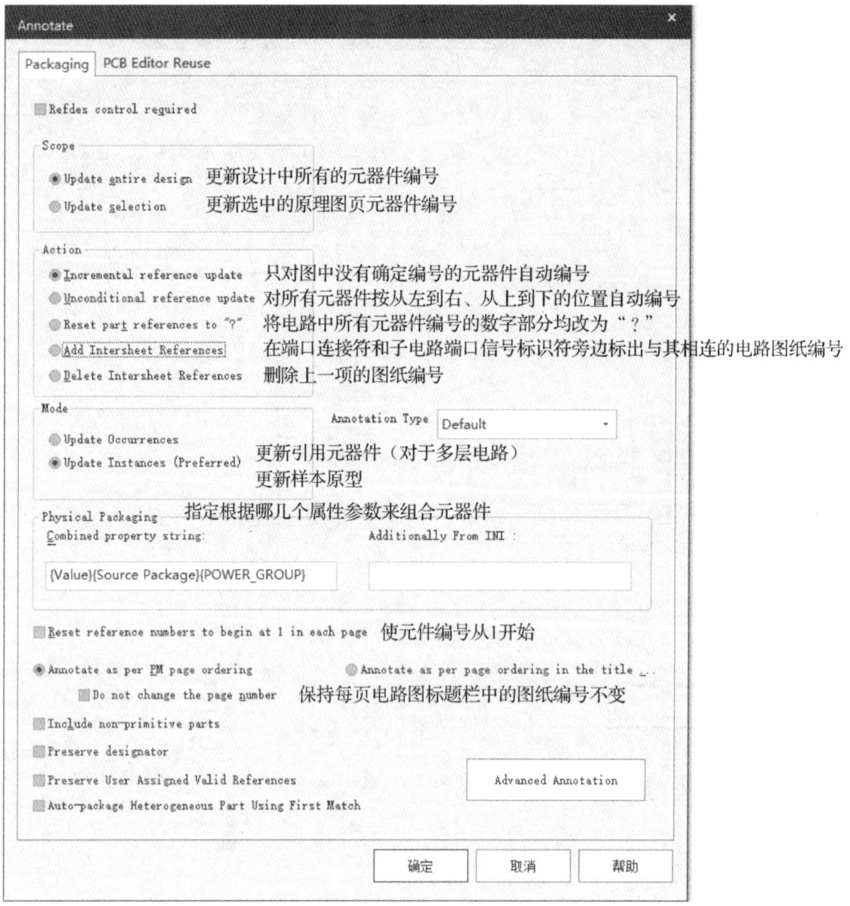

图 3-49

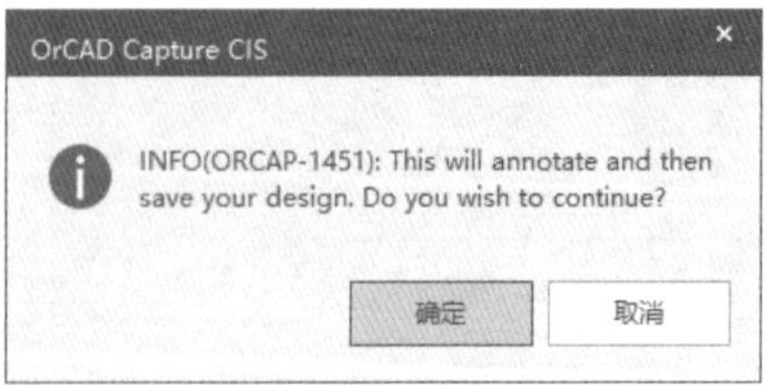

图 3-50

此外，在 Annotate 窗口中，还有几个值得注意的选项。

（1）添加页面编号信息 Add Intersheet References。

对拼接式和分层式电路设计，包含有多页电路图纸，不同图纸之间用端口连接符和子电路端口信号标识符，标识信号的传递关系。这个选项就是在连接符号标识符旁边，添加表示不同页面之间连接关系的图纸页面编号信息。选中这项后单击 OK 按钮，屏幕上会弹出页面标号设置窗口。如图 3-51 所示。

完成设置后，单击 OK 按钮，系统即按上述设置，在电路图中放置页面标号信息。删除页面标号信息只需在 Annotate 窗口中选择 Delete Intersheet References 选项，再单击 OK 确认即可。

（2）属性参数组合 Combined Property Strings。

在进行 PCB 设计或生成统计报表时，有时需要将某一部分元器件组合在一起，便于管理和输出。通过在 Combined Property Strings 中设置几个属性参数名，可以指定组合的标准，从而将所有属性参数中这几个属性值相同的元器件组合在一起。

例如，在生成元器件清单时，可以根据标注将符合条件的元器件组合在一起，并生成输出报表。此时，组合的标准可以根据元器件的属性参数进行设置，并且用户还可以为组合后的元器件添加附加信息。

作为“组合”标准，其组成格式有一个固定的基本格式，通常由一项或多项带有大括号的属性参数类型名称组成。例如，{Value}{Reference}表示将元器件的值（Value）和编号（Reference）均相同的元器件组合在一起。

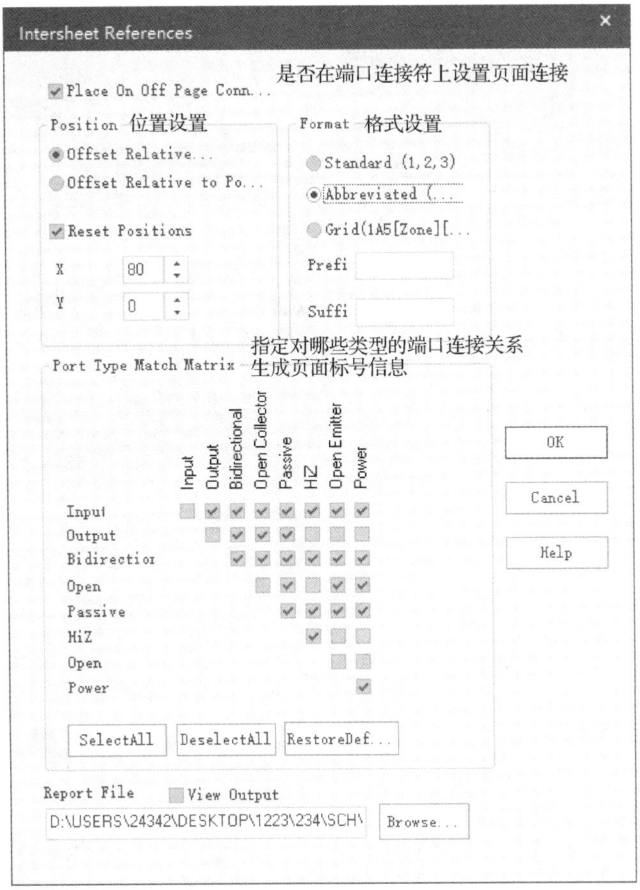

图 3-51

此外，用户可以根据需要在大括号外添加其他字符，标示附加信息和格式。例如，Part:{Value}{Reference}，这样在生成的报表中，每个组合元器件都会显示为“Part:[值][编号]”，使报表更具可读性和自定义性。

2. Back Annotate 选项卡

使用 Back Annotate 选项卡可以根据互换文件的设置，同时修改和互换电路中部分元器件的编号及其引线编号。此选项卡简要描述如下。

在调用 Back Annotate 选项卡之前，需要先生成互换文件。生成互换文件有两种方法：手动生成互换文件，使用一般的文本编辑软件，按照固定格式生成 ASCII 码的互换文件；自动生成互换文件，在 OrCAD 的其他应用模块（如 OrCAD Layout）中生成互换文件。

生成互换文件后，用户需要在项目管理器窗口中选中待更新的电路设计，并单击设计工具栏中的 Back Annotate 图标 。此时会弹出一个设置窗口，用户可以在窗口中进行简单的设置，如选择需要更新的元器件编号和引线编号等。设置完成后，单击 OK 按钮，系统将按照 SWP 互换文件的内容，自动更新电路图中的元器件编号和引线编号。

3.7 添加封装属性

1. 单个添加

1）方法 1 ：在原理图中直接修改

在原理图中双击某一元器件，弹出如图 3-52 所示的窗口。

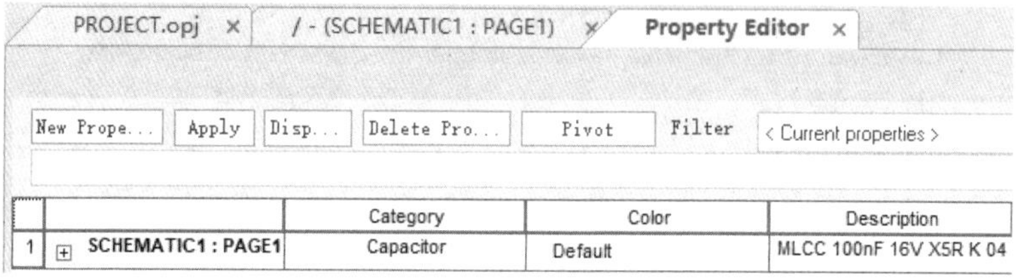

图 3-52

如图 3-53 所示，右键单击左上角的空白处，选择菜单【Pivot】，在弹出的对话框中可以看到该元器件的各属性值按列排列。

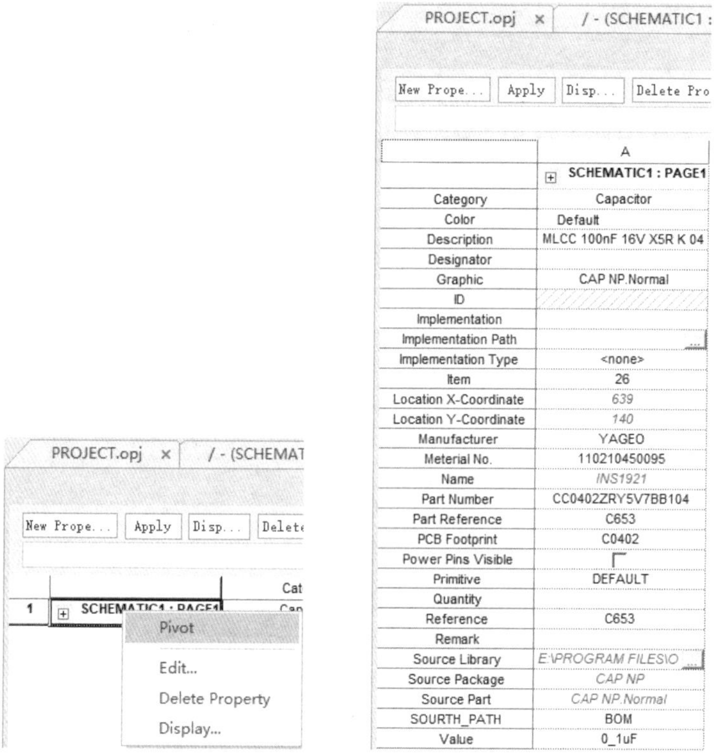

图 3-53

在 PCB Footprint 属性窗口右侧的空白处输入封装名称，单击 Apply 按钮，确认后关闭属性窗口。

2）*方法 2：在原理图库中修改*

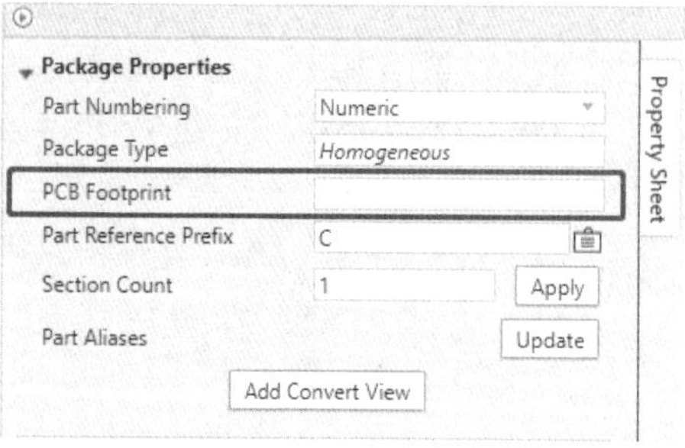

图 3-54

打开原理图库，双击需要修改的元器件，打开元器件编辑界面。如图 3-54 所示，在右侧的 Package Properties 中的 PCB Footprint 文本框中输入封装名称，单击 OK 按钮确认，保存更改。

打开原理图工程，打开 Design Cache 文件夹。如图 3-55 所示，右键单击需要封装的元器件，选择菜单【Replace Cache】。

弹出如图 3-56 所示的对话框，在 Action 选项组中选择 Replace schematic part properties 单选按钮及 Preserve Refdef 复选框，单击 OK 按钮确认。

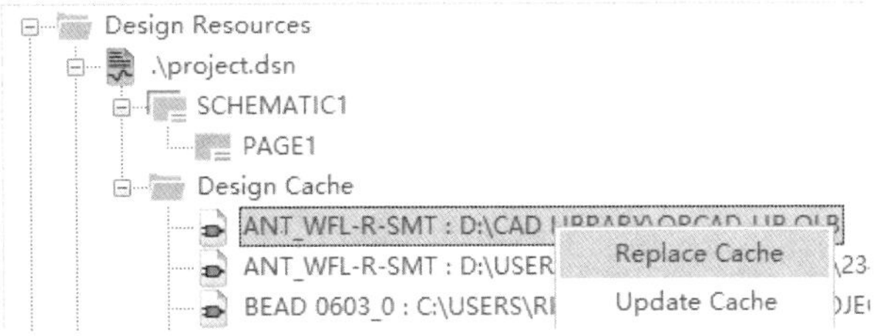

图 3-55

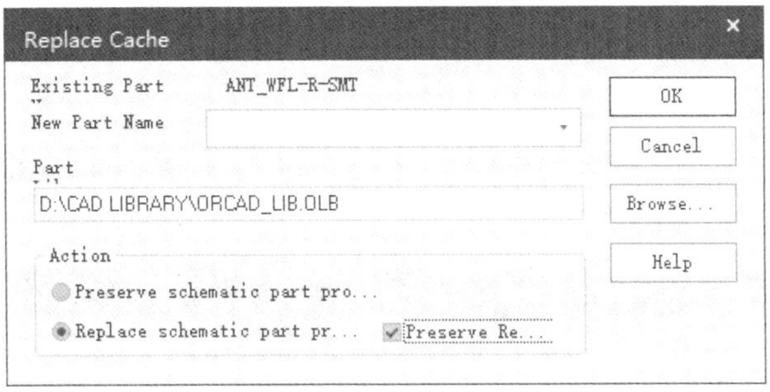

图 3-56

2．批量添加

1）*方法 1*

选中要修改的所有同类元器件，单击鼠标右键，选择菜单【Edit Property】，弹出 Property Editor 窗口。

在弹出的窗口中单击 PCB Footprint 框，选择整列，单击鼠标右键，选择菜单【Edit】，弹出如图 3-57 所示的对话框。

在文本框中输入封装名称，单击 OK 按钮，则所选择的元器件封装信息被添加到 Property Editor 中。单击 Apply 按钮，关闭属性编辑窗口。

2）*方法 2*

如图 3-58 所示，右键单击工程管理器窗口中的 PAGE1，选择菜单【Edit Object Properties】，打开 Property Editor 窗口。在该窗口中，显示了该原理图内所有的元器件信息。在此窗口中添加封装名称，单击 Apply 按钮即完成所有封装的添加。

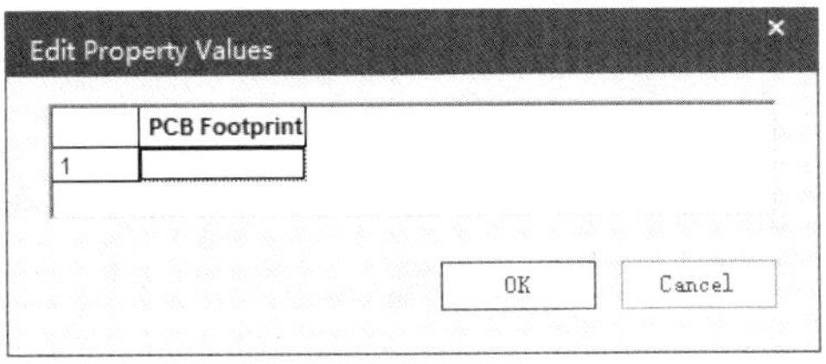

图 3-57

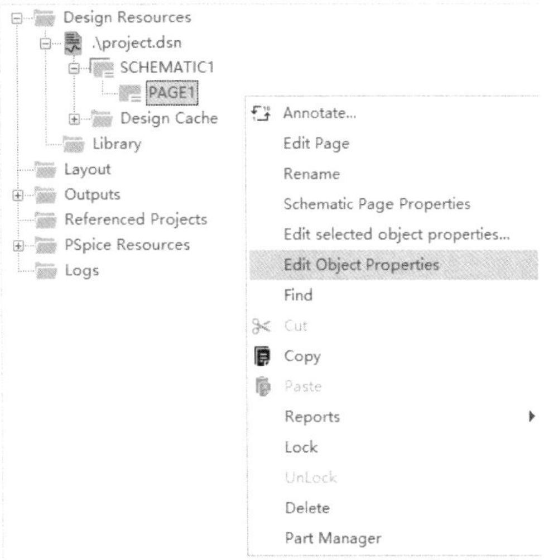

图 3-58

3.8 原理图输出

1. 生成网表

生成网表之前，首先需要对原理图进行检查，确认电气连接、逻辑功能和电源连接是否正确。

在工程管理器中选择.dsn 文件，单击鼠标右键，然后选择菜单【Tools】→【Design Rules Check】，执行 DRC 检查。如果存在错误，需返回进行修改，直到消除所有错误。

当原理图检查完毕后，再次在工程管理器中选择.dsn 文件，单击鼠标右键，选择菜单【Tools】→【Create Netlist】，此时将弹出 Create Netlist 对话框。具体操作步骤请参考本书第 7.1 节内容。

2. 生成元件清单

选择.dsn 文件，单击鼠标右键，选择菜单【Report】→【CIS Bill of Material】→【Standard】，弹出如图 3-59 所示的对话框。

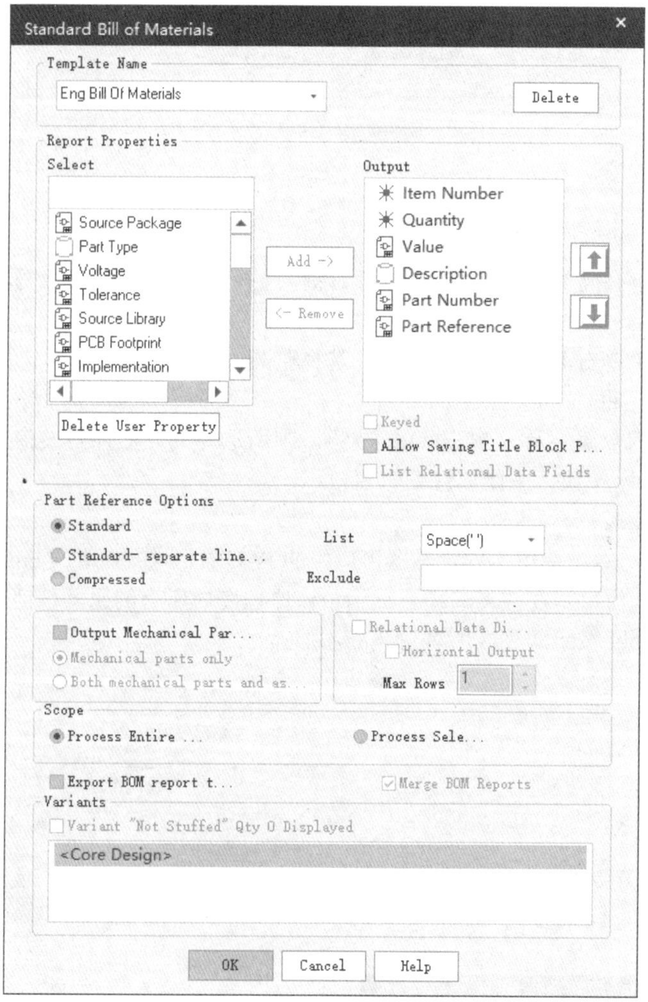

图 3-59

如图 3-60 所示，在 Output 下拉列表中选择某一选项后，可以使用右侧的上下箭头来调整其顺序，最终输出的报告栏目及顺序将与此设置一致。如果需要删除某一项，可以选择该项后单击 Remove 按钮进行删除。如果需要添加输出选项，可以在 Select 下拉列表框中选择所需选项，单击 Add 按钮将其添加到 Output 下拉列表框中。

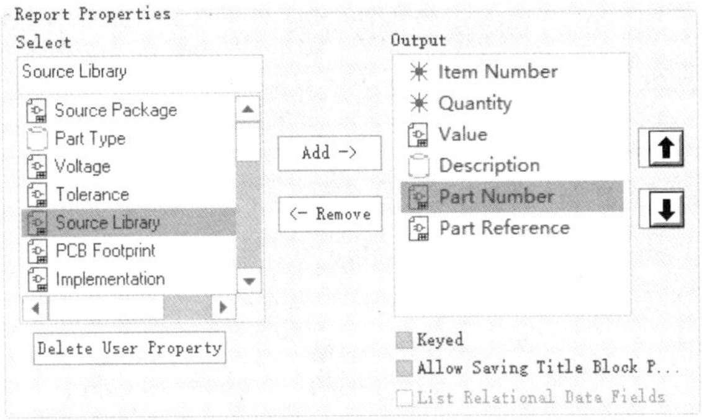

图 3-60

如图 3-61 所示，如果选择 Export BOM report to Excel 复选框，则以 Excel 表格形式输出；否则以网页格式输出。

图 3-61

设置完成后单击 OK 按钮，以网页格式输出的结果如图 3-62 所示。

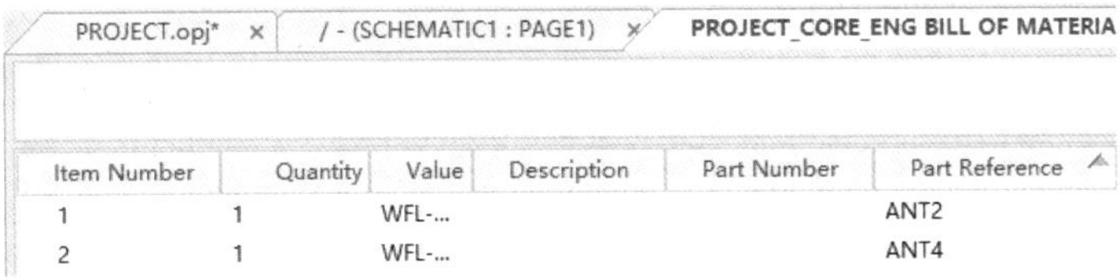

图 3-62

此外，在 BOM 输出方式中，还有另外一种方式。选择.dsn 文件，单击鼠标右键，选择菜单【Tools】→【Bill of Material】，弹出如图 3-63 所示的对话框。

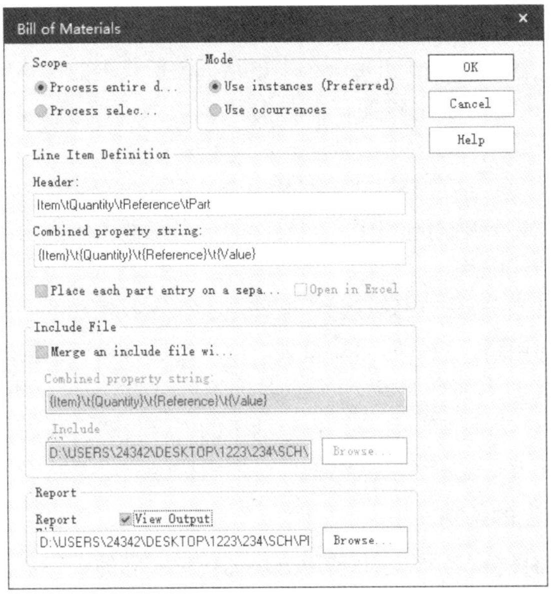

图 3-63

勾选 View Output 选项，单击 OK 按钮生成元器件清单后会自动打开清单文件，在该文件中可以看出相同值的元器件被分组列出，如图 3-64 所示。

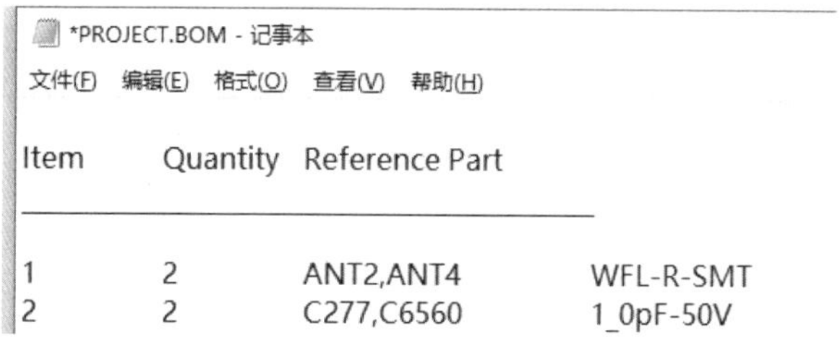

图 3-64

3.9 层设计电路

对于较为复杂的电路设计，通常采用拼接式和分层式的电路结构。其中，分层式电路结构尤其广泛应用于电路和系统设计中。

3.9.1 拼接式电路

当电路规模较大时，可以按功能将其划分为几个部分，每部分绘制在一页图纸上。各部分电路图之间的信号连接关系可以通过端口连接符 Off-Page Connector 表示，这就是拼接式电路设计。拼接式电路中，各页面属于同一层次，相当于在同一个图纸资料夹内。

绘制拼接式电路的关键是生成多页电路图纸，并在每一页上绘制相应的电路图。在与其他页面电路图传递信号的端口处，需要放置 Off-Page Connector 符号。同时，要确保不同页面图纸之间传递信号的 Off-Page Connector 符号具有相同的端口连接符号名称。

生成多页电路图纸的方法已经在前面介绍过。首先，在项目管理器窗口中选中 SCHEMATIC1，然后单击鼠标右键，选择菜单【New Page】。在弹出的窗口中输入新的页面名称，最后单击 OK 按钮即可。

3.9.2 分层式电路

分层式电路充分体现了“自上而下”的设计方法。首先，在一层图纸上以框图的形式设计出总体结构，接着在另一层图纸上设计出每一个子电路框图所代表的电路结构。在实际设计中，下一层次的电路图可能还包含有子电路图，并按分层式关系逐级细分，直到不再包含子电路的最低层次。

分层式电路有两种类型：简单分层式电路和复合分层式电路。

简单分层式电路：如果分层式电路中不同层次的子电路框图所包含的各个子电路没有重复的部分，则称之为简单分层式电路。

复合分层式电路：如果分层式电路设计中某些层次包含有相同的子电路，则称之为复合分层式电路。对于这些重复的电路，设计时只需绘制一次，之后可以在不同的地方调用。

采用分层式电路设计的原因有很多，并不只是因为电路的复杂性，更多时候是为了便于管理、提高图纸清晰度、优化电气性能等。如今，自上而下的设计策略已成为电路和系统设计的主流，因此较为复杂的电路设计大多采用分层式结构，而使用拼接式电路结构的情况则较少。

1. 简单分层式电路图的绘制

层电路图通过将电路图分门别类，并使用方块图代替实际的电路，简化了设计和查看过程。从根层开始查看电路图，可以清晰地看到整个电路的结构，便于理解和分析各个部分之间的关系。

（1）当我们要放置一个电路方块图时，打开原理图绘制窗口，选择菜单【Place】→【Hierarchical Block】，出现放置电路方块图对话框，各项设置如图 3-65 所示。

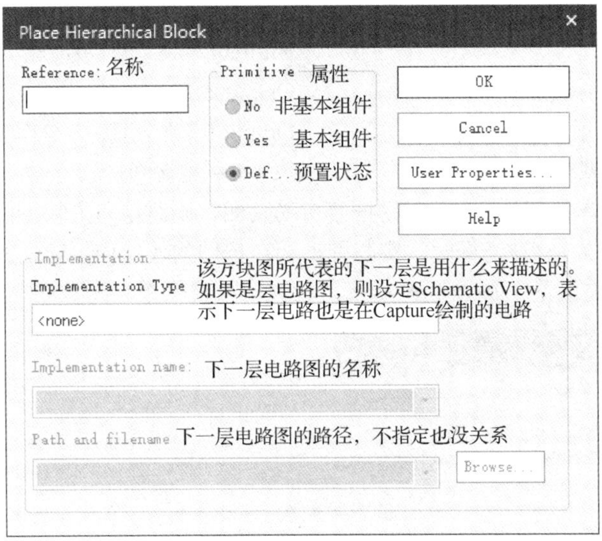

图 3-65

User Properties 用于指定与电路图相关的参数属性。单击此按钮后，会弹出用户属性对话框，如图 3-66 所示。在该对话框中，Name 和 Value 两列显示刚刚设置的结果。如果 Attribute 列中显示字母 V，则表示该属性参数将在电路图上显示。在对话框中选中某项属性参数后，参数名称会显示在对话框底部，用户可以在右侧的文本框中修改参数设置值。单击 Display 按钮后，弹出的对话框允许用户改变相应属性参数的显示情况。单击 Remove 按钮可以删除选中的属性参数。若选中的参数为只读式，则 Remove 按钮为灰色，无法选中。

此外，单击 New 按钮，可以为方块图添加新的属性。

全部设置完成后，单击 OK 按钮，窗口中的光标将变为十字形。在需要放置电路方块图的位置，使用鼠标单击一个顶点并拖动，拉开一个矩形区域，调整大小后放开鼠标左键，即可完成电路方块图的绘制。

如图 3-67 所示，刚绘制好的方块图将在屏幕上呈选中状态。此时，绘制出的电路方块图的左上方和左下方分别显示了该方块图的名称和其代表的子电路图的名称。

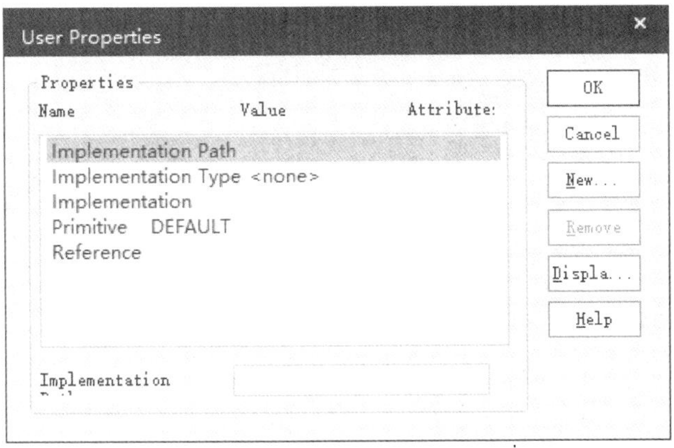

图 3-66

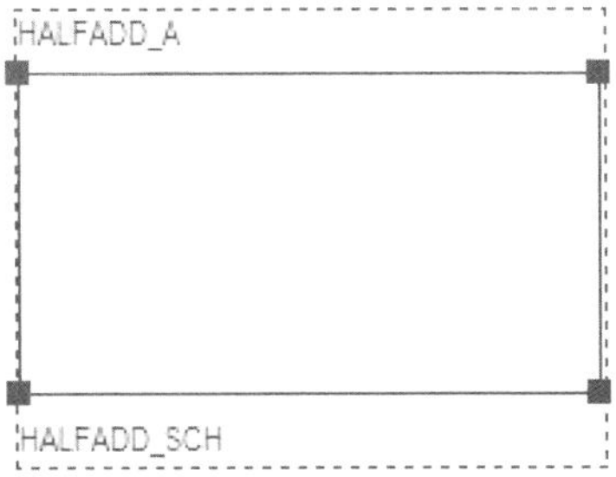

图 3-67

（2）为了实现电路方块图与周围电路的电连接，需要在电路方块图上放置引出端。在电路方块图被选中的状态下，选择菜单【Place】→【Hierarchical Pin】，弹出如图 3-68 所示的对话框。

输入引出端的名称，设定其属性（单线 Scalar 和总线 Bus 两种）和类型。引出端的类型包括：

3 State—三态引脚；　　Bidirectional—双向引脚；

Input—输入引脚；　　Open Collector—集电极输出引脚；

Open Emitter—发射极输出引脚；　　Output—输出引脚；

Passive—无源引脚；　　Power—电源引脚。

设置好参数后，单击 OK 按钮，对话框会自动关闭，同时电路方块图的边线内侧会出现代表引出端的实心几何图形。移动光标时，实心图形会在框图的边线内层随之移动。单击鼠标后，引出端将被放置在合适的位置。如图 3-69 所示，已成功放置一个名为 X 的输入端。

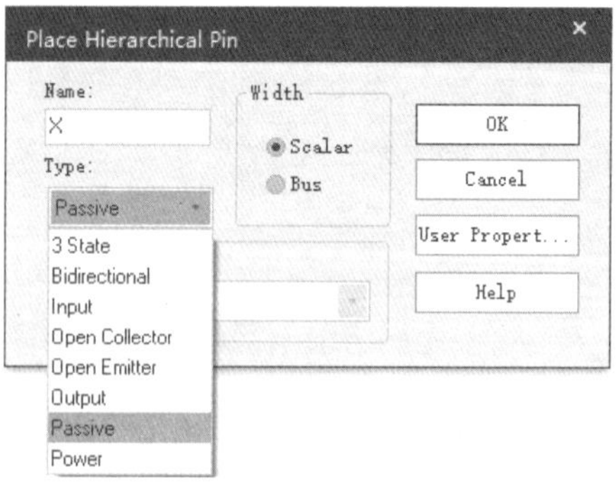

图 3-68

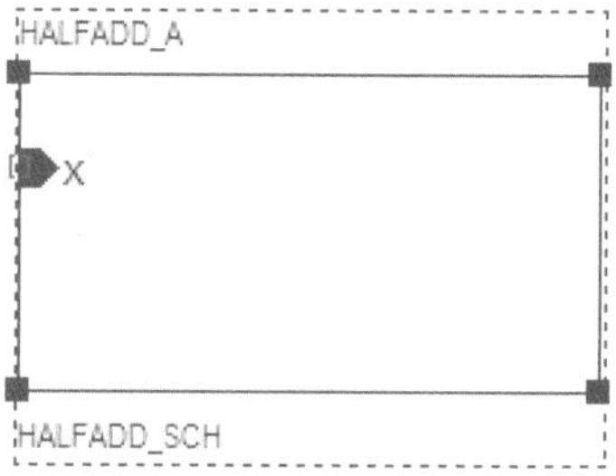

图 3-69

放置第二个引出端时，单击鼠标右键，选择菜单【Edit Properties】，如图 3-70 所示。在弹出的对话框中输入新的数值，然后单击 OK 按钮以确认。放置完成后，单击鼠标右键，选择菜单【End Mode】以结束引出端的放置。

重复前面的操作，直至放置好所有的电路方块图和引出端，如图 3-71 所示。

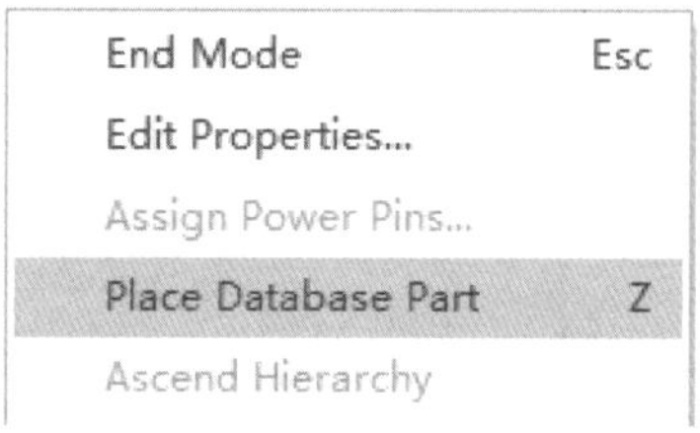

图 3-70

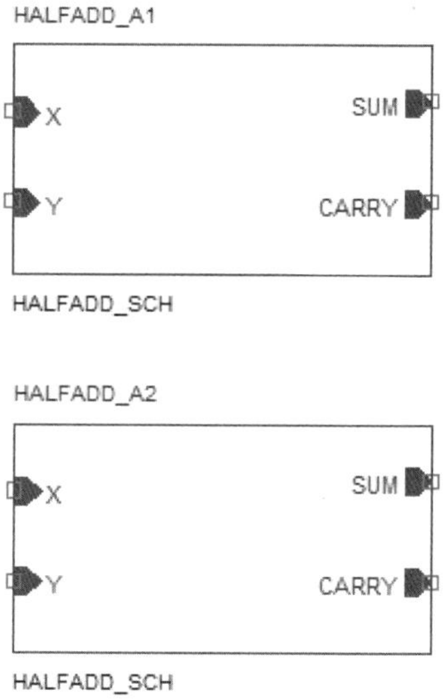

图 3-71

（3）分层电路的端口符号用来表示分层子电路端口与上一层电路方块图引出端之间的对应关系。选择菜单【Place】→【Hierarchical Port】，弹出如图 3-72 所示的对话框。

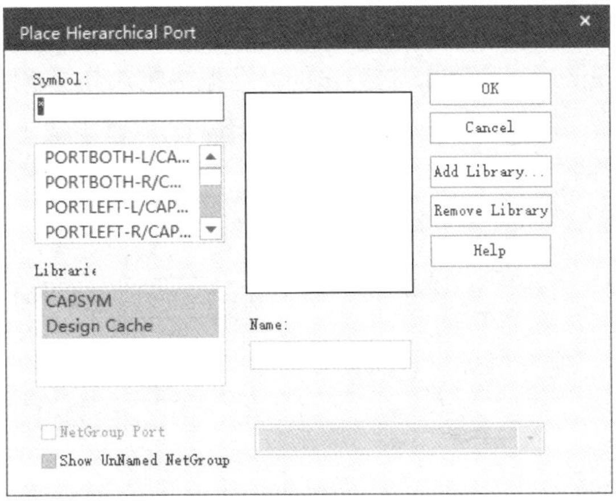

图 3-72

在图 3-72 中，选择合适的端口符号，在 Name 文本框中输入端口名称，单击 OK 按钮。此时，选中的端口符号附着在光标上，移动光标至合适位置，单击放置端口，如图 3-73 所示。

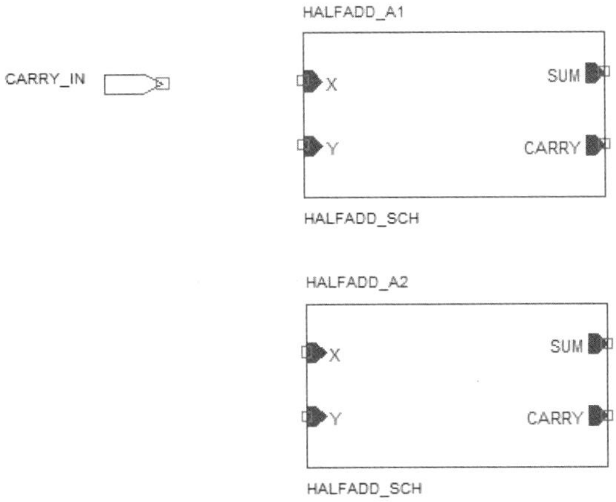

图 3-73

放置好第一个端口后，单击鼠标右键，选择菜单【Edit Properties】，修改参数并单击 OK 按钮确定。然后继续移动光标，放置其他端口。放置完成所有端口后，进行连线操作，最终完成电路的连接，如图 3-74 所示。

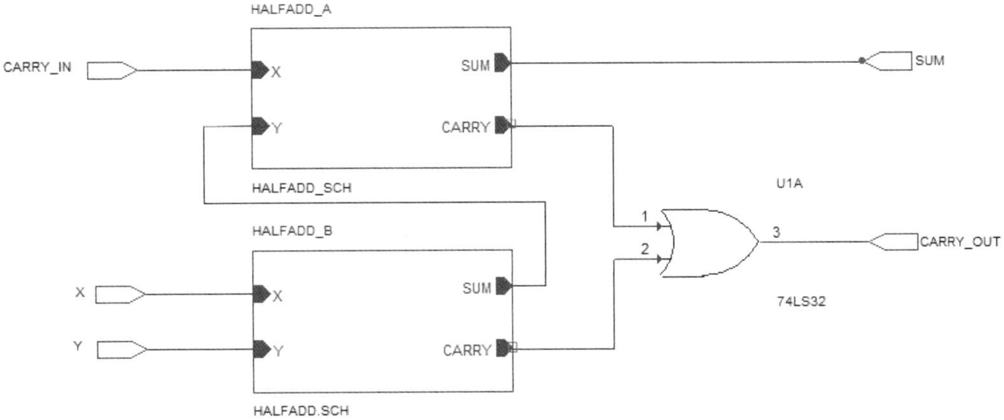

图 3-74

现在编辑方块图 HALFADDA 的内层电路，首先选中电路方块图 HALFADDA，然后单击鼠标右键，选择菜单【Descend Hierarchy】，在弹出的对话框中输入分层电路的名称，单击 OK 按钮，下一层电路图窗口将打开。由于在上一层的电路方块图中已放置了四个引出端，因此从该框图进入下一层时，自动出现了四个分层电路的端口符号，这些端口符号的名称和属性与上一层的四个引出端一一对应，如图 3-75 所示。

图 3-75

根据设计需要，完成子电路图的绘制。

在绘制好该子电路后，选择菜单【View】→【Ascend Hierarchy】，或按快捷键 Shift + A，返回上一层电路，准备继续绘制其他子电路。如此反复操作，绘制好整个电路图后，记得保存设计。至此，电路图的绘制工作就全部完成了。

2．复合分层式电路图的绘制

复合分层式电路图的绘制方法与简单分层式电路基本相同，唯一的区别在于复合分层式电路中，不同电路方块图的子电路名称和属性完全相同。由于两个电路方块图的下一层是相同的子电路，因此只需在选中一个框图后，执行进入下一层次电路的菜单即可。

在复合分层式电路中，有两个或多个电路方块图对应的是相同的下一层子电路，因此存在子电路被多处引用的情况。生成电连接网表文件时，系统会在引用的元器件编号前加上电路方块图名，从而区分每个引用的元器件在整个电路设计中的位置，避免引起混乱。

如果尝试打开一个被多处引用的电路图页面，系统会弹出 Select Occurrence 对话框。该对话框列出了该电路图页面被引用的所有情况。在列表中选择一个引用名后，单击 OK 按钮，所选引用的电路图就会显示出来。

第 4 章　PCB 焊盘封装的设计

在 Allegro 中，焊盘包含以下信息：焊盘名称、顶层/底层/内层的焊盘数据、阻焊层、钢网层、钻孔数据等。建立焊盘是创建元器件封装的第一个步骤。在建立元器件封装之前，必须先创建使用到的元器件引脚的文件。只有在完成焊盘设计后，才能继续建立与之对应的元器件封装。因此，本章将重点介绍焊盘设计的过程，为后续的元器件封装设计奠定基础。

4.1　焊盘编辑界面

单击开始菜单，在 Cadence PCB Utilities 17.4-2019 的下拉菜单中单击图标（见图 4-1），弹出焊盘编辑界面。

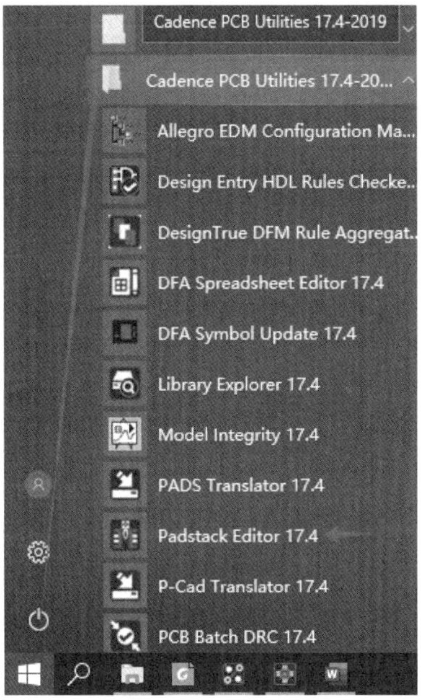

图 4-1

（1）“Start”面板（见图 4-2）中的参数说明如下所述。

Select padstack usage：孔的设计类型。

Select pad geometry：焊盘的设计类型。

Units：制作焊盘的设计单位。

Decimal places：焊盘尺寸到小数点后几位的精度设置。

（2）“Drill”面板（见图 4-3）中的参数说明如下所述。

Finished diameter：成品的孔径大小。

Tolerance：成品的孔径公差。

注意：按照 PCB 制板厂的制程能力进行设置孔径一般镀铜孔的孔径公差是+/−0.076mm（+/−3mil），非镀铜孔的孔径公差是+/−0.05mm（+/−2mil），槽孔的孔径公差是+/−1mm（+/−4mil）

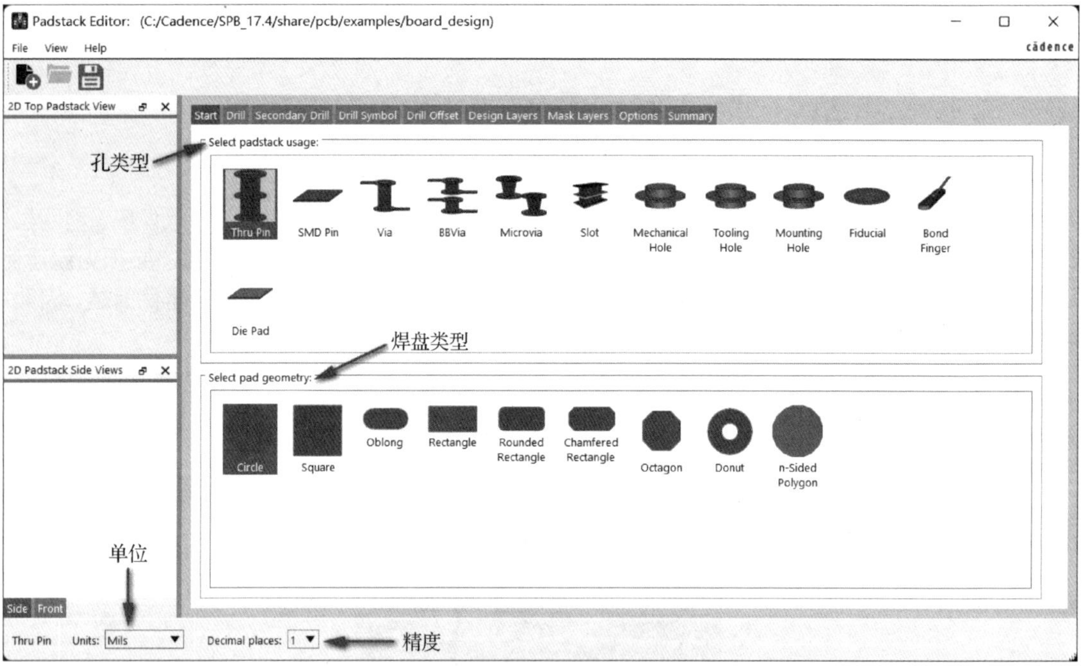

图 4-2

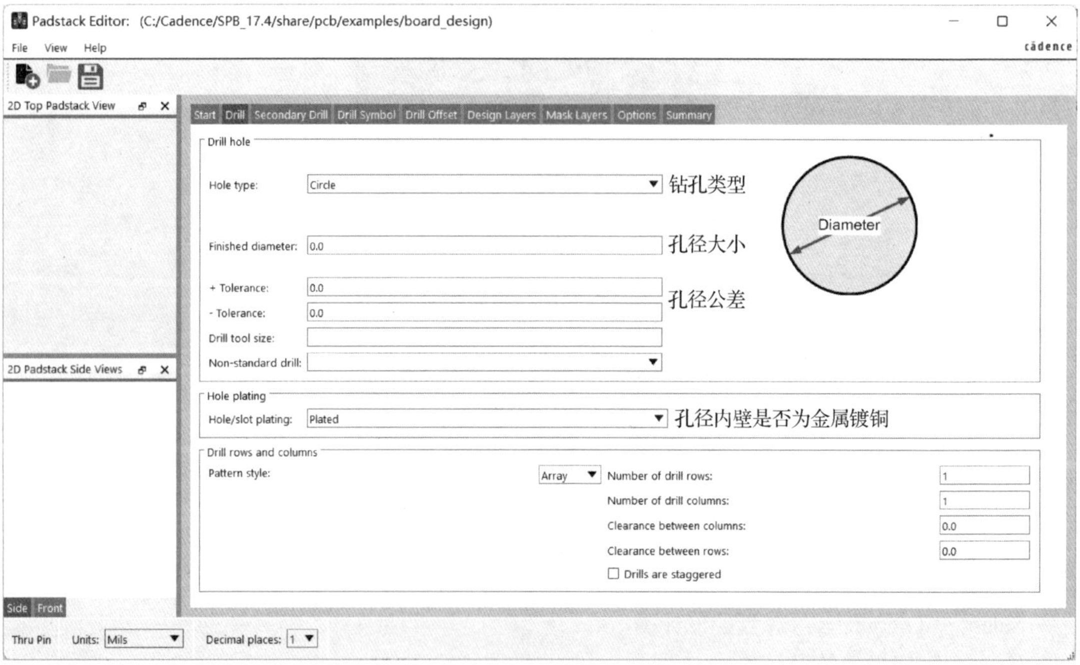

图 4-3

Drill tool size：指定在电镀前用于钻孔的工具尺寸，此项一般忽略。

Non-standard drill：非标准钻头。

Hole/slot plating：孔径内壁是否为金属镀铜，即金属化孔设计。

Drill rows and columns：自定义多个钻孔模式。

Pattern style：有三种样式类型可用，即 Array（阵列）、Polar（极坐标）和 Custom（自定义）。

（3）“Drill Symbol”面板（见图 4-4）中的参数说明如下所述。

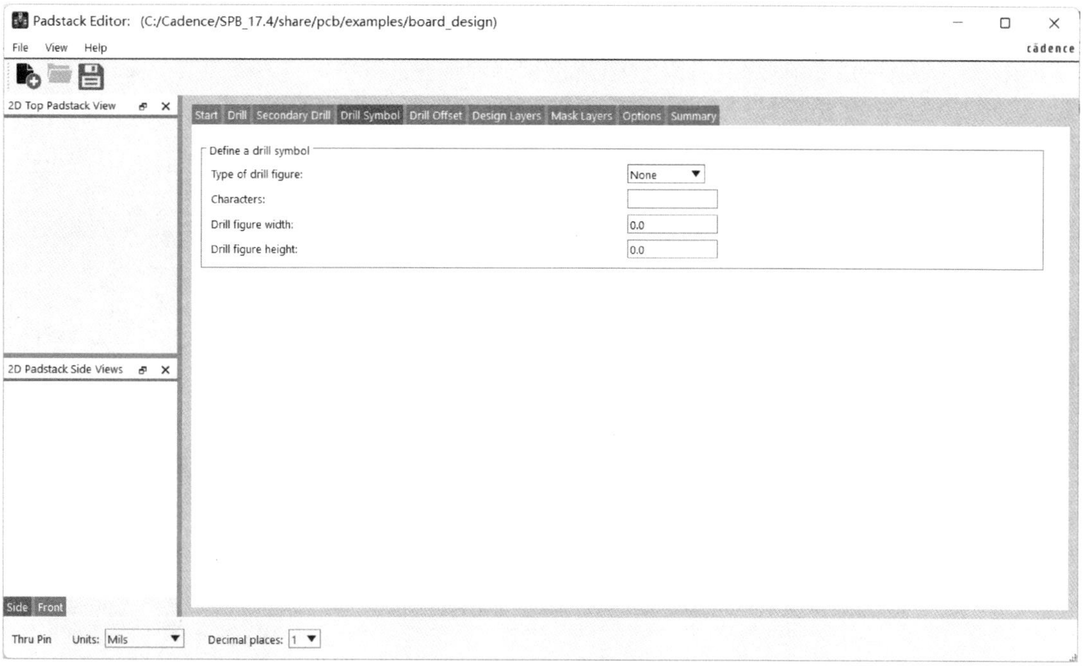

图 4-4

Type of drill figure：钻孔符的外形形状。

Characters：钻孔符的标识字符。

Drill figure width：钻孔符的宽度数值。

Drill figure height：钻孔符的高度数值。

（4）“Drill Offset”面板（见图 4-5）中的参数说明如下所述。

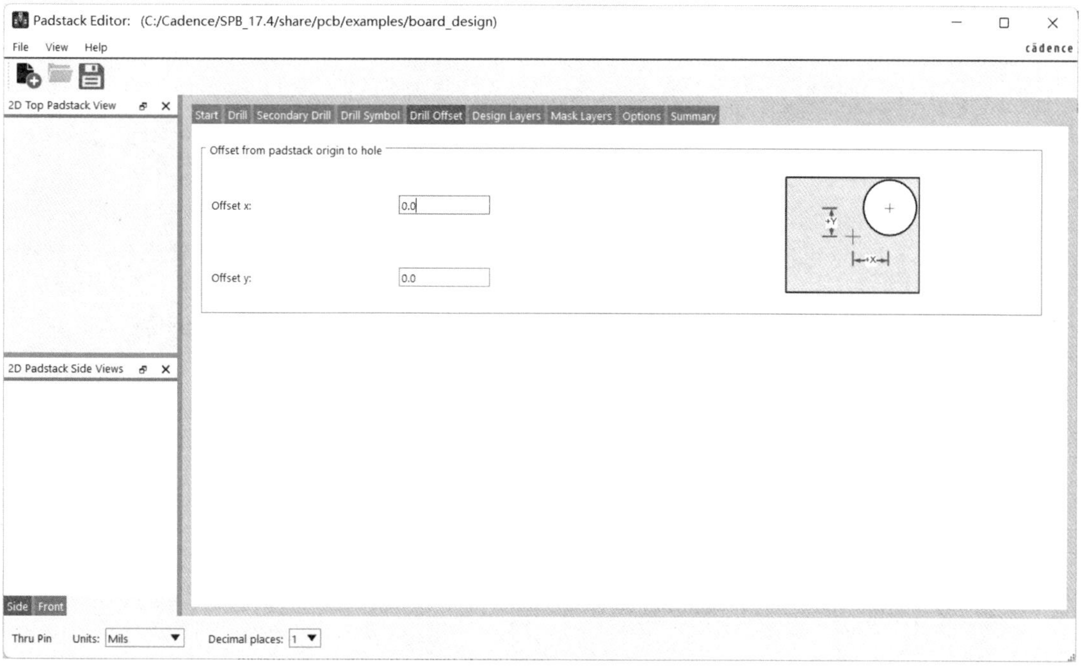

图 4-5

Offset x：孔相对于原点沿 x 轴的偏移。

Offset y：孔相对于原点沿 y 轴的偏移。

（5）“Design Layers”面板（见图 4-6）中的参数说明如下所述。

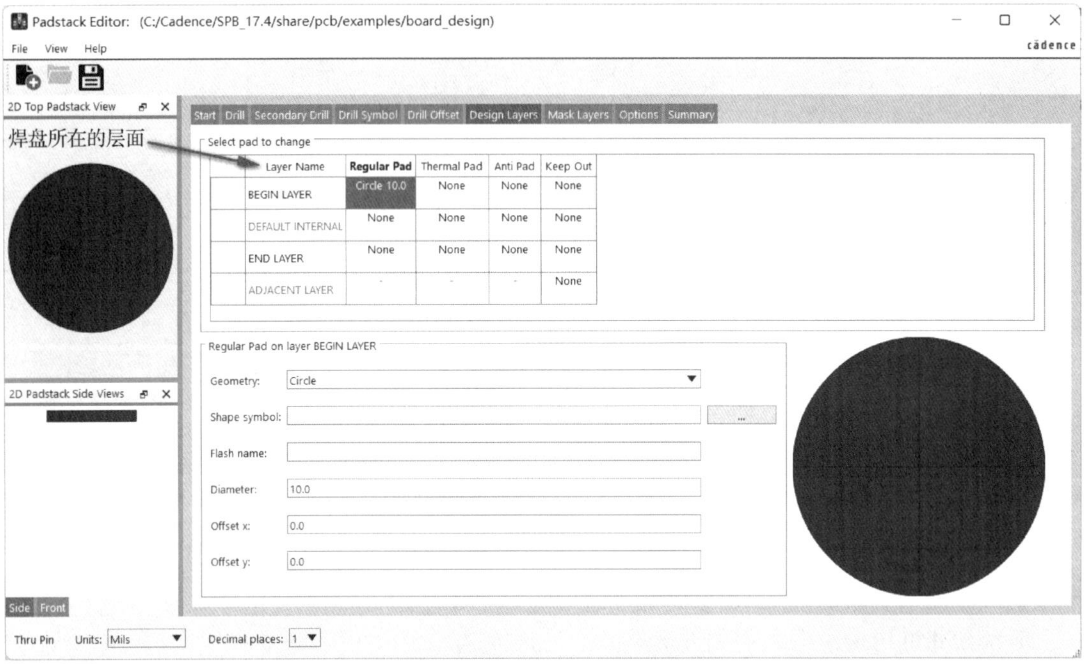

图 4-6

BEGIN LAYER：焊盘的开始层，指焊盘的外表顶层，即 Top 层。

DEFAULT INTERNAL：焊盘的默认层，指焊盘的内层。

END LAYER：焊盘的结束层，一般指焊盘的外表底层，即 Bottom 层。

Regular Pad：普通焊盘。

Thermal Pad：热焊盘。

Anti Pad：反焊盘。

Keep Out：禁止区域（禁止布线/钻孔/铺铜/焊盘等）。

Geometry：焊盘的几何形状。

Shape symbol：焊盘使用自定义的 Shape 时，可选择设计好的 Shape（特殊形状的焊盘也可使用）。

Flash name：负片层可选择对应钻孔的 Flash 文件，一般在 Thermal relief 里设置。

Diameter：焊盘的直径（圆形焊盘时使用）。

Offset x(y)：钻孔与焊盘中心 x 轴或 y 轴的相对偏移量。

（6）“Mask Layers”面板（见图 4-7）中的参数说明如下所述。

SOLDERMASK_TOP：阻焊顶层。

SOLDERMASK_BOTTOM：阻焊底层。

PASTERMASK_TOP：钢网顶层。

PASTERMASK_BOTTOM：钢网底层。

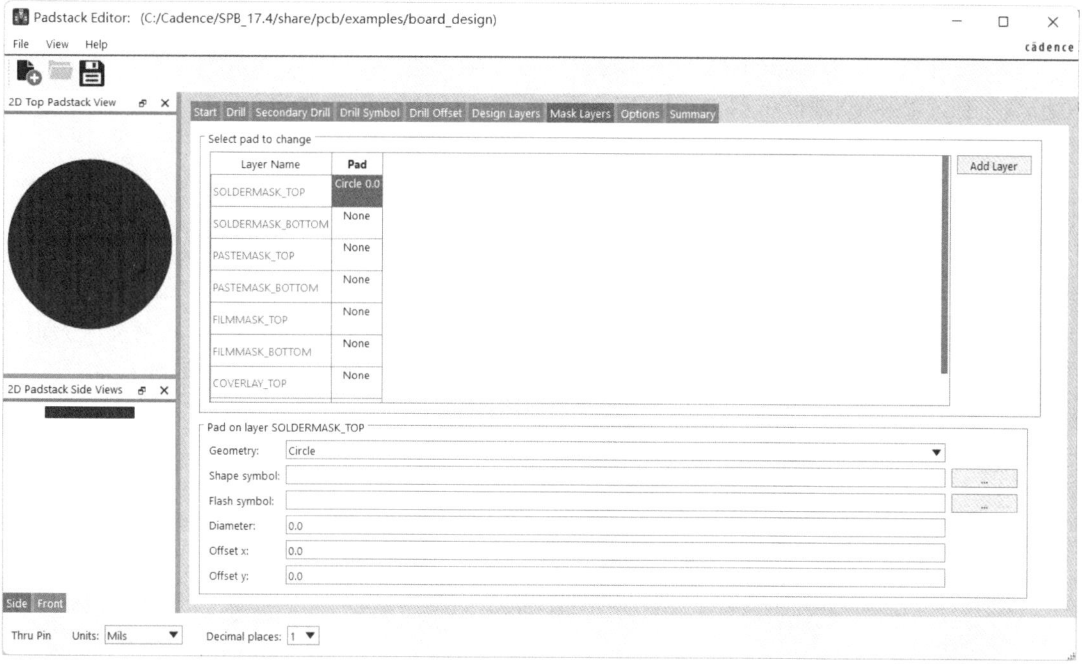

图 4-7

4.2 焊盘的种类

焊盘的种类及用途见表 4-1。

表 4-1 焊盘的种类及用途

焊盘种类	用途	在底片中的表示图形
Regular Pad	用于一般的走线层	
Thermal Pad	Thermal Pad 用于铜箔的导通，主要有两种方式。 （1）负片的底片形式：在这种方式中，黑色部分表示与铜箔的连接处，而白色部分则是隔离的部分。 （2）正片的底片形式：在这种方式中，白色部分表示与铜箔的连接处，而黑色部分则是隔离的部分	 
Anti Pad	用于和铜箔的隔离时。当焊盘的属性与铜箔的属性不同时，需要使用 Anti Pad 来与铜箔做隔离。Anti Pad 通过在铜箔与焊盘之间设置空隙，避免电气连接和热量传导，从而确保不同层次或不同属性的铜箔不会发生干扰或不必要的接触	
Shape-Pad	用于一些特殊零件的建立，需要用到一些特殊的零件外形，如金手指等	

4.3 贴片封装焊盘的建立

Allegro 设计 PCB 封装时，设计参数设置非常细致，步骤比其他 EDA 软件设计封装时更加烦琐。对于贴片焊盘的设计，一般需要分别设置 TOP、Soldermask TOP 和 Pastemask TOP 的参数值。TOP 的参数依据元器件的规格书数据进行设置；Soldermask TOP 的参数通常比 TOP 大 0.10mm；

Pastemask TOP 的参数与 TOP 相等。

以下以圆形、直径 14mil 的焊盘为例进行详细设置。

（1）打开 Padstack Editor 17.4，在“Start”面板中设置好单位和精度（见图 4-8）。

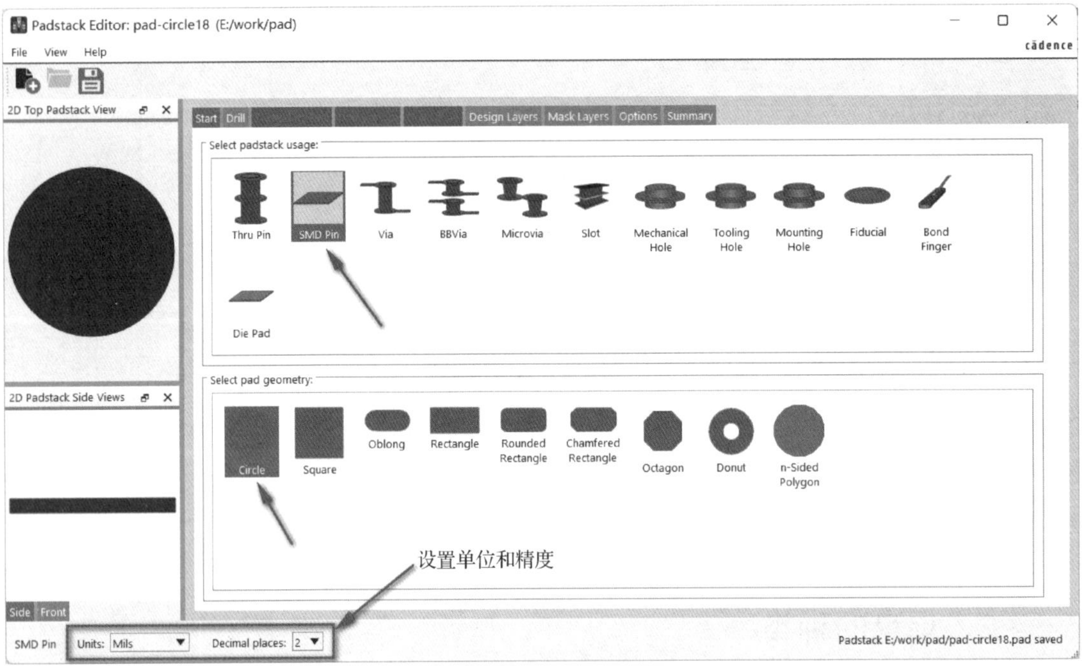

图 4-8

（2）在“Design Layers”面板中选择形状及尺寸（见图 4-9）。

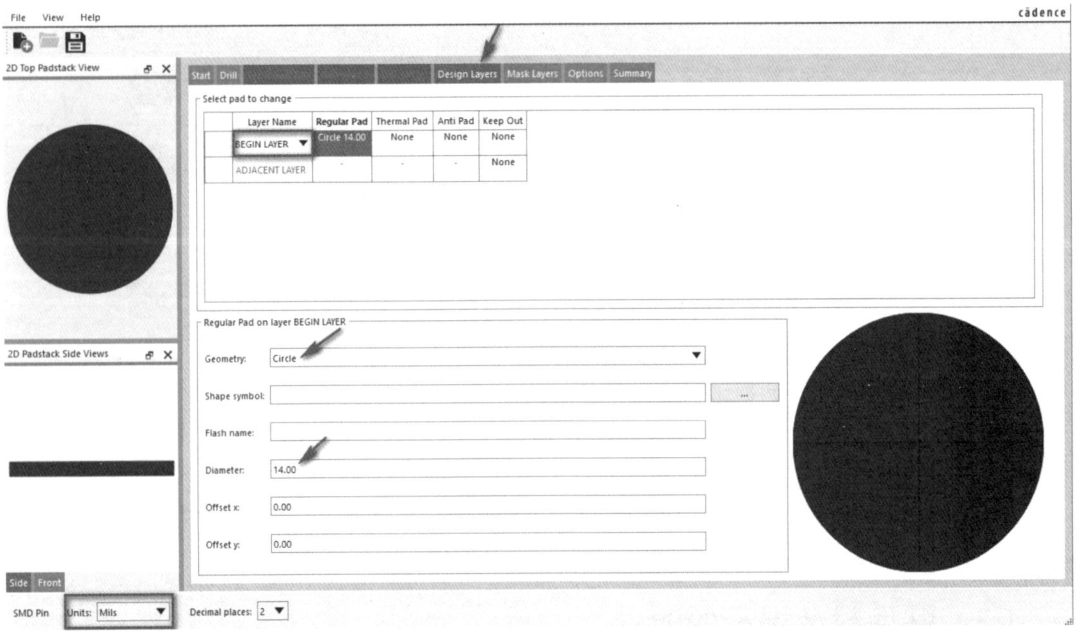

图 4-9

（3）在“Mask Layers”面板中设置 SOLDERMASK_TOP 及 PASTEMASK_TOP 层面（见图 4-10）。

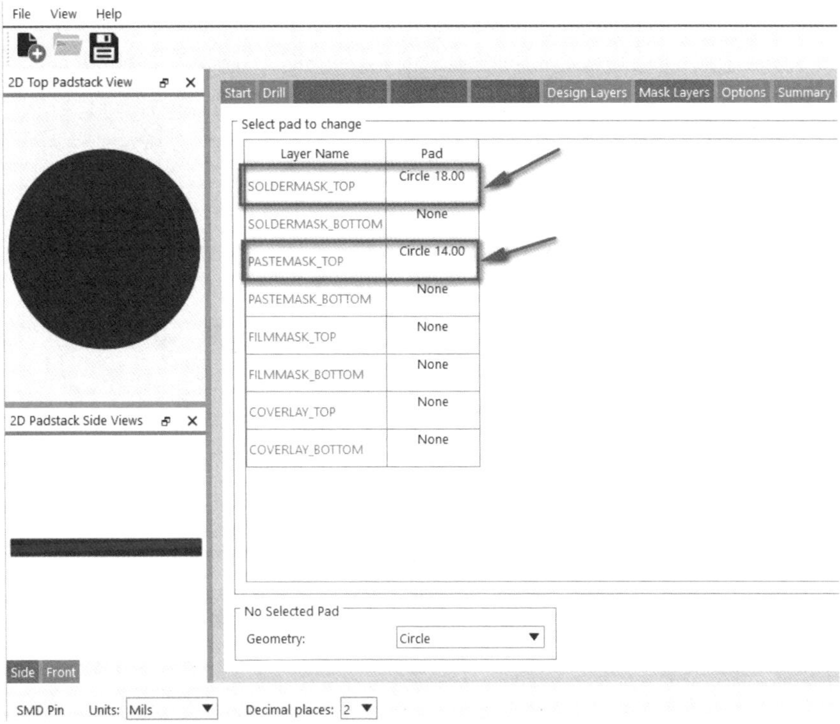

图 4-10

（4）选择菜单【File】→【Save】，在弹出的对话框中输入焊盘的名字，单击 Save 按钮保存，如图 4-11 所示。

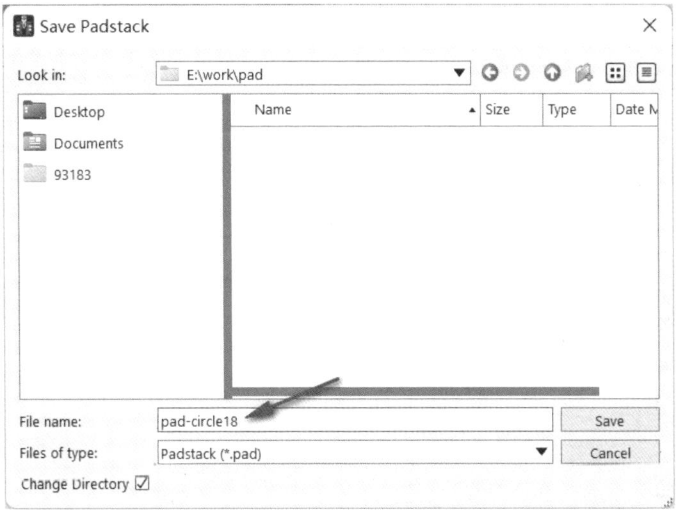

图 4-11

4.4 插件封装焊盘的建立

钻孔尺寸一般按照零件厂商的建议值，其对应关系一般参考如下经验公式。

- 普通焊盘：Regular Pad=钻孔尺寸+0.6mm。
- 热焊盘：Thermal Pad=Regular Pad+0.5mm。
- 反焊盘：Anti Pad= Regular Pad+0.5mm。

◆ Soldermask_TOP/Bottom=Pad+0.10mm 。

◆ 钻孔公差：圆形镀铜孔+/-3mil；椭圆形槽孔+/-4mil；非镀铜孔+/-2mil。

以下以圆形镀铜孔、钻孔尺寸 33mil，焊盘尺寸 57mil 的插件焊盘为例进行讲解。

（1）打开 Padstack Editor 17.4，在“Start”面板中的设置如图 4-12 所示。

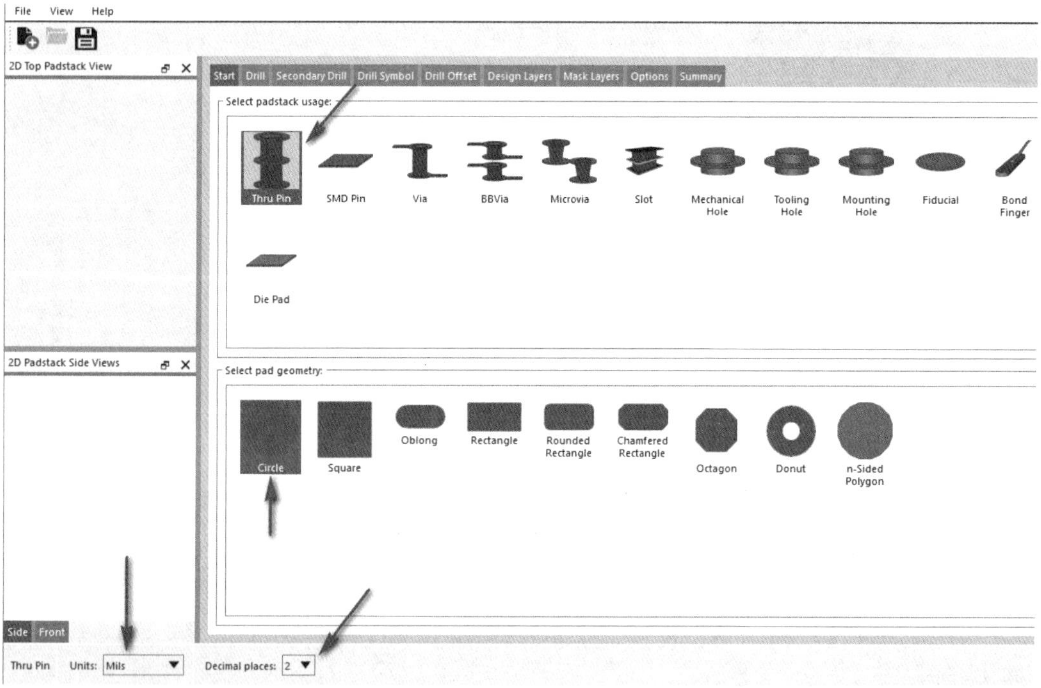

图 4-12

（2）在“Drill”面板中的设置如图 4-13 所示。

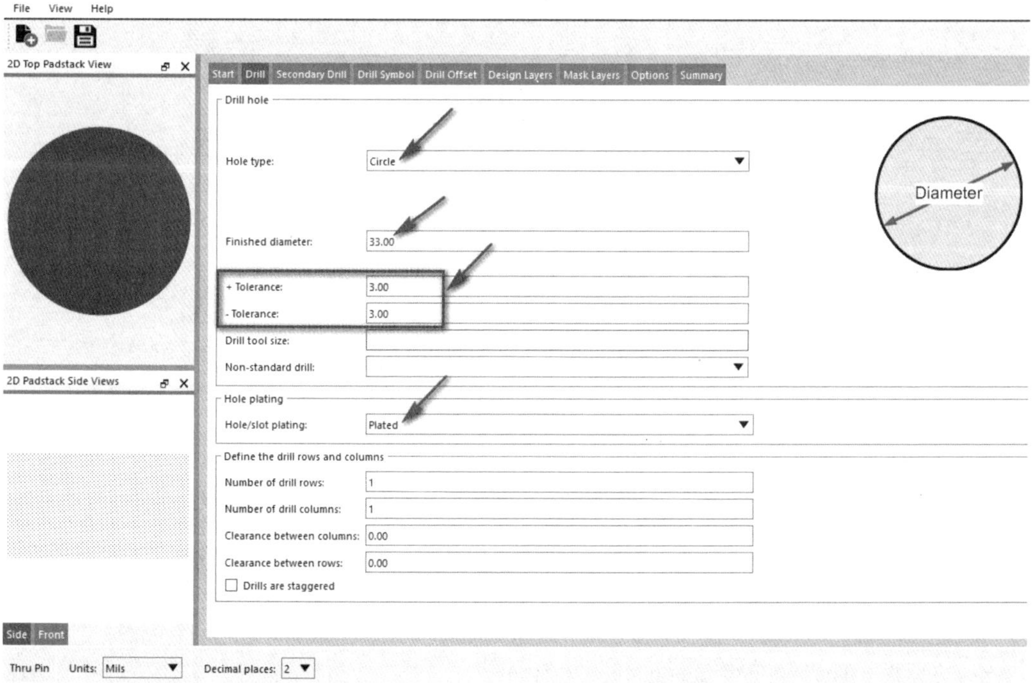

图 4-13

（3）在“Drill Symbol”面板中，定义钻孔符号的形状、字符及大小，此部分可自行定义，不定义也可以，后续 PCB Layout 阶段可由系统自动生成钻孔符号，如图 4-14 所示。

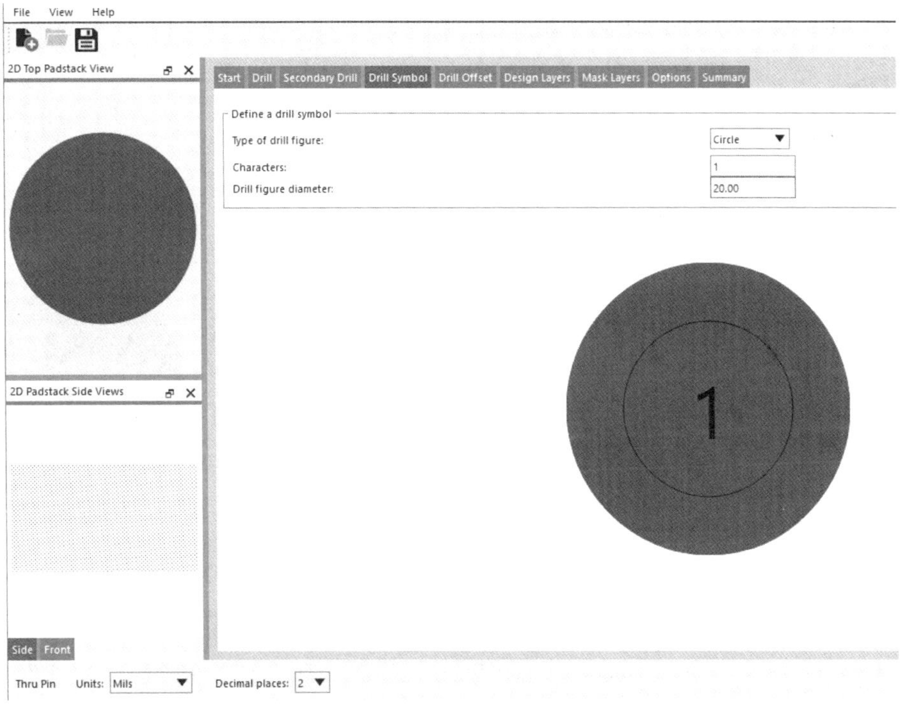

图 4-14

（4）在“Design Layers”面板中的设置如图 4-15 所示。

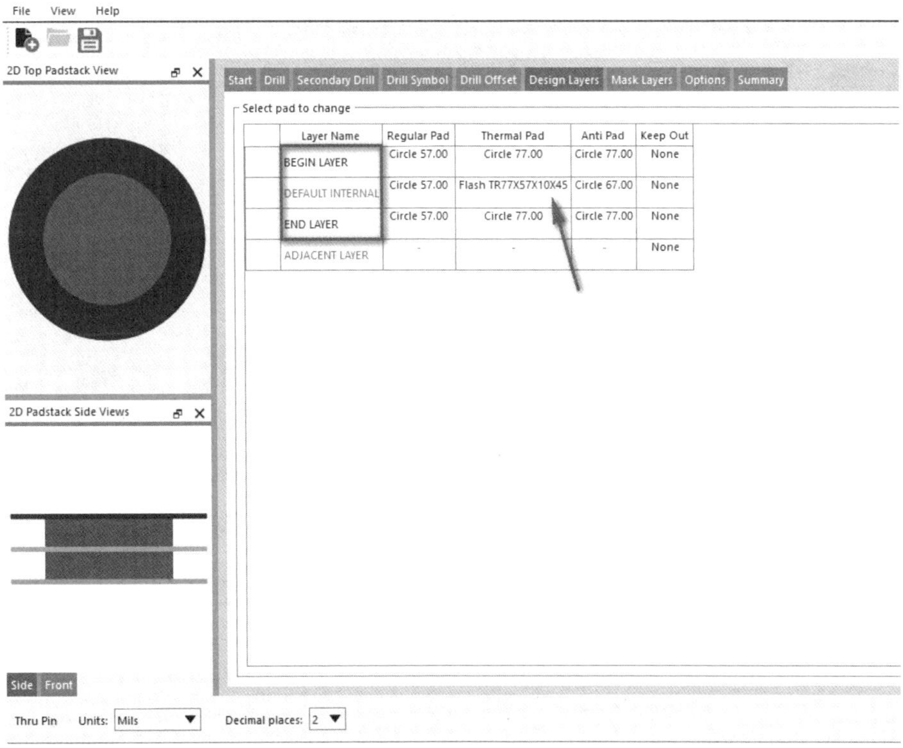

图 4-15

（5）在“Mask Layers”面板中的设置如图 4-16 所示。

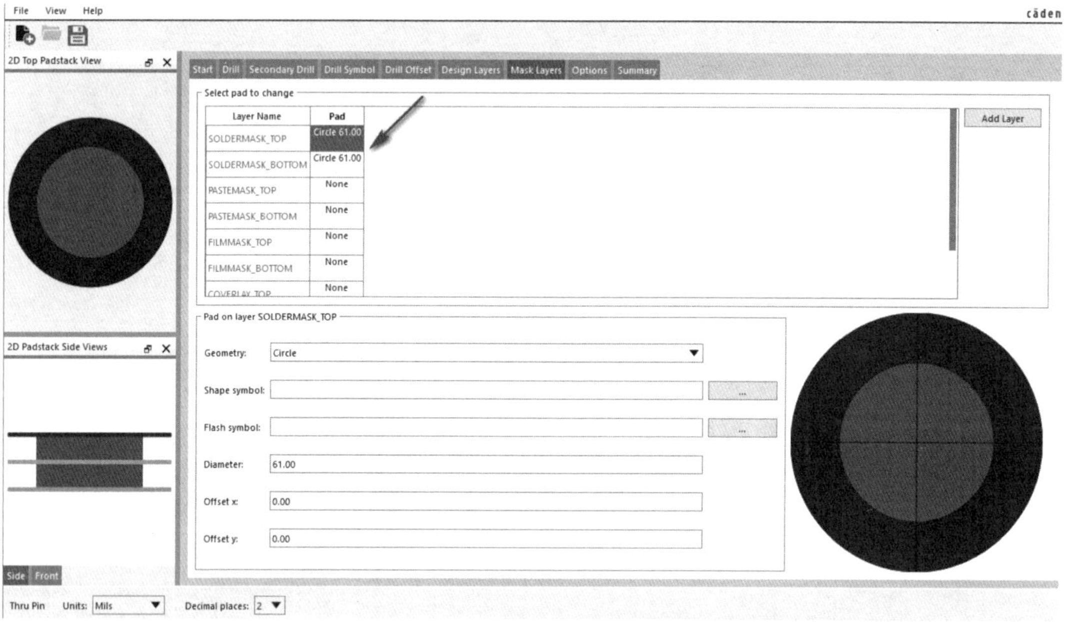

图 4-16

（6）如图 4-17 所示，“Summary”面板中显示了插件封装焊盘的所有信息，其中左边为焊盘的示意图。

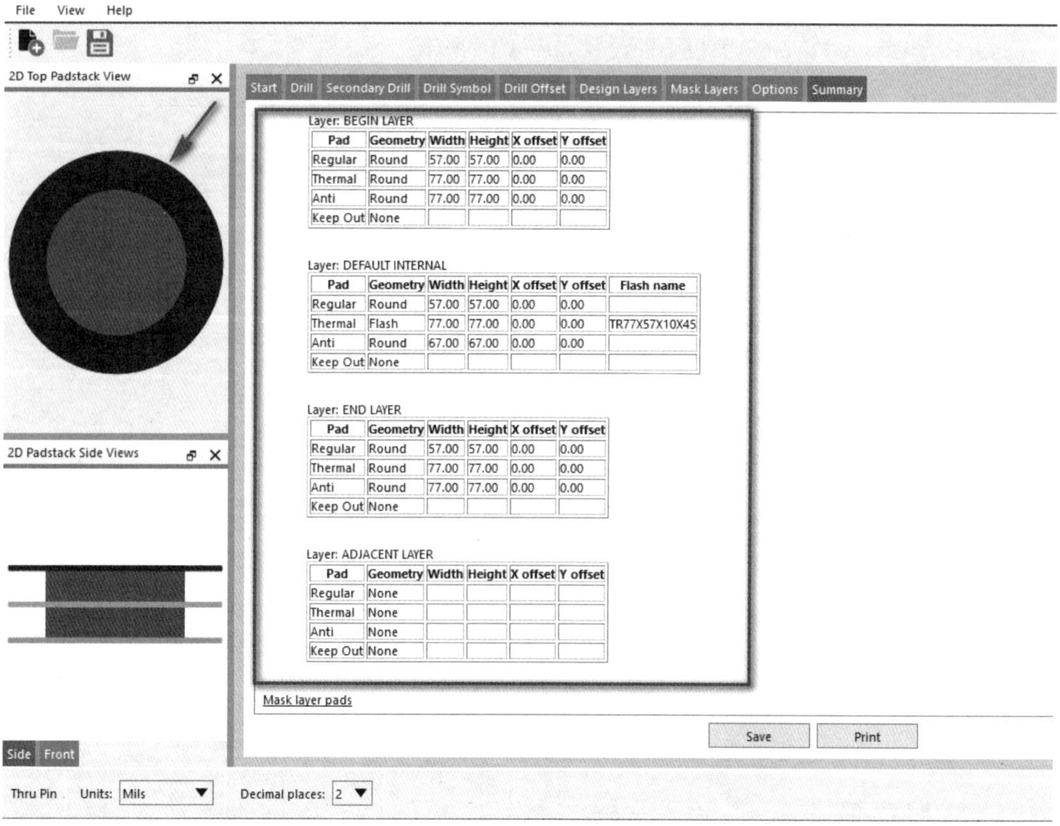

图 4-17

（7）选择菜单【File】→【Save】，在弹出的对话框中输入焊盘的名字，单击 Save 按钮保存。

4.5 Flash 焊盘的建立

以下以圆形镀铜孔、钻孔尺寸 33mil、焊盘尺寸 57mil 的焊盘为例，讲解如何创建其对应的 Flash 焊盘。

※与建立其他焊盘不同，Flash 焊盘需要在 PCB Editor 17.4 里面操作。

经验参数对应关系如下：

◆ Flash 内径=焊盘尺寸；

◆ Flash 外径=焊盘尺寸+0.5mm；

◆ Flash 开口宽=0.4mm；

◆ Flash 开口数=4；

◆ Flash 开口与水平线的角度=45°。

（1）打开 PCB Editor 17.4，选择菜单【File】→【New】，弹出 New Drawing 对话框，在该对话框中的设置如图 4-18 所示，单击 OK 按钮 。

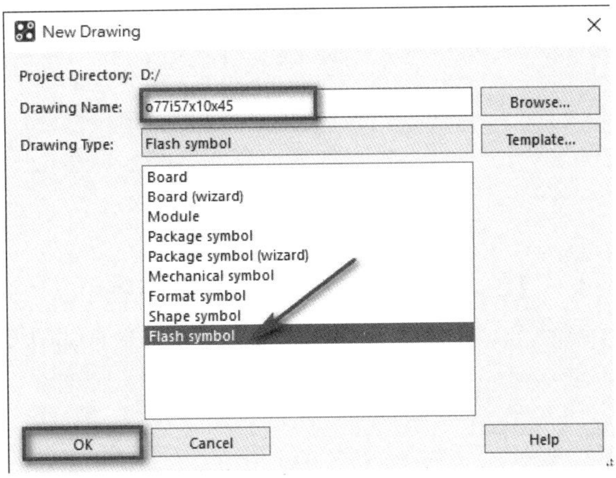

图 4-18

（2）如图 4-19 所示，选择菜单【Add】→【Flash】，弹出 Thermal Pad Symbol Defaults 对话框。根据前面的经验参数输入对应的值。

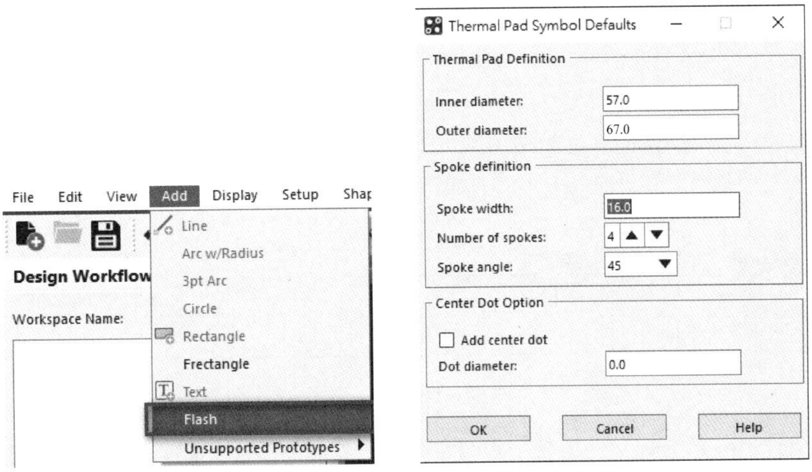

图 4-19

- Inner diameter=57mil；
- Outer diameter=焊盘尺寸+0.5mm=67mil；
- Spoke width=16mil；
- Number of spokes=4；
- Spoke angel=45°。

（3）参数设置完毕后，单击 OK 按钮。此时，工作区产生的 Flash 成品图如图 4-20 所示。

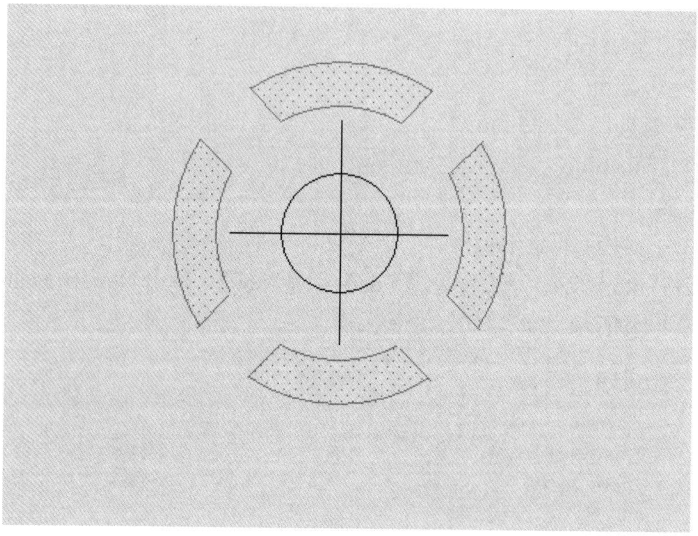

图 4-20

（4）选择菜单【File】→【Create Symbol】，在弹出的对话框中赋予 Flash 封装名称，我们将其命名为 o77i57x16x45，系统会产生 o77i57x16x45.fsm 文件，单击 Save 按钮，Flash 封装建立完成，如图 4-21 所示。

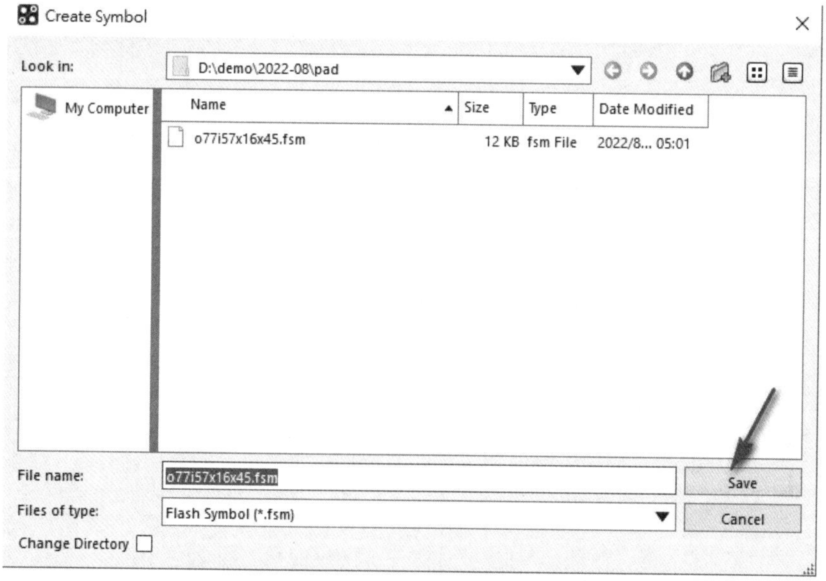

图 4-21

※将 o77i57x16x45.fsm 文件放置于焊盘文件同一个资料夹中，建立插件封装焊盘时即可直接调用。

4.6 特殊形状焊盘封装的建立

为什么要建立特殊焊盘呢？原因是有一些形状比较特殊的 Pad（如一些金手指的外形），它不能用单纯的方形、圆形、椭圆形等表示。因此，可以利用一个特殊形状的 Shape Symbol 来绘制特殊焊盘的外形。

※与建立其他焊盘不同，Flash 焊盘需要在 PCB Editor 17.4 里面操作。

（1）打开 PCB Editor 17.4，选择菜单【File】→【New】，弹出 New Drawing 对话框，在该对话框中的设置如图 4-22 所示。

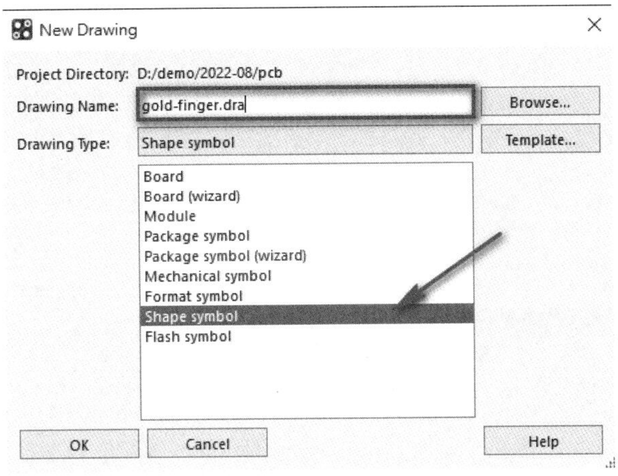

图 4-22

（2）设定画图的参数及路径。

① 选择菜单【Setup】→【Design Parameters】，在弹出的对话框中对参数进行设置，具体如图 4-23 所示。

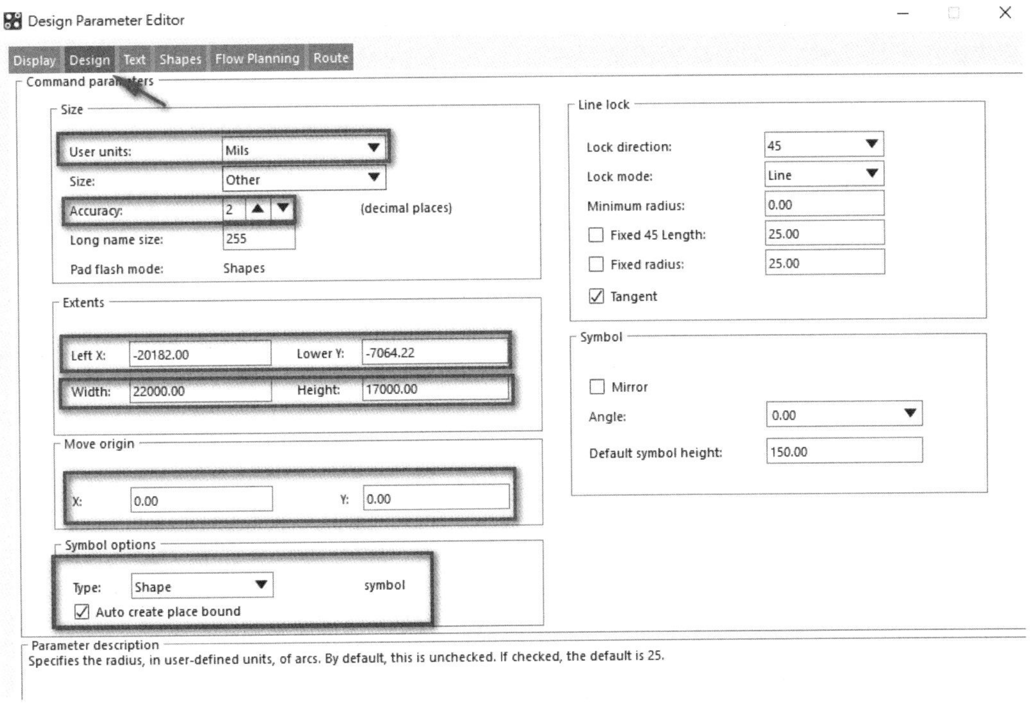

图 4-23

② 选择菜单【Setup】→【User Preferences】，在弹出的对话框中单击后面的小方框来设置 Device、Pad、PSM 的存储路径和读取路径，如图 4-24 所示。

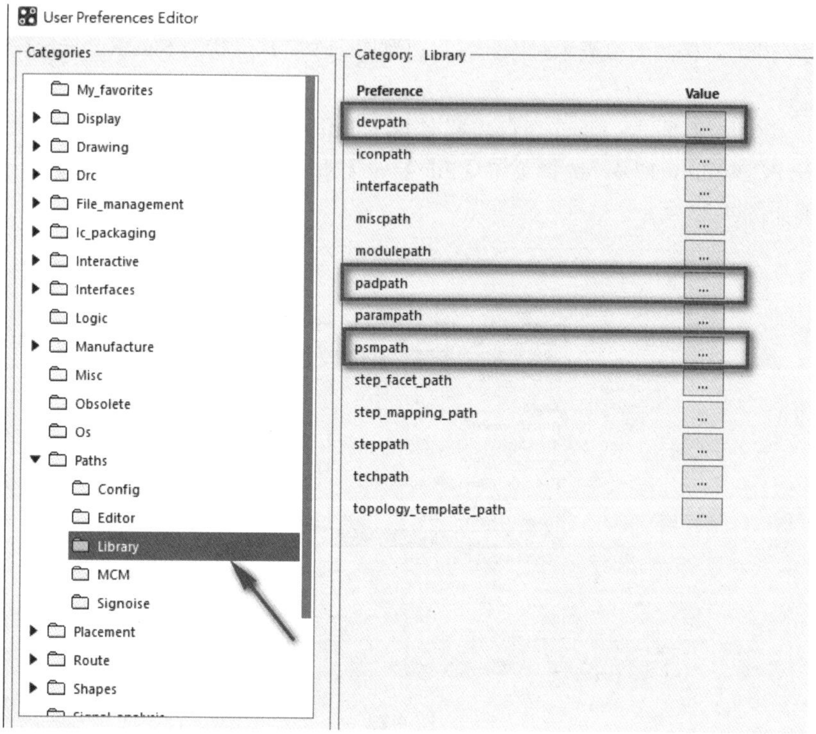

图 4-24

③ 选择菜单【Setup】→【Grids】，进行工作环境的格点设置，数字越小，格点越小，如图 4-25 所示。单击 OK 按钮，关闭对话框。

（3）选择菜单【Shape】→【Filled Shape】，或者单击工具栏中的图标，在右边的“Options”面板中进行层面的设定，如图 4-26 所示。

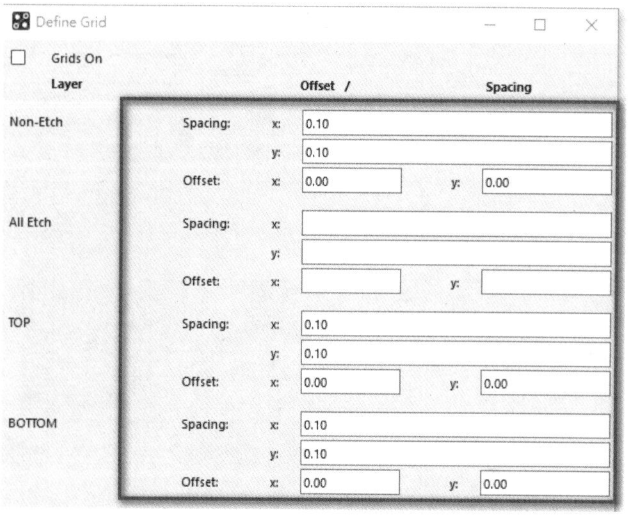

图 4-25

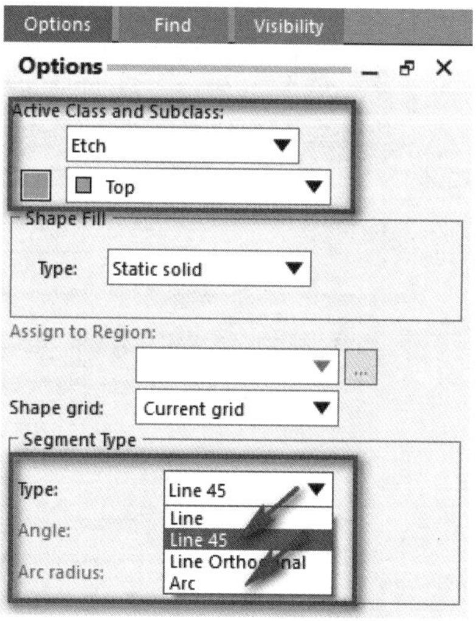

图 4-26

（4）选择菜单【Edit】→【Move】，或者单击工具栏中的图标，在“Options”面板中的设置如图 4-27 所示。

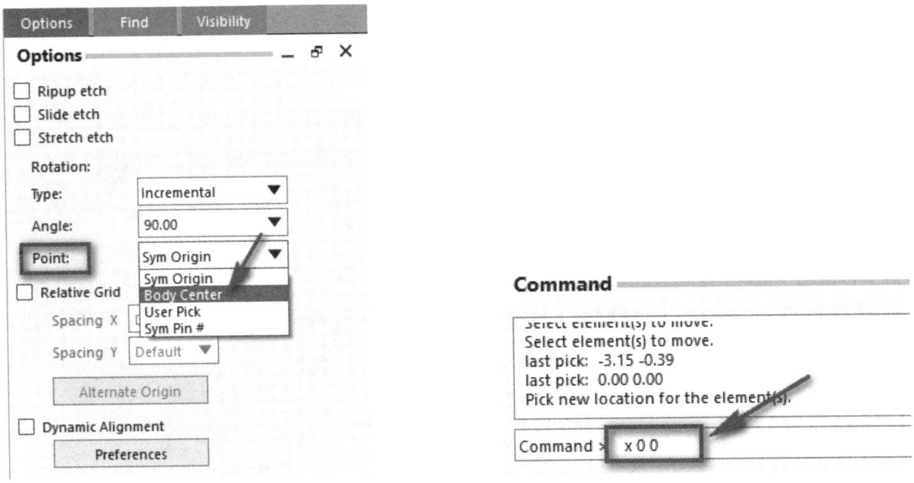

图 4-27

（5）选择菜单【File】→【Save】，存储为*.dra 文件，这是零件编辑的图形文件，不能直接使用。

（6）选择菜单【File】→【Create Symbol】，生成*.ssm 文件，此时即可调用该焊盘封装文件。

至此，Regular Pad 使用的 Shape 建立完成，如图 4-28 所示。

图 4-28

（7）通常采用 Shape 制作焊盘，除制作 Regular Pad 使用的 Shape 外，还要添加 SOLDERMASK 层使用的 Shape，SOLDERMASK 层 Pad 的尺寸一般比 Regular Pad 的大 0.1mm 或 4mil，而 PASTEMASK 层 Pad 的尺寸与 Regular Pad 的等大。制作步骤同上。

（8）打开 Padstack Editor 17.4，在“Design Layers”面板中，在 Select pad to change 框中选择对应的层，如 BEGIN LAYER 的 Regular Pad 层面，在下方展开的细项设定画面，单击 Shape symbol 后面的方框，调用已经建立好的 Regular Pad 的 Shape，即*.ssm 文件，如图 4-29 所示。

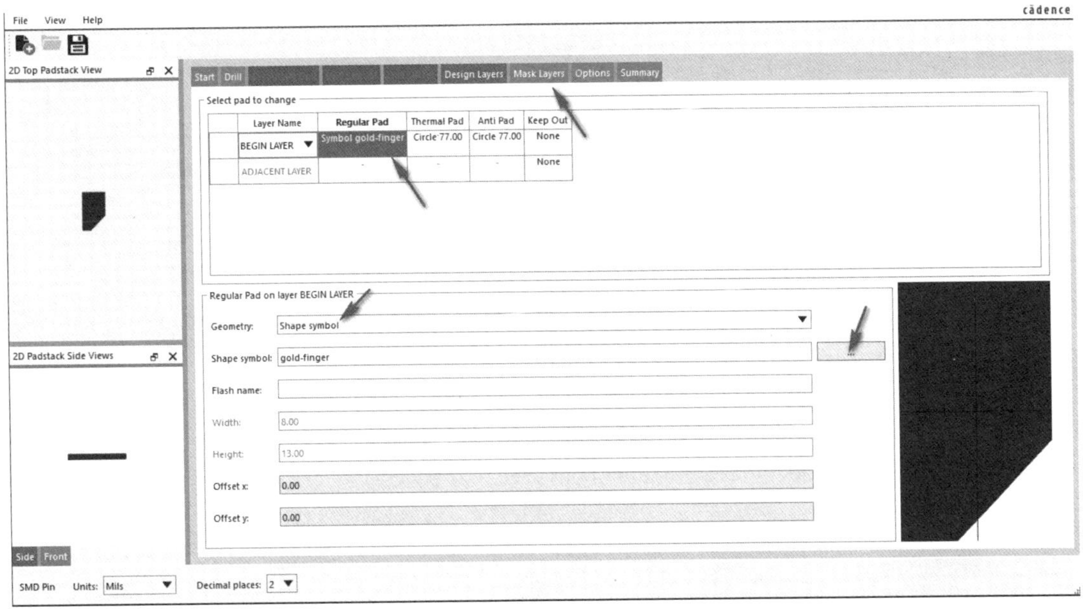

图 4-29

4.7 过孔封装的建立

过孔（也称为金属化孔）在 PCB 设计中扮演着至关重要的角色，特别是在双面及多层板中。它们用于连通不同层之间的印刷导线，因此需要特别关注其尺寸、焊盘设计以及制造公差等因素。与插件焊盘不同，过孔不用于焊接封装，只承担连接不同层之间导线的功能，因此在设计时无须考虑焊接要求，而是侧重于生产能力和制造公差。

过孔与插件孔的部分参数不同，具体经验值如下：

- 普通焊盘 Regular Pad=钻孔尺寸+0.2mm（部分 PCB 板厂可以做到钻孔尺寸+0.15mm）；
- 热焊盘 Thermal Pad=Regular Pad+0.5mm；
- 反焊盘 Anti Pad= Regular Pad+0.5mm；
- SOLDERMASK_TOP/BOTTOM=0mm（一般过孔都需要油墨塞孔）；
- SOLDERMASK_TOP/BOTTOM=Regular Pad+0.1mm（需要露铜的过孔）；
- 钻孔公差：圆形镀铜孔+/−3mil。

以下以钻孔尺寸 10mil、焊盘 Pad 18mil 的过孔为例，进行详细说明。

（1）打开 Padstack Editor 17.4，在“Start”面板中的设置如图 4-30 所示。

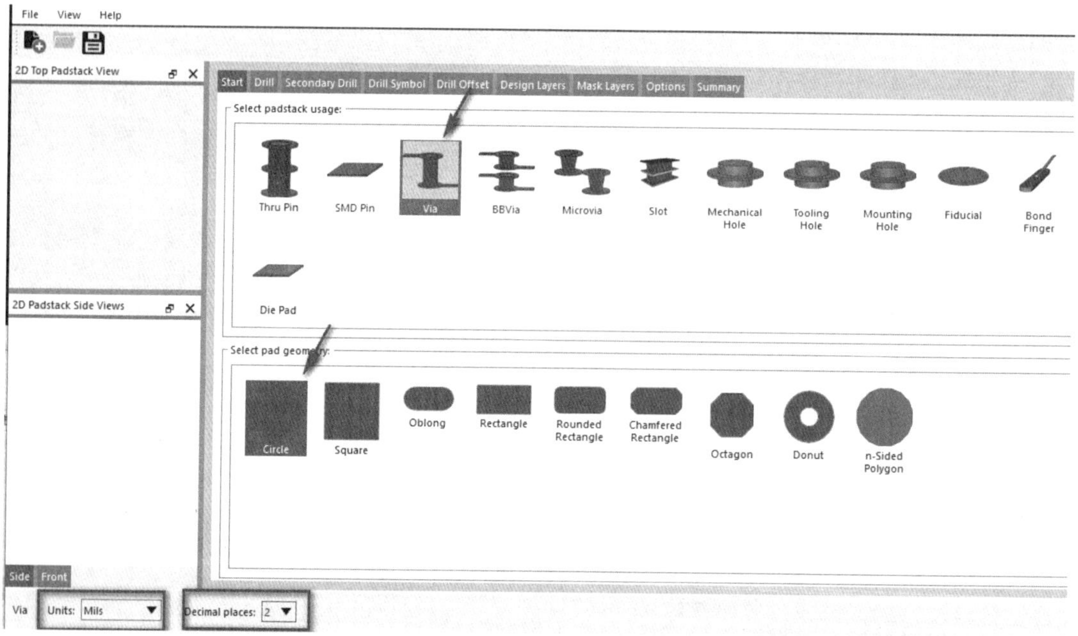

图 4-30

（2）在“Drill”面板中的设置如图 4-31 所示。

（3）在“Drill Symbol”面板中定义钻孔符号的形状、字符及大小，此部分可自行定义，不定义也可以，后续 PCB Layout 阶段可由系统自动生成钻孔符号，如图 4-32 所示。

（4）在“Design Layers”面板中，按照经验公式输入数据，Regular Pad 设计为 18mil，Thermal Pad 及 Anti Pad 设计为 38mil，具体如图 4-33 所示。

※内层需要设置 Flash，Flash 建立的规则请参照 4.5 节内容。

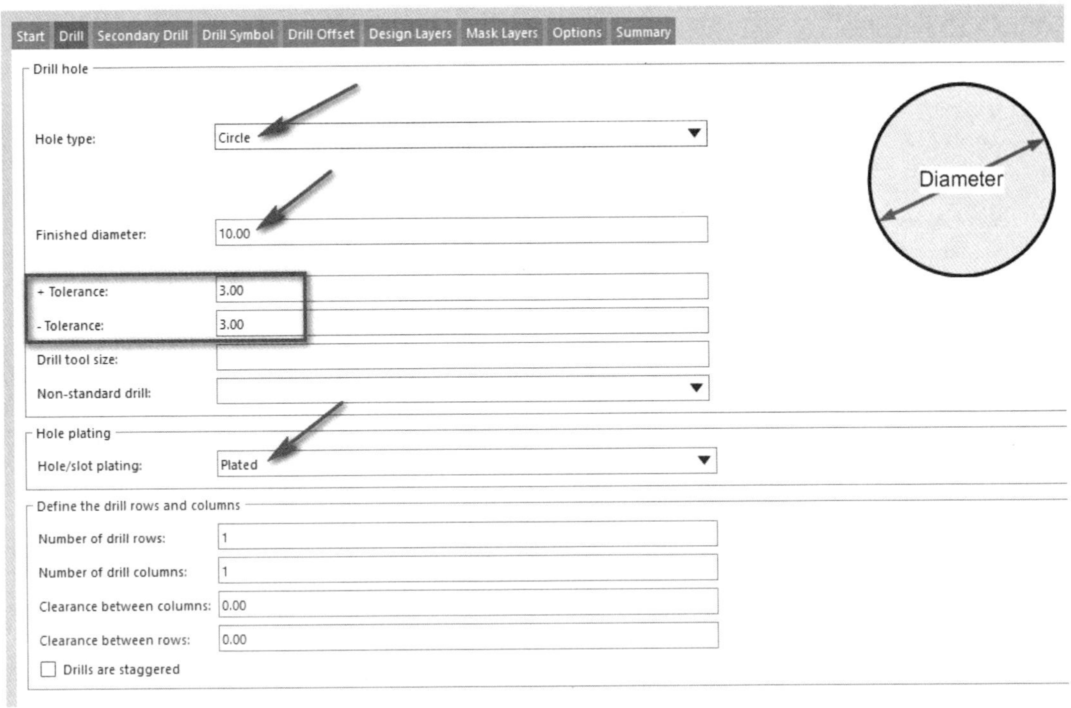
Start
Drill
Secondary Drill
Drill Symbol
Drill Offset
Design Layers
Mask Layers
Options
Summary
Drill hole
Hole type:
Circle
Finished diameter:
10.00
+ Tolerance:
3.00
- Tolerance:
3.00
Drill tool size:
Non-standard drill:
Diameter
Hole plating
Hole/slot plating:
Plated
Define the drill rows and columns
Number of drill rows:
1
Number of drill columns:
1
Clearance between columns:
0.00
Clearance between rows:
0.00
Drills are staggered

图 4-31

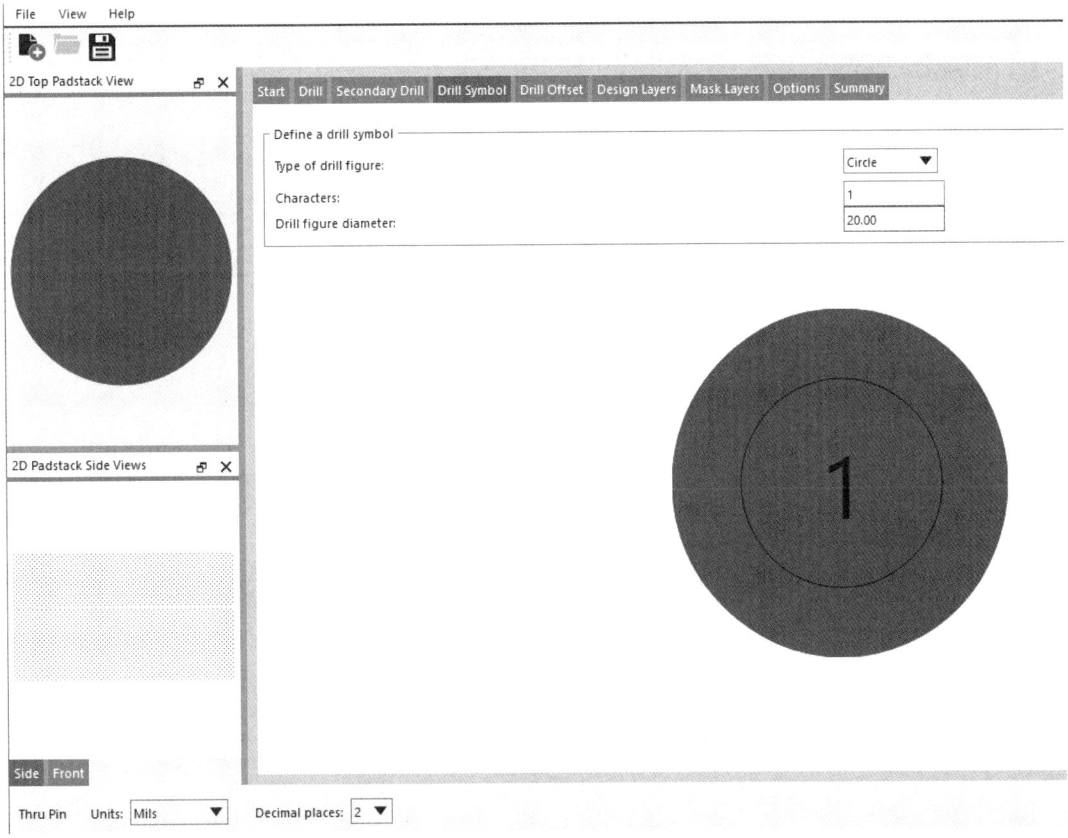
File
View
Help
2D Top Padstack View
2D Padstack Side Views
Side
Front
Thru Pin
Units:
Mils
Decimal places:
2
Start
Drill
Secondary Drill
Drill Symbol
Drill Offset
Design Layers
Mask Layers
Options
Summary
Define a drill symbol
Type of drill figure:
Circle
Characters:
1
Drill figure diameter:
20.00
1

图 4-32

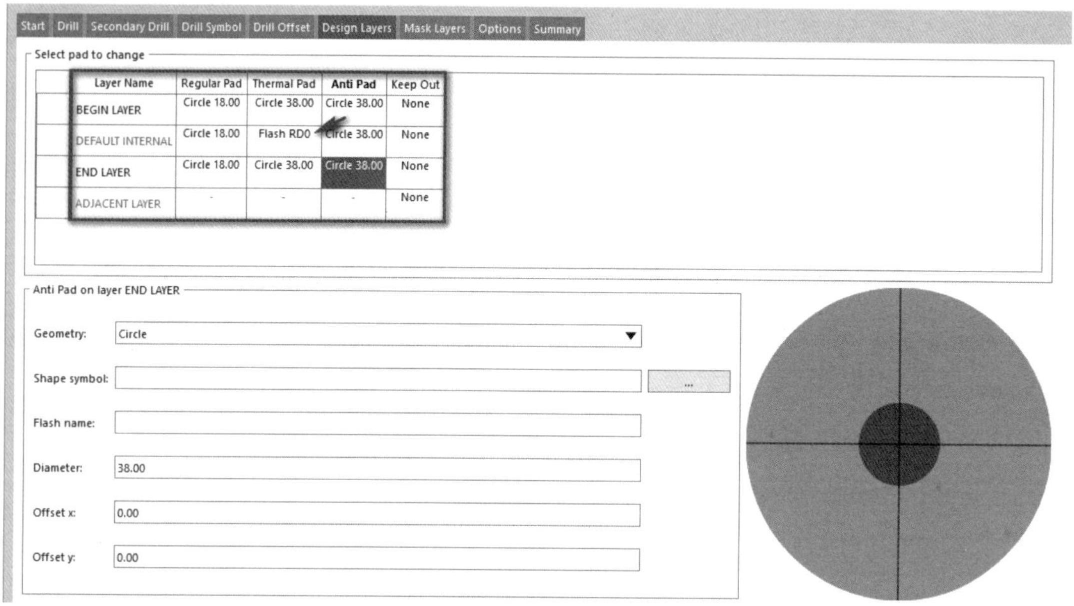

图 4-33

（5）在“Mask Layers”面板中无须做任何设置，因为过孔不需要刷锡膏及开窗。

（6）如图 4-34 所示，在“Summary”面板中可以看到插件封装焊盘的所有信息。

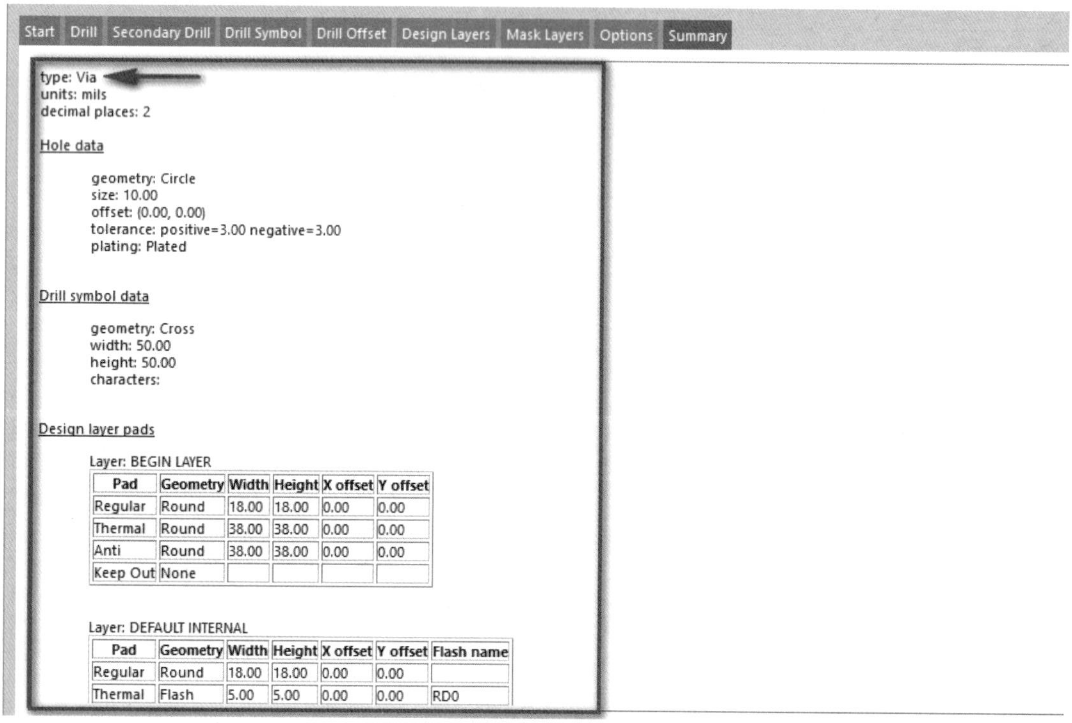

图 4-34

（7）单击 Save 按钮保存。

第 5 章　元器件封装的建立

本章介绍了如何利用 Allegro 17.4 建立元器件封装，并详细讲解了元器件封装的分类与结构组成。从设计者的角度出发，逐步指导如何完成封装设计。

5.1　PCB 封装的组成

在 Allegro 软件设计环境中，元器件的标识由多个不同元素组成，且不同元器件所需的元素也有所不同。以下几个元素是必须包含的，即焊盘（包括阻焊、孔径等内容）、外形边框丝印、装配区域线、参考编号（位号字符）、1 脚标识、占地面积、高度（用于结构和 3D 建模参数）、原点等。

PCB 封装的组成如图 5-1 所示。

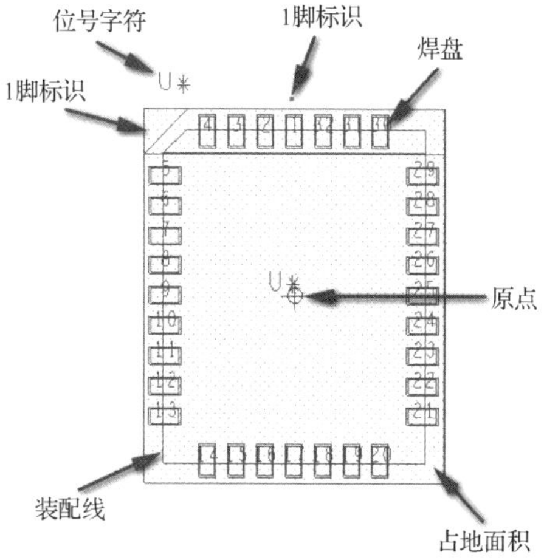

图 5-1

5.2　元器件的分类

元器件的分类见表 5-1，如图 5-2 所示。

表 5-1　元器件的分类

分类	注释
Package Symbol(*.psm)	有 footprint 的元器件（如 dip14、soic14，R0603、C0805 等）
Mechanical Symbol(*.bsm)	机构类型的元器件（如螺丝孔等）
Format Symbol(*.osm)	关于板子 Logo、Assembly 等的注解
Shape Symbol(*.ssm)	用来定义特殊形状的焊盘
Flash Symbol(*.fsm)	用于 Thermal Pad 和内层负片的连接

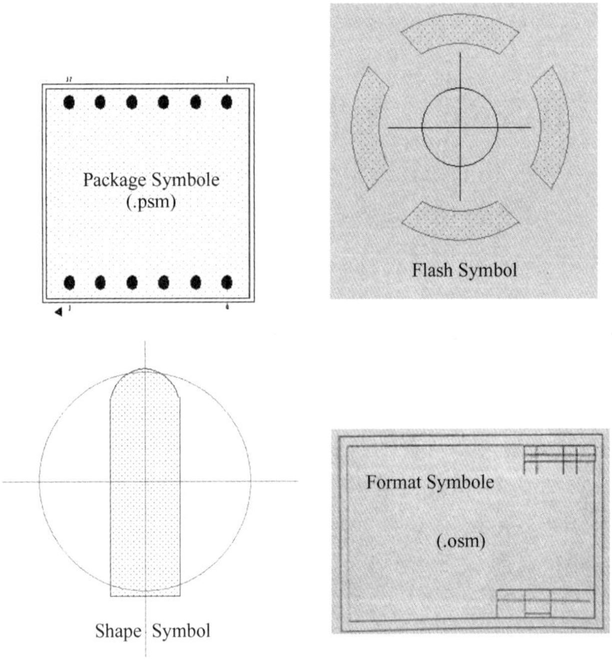

图 5-2

5.3 向导建立封装

在 Allegro 软件中新建封装时，可以选择通过元器件向导方式进行建立。以下将以一个 48 引脚的 BGA 封装为例进行讲解。根据元器件规格书中的尺寸参数，BGA 封装的实体尺寸为 10mm×6mm，元器件高度为 1.2mm，如图 5-3 所示。具体实现步骤如下所述。

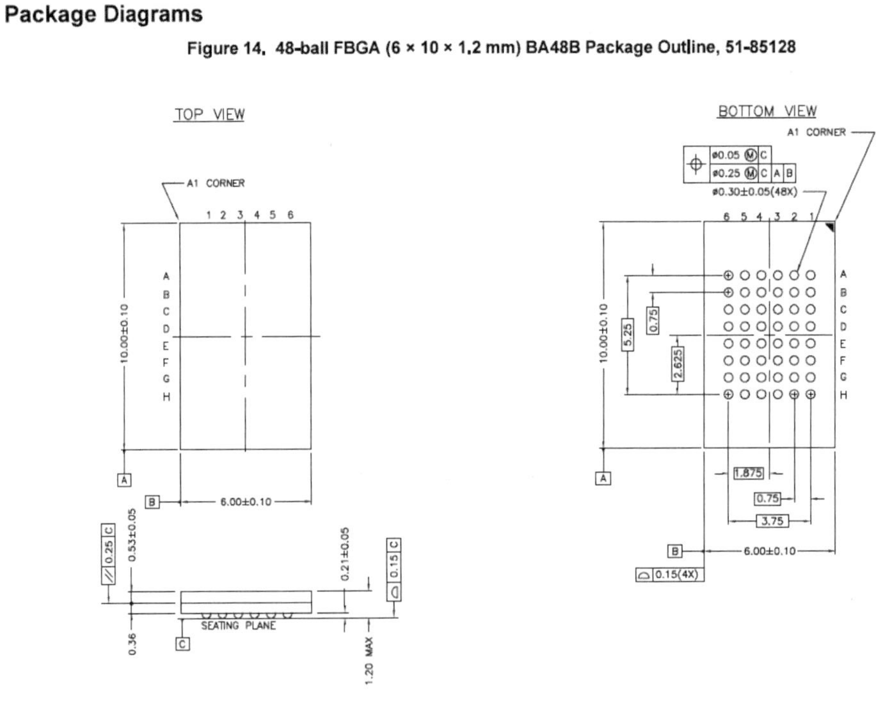

图 5-3

（1）打开 PCB Editor 17.4，选择菜单【File】→【New】。在弹出的对话框中，Drawing Type 选择 Package symbol (wizard)组件，并赋予封装名字，单击 OK 按钮，如图 5-4 所示。

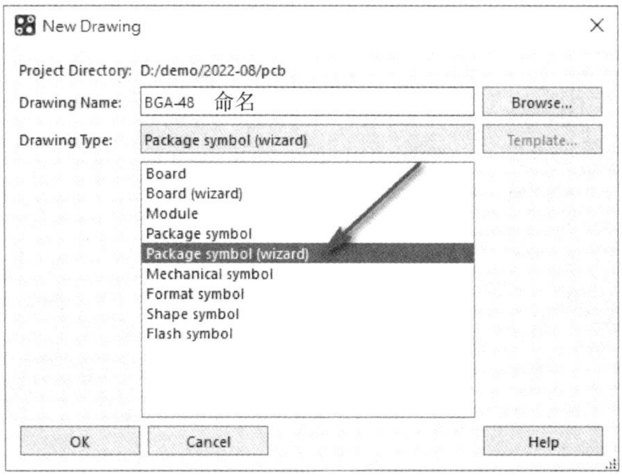

图 5-4

（2）如图 5-5 所示，在弹出的对话框中，选择封装的类型，右边会显示对应封装的图示，根据规格书选择 PGA/BGA 类型，单击 Next 按钮。

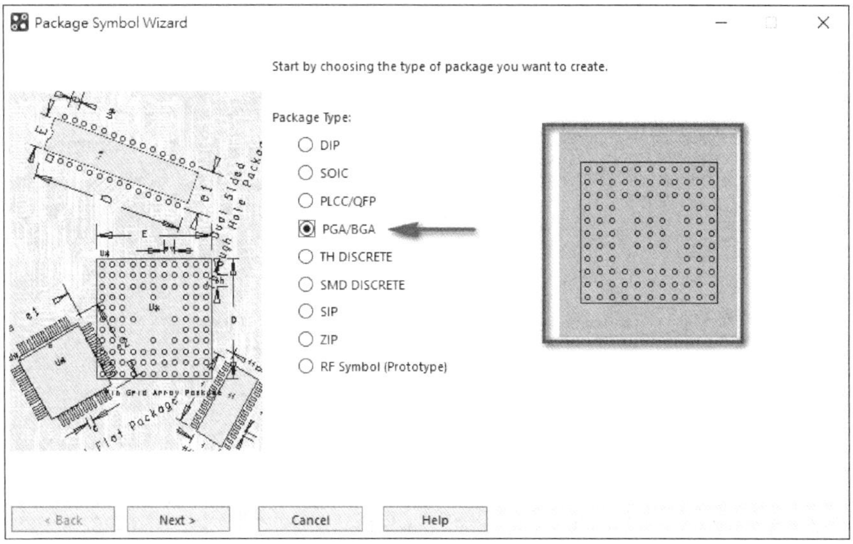

图 5-5

DIP：双排直插引脚元器件。

SOIC：小外形集成电路表贴封装。

PLCC/QFP：特殊引脚芯片封装/方型扁平式封装。

PGA/BGA：球栅阵列封装

TH DISCRETE：通孔元器件封装。

SMD DISCRETE：贴片元器件封装。

SIP：单排直插引脚元器件封装。

ZIP：非对称引脚类型连接器封装。

（3）如图 5-6 所示，在弹出的对话框中，“Default Cadence supplied template”是 Cadence 预设的模板版本，而“Custom template”是用户自定义的模板版本。一般建议使用 Cadence 预设的模板版本，以确保封装的标准化和兼容性。单击 Load Template 按钮（这是必须的操作步骤），加载模板后，单击 Next 按钮继续。

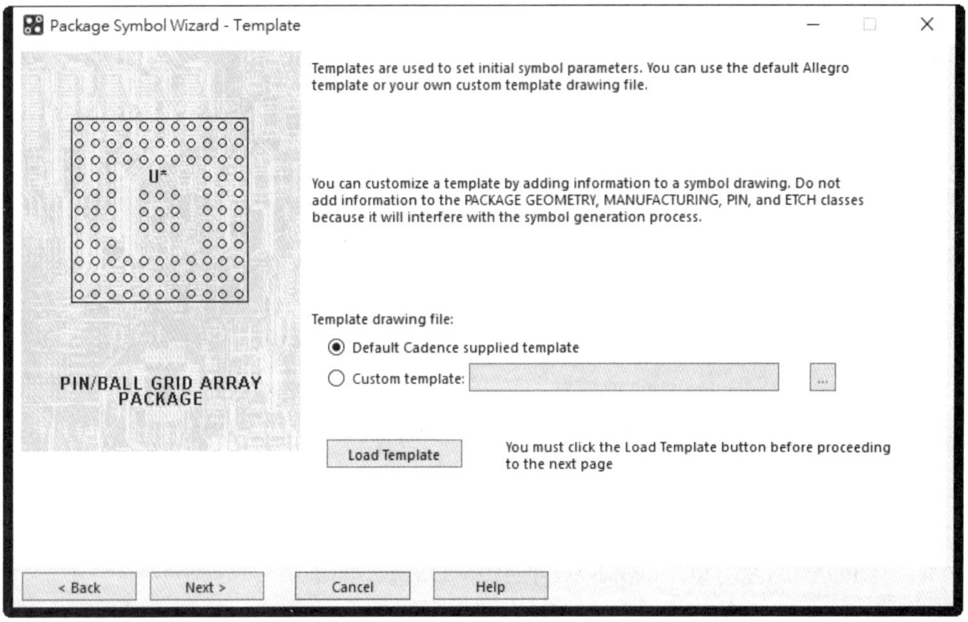

图 5-6

（4）如图 5-7 所示，在弹出的对话框中，选择建立封装的单位和精度。此设置应参考元器件厂商提供的规格书来进行设定。在本范例中，规格书使用的单位为毫米（Millimeter），精度设置为 2 位。接着，确定元器件类型的位号首个字符，如 U*、R*、C*等。这里选择 U*，然后单击 Next 按钮继续。

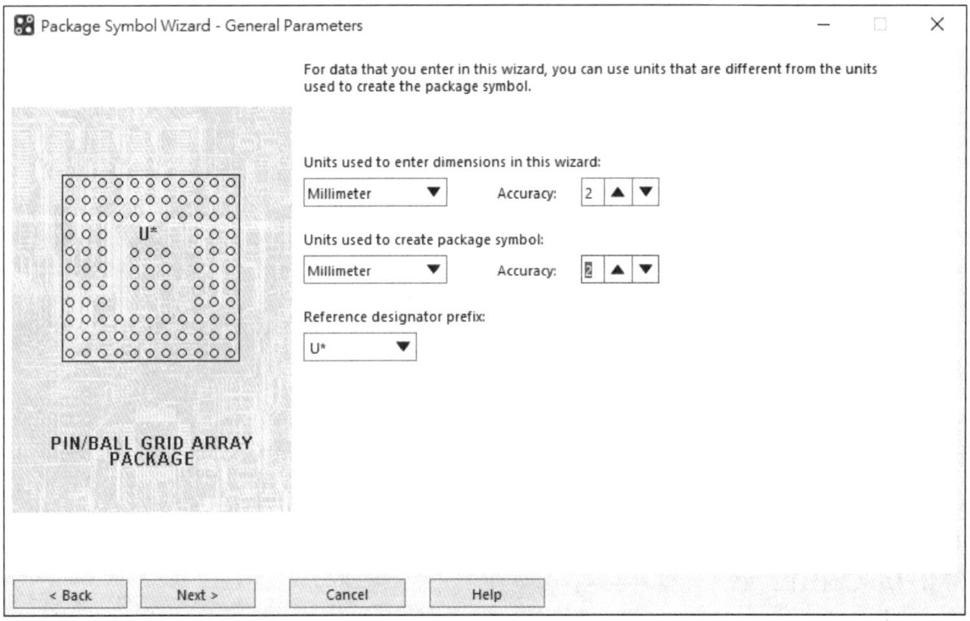

图 5-7

（5）如图 5-8 所示，在弹出的对话框中，参照规格书设置相关参数。设置完成后，单击 Next 按钮继续。

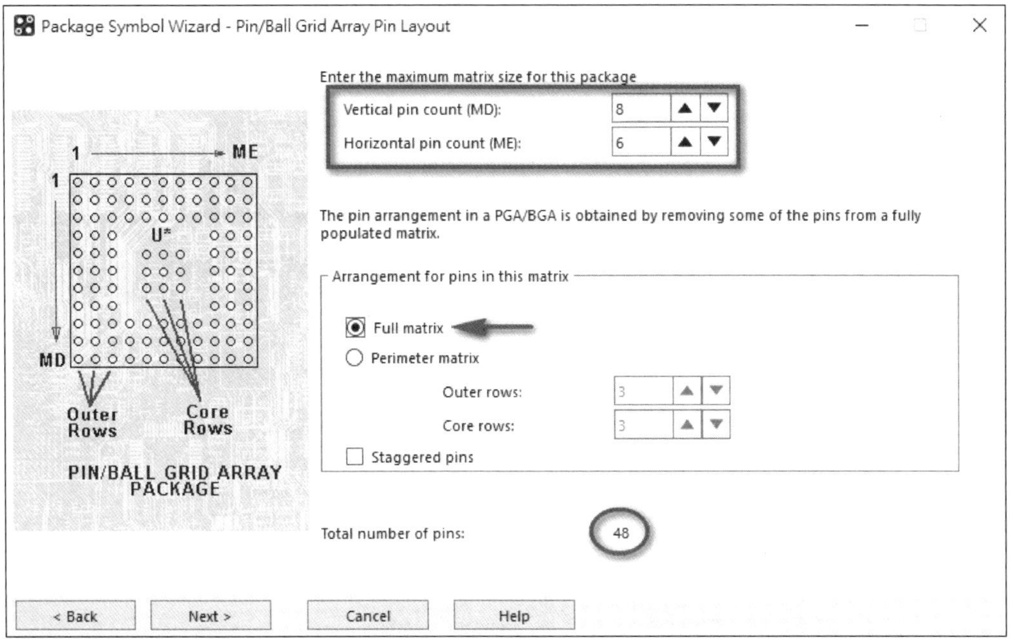

图 5-8

（6）如图 5-9 所示，在弹出的对话框中，在 Pin numbering scheme（引脚编号方案）中选择字母和数字的顺序。此设置应与元器件规格书中的引脚排列保持一致，以确保引脚编号的准确性。下方的示意图会展示该引脚编号的具体排列方式。设置完成后，单击 Next 按钮继续。

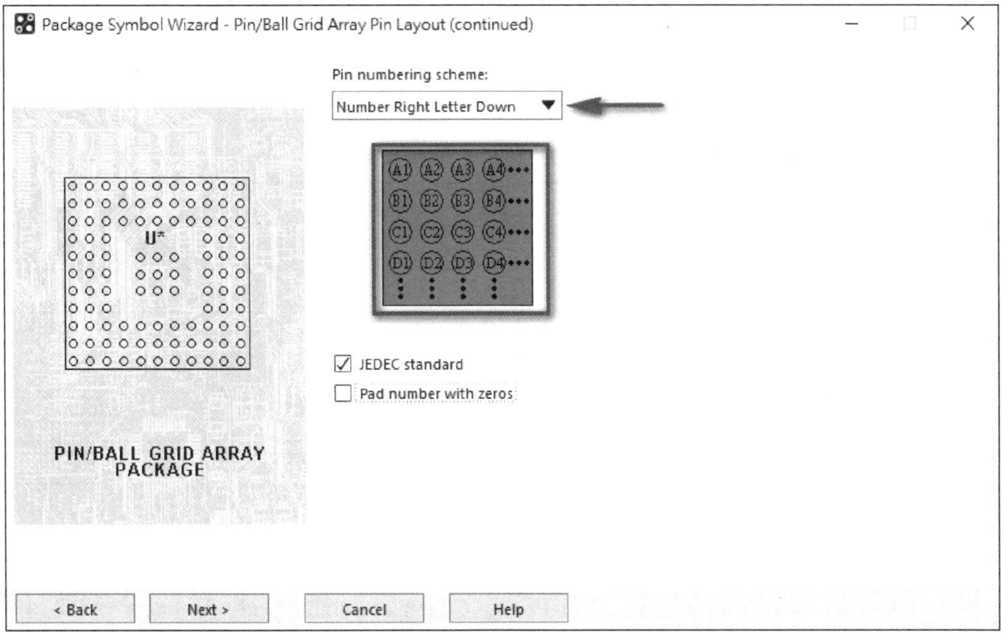

图 5-9

（7）如图 5-10 所示，在弹出的对话框中，参照规格书，输入引脚间距及实体尺寸。各尺寸的具体含义可以参考左边的图示进行理解。这些尺寸将直接影响封装的准确性，因此确保每个尺寸符合规格书中的要求是非常重要的。设置完成后，单击 Next 按钮继续。

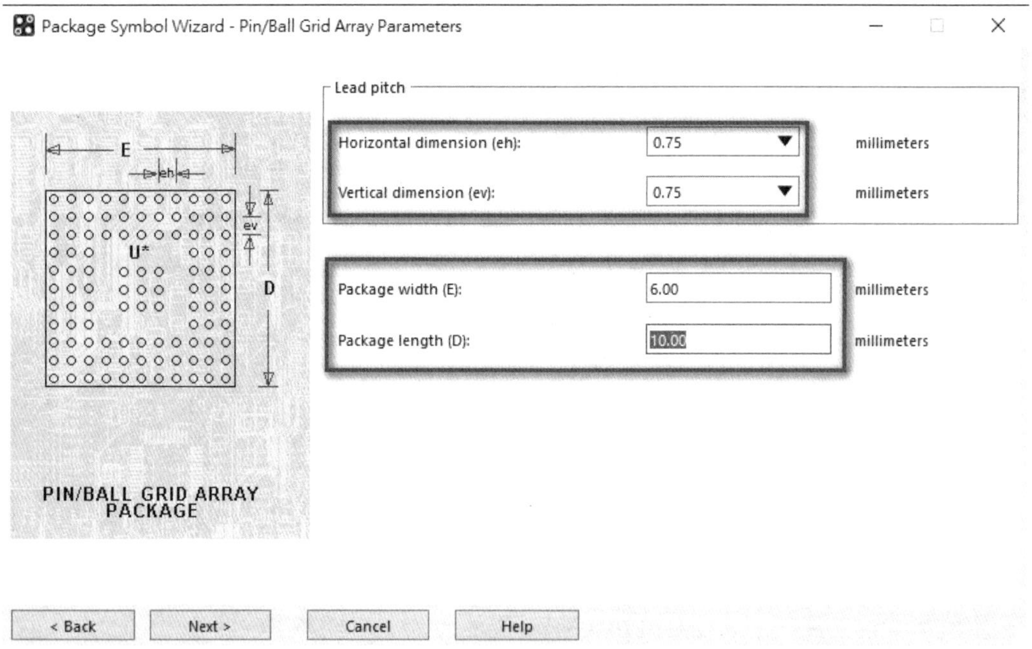

图 5-10

（8）如图 5-11 所示，在弹出的对话框中，将焊盘*.pad 文件与 PCB 文件放在同一个路径下。设置封装时，需要先建立焊盘，尤其是第一引脚的焊盘，才能在后续操作中进行调用。根据规格书中的引脚间距（0.75mm），参照表 5-2，对应的焊盘尺寸为 14mil。接下来，我们需要建立直径为 14mil 的焊盘。建立焊盘的方法请参照 4.3 节的内容进行操作，确保焊盘尺寸符合规格要求。设置完成后，单击 Next 按钮继续。

※此处为经验值，具体请依各自组装工厂 SMT 产线的制程能力而定。

表 5-2　BGA 焊盘尺寸参考

BGA Pin 间距		焊盘尺寸	开窗尺寸
mm	mil	Pad	Soldermask
1.27	50	30	34
1.0	40	20	24
0.8	32	14	18
0.75	29.53	14	18
0.65	25.59	15	13
0.5	20	12	10

（9）如图 5-12 所示，在弹出的对话框中，设置原点所在位置以及是否需要生成*.psm 文件。一般来说，建议按默认设置进行操作。图 5-12 中，Center of symbol body 表示以元器件的中心为原点；Pin 1 of symbol 表示以第一个引脚为原点；Create a compiled symbol 表示精灵会将元器件保存为.dra 和.psm 两种文件格式；Do not create a compiled symbol 表示精灵只会将元器件保存为.dra 文件，需要自行生成.psm 文件。设置完成后，单击 Next 按钮继续。

（10）如图 5-13 所示，在弹出的对话框中，可以看到精灵将要生成的文件。

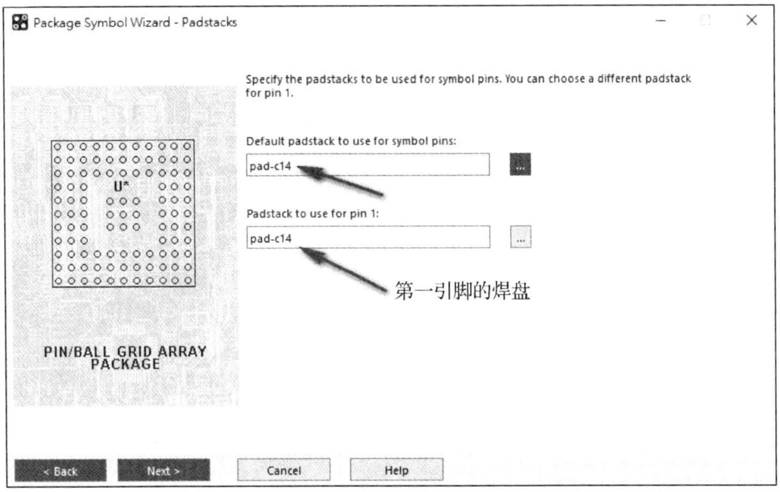

图 5-11

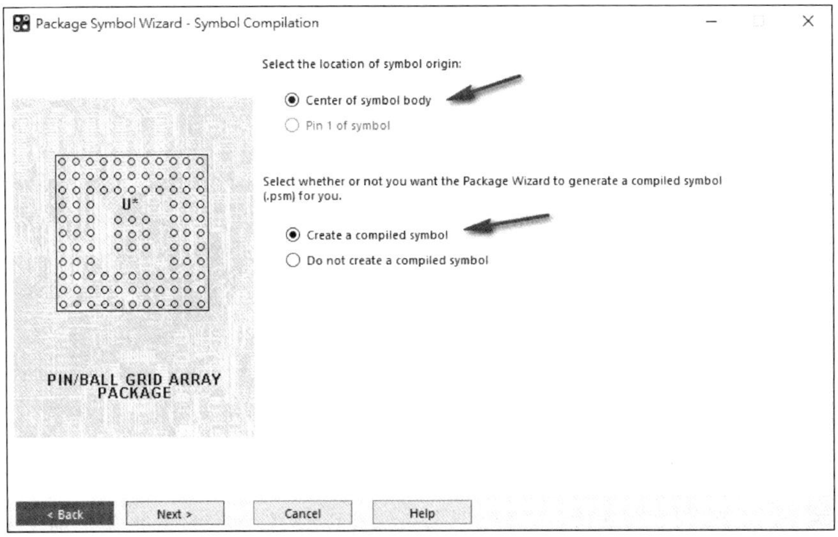

图 5-12

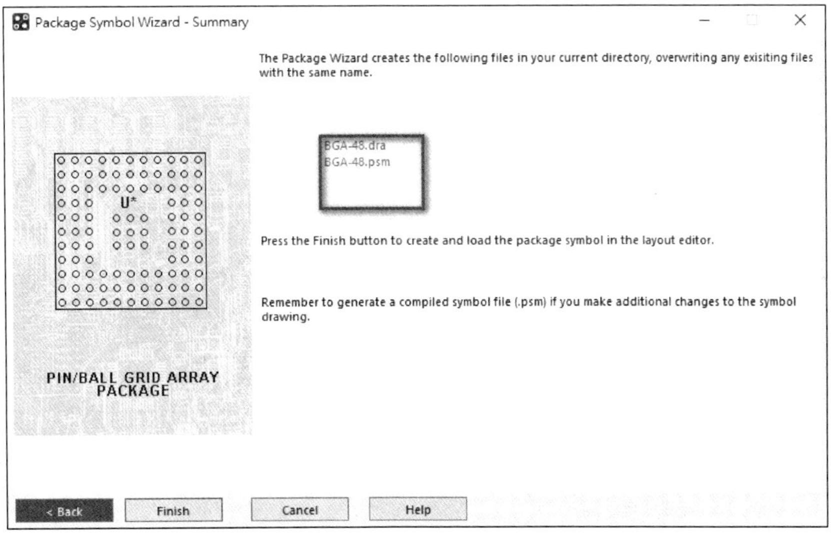

图 5-13

（11）单击 Finish 按钮后，工作区将生成如图 5-14 所示的封装成品图。接下来，选择菜单【File】→【Create Device】来生成该元器件的 Device 文件。这个文件将在旧网表导入时使用，因此确保该文件的正确生成对后续工作至关重要。

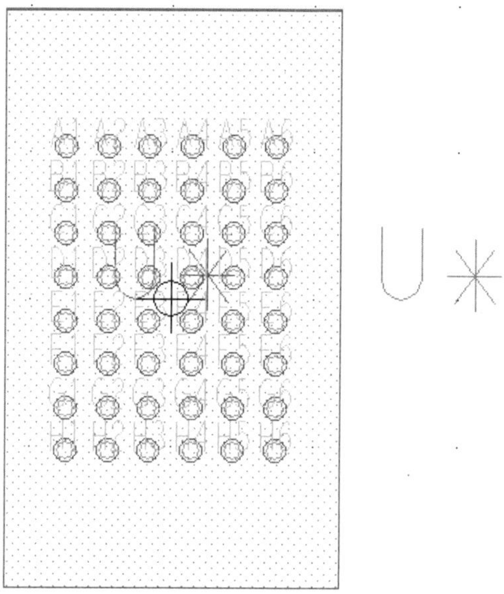

图 5-14

在生成了元器件的初始状态后，还需要手动添加一些关键元素，如 Labels、1 脚标识、限高等。这些内容是元器件封装设计的必要部分，能够在实际应用中帮助用户更好地识别和使用元器件。

在后续步骤中，我们会讲解如何手动为元器件添加这些元素，并确保它们符合设计要求。

5.4 手动建立封装

以一个 8 Pin 的 IC 封装为例进行讲解。根据元器件规格书，部分尺寸提供了最大值和最小值，通常在建立封装时可以取中间值。根据这些数据，元器件本体的尺寸为 2.8mm×2.9mm，其高度为 1.1mm。此外，元器件厂商还提供了封装的建议尺寸，如图 5-15 所示。这些建议可以作为参考，帮助我们在封装设计时确保符合厂商的要求。具体实现步骤如下所述。

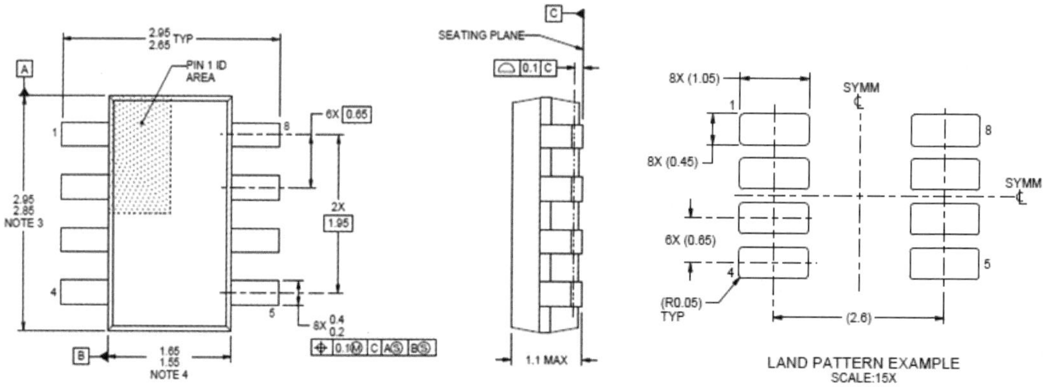

（元器件尺寸图）　　（厂商建议值）

图 5-15

（1）打开 PCB Editor 17.4，选择菜单【File】→【New】。如图 5-16 所示，在弹出的对话框中，选择 Drawing Type 为 Package symbol 组件，并为封装命名，最后单击 OK 按钮。

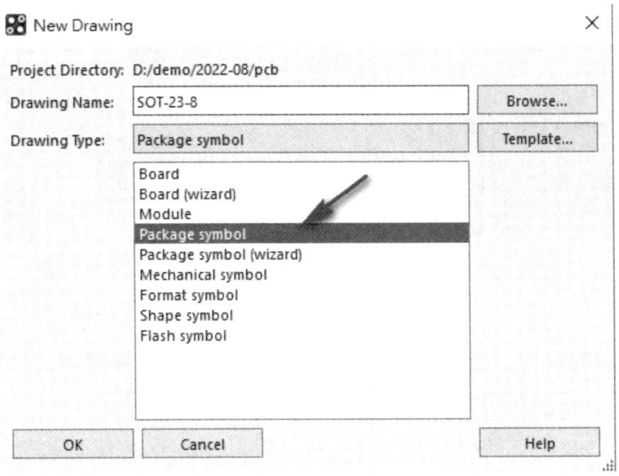

图 5-16

（2）在弹出的对话框中，设置作图的参数、路径和格点，具体设置请参见 4.6 节内容，此处不再详细赘述。

（3）选择菜单【Layout】→【Pins】，或者单击工具栏中的图标，进行焊盘的添加。

※焊盘可以参考元器件厂商提供的建议值进行建立。焊盘的长宽为 1.05mm×0.45mm，暂时命名为 PAD-0_45x1_05。所建立的焊盘信息如图 5-17 所示。

“Options”面板中的设置如图 5-18 所示。

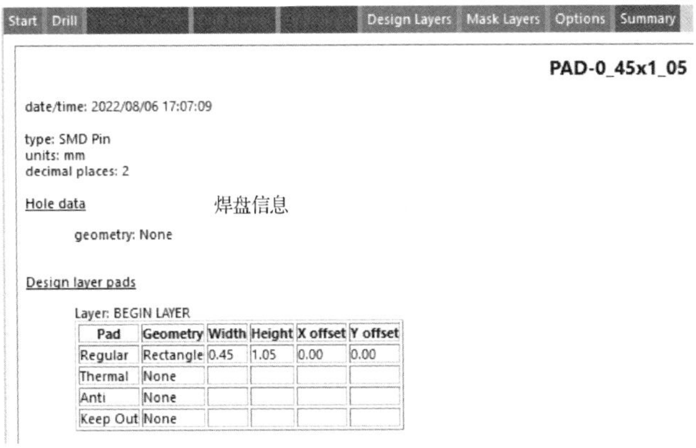

图 5-17

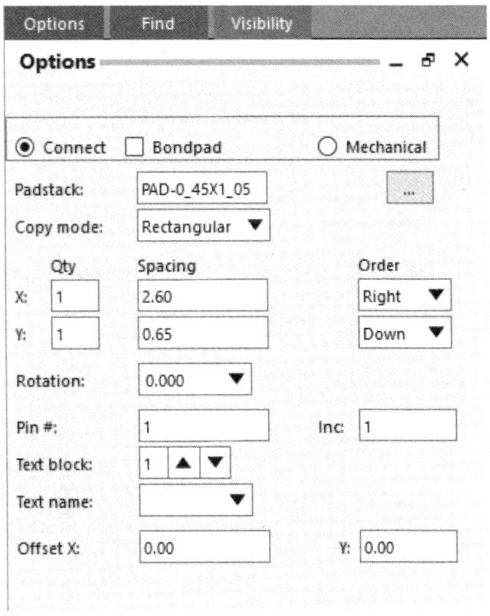

图 5-18

① Connect：添加一般元器件焊盘的模式。

② Mechanical：加机械焊盘的模式。

③ Padstack：通过单击 ... 按钮进入焊盘库，选择所要的焊盘。

④ Copy mode：选择焊盘摆放的模式，可以选择 Rectangular 或 Polar，如图 5-19 所示。对于一般的元器件，建议使用 Rectangular 的模式。

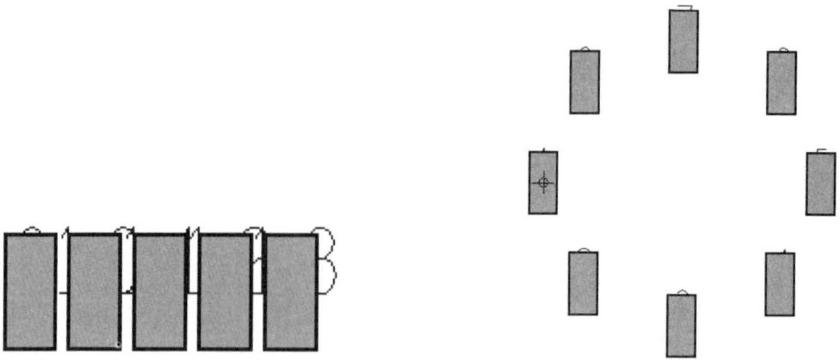

图 5-19

⑤ 对于许多焊盘的元器件，逐一添加会比较缓慢，且不容易控制焊盘与焊盘之间的间距。因此，Allegro 焊盘添加功能提供了复制功能，可以有效提高焊盘添加的效率，并确保焊盘之间的间距更容易控制。其中，Qty 表示复制焊盘的数量；Spacing 表示复制焊盘之间中心到中心的间距；Order 表示焊盘的排列顺序。如图 5-20 所示，案例中的元器件需要 8 个焊盘，可以在 X 栏下的 Qty 输入 2，在 Y 栏下的 Qty 输入 4。根据规格书，X 轴焊盘间距为 2.6mm，Y 轴焊盘间距为 0.65mm。接着，确定复制的方向是从左往右还是从右往左，然后在工作区内放入焊盘，即可完成 8 个焊盘的放置。

⑥ 旋转角度，一般在封装的时候是不需要进行旋转的，即角度为 0°。

⑦ Pin 序号的相关设置如图 5-21 所示。其中，Pin#表示焊盘的序号从多少开始；Inc 表示焊盘编号的递增数，一般都是递增 1；Text block 表示所用字体的大小，如 1 号、2 号等。

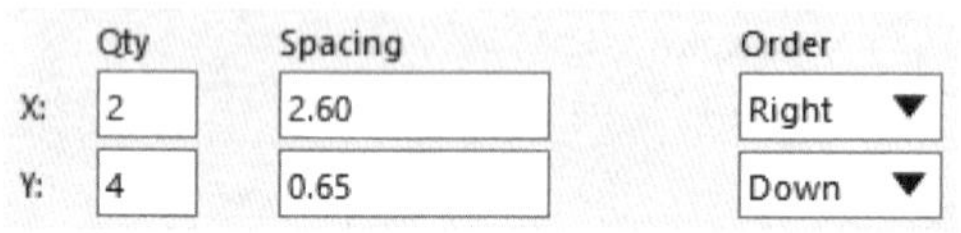

图 5-20

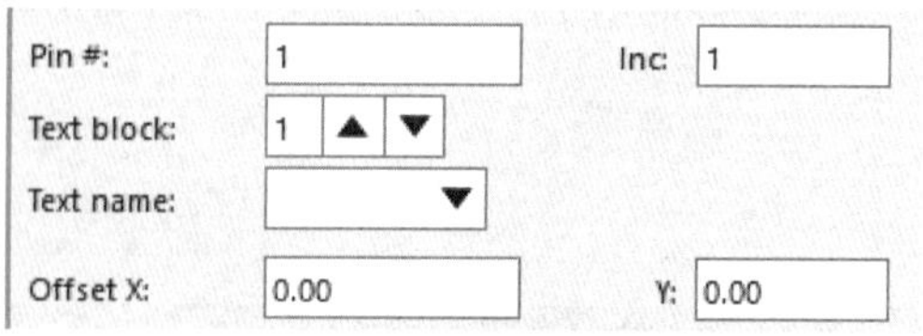

图 5-21

参数设定完成后，开始按照设定的坐标放置焊盘。将 8 个焊盘根据要求逐一放置，最终完成焊盘的布局，如图 5-22 所示。

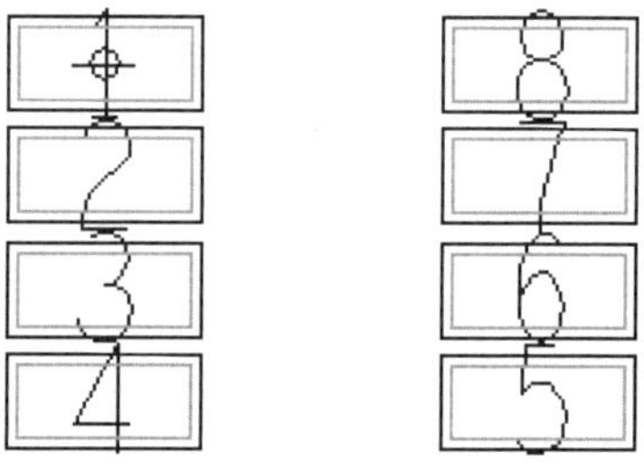

图 5-22

（4）绘制元器件的外框。

① 如图 5-23 所示，可以选择菜单【Add】下的相关选项，或者直接单击工具栏中的图标来进行外框的绘制。

② 如图 5-24 所示，在“Options”面板中进行层面的选择，一般选择 Silkscreen_Top 作为文字丝印层面，Assembly_Top 作为封装装配层面。

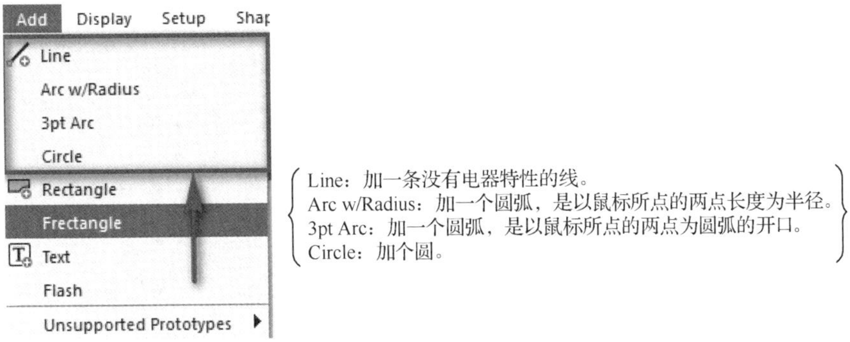

图 5-23

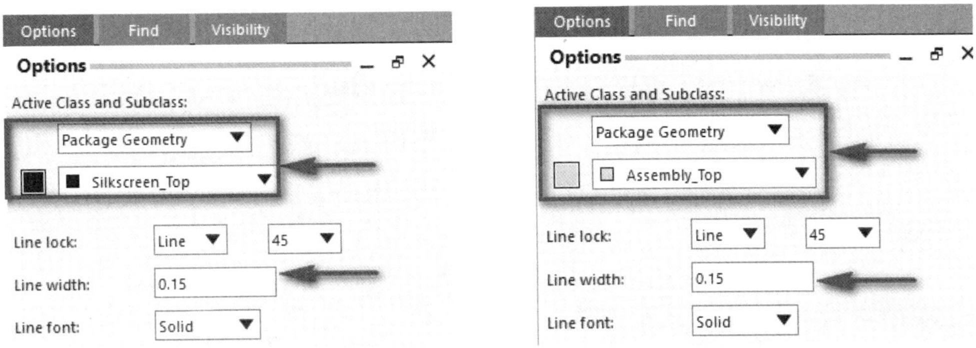

图 5-24

Silkscreen_Top：丝印层的默认线宽为 0.15mm，通常比元器件本体的尺寸外扩 0.15mm，以确保丝印与焊盘之间保持至少 6mil 的间距，从而避免 PCB 板厂在制作过程中将丝印覆盖到焊盘上。此外，还需要在该层上绘制元器件的极性标识和 Pin 1 标识。若元器件的外形为方形，则在设置 Line lock 时选择 Line；若为圆弧形状，则 Line lock 应选择 Arc。如图 5-25 所示。

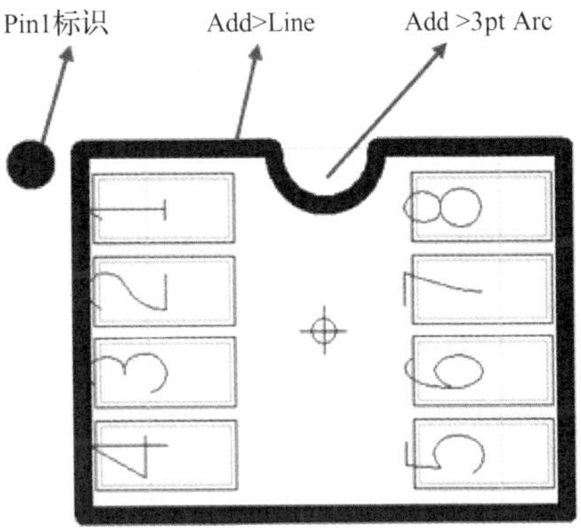

图 5-25

Assembly_Top：该层面在实际封装设计中属于可选项，用户可以根据自身需求选择是否绘制，主要目的是示意元器件的本体大小。在本案例中，规格书提供的元器件本体尺寸为 2.8mm×2.9mm，用户可使用 Assembly_Top 层绘制实体范围大小，线宽设定为 0.15mm。

（5）加入限制区（Package Boundary、Via Keepout /Route Keeput 等）。

① 添加 Package Boundary 及层面并输入封装高度，首先选择菜单【Shape】或单击工具栏中的相关图标。如图 5-26 所示，在弹出的对话框中，进入“Options”面板，选择 Package Geometry 中的 Place_Bound_Top 层面，绘制实体的范围。如果有焊盘超出本体范围，请确保将超出部分也一并绘制进去。绘制完成后，单击鼠标右键，选择菜单【Done】结束操作。接着选择菜单【Setup】→【Araes】→【Package Height】，单击所画的 Place_Bound_Top，设置最大高度及最小高度。范例的最大高度是 1.1mm，最小高度是 0mm，如图 5-27 所示。

② 当需要显示元器件的高度时，可以通过工具栏中的图标，选择菜单【Shape】，此时会弹出显示封装高度的信息，如图 5-28 所示。

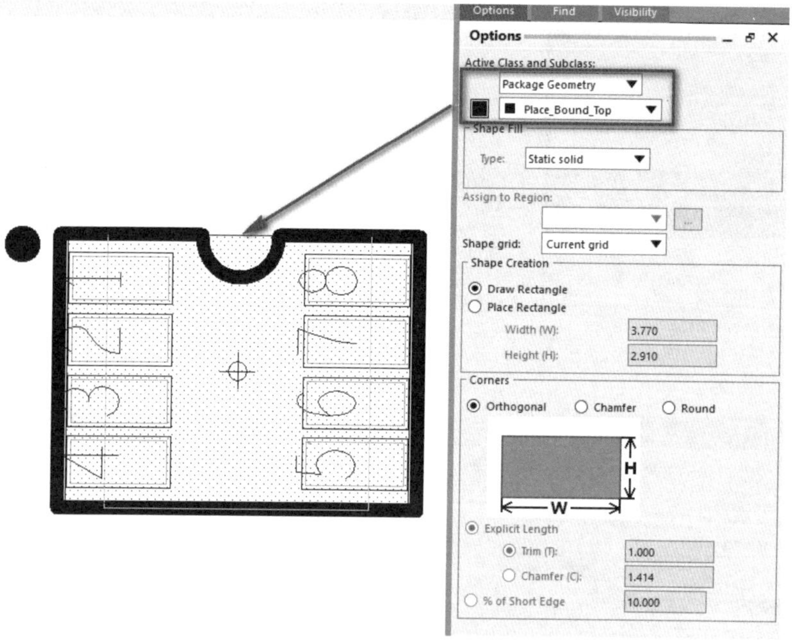

图 5-26

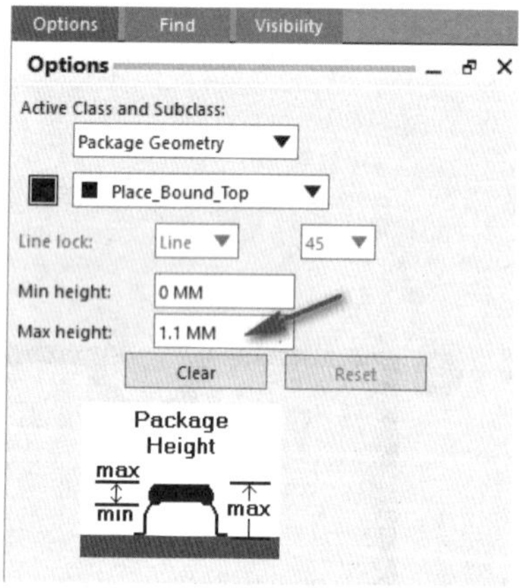

图 5-27

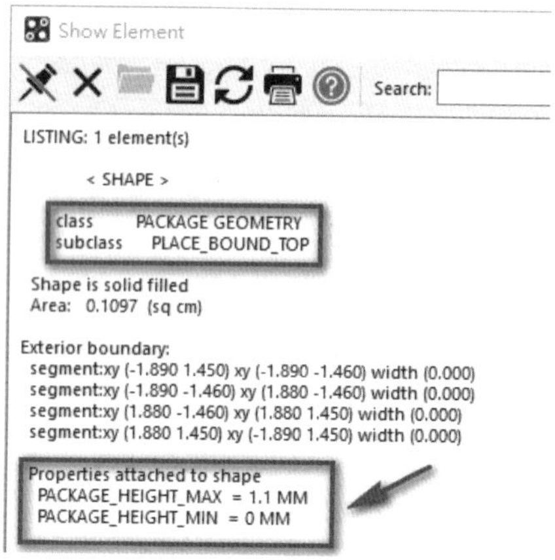

图 5-28

③ 如果规格书中要求封装的部分区域禁止打孔，或者禁止走线，选择菜单【Shape】或者单击工具栏中的图标，在弹出的对话框中，进入“Options”面板，选择 Via Keepout（禁止打孔）或 Route Keepout（禁止走线），具体层面应根据规格书中的要求进行选择。选择层面后，根据规格书中的规定绘制禁止区域即可。

（6）添加封装的丝印位号字符。

注意：并非所有文字都需要添加，用户可以根据实际需要选择性地添加相关内容。然而，RefDes（参考设计 Ator）名称是每颗封装中必须包含的内容，如图 5-29 所示。

① 选择菜单【Layout】→【Labels】→【RefDes】，或者单击工具栏中的图标，在弹出的对话框中，进入“Options”面板，选择 REFDES 下的 Silkscreen_Top。在创建元器件时，通常会使用基本的标识名称，如 U*、R*等，这个层面的丝印位号是必须添加的。后面的 4 项为可选项，是否添加可以根据实际需求来决定。

② 选择菜单【Layout】→【Labels】→【Device】，把 Device 加到 Device 下的 Assembly_Top。

③ 选择菜单【Layout】→【Labels】→【Value】，把 Value 加到 Value 下的 Assembly_Top。

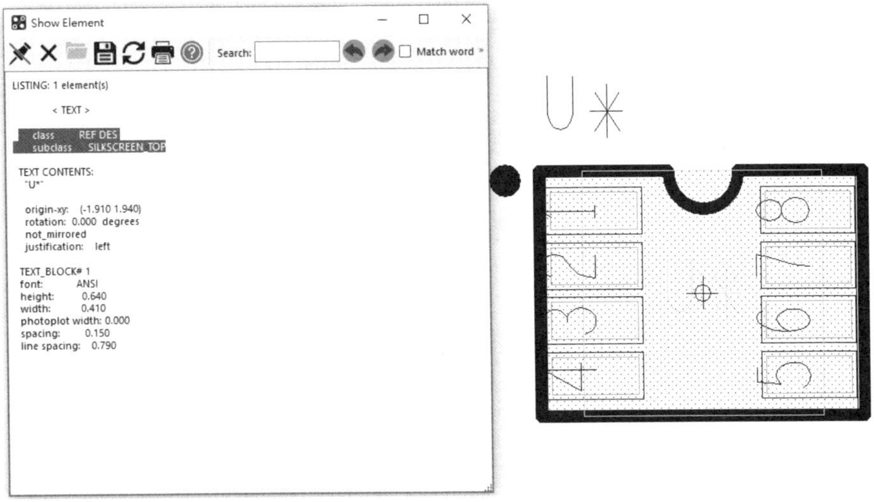

图 5-29

④ 选择菜单【Layout】→【Labels】→【Tolerance】，把 Tolerance 加到 Tolerance 下的 Assembly_Top。

⑤ 选择菜单【Layout】→【Labels】→【Part Number】，把 Part Number 加到 Part Number 下的 Assembly_Top。

（7）所有设定完成后，保存文件。

① 需要将文件保存为一个.dra 文件，供以后元器件的编辑使用，这是一种可编辑文件，如 sot-23-8.dra。

② 选择菜单【Layout】→【Create symbol】，生成一个.psm 文件，用于元器件的调用，这是实际元器件文件，如 sot-23-8.psm。

※小技能：这里有一个环境变量 no_symbol_onsave，可以设置在生成.dra 文件时自动生成.psm 文件。此设置可通过选择菜单【Setup】→【User Preference】，在弹出的对话框中的 Drawing 类中进行配置，如图 5-30 所示。

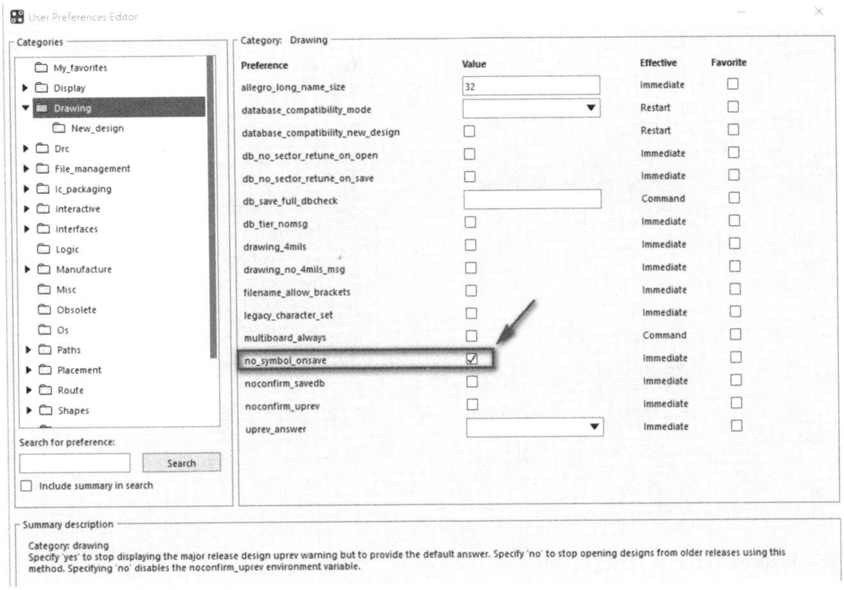

图 5-30

（8）选择菜单【File】→【Create Device】。此操作将生成一个用于载入网络表的 Device 文件。当三个文件完成后，一个元器件的建立就完成了，如图 5-31 所示。

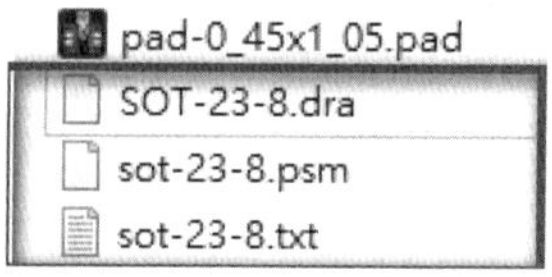

图 5-31

5.5　PCB 文件产生 PCB 封装库

如果有能够调用元器件封装的 PCB 文件，则无须重新创建 PCB 封装，可以直接从现有的 PCB 文件中导出元器件的封装库。导出 PCB 封装时，需要有“.brd”后缀的 PCB 文件。按照以下操作步骤即可完成从 PCB 中导出元器件封装的过程。

（1）打开具有元器件封装的 PCB 文件，选择菜单【File】→【Export】→【Libraries】输出，如图 5-32 所示。

（2）在弹出的对话框中，单击 ALL On 按钮，勾选全部属性，单击 Export to directory 下方右边的 ... 按钮，选择导出的库路径，如图 5-33 所示。

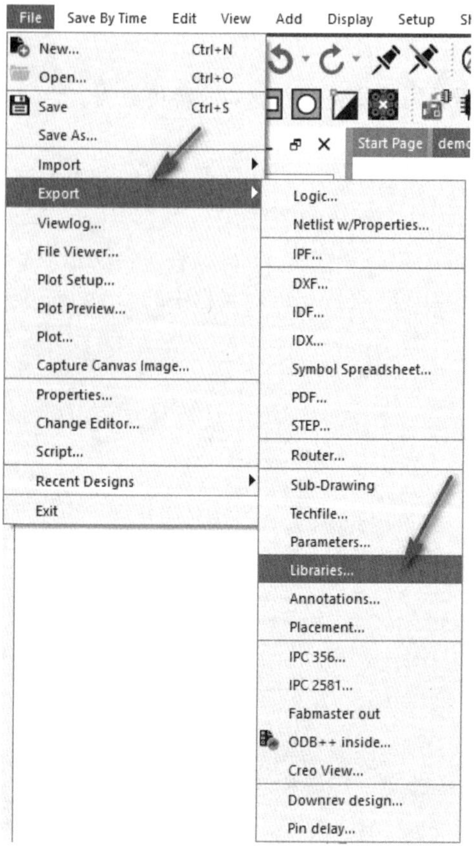

图 5-32

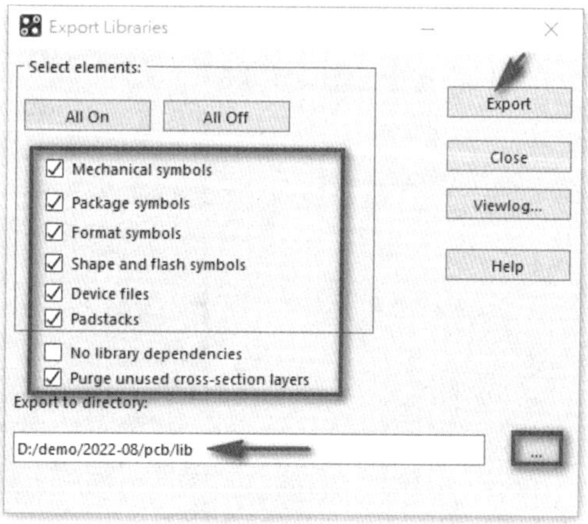

图 5-33

（3）单击 Export 按钮，关闭工作界面，即完成了导出全部的 PCB 封装库的操作。

第 6 章　PCB 用户界面介绍及快捷键设置

本章将介绍 Cadence Allegro 17.4 PCB 设计开发环境中最常用的工作视图与操作命令，重点介绍如何利用这些功能提升工作效率。还将详细讲解各类快捷键及可自定义设置的快捷方式，使用户能够根据自己的使用习惯优化操作流程，提升设计效率。

6.1　PCB 设计交互界面

PCB 设计的工作界面与 PCB 库建立的工作界面类似，主要包含菜单栏、工具栏、控制栏、状态栏及绘图工作区等，如图 6-1 所示。

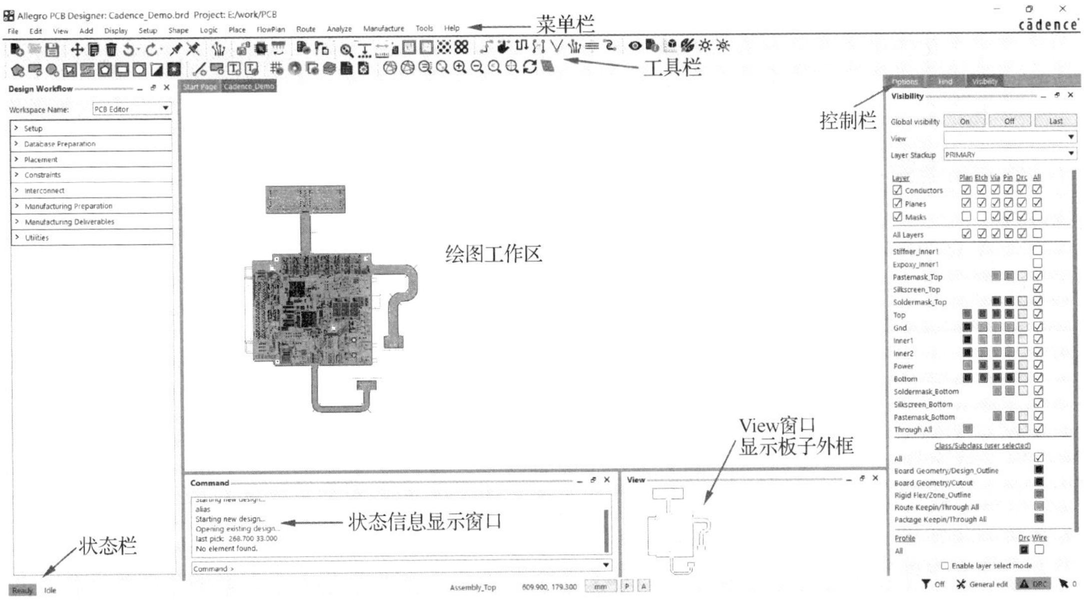

图 6-1

1. 菜单栏

打开 Allegro 软件后，菜单栏位于软件界面的最上方，是软件的总体功能部分，也是用户进行常规操作时必不可少的工具。菜单栏包含了所有主要功能和命令，每个菜单下都有多个具体的操作选项，用户可以根据需求选择相应的功能进行操作。通过菜单栏，用户能够访问和执行各种设计任务，如文件操作、编辑功能、设计规则设置、视图切换等。

2. 工具栏

菜单栏下方分布着一些常用的工具，这些工具包含了在 PCB 设计过程中最常被调用的命令。

：新建、打开、保存。

：移动、复制、删除、上一步、下一步、固定、解除固定。

：关闭所有飞线、打开所有飞线、放大指定区域视图、整板视图、视图放大、视图缩小、上一步视图、选择区域视图、刷新视图、3D 视图。

：切换显示格点、颜色设置、调节透明度、叠层设置、规则约束管理器、参数设置。

：显示效果、查看属性、查看阻抗、快速测量、显示高亮、取消高亮。

：输出报告、更新 DRC、显示 DRC、帮助。

：常规编辑模式、放置编辑模式、电气编辑模式（常用）。

：添加多边形、添加矩形、添加圆形、选择形状、切割形状。

：生成框架、切换 2D 线样式、添加尺寸标准。

：输出 ODB 文件、钻孔表、设置钻孔、输出图层设置、丝印设置、孔符表设置。

：添加走线、拖动线孔、等长设置、平滑走线、拖动 2D 线、扇出走线、两孔之间等间距走线、自动布线设置。

：添加 2D 线、添加字符、修改字符。

3. 状态栏

通过状态栏显示的颜色，用户可以直观地判断当前操作的状态。

绿色：表示当前动作处于正常状态，操作可以继续进行，系统没有出现错误或中断。

红色：表示命令正在执行，并且处于不可中断的状态，此时用户不能中断操作，系统正在处理关键任务。

黄色：表示命令正在执行，但此状态可以通过单击状态栏中的 Stop 按钮或按下 Esc 键退出，操作尚可中断。

6.2 控制栏

在 Allegro PCB Editor 软件中，控制栏中包括三个主要功能面板：“Options”面板、“Find”面板和“Visibility”面板。这三个面板可以自由调整和移动，用户可以将它们固定放置在 PCB 设计窗口的左右两侧，以便快速访问和操作。以下是每个面板的具体含义与作用介绍。

1. “Options”面板

“Options”面板是一个参数设置面板，专门用于显示当前命令或功能所使用的参数选项。当用户执行命令时，“Options”面板会自动更新，显示与当前命令相关的细分功能参数选项。用户可以根据需要在此面板中调整相应的参数，以实现精确的操作。以下列举四种常见命令状态下的“Options”面板。

（1）走线命令：选择菜单【Route】→【Connections】，弹出如图 6-2 所示的对话框。

（2）推线命令：选择菜单【Route】→【Slide】，弹出如图 6-3 所示的对话框。

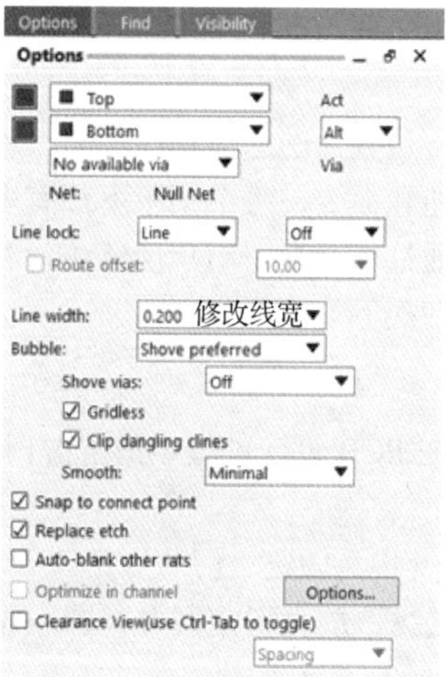

图 6-2

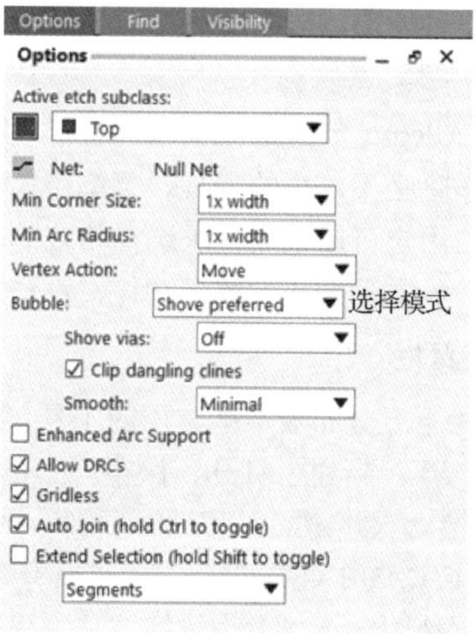

图 6-3

（3）复制命令：选择菜单【Edit】→【Copy】，弹出如图 6-4 所示的对话框。

（4）添加文字命令：选择菜单【Add】→【Text】，弹出如图 6-5 所示的对话框。

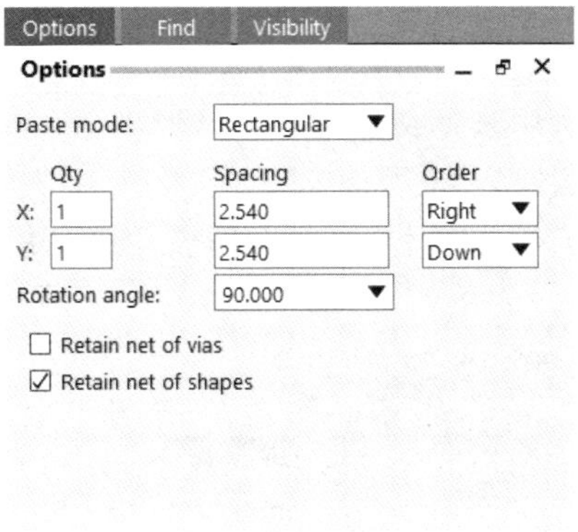

图 6-4

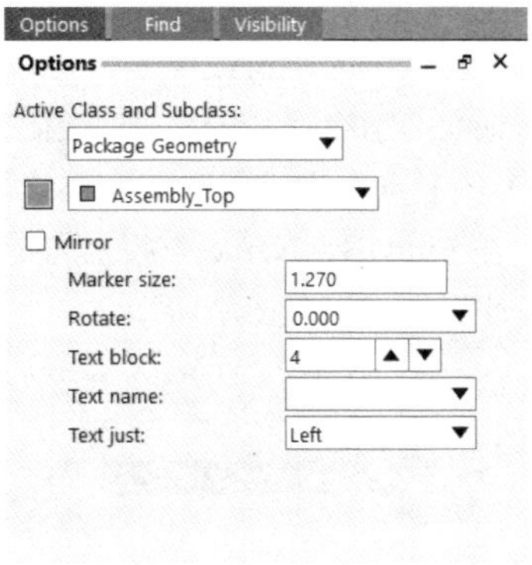

图 6-5

2. “Find”面板

“Find”面板是用于筛选和查找执行命令对象的面板，主要由两个功能组成，分别是 Design Object Find Filter 命令对象区域和 Find By Name 查找对象区域，如图 6-6 所示。用户可以通过这两个区域快速定位和筛选设计中的特定元素，以便更高效地执行操作。

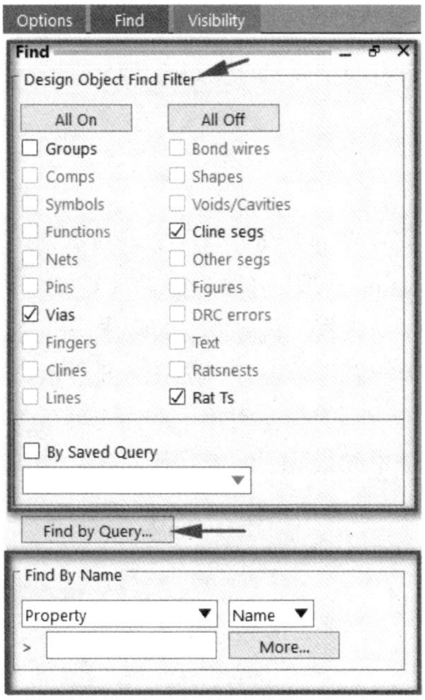

图 6-6

（1）Design Object Find Filter 功能区域是用于筛选执行命令对象的功能区域，用户可以选择不同类型的设计对象进行查找或操作。以下是每个具体对象的含义说明。

Groups：设计中组合或群组的元素，允许用户筛选和操作一组相关联的设计对象。

Comps：原理图导入的元器件，具有编号的元器件。用户可以通过该选项查找具体的已编号元器件。

Symbols：PCB 中所有的元器件，无论是否具有位号。该选项用于查找所有设计中的元器件。

Functions：原理图或封装中定义的功能引脚，允许用户筛选特定的功能引脚进行操作。

Nets：电气信号网络，用于查找与特定电气网络相关的所有对象。

Pins：元器件的引脚，可以帮助用户精确选择和操作某个元器件的引脚。

Vias：PCB 中的过孔，用于查找和操作电气连接中的过孔。

Fingers：芯片基板封装中的焊盘。此选项帮助用户查找特定封装中的焊盘。

Clines：具有电气连接属性的整根同层线。用户可以通过此选项筛选和编辑电气连接的线路。

Lines：没有电气属性的整根线，如元器件的丝印框。这类线用于非电气性标记，通常与电气连接无关。

Bond wires：IC 封装基本设计中的金线。用户可以选择编辑或查找设计中用于连接 IC 的金线。

Shapes：铜皮区域，用于查找和操作 PCB 中的铜箔区域。

Voids/Cavities：铜皮内部的挖空形状，用于查找和调整铜皮的空洞部分。

Cline segs：具有电气连接属性的线段，帮助用户在设计中精确选择和修改电气连接的部分。

Other segs：非电气连接属性的线段，用于处理那些没有电气功能的设计线段。

Figures：具有定义的图形符号，如引脚的钻孔标记等。该选项允许查找设计中的符号图形。

DRC errors：设计中的 DRC（设计规则检查）错误，帮助用户定位和解决设计中的问题。

Text：设计中的字符或文本，可以用于编辑和查找设计中的所有文本元素。

Ratsnests：网络信号的飞线，用于查找和调整设计中未完成连接的网络线。

Rat Ts：T 点，指的是电气网络连接中的“分支点”或“T 型连接”。

（2）在 Find By Name 查找对象功能区域中，用户可根据不同的类型需求，选择并查找相应类型的设计对象，如图 6-7 所示。

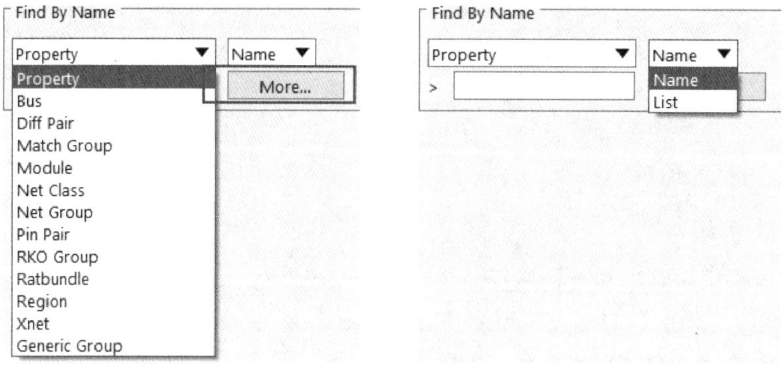

（a）　　　　　　　　（b）

图 6-7

图 6-7（a）为选择查找类型，图 6-7（b）为选择查找类别。用户可以选择 Name 或 List 选项：Name 选项，可以直接输入对象名称进行查找；List 选项，通过选择*.lst 文件的方式进行查找。PCB 系统根据不同情形自动选择相应的查找对象。查找类别选择 Name 选项时，单击 More 按钮，会弹出筛选器窗口，如图 6-8 所示。在 Object type 中选择需要查找的对象类型，列表中会显示 PCB 中所有的类型对象，双击选择或者单击 ALL->按钮加入右侧选择列表中。在需要选择多个不同的对象时很适应，方便确认每个类型下全部的对象名称和数量等。

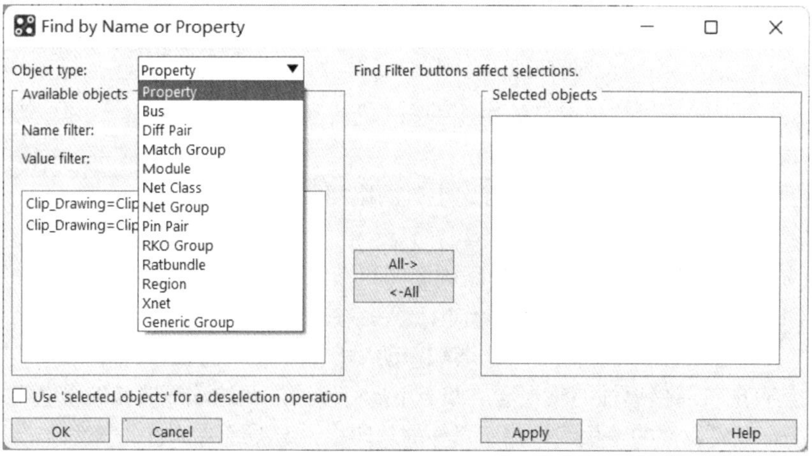

图 6-8

3. “Visibility”面板

“Visibility”面板用于控制各设计层面的显示。通过勾选需要显示的层面和对象，用户可以在 PCB 绘图工作区域查看相应的视图效果，如 Etch、Via、Pin、Drc 等，如图 6-9 所示。

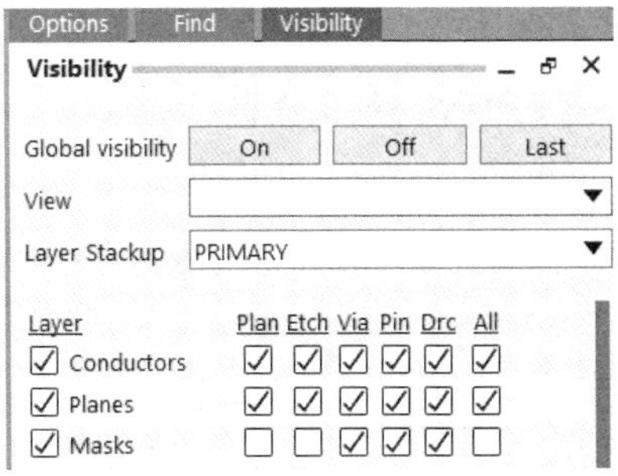

图 6-9

View：用于快速切换不同的窗口显示。下拉菜单中的内容需在输出图层设置中定义，方便在设置好光绘层面后进行查看，并检查是否符合输出需求。

Conductors：显示或隐藏所有信号布线层。

Planes：显示或隐藏所有电源/地平面层。

Masks：显示或隐藏阻焊层、钢网层和丝印图层。

6.3　常用系统快捷键

Cadence Allegro 部分命令自带快捷键，使用快捷键能够极大提高设计工作的效率。软件中默认的快捷键如图 6-10 所示。

```
#alias ~S      save          ## Read-Only
#alias ~Z      undo          ## Read-Only
#funckey "\t" tab           ## Read-Only
#funckey C               ctab         ## Read-Only
#funckey CS             sctab         ## Read-Only
#funckey S               stab         ## Read-Only
alias CDown  'ipick 0; ipick_to_gridunit 0 -1'
alias CF2    next
alias CF5    color192
alias CF6    layer priority
alias CLeft  'ipick 0; ipick_to_gridunit -1'
alias CRight 'ipick 0; ipick_to_gridunit +1'
alias CSF5   status
alias CUp    'ipick 0; ipick_to_gridunit 0 +1'
alias F2     zoom fit
alias F3     add connect
alias F4     show element
alias F5     redraw
alias F6     done
alias F7     next
alias F8     oops
alias F9     cancel
alias F10    grid toggle
alias F11    zoom in
alias F12    zoom out
alias Pgdown layer down
alias Pgup   layer up
alias SDown  'move; ipick_to_gridunit 0 -1'
alias SF2    property edit
alias SF3    slide
```

图 6-10

6.4　快捷键的自定义

在系统默认自带的快捷键中，有一些功能键，如常用的 F2 到 F12 等，这些是单键操作的功能命令。另外，还有一些组合快捷键命令，如“Ctrl+”或“Shift+”。在设计过程中，单键操作的快捷键命令通常比较便捷，但对于组合快捷键命令来说，由于命令之间的键位和键盘排布较远，操作效率较低。因此，在设计中，许多用户会自定义个性化的单键快捷命令，以快速提升命令操作速度和执行便捷性。本节将列举四种常用的快捷键设置方法。

1. 命令行定义快捷键

在 Allegro 软件的工作界面中，找到左下角的命令输入栏“Command”。在命令栏中输入需要定义的快捷键及其对应命令，如输入“funckey a move”，其中输入的小写字母“a”就会被定义为“move”这一移动功能的快捷键命令，如图 6-11 所示。另一种方式是输入“alias a move”，同样可以实现定义该快捷命令。

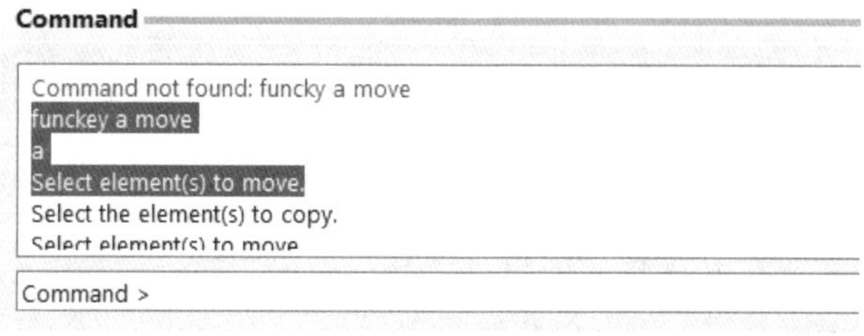

图 6-11

命令行这种操作形式的快捷键使用起来不够灵活，输入命令内容烦琐，并且仅针对当前打开的 Allegro 软件窗口有效。一旦关闭当前软件，之前设置的快捷键将失效，这对于用户来说不够便利。

2. env 文件设置快捷键

在 env 文件中设置快捷键是一种常用且实用的方法，因为只要 env 文件不发生变化，设置的快捷键命令将在软件中始终有效。相比于命令行设置快捷键，这种方法更加稳定和便捷。

env 文件的默认路径为：“C（安装盘）：\Cadence\SPB17.4\SPBData\pcbenv\env”。如果安装在不同的磁盘中，需要根据具体的安装盘位置找到该路径。使用电脑自带的记事本打开 env 文件后，可以编辑所需的命令功能。设置完成后，保存即可。

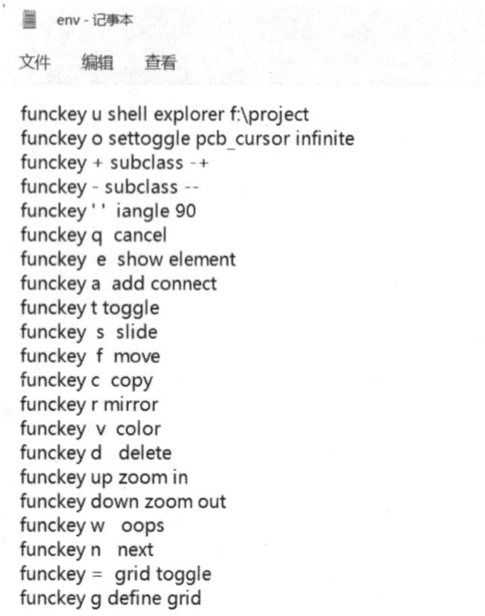

图 6-12

设置格式与手动输入命令行设置快捷键相同，区别在于这里通过文档集中执行快捷键设置。这种方法能够确保快捷键在软件的不同会话中始终有效，如图 6-12 所示。

快捷键的定义有两个命令模式，分别是 Alias 和 Funckey。

（1）Alias 命令：Alias 命令不用于定义单个字母（如果使用 Alias 定义字母，那么在使用时，需要先输入字母并按回车键才能使快捷键生效）。Alias 通常用于定义一些功能键（如 Fn 键）或常用的键（如 Del 键）。

（2）Funckey 命令：Funckey 命令可以用来定义单个字符作为快捷键。与 Alias 命令相比，Funckey 更为强大，Alias 能定义的快捷键，Funckey 也能够定义，且提供了更多的灵活性。Funckey 命令中，字母是区分大小写的。例如，输入“funckey C delete”和“funckey c Copy”，大写的 C 代表删除功能，小写的 c 则代表复制功能。Funckey 也可以定义多个字母的组合快捷键。例如，在移动器件和对齐结构位置时，选择定位孔的中心可以进行如下设置，即 funckey sa "prepopup; pop dyn_option_select 'Snap pick to@:@Arc/Circle Center'"，这条命令定义了“sa”作为快捷键，执行特定的操作。如果我们设计的 PCB 板层叠较多（如六层或八层板），可以通过定义快捷键来切换不同的层。例如，设置第二层快捷键，即 funckey 2 'visible_layer2'，其他层的设置则按照类似的模式直接添加。

3. 可定义快捷键的命令查询

在设置快捷键时，通常使用 Alias 或 Funckey 命令，中间部分是执行命令设置的快捷键，最后是实现该命令的语句。对于初学用户，如果不了解具体命令的语句，可以通过 Allegro 软件提供的快速查询功能来获取相关信息，帮助用户方便地找到所需的命令。

如图 6-13 所示，选择菜单【Tools】→【Utilities】→【Keyboard Commands】，在弹出的对话框中将显示可以在设置快捷键时定义的命令语句。通过该对话框，用户可以查看和选择需要的命令，快捷地为不同操作设置相应的快捷键。

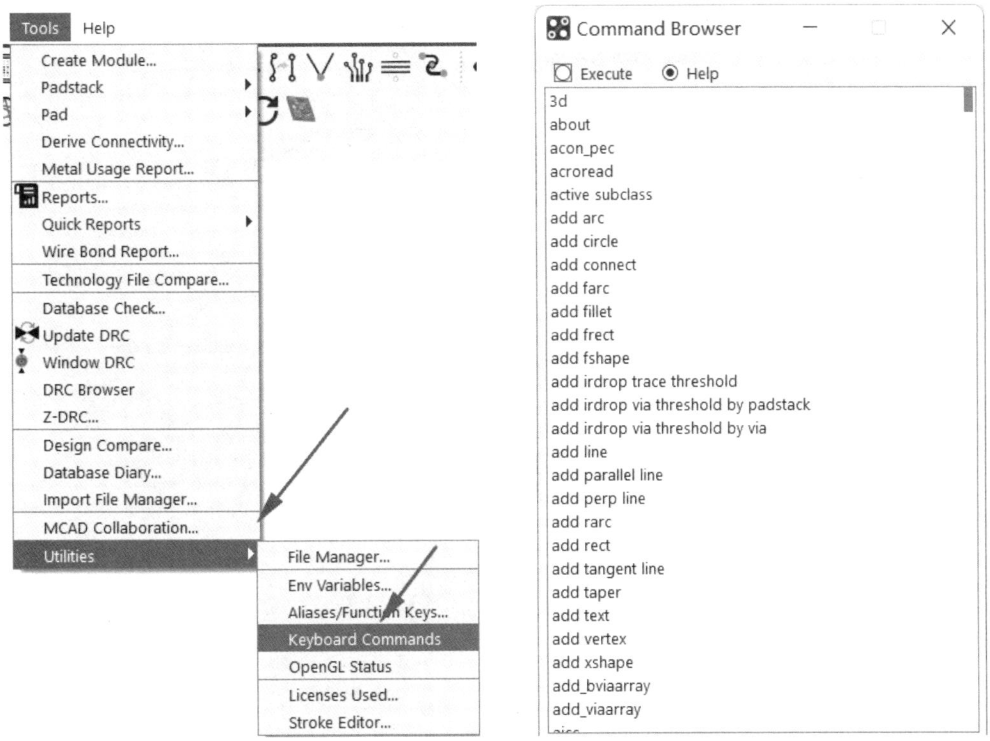

图 6-13

4. Stoke 快捷键设置

Allegro 软件功能强大，除可以使用键盘命令设置快捷键外，还可以通过 Stroke Editor 功能来调用鼠标轨迹并设置快捷键。具体操作步骤如下所述。

（1）如图 6-14 所示，选择菜单【Tools】→【Utilities】→【Stroke Editor】，进行软件的 Stoke 命令编辑设置。

（2）在弹出的对话框中，右侧菜单栏显示的是已经定义好的 Stroke 命令，而左侧菜单栏则是鼠标轨迹命令的绘制区域。首先，在左侧区域绘制好需要的命令轨迹图形，然后在“Command”栏中输入对应的命令语句名称，接着单击 Add 按钮添加快捷方式。此时，新增的 Stroke 命令会出现在右侧菜单栏中，此时成功完成了一个快捷命令的设置。如图 6-15 所示，斜线和反斜线图形分别对应的是 window fit 和 window in 命令。在工作区中，用户只需通过鼠标绘制斜线或反斜线，即可实现图面放大或缩小功能。这种设置方式使得命令操作更加直观和便捷。

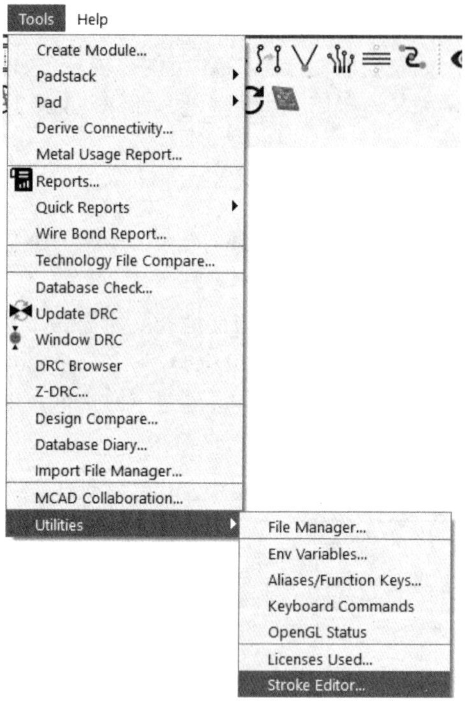

图 6-14

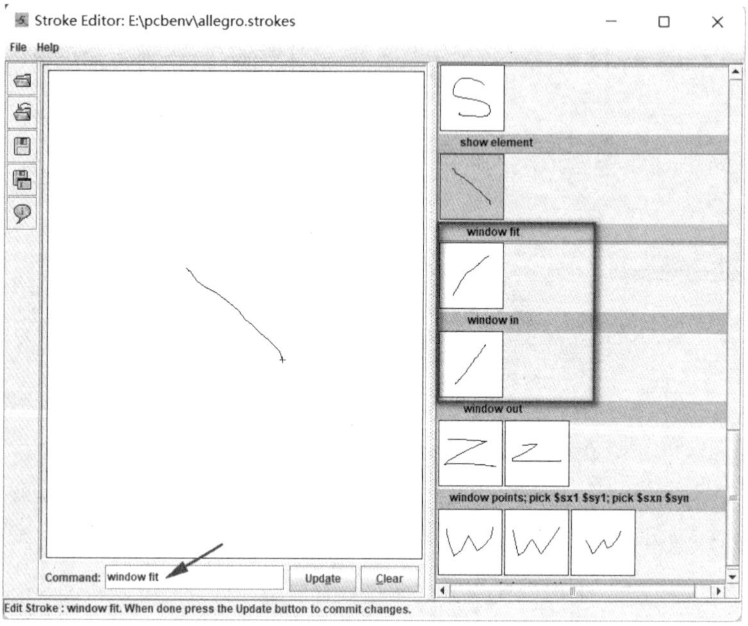

图 6-15

（3）需要更新 Stroke 命令时，在右侧菜单栏中选中需要更新的命令图标，然后在左侧区域绘制新的鼠标轨迹命令，接着单击 Update 按钮进行更新。保存后，即可重新调用更新后的命令。如果需要删除 Stroke 命令，可以在右侧菜单栏中选中需要删除的命令图标，右键单击该命令图标，选择菜单【Delete】即可删除该命令。这样，用户可以方便地管理和更新自己的快捷命令，确保操作的灵活性与高效性。

（4）通常在完成设置后，重启 Allegro 软件即可调用最新的 Stroke 命令。如果在软件重启后无法启用命令，或者鼠标右键无法使用轨迹命令滑动时，可能是由于在用户设置参数时，未勾选开启鼠标右键滑动命令选项。此时，用户需要检查设置是否正确，如图 6-16 所示。如果未勾选该选项，需更改系统设置操作，以确保鼠标右键滑动命令能够正常启用并工作。

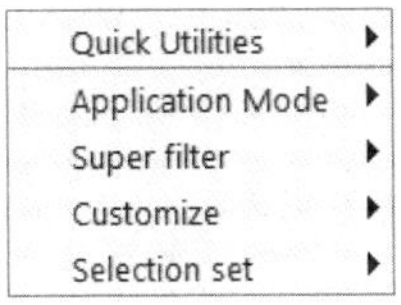

图 6-16

（5）选择菜单【Setup】→【User Preferences】，如图 6-17 所示，在弹出的对话框中勾选 no_dragpopup 选项。完成设置后，重新启动 Allegro 软件，此时鼠标右键 Stroke 轨迹命令将能够正常使用快捷键。这样，用户便可以顺利调用和操作最新的命令设置。

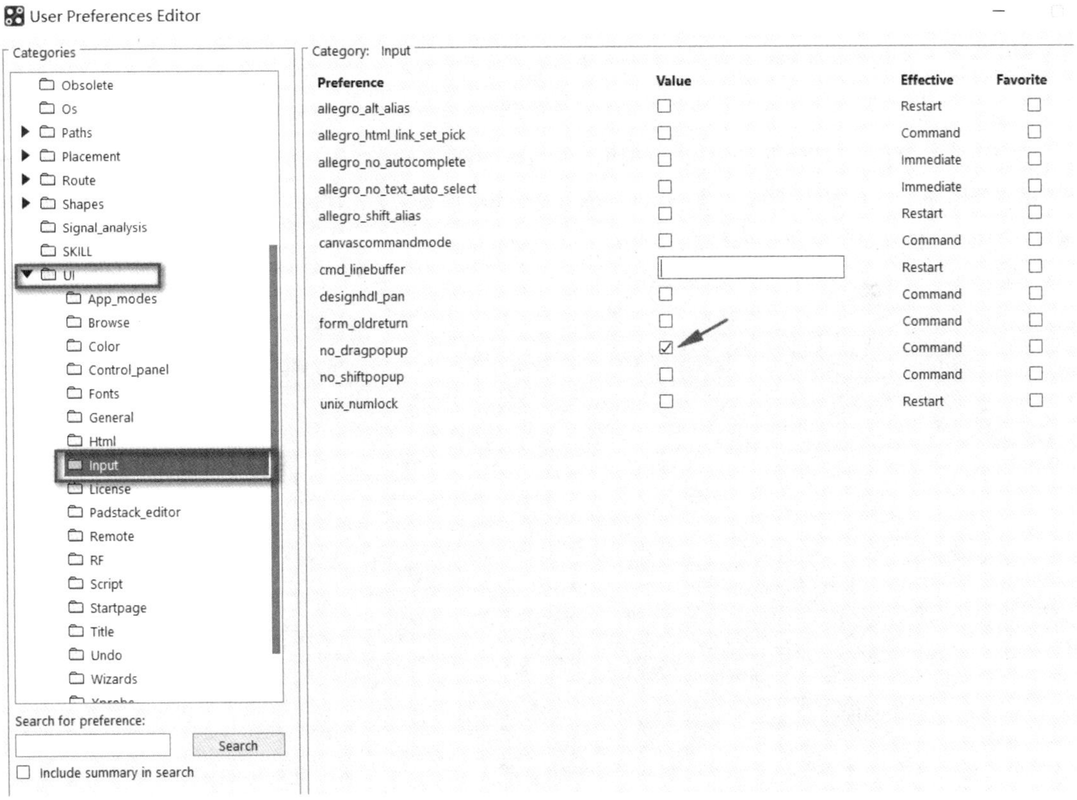

图 6-17

6.5 录制及调用 Script 文件

6.5.1 录制 Script 文件

Script 文件是记录操作命令的过程，保存好后的脚本文件，在设计时可以重复使用。录制 Script 文件的具体操作步骤如下所述。

（1）如图 6-18 所示，选择菜单【File】→【Script】，弹出 Scripting 对话框。在该对话框中，单击 Browse 按钮，在弹出的窗口中直接设置文件的名称为“Grid10.scr”，录制的文件会保存到 Cadence 系统默认路径的文件夹中，选择后可以直接调用，也可以根据需要保存到指定的路径。

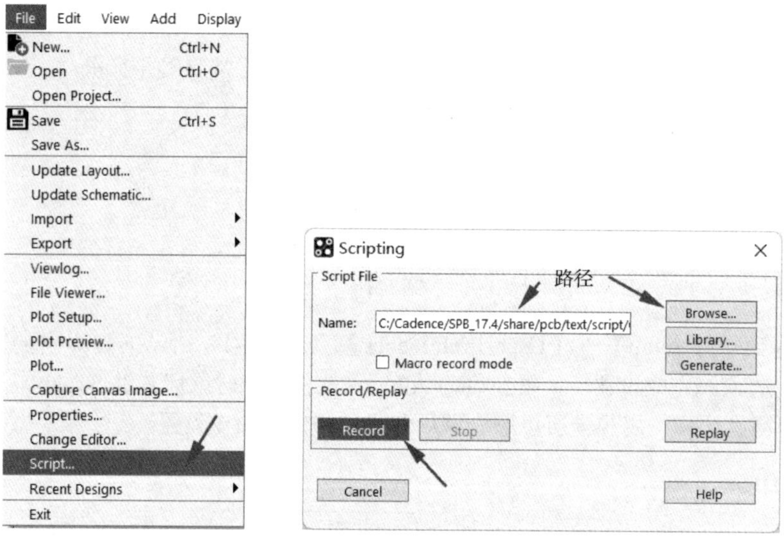

图 6-18

（2）单击 Record 按钮开始录制。例如，我们录制格点“10”，在单击 Record 按钮后软件开始记录每个操作，选择菜单【Setup】→【Grids】，打开格点设置对话框，如图 6-19 所示，将格点设置为“10”，单击 OK 按钮完成格点设置。

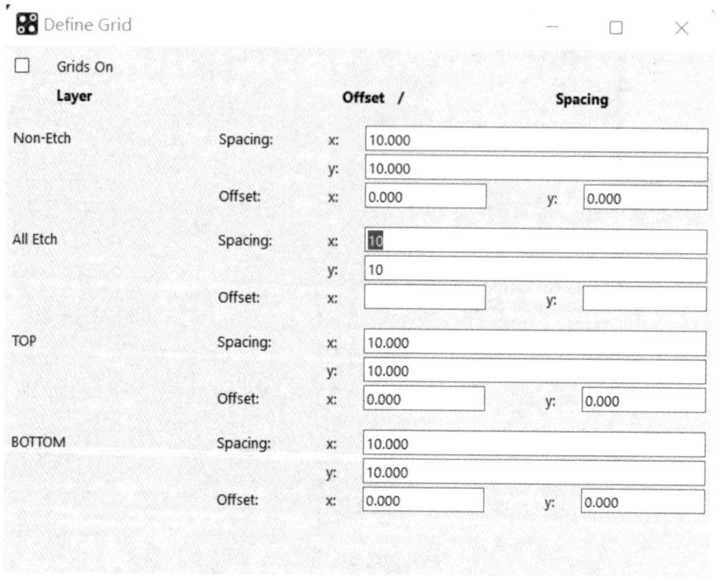

图 6-19

（3）继续选择菜单【File】→【Script】，在弹出的对话框中单击 Stop 按钮，完成整个 Script 文件的录制。如图 6-20 所示，你可以前往保存的路径查看录制成功的 Grid10.scr 文件。

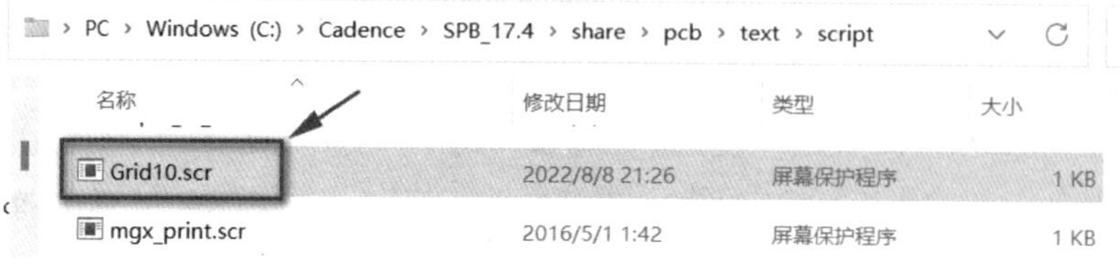

图 6-20

6.5.2 调用 Script 文件

录制完成的 Script 文件，需要在设计中对 Script 文件进行调用，具体操作步骤如下所述。

（1）选择菜单【File】→【Script】，在弹出的对话框中单击 Browse 按钮，找到所需要的 Script 文件所在的保存路径和文件名称，如图 6-21 所示。

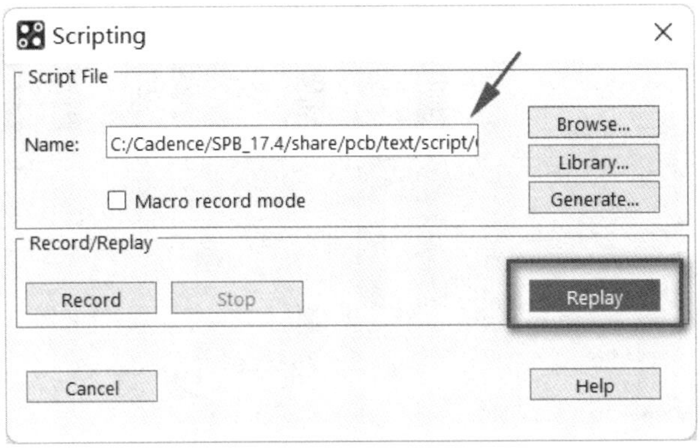

图 6-21

（2）选择好需调用的 Script 文件后，单击 Replay 按钮，完成调用设置。使用快捷键调用 Script 文件的方法如下。

① 录制的文件要保存到 Cadence 默认的文件夹中，通常默认路径为“C:\Cadence\SPB_17.4\share\ pcb\text\script”。如果 Script 文件不在该文件夹中，可将其复制、粘贴到该文件夹中。

② env 文件调用的语句，如“Alias a Replay Grid10”，该语句将字母“a”设置为调用 Grid10.scr 文件的快捷键。

③ 重启 Allegro 软件后，在 Command 栏中输入设置的快捷键并按回车键。按照②中的设置，在 Command 栏输入“a”并按回车键，即可调用已录制的 Grid10.scr 文件，从而快速将格点设置为 10。

6.6 颜色设置

Allegro 17.4 中的颜色管理分为 Layers（图层）和 Nets（网络）两大部分，在设计和 PCB 检查过程中，我们需要对不同的颜色进行设置，以提高工作效率。

选择菜单【Display】→【Color/Visibility】，或者单击工具栏中的图标，弹出 Color Dialog 对话框，如图 6-22 所示。该对话框中提供了 192 种颜色选项，涵盖 Layers（图层）和 Nets（网络）两个主要部分。此外，还包括 Display（自定义显示）、Favorites（收藏夹）和 Visibility Pane（可见性窗格）五个部分。通过此对话框，你可以创建自定义颜色或调色板，并将其保存为外部的.col 文件，以便应用于其他设计中。

同时，你还可以为图层指定点阵图案。将图案分配给特定颜色后，将会应用于该图层上的所有相应对象。

1．Layers

在“Layers”面板中，我们可以将类和子类分别归属于不同的文件夹，通过树状图的形式进行层级管理，从而有效地管理颜色和图案。树状图的左侧显示的是类，右侧则显示对应的子类，如图 6-23 所示。

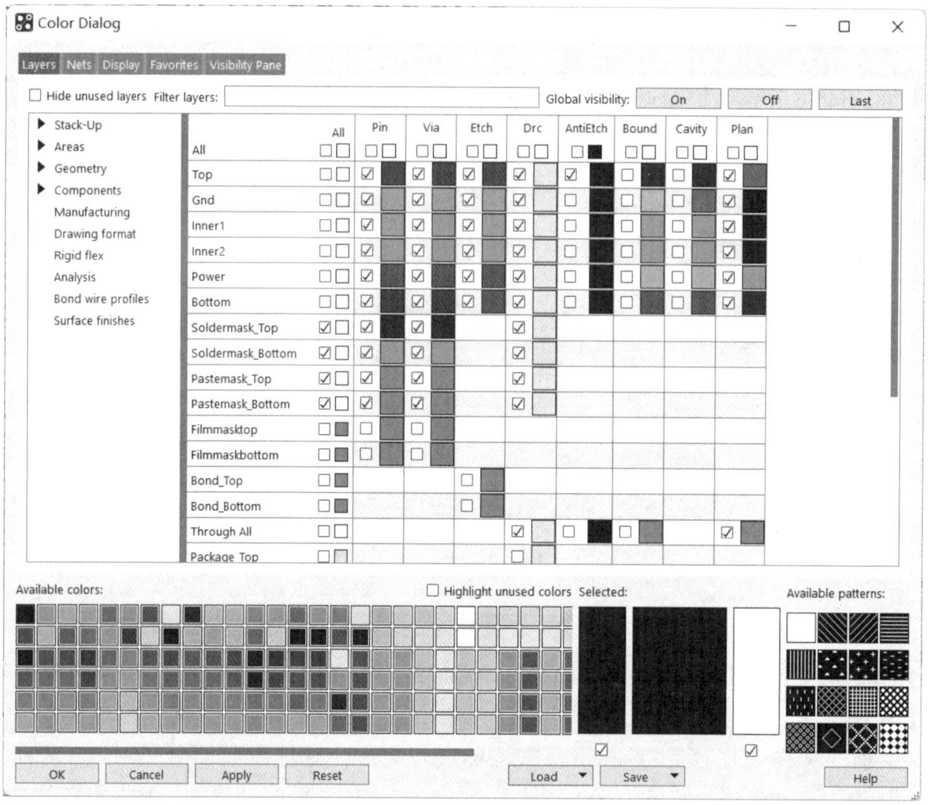

图 6-22

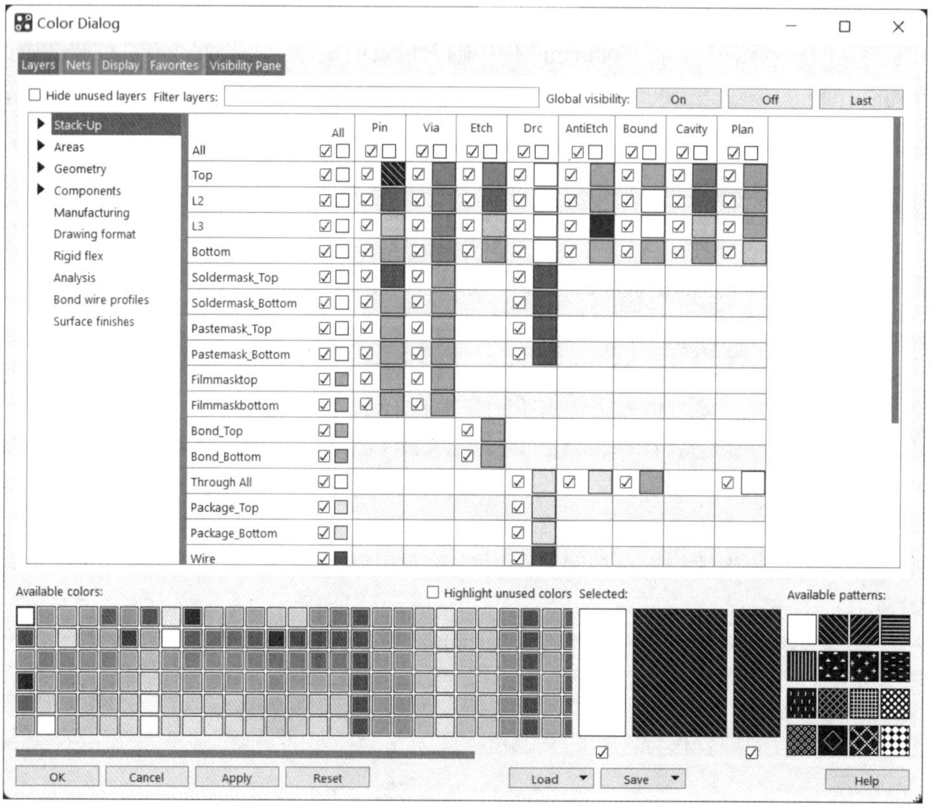

图 6-23

2. Nets

“Nets”面板采用“表单式”布局，提供对 Net 上各元素（如 Pins、Vias、Clines、Shapes、Rats 等）的颜色显示设置。系统还支持按 Bus、Diff pair、XNet 和 Net Group 进行分类管理，以便更高效地进行颜色配置和管理。

我们可以为 Net 相关的对象指定不同的颜色，如将 Gnd 的走线设置为红色，如图 6-24 所示。这样可以通过颜色区分不同的 Net 对象，提高设计和检查的效率。

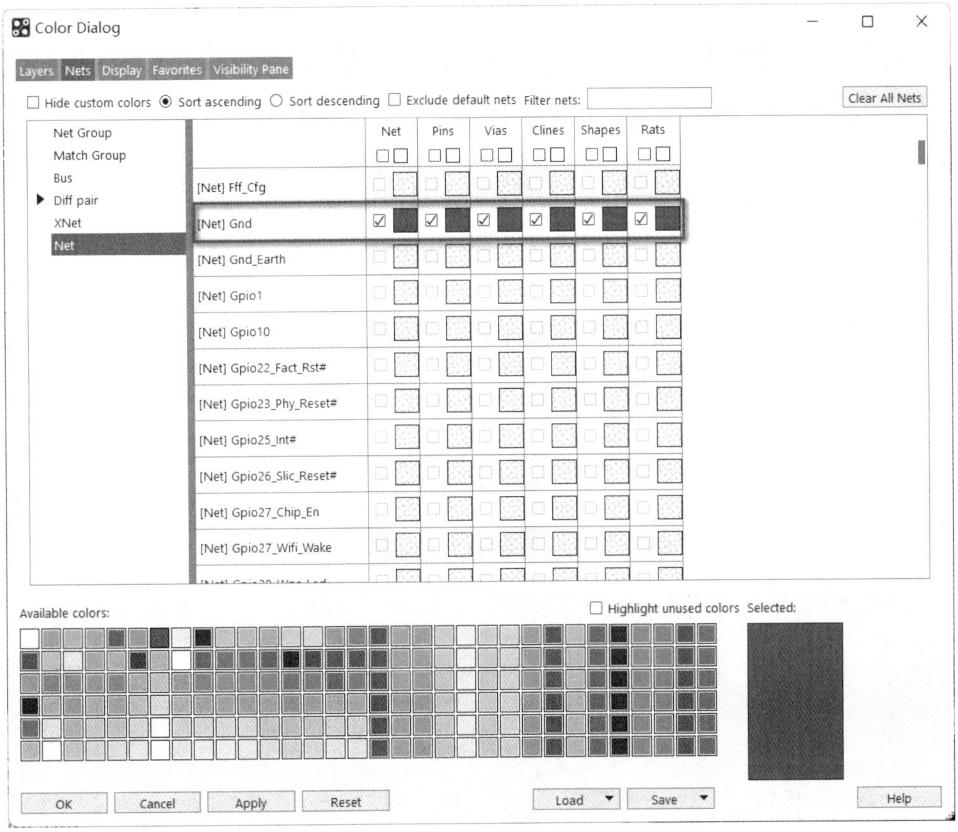

图 6-24

如果我们需要对 Gnd 进行高亮显示或取消高亮，只需将鼠标悬停在对应 Net 的颜色框上，单击鼠标右键，按照图 6-25 所示的操作即可实现。

图 6-25

可以通过 Sort 来控制 Net 在颜色视窗中的显示顺序，如图 6-26 所示。

Sort ascending：以字母的顺序按升序来排列。

Sort descending：以字母的顺序按降序来排列。

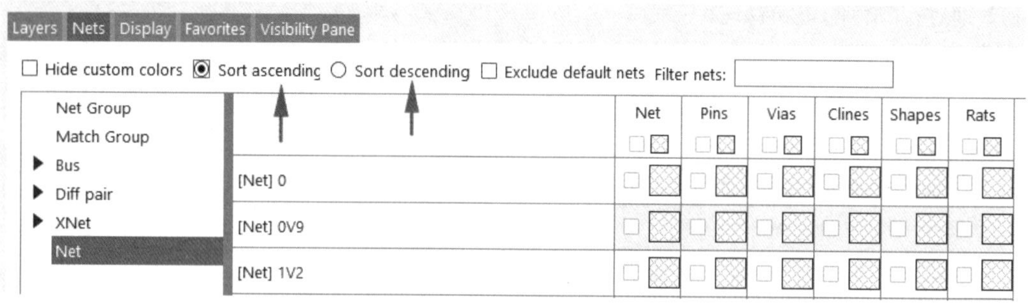

图 6-26

3. Display

“Display”面板如图 6-27 所示。

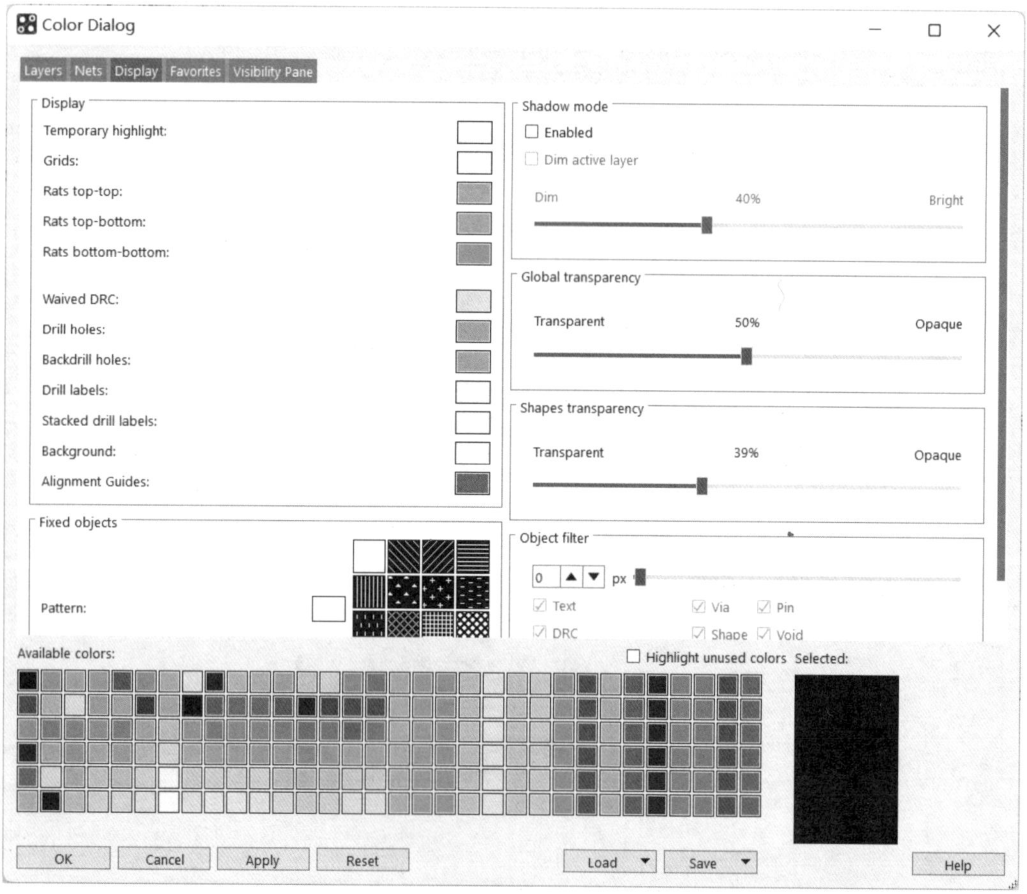

图 6-27

Temporary highlight：在运行 hilight 或指定颜色命令时或执行命令（如复制或移动）期间元素的颜色。默认值为白色。

Grids：指定格点的颜色。默认值为白色。

Rats top-top：指定仅连接顶层零件的飞线颜色。

Rats top-bottom：指定飞线的颜色（一个焊盘在顶部，另一个焊盘在底部）。

Rats bottom-bottom：指定仅连接底层零件的飞线颜色。

Waived DRC：指定已放弃的 DRC 错误标记的颜色。

Drill holes：钻孔的颜色。

Backdrill holes：背钻孔的颜色。

Drill labels：钻孔标签的颜色，显示在盲孔和埋孔的焊盘上。

Stacked drill labels：堆叠钻头标签的颜色。

Background：指定设计窗口的背景色。

Alignment Guides：对齐参考线 指定对齐参考线的颜色。

其他设置采用默认即可，这里就不再赘述。

4．保存及调用颜色模板

1）保存颜色模板

如图 6-28 所示，单击 Color Dialog 对话框下方的“Save→Save color palette”，在弹出的对话框中将其保存成.col 格式的文件。

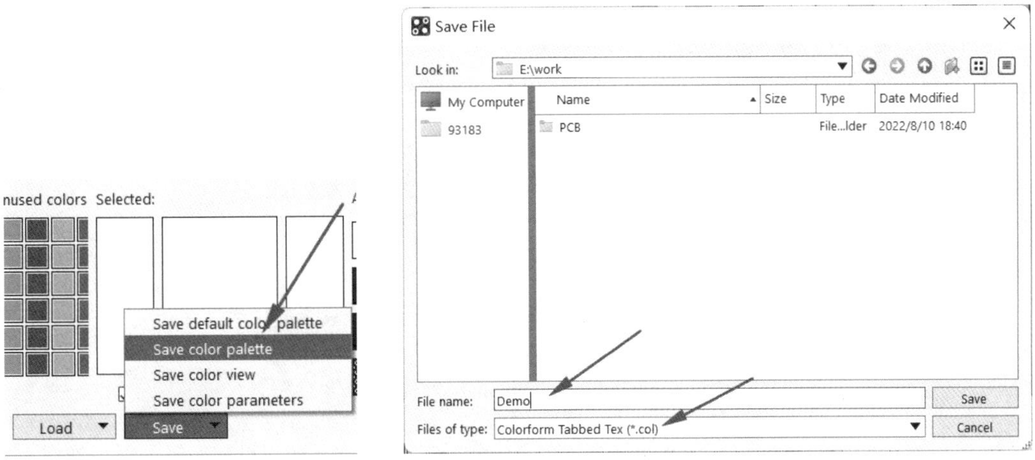

图 6-28

2）调用已有的颜色模板

如图 6-29 所示，单击 Color Dialog 对话框下方的“Load→Load color palette”，在弹出的对话框中打开已有的.col 格式的文件。

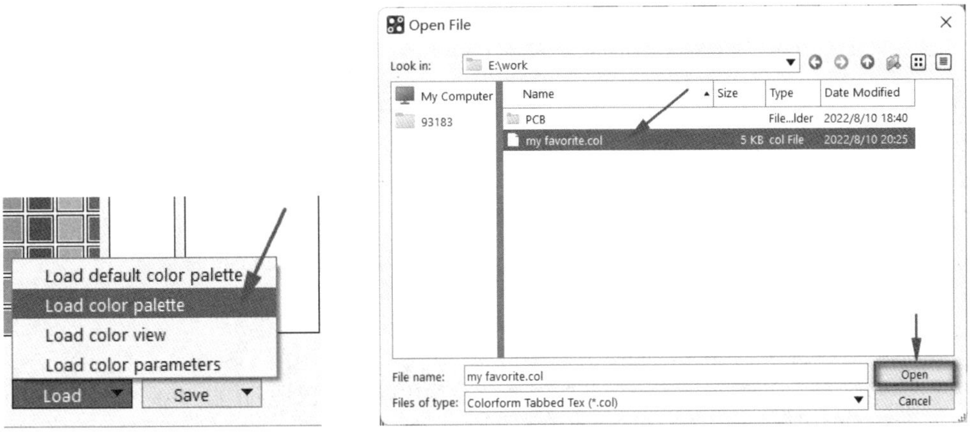

图 6-29

第 7 章　PCB 的前期处理

7.1　网表的生成

网表是元器件之间电气网络连接的文件，其内容涵盖电路图中元器件的类型、封装信息以及连接网络的名称等数据信息。它在电路设计中起着至关重要的作用，是连接线路图和 Allegro Layout 的纽带。

在 Allegro 软件中，网表分为第一方网表和第三方网表，二者存在以下几方面区别。

（1）第一方网表能够与 Allegro 实现交互式操作，而第三方网表则无法实现这一功能。

（2）第一方网表可将元器件的 Value 属性导入 PCB 中，第三方网表则不具备此功能。

（3）在网表导入 PCB 的过程中，第三方网表需要借助 Device 文件才能完成导入，而第一方网表不需要 Device 文件，可直接导入。

7.1.1　第一方网表的生成

针对 Cadence 产品的直接导入方式如图 7-1 所示。

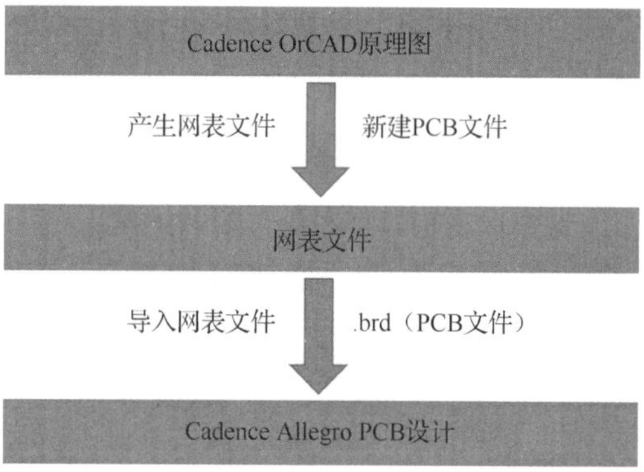

图 7-1

Allegro 第一方网表转化方法使得 Allegro 与 OrCAD Capture（简称 Capture）之间的沟通更加紧密，操作也更加简便。这种转换方式不仅能够将基本信息带入 PCB Layout，还能将一些在布局时使用的设定和约束通过网表传递到 Allegro 中。这样，工程师在设计电路时便能大致了解 PCB 的布线情况，从而提高工作效率。

优点：导入过程简便，不需要 Device 文件；可以将有关 Symbol、Net 等相关设定一并导入 Allegro；对于已进行 rename、swap、net logic 等修改的元器件，可以直接回编到 Capture 原理图中。

缺点：在 Capture 中，需要预先定义好所有零件的 Pin Name、Pin Number 和 Footprint 等设定；Pin Name 和 Pin Number 不能重复，只有当 Pin Type 为 Power 时，Pin Name 才允许重复。

1．Capture 原理图的准备工作

（1）检查零件的 Net Name，如图 7-2 所示。

在一个零件中，Net Name 不能重复，以避免在导出网表时出现问题。确保每个 Net Name 的唯一性是保证网表准确导入和导出，以及后续设计顺利进行的关键。

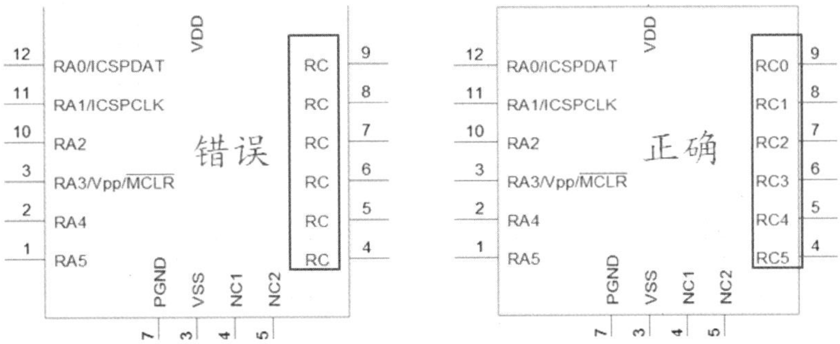

图 7-2

在一个零件中，只有当 Pin Type 为 Power 时，Pin Name 才允许相同，如图 7-3 所示。

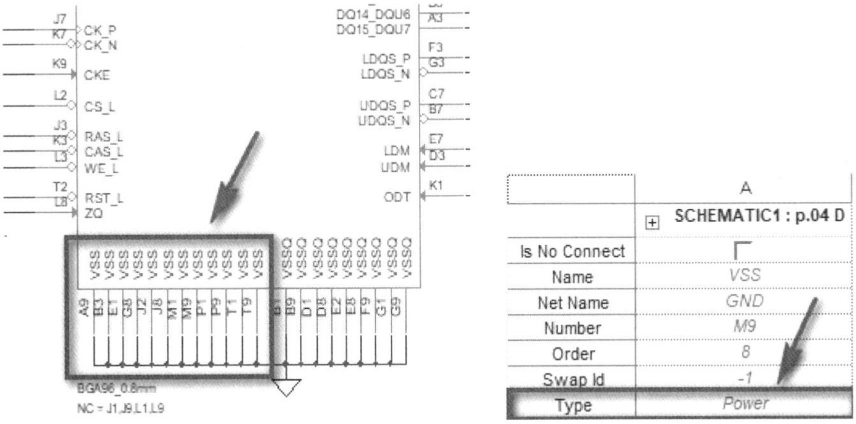

图 7-3

（2）检查封装名称。

选择封装后，单击鼠标右键，选择菜单【Edit Properties】。在弹出的对话框中，检查 PCB Footprint 栏是否已填入封装名称。如果没有封装名称，请在 PCB Footprint 栏中输入相应的封装名称，如图 7-4 所示。

	A	B	C	D	E
	SCHEMATIC1 : p.04 D	SCHEMATIC1 : p.04 D	SCHEMATIC1 : p.04 D	SCHEMATIC1 : p.04 D	SCHEMATIC1 : p.04 D
PART NAME	C0402	C0402	C-0402S0		
Part Reference	C81	C82	C84	C87	C88
Part Type					
PART_TYPE	STD\?　\MULL CAP CER\CA	STD\?　\MULL CAP CER\CA	STD\?　\MULL CAP CER\CA	STD\電容\MULL CAP CER\C	STD\電容\MULL CAP CER\C
PCB Footprint	C0402	C0402	C0402	C0402	C0402
Pins					
Power Pins Visible					
Primitive	DEFAULT	DEFAULT	DEFAULT	DEFAULT	DEFAULT
RATED_VOL	10V	10V	10V		50V
RATED_VOL_D57				10V	
Reference	C81	C82	C84	C87	C88

图 7-4

2．产生第一方网表

（1）单击原理图根目录下的.dsn 文件，然后在 Capture 中选择菜单【Tools】→【Create Netlist】，或者单击工具栏中的图标 N，如图 7-5 所示。

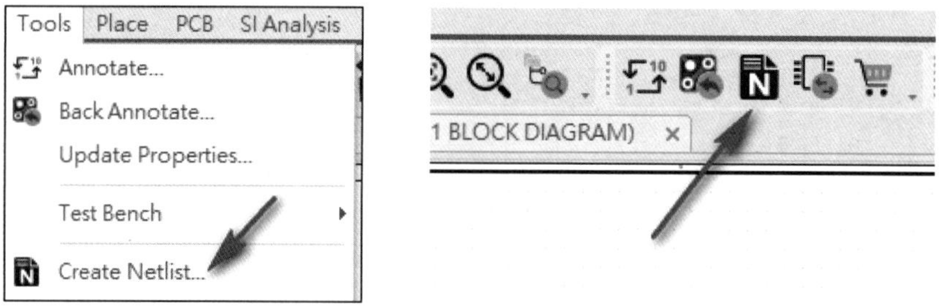

图 7-5

（2）在弹出的对话框中单击 PCB，进入“PCB”面板，在该面板中按图 7-6 所示进行设置。

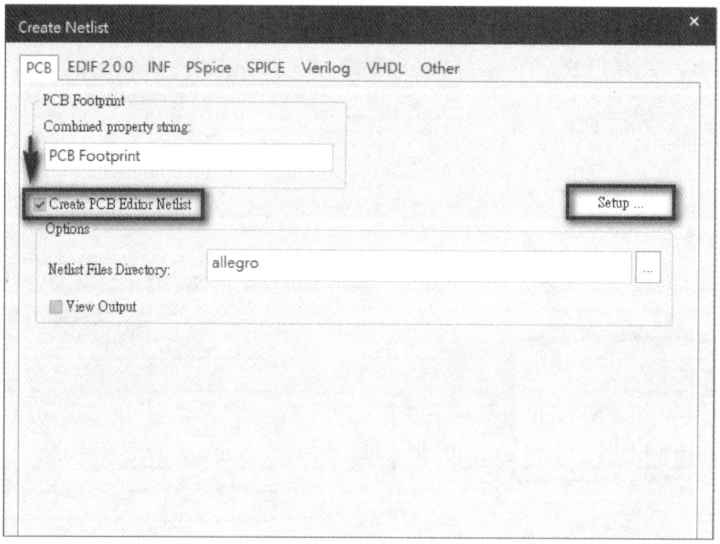

图 7-6

（3）单击 Setup 按钮，弹出如图 7-7 所示的对话框。在该对话框中，将 Device/Net/Pin Name Char Limit 设置为 255，以防止原理图中元器件信息、网络命名、引脚名称等字节过长，导致输出网表文件产生异常。“Ignore Electrical constraints”选项用于忽略原理图中所添加的规则。如果希望将原理图中的设置应用到 PCB，则不要勾选此选项。设置完成后，单击 OK 按钮。

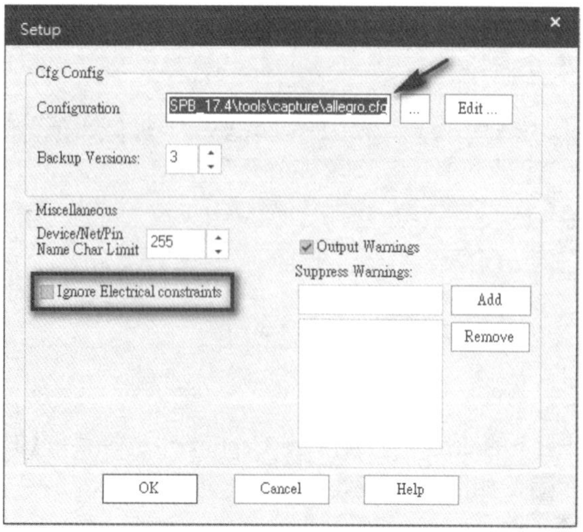

图 7-7

（4）回到“PCB”面板，单击 OK 按钮，产生三个.dat 文件，如图 7-8 所示。其中，三个文件的功能如下所述。

pstxnet.dat：封装引脚电气连接关系。

pstxprt.dat：封装类型。

pstchip.dat：封装参数。

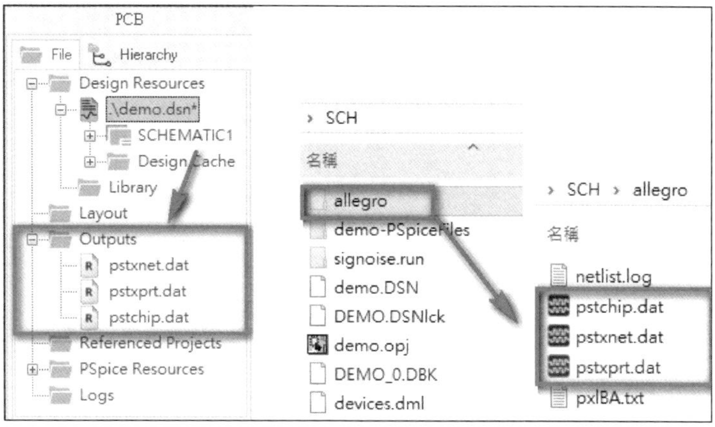

图 7-8

7.1.2 第三方网表的生成

第三方网表相对于第一方网表的优缺点比较如下。

优点：在 Capture 中定义相对简单，操作方便。

缺点：导入网表和回编线路图时，需要备齐相关文件。导入时需要提供封装的 Device 文件，回编时则需要提供 Swap 文件。

生成第三方网表的步骤如下所述。

（1）单击原理图根目录下的.dsn 文件，然后在 Capture 中选择菜单【Tools】→【Create Netlist】，或者单击工具栏中的图标，如图 7-9 所示。

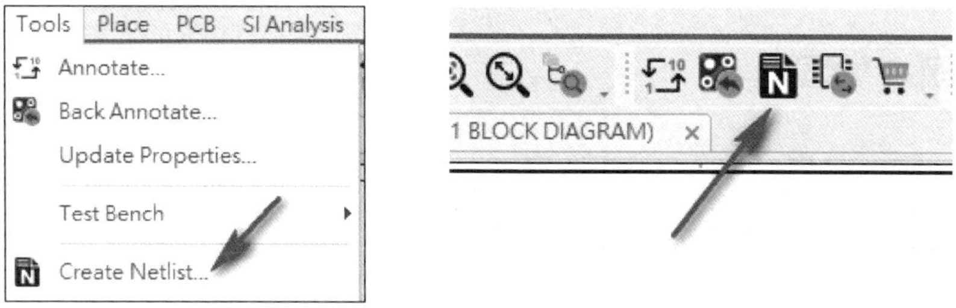

图 7-9

（2）在弹出的对话框中单击 Other，进入“Other”面板。在该面板中的设置如图 7-10 所示。

（3）设置完毕后，回到“PCB 面板，在该面板中单击 OK 按钮，产生一个.NET 文件，如图 7-11 所示。

Allegro 载入第三方网表的完整格式如下（其中【】中的内容是可以省略的）：

（1）完整格式：【PCB Footprint】! Device !【Value】!【Tolerance】; Reference

（2）简化格式：! Device; Reference

一般情况下，我们的 PCB Footprint 和 Device 使用相同名称，因此只需保留一个。通常，将可忽略的 PCB Footprint 前面加上“!”，以示其被省略，表示前面的 PCB Footprint 不再需要使用。

其输出格式则简化为：! Device！【Value】! Reference，输出内容如图 7-12 所示。

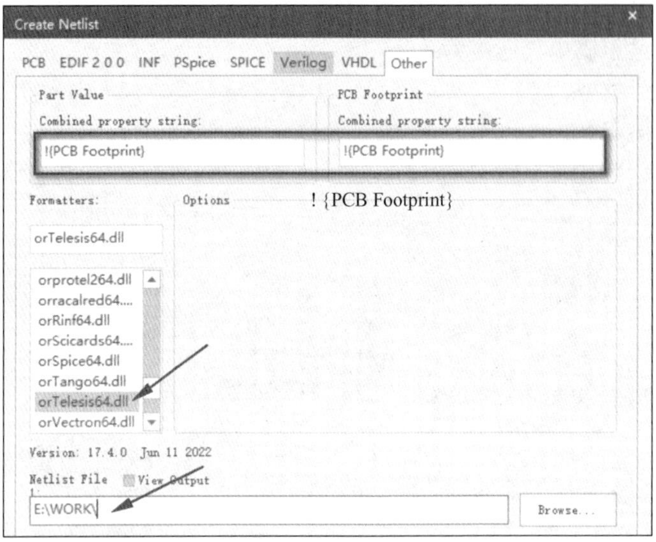

图 7-10

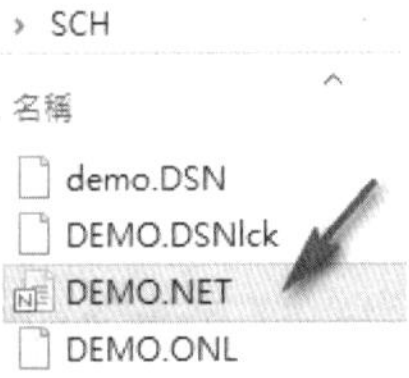

图 7-11

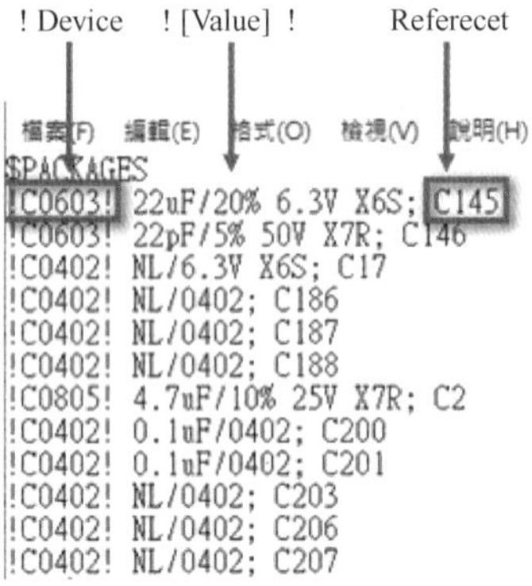

图 7-12

7.2 网表的导入

本节将主要介绍如何在 Allegro 中导入网表，并探讨 Allegro 与 Capture 之间的互动关系。

7.2.1 第一方网表的导入

导入第一方网表的操作步骤如下所述。

（1）打开 PCB Editor 17.4，选择菜单【File】→【Import】→【Logic/Netlist】。

（2）在弹出的对话框中，打开“Cadence”面板。如图 7-13 所示，在该面板中单击 Import directory 后面的方框，选择三个.dat 文件所在的路径。其中，“Cadence”面板中的参数说明如下所述。

① Import logic type：选择导入的网表类型，包括 Design Entry HDL/System Capture 和 Design Entry CIS（Capture）。选择的依据是网表来自哪个软件工具。如果网表是从 OrCAD 导出的，则应选择 Design Entry CIS（Capture）。

② Place changed component：这是针对第二次导入网表时零件放置的设置。

Always：所有零件将放置在原来的位置上。

Never：会删除原来放置的零件，重新根据新的网表摆放零件。

If same symbol：如果新旧零件包装相同，则会进行替换，同时保持位置不变。

③ HDL Constraint Manager Enabled Flow options：选择将线路图中设定的规则带入 Allegro 的方式（仅适用于 Cadence 自带的 HDL 线路图设计软件）。

Import changes only：系统保留当前板子上已有的规则，仅导入线路图中被修改的规则。

Overwrite current constraints：系统删除当前板子上的所有规则，并导入线路图中的所有规则。

Show constraint difference report：显示规则差异的报告。

④ Allow etch removal during ECO：再次导入网表时，是否允许删除原本未使用的铜箔资料。

⑤ Ignore FIXED property：忽略板内具有 Fixed 属性的物件。

⑥ Create user-defined properties：允许导入用户自定义的属性。

⑦ Create PCB XML from input data：为当前的板子创建一个线路图的 XML 文件，命名为 boardname_sch.xml。该文件可以在启动 Design Compare 工具时使用。

（3）单击 Import 按钮，完成第一方网表的导入。

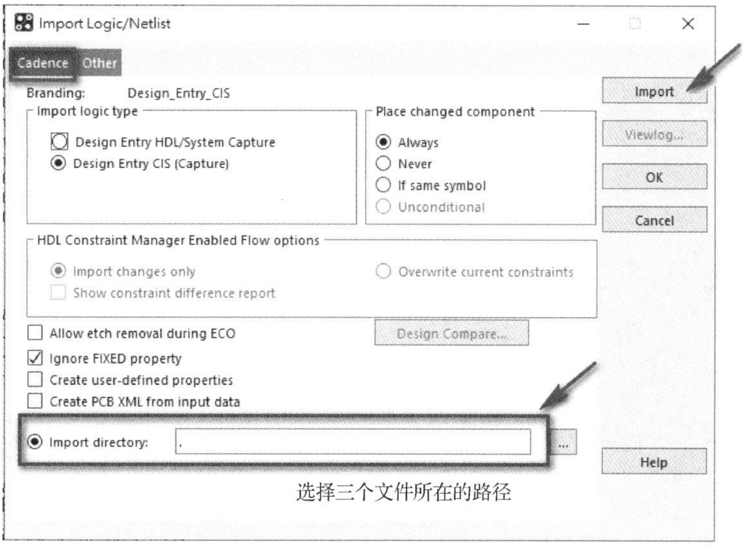

图 7-13

7.2.2　第三方网表的导入

导入第三方网表的操作步骤如下所述。

（1）打开 PCB Editor 17.4，选择菜单【File】→【Import】→【Logic/Netlist】。

（2）在弹出的对话框中，打开“Other”面板。如图 7-14 所示，单击 ... 按钮选择网表路径，其他选项一般参考图中所示，更多设置请看“参数说明”。

“Other”面板中的参数说明具体如下所述。

① Syntax check only：仅检查网表的语法，不进行网表的导入操作。

② Supersede all logical data：替换旧网表的所有逻辑数据。

③ Append device file log：将新的 device log 数据直接追加到旧的日志文件中。

④ Allow etch removal during ECO：是否允许在 ECO 过程中删除原本未使用的铜箔数据。

⑤ Ignore FIXED property：忽略板上具有 Fixed 属性的物件。

⑥ Place changed component：该选项用于第二次导入网表时设置零件的放置参数。

Always：所有零件将放置在原来的位置上。

Never：删除原本放置的零件，在导入新的网表后重新摆放。

If same symbol：如果新旧零件的封装相同，则进行替换，并且保持位置不变。

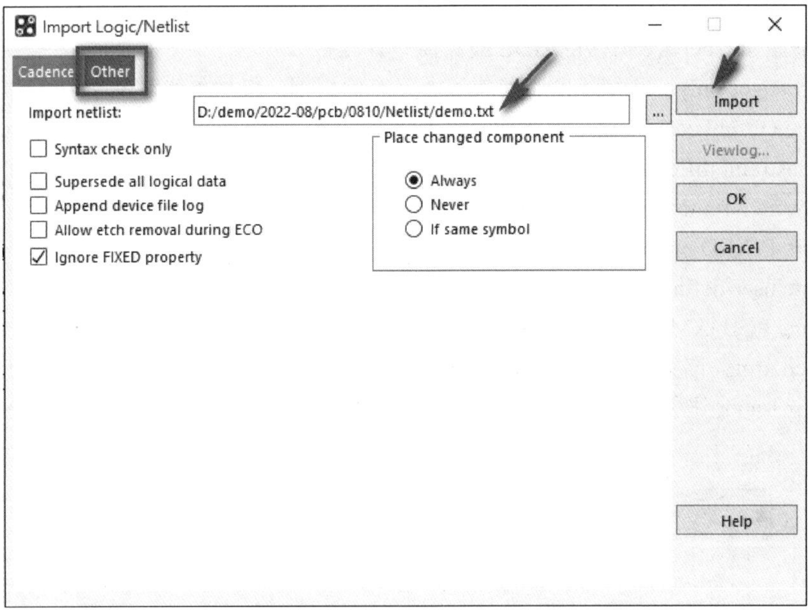

图 7-14

7.3 建立 PCB 工作文件——精灵引导模式（Board Wizard）

在使用 Allegro 软件进行 PCB Layout 之前，首先需要创建一块空板，并定义一些基本的层面、添加板外框等元素。为了方便用户操作，Allegro 提供了两种模式：精灵引导模式和一般模式。

（1）打开 PCB Editor 17.4，选择菜单【File】→【New】，弹出如图 7-15 所示的对话框。

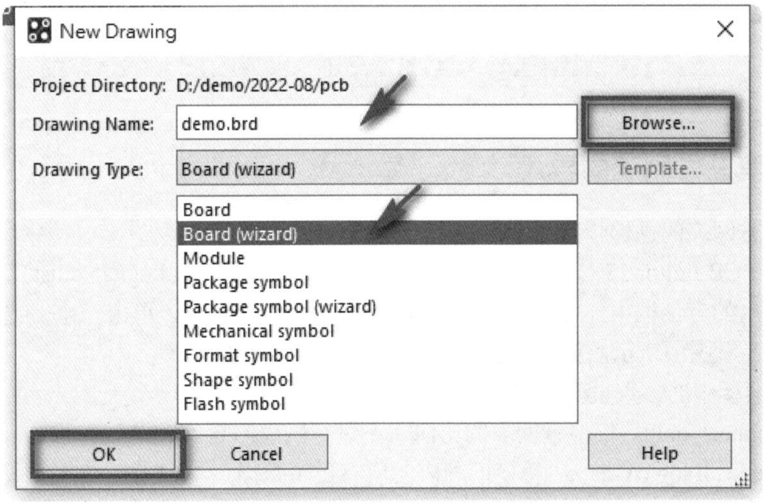

图 7-15

（2）在该对话框中，在 Drawing Name 栏中输入文件名，单击 Browse 按钮可以选择文件路径，Drawing Type 选择 Board（wizard），单击 OK 按钮，弹出如图 7-16 所示的对话框。

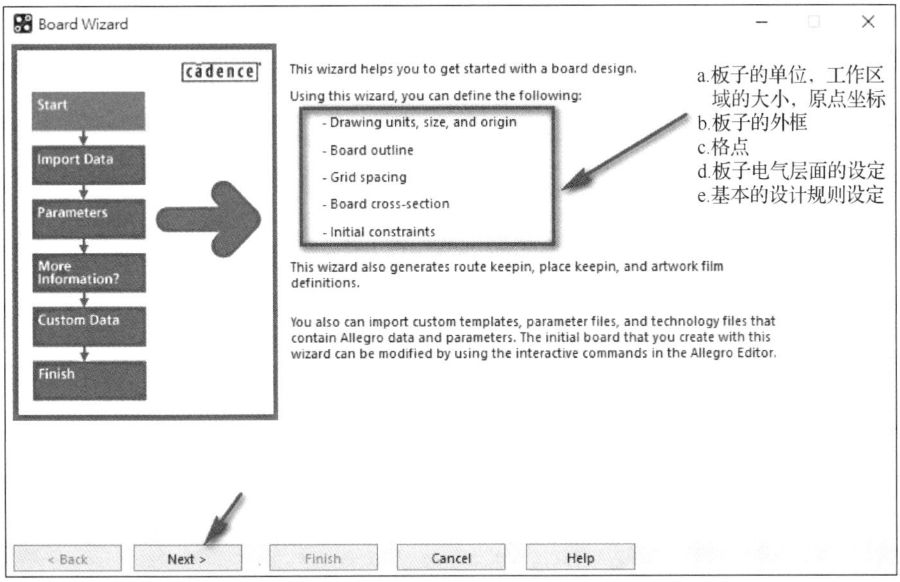

图 7-16

（3）单击图 7-16 中的 Next 按钮后，弹出如图 7-17 所示的对话框。在该对话框中，系统会提示用户是否有已创建的环境模板需要加载。如果有，选择 Yes 选项，并单击右侧的 ... 按钮以查找模板；如果没有，选择 No 选项，然后单击 Next 按钮继续。

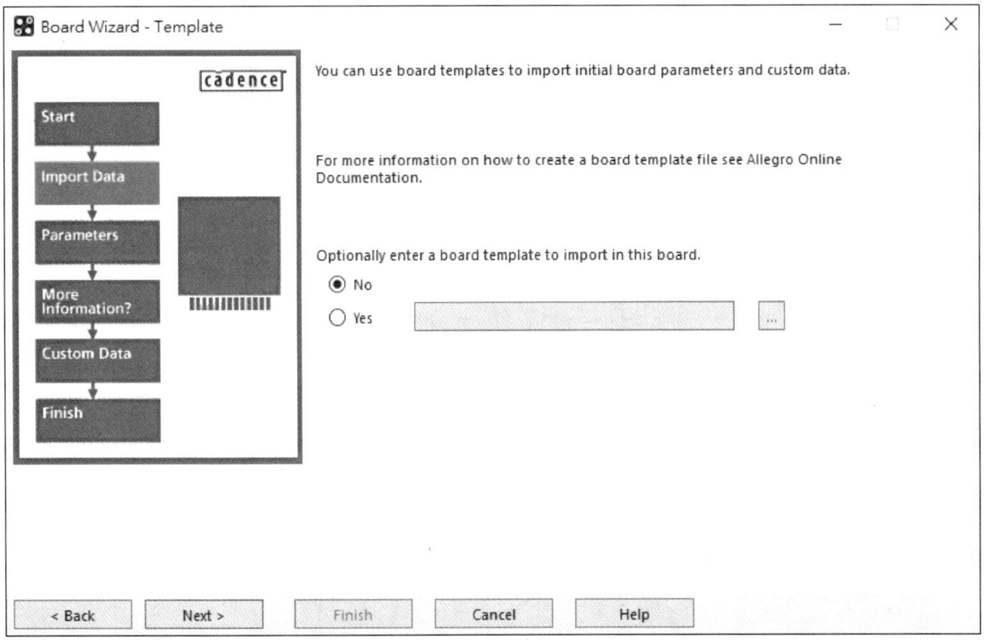

图 7-17

（4）如图 7-18 所示，在弹出的对话框中，系统会提示用户是否需要导入现有的 tech files 和 parameter files，这些文件包含了板子的层面设置和相关的限制参数。如果有参数文件，选择 Yes 选项，并单击 ... 按钮选择导入文件的路径；如果没有参数文件，则选择 No 选项。设置完成后，单击 Next 按钮继续。

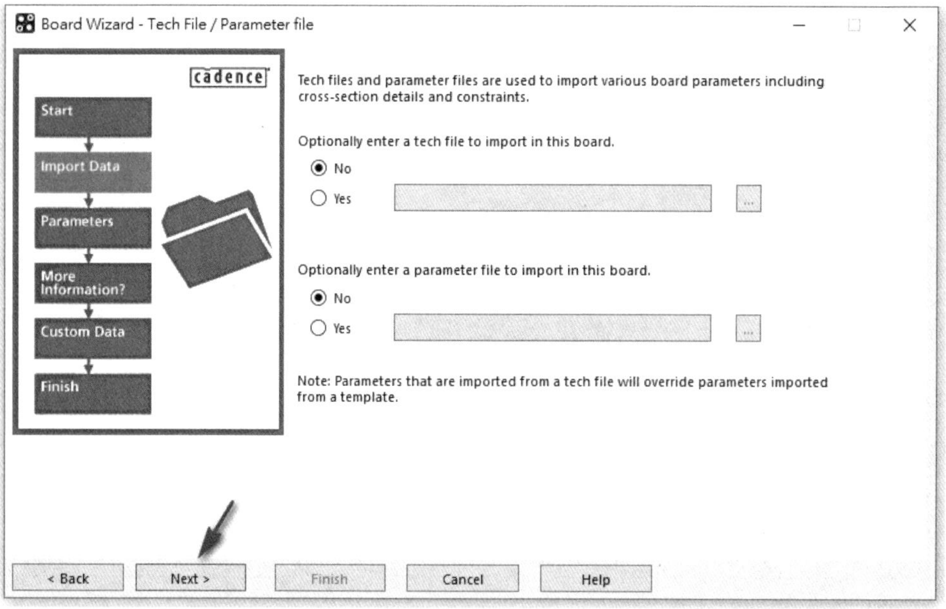

图 7-18

（5）如图 7-19 所示，在弹出的对话框中，系统会提示用户是否选择一个已有的板框及其他与板框相关的参数模块。如果已有参数文件，选择 Yes 选项，并单击 ... 按钮选择导入文件的路径；如果没有参数文件，则选择 No 选项。设置完成后，单击 Next 按钮继续。

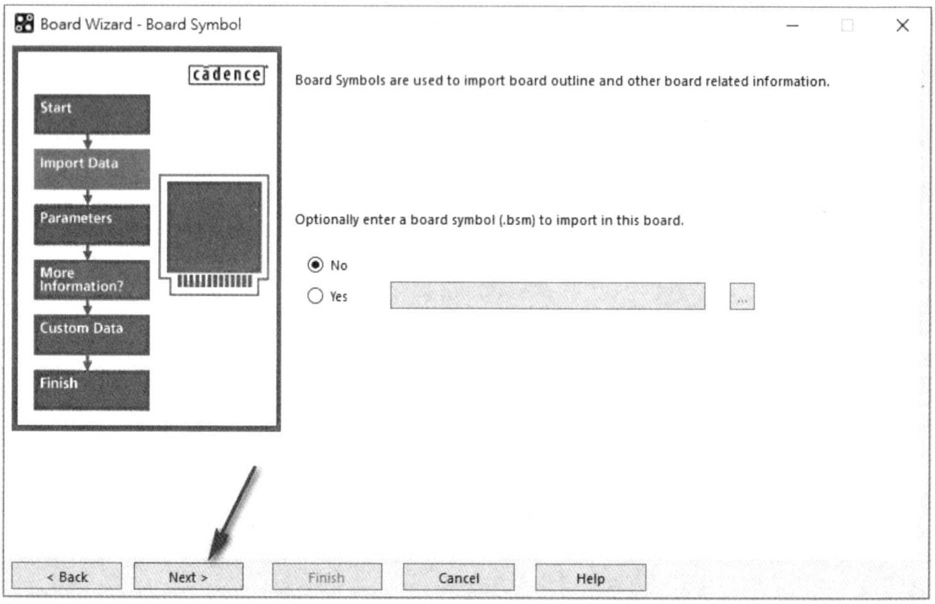

图 7-19

（6）如图 7-20 所示，在弹出的对话框中，用户可以设置制图所使用的单位、制图区的大小以及系统原点的位置。其中，选择工作的单位（Units），对应的精度会随之改变；选择制图区的大小，有 A、B、C、D 四种规格；选择 At the lower left corner of the drawing，表示把原点定义在工作区的左下角；选择 At the center of the drawing，表示把原点定义在工作区的正中心。根据需求选择相应的单位（如毫米或英寸），并设定制图区的尺寸和原点位置。完成设置后，单击 Next 按钮继续。

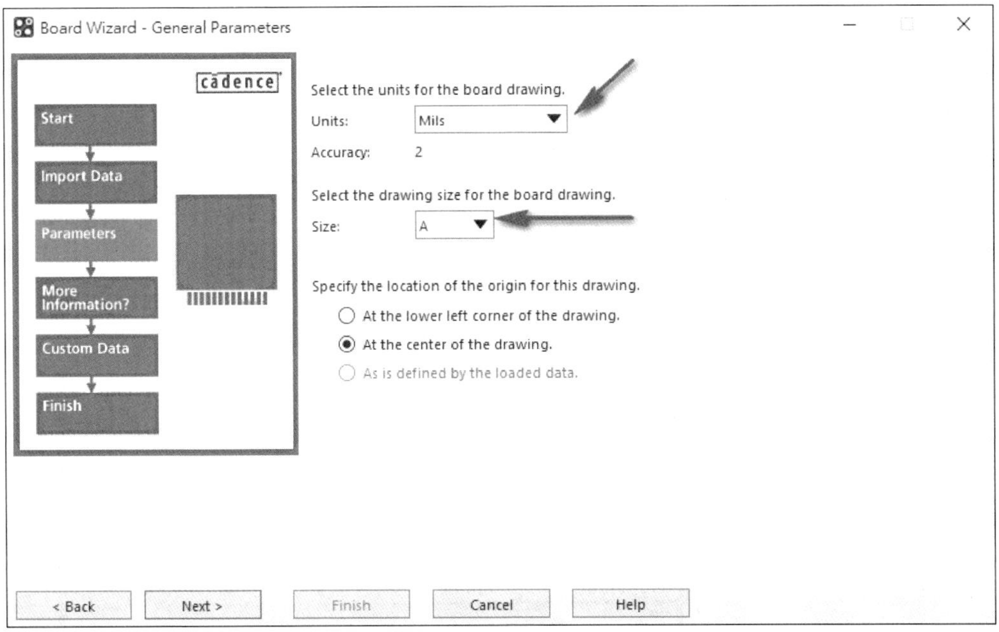

图 7-20

（7）如图 7-21 所示，在弹出的对话框中，用户可以设定作图的格点大小及电气层面的数量。其中，Grid spacing 用于设定作图时的格点大小。这里的格点包括电气和非电气的格点。如果作图时有其他格点要求，可以通过选择菜单【Setup】→【Grid】进行调整。Etch layer count 用于设定板子的电气层面数量，包括 Power 层。如果板子有 Top、Bottom、Gnd、Power 这些层面，可以在此设置为 4，表示将有四层电气资料层需要加入。选择 Generate default artwork films，表示在生成底片时，系统会自动加入这些层面的数据。选择 Don't generate artwork films，表示在生成底片时，需要手动选择要输出的底片层面。根据实际要求进行设置，设置完成后，单击 Next 按钮继续。

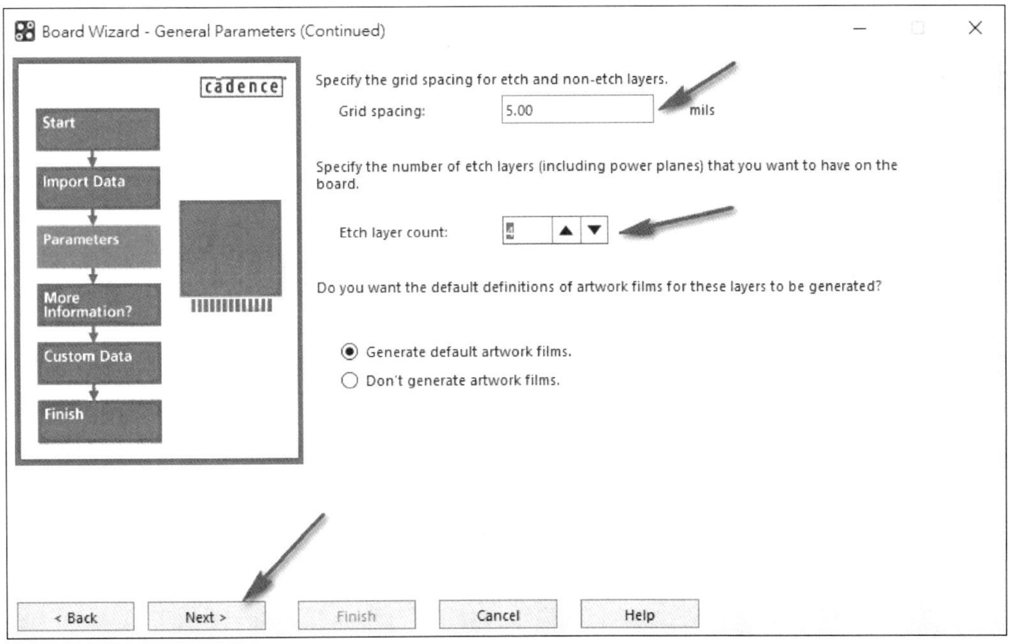

图 7-21

（8）如图 7-22 所示，在弹出的对话框中，用户可以定义层面的名称和其他相关条件。其中，Layer name 用于修改层面的名称（其中 Top 和 Bottom 为系统预设层面，无法修改）。Layer type 用于定义层面类型，可以选择 Routing layer（走线层）或 Power plane（电源层、接地层）。勾选 Generate negative layers for Power planes，系统会自动将 Layer type 为“Power plane”的层面定义为负片资料；若不勾选，则这些层面将被定义为正片资料。根据实际需求进行设置，设置完成后，单击 Next 按钮继续。

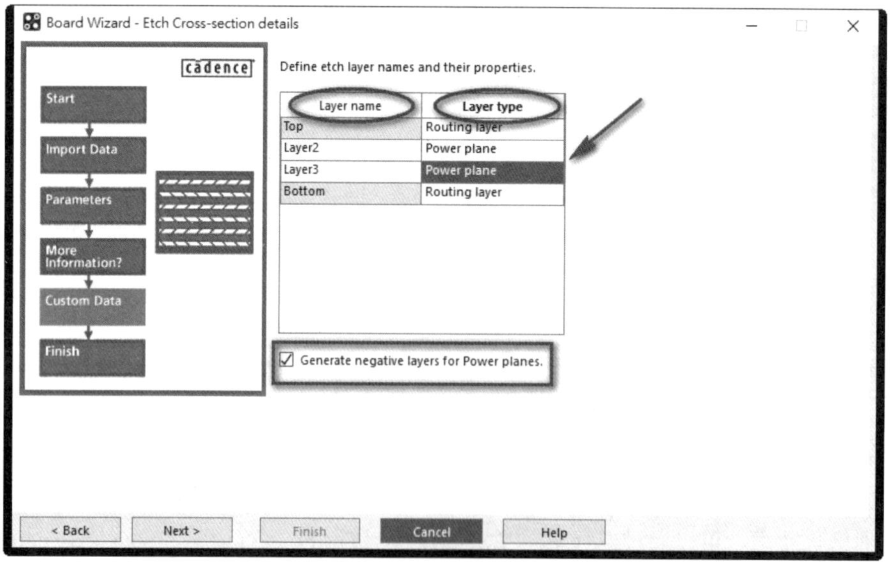

图 7-22

（9）如图 7-23 所示，在弹出的对话框中，预设走线的线宽、线距以及过孔的选择。其中，Minimum Line width 表示最小走线宽度；Minimum Line to Line spacing 表示走线与走线的最小距离；Minimum Line to Pad spacing 表示走线与焊盘的最小距离；Minimum Pad to Pad spacing 表示焊盘与焊盘的最小距离；Default via padstack 用于选择过孔。根据实际需求进行设置，设置完成后，单击 Next 按钮继续。

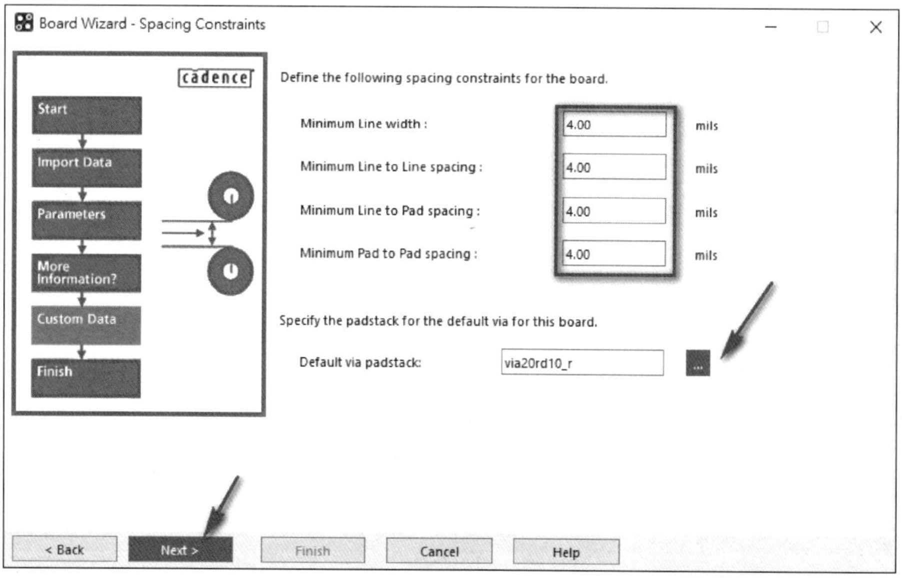

图 7-23

（10）如图 7-24 所示，在弹出的对话框中，设置板框的外形。其中，Circular board 表示选择圆形板框；Rectangular board 表示选择方形板框。在精灵中不支持特殊外形的板框，如果需要特殊形状的板框，用户需自行创建，然后从前面的第（5）步将其导入到当前设计中。根据实际需求进行设置，设置完成后，单击 Next 按钮继续。

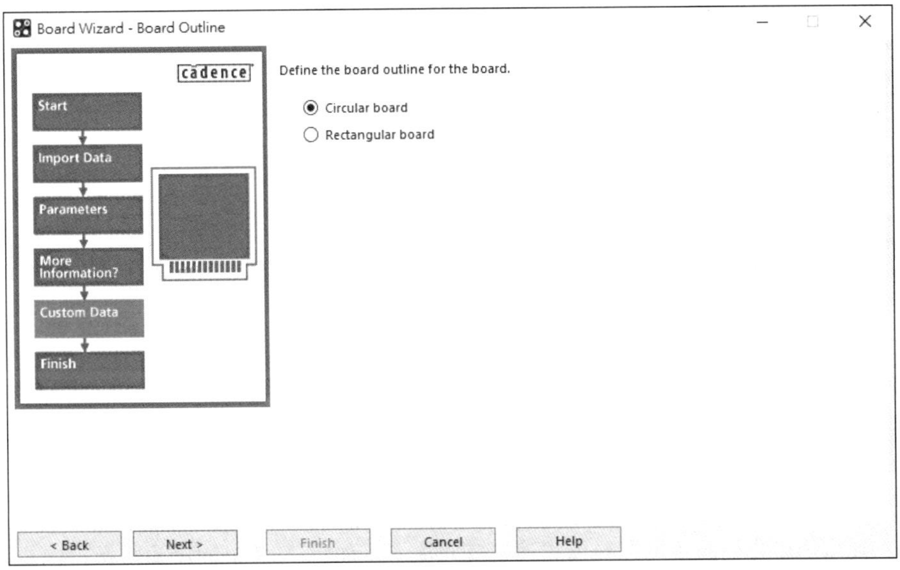

图 7-24

（11）如果选择了 Circular board，则会进入如图 7-25 所示的对话框；如果选择了 Rectangular board，则会进入如图 7-26 所示的对话框。在这些对话框中，用户可以设置板框的具体参数。其中，Width 和 Height 用于确定板框的长和宽，即板子的大小。Cut length 用于设置要挖掉板子四角的长度（因为挖掉的是正方形，所以只需填写一边的长度）。要启用这一功能，必须先勾选 Corner cutoff，否则该设置将不会生效。Route keepin distance 用于设置电气走线的操作范围，即铜箔相对于板外框的内缩距离。Package keepin distance 用于设置零件摆放的允许范围，即零件相对于板外框的内缩距离。根据实际需求进行设置，设置完成后，单击 Next 按钮继续。

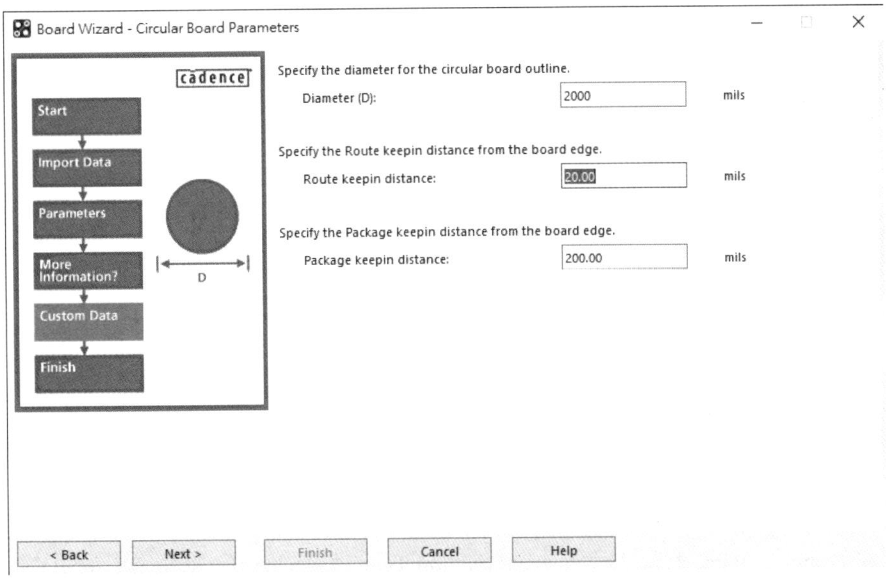

图 7-25

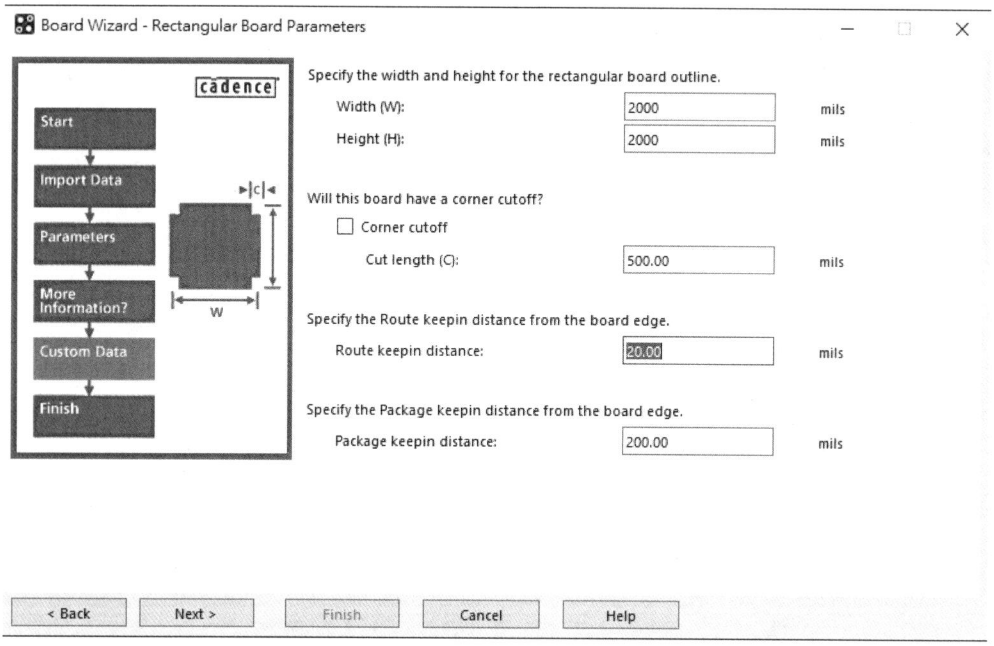

图 7-26

（12）到这一步我们的精灵向导模式建板就完成了，如图 7-27 中的箭头所指。

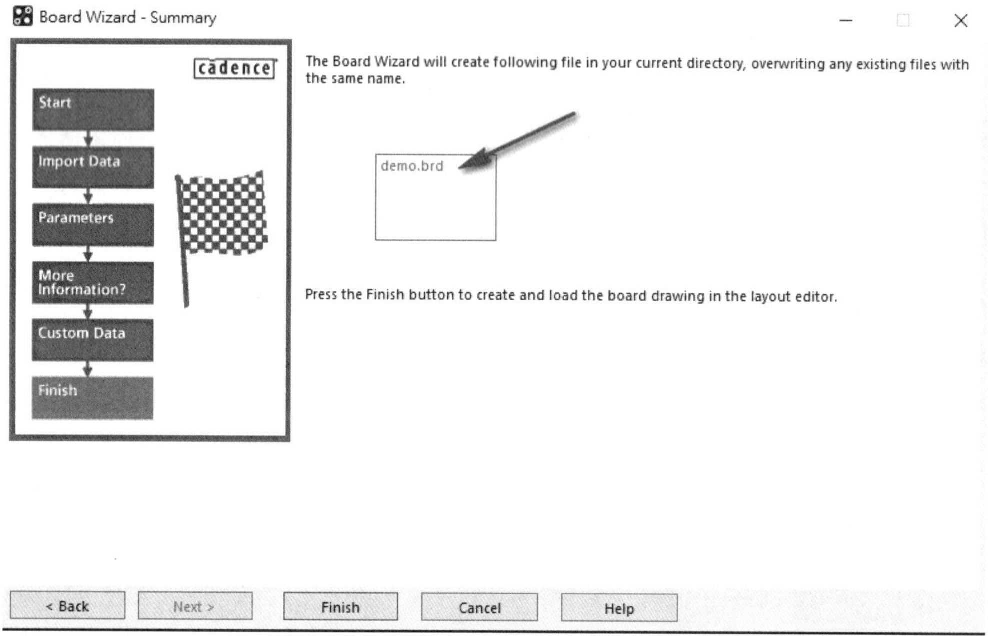

图 7-27

7.4 建立 PCB 工作文件——普通模式

建立 PCB 工作文件（普通模式）的操作步骤如下所述。

（1）打开 PCB Editor 17.4，选择菜单【File】→【New】，弹出如图 7-28 所示的对话框。

（2）在 Drawing Name 栏输入文件名，Drawing Type 选择 Board，单击 OK 按钮。

（3）设定作图的参数，这部分请参照 4.6 节内容。

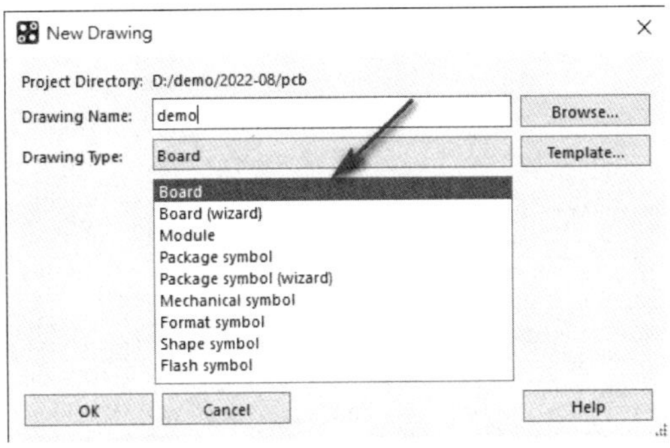

图 7-28

1. 层面的设定

（1）如图 7-29 所示，选择菜单【Setup】→【Cross-section】，或者单击工具栏中的图标。

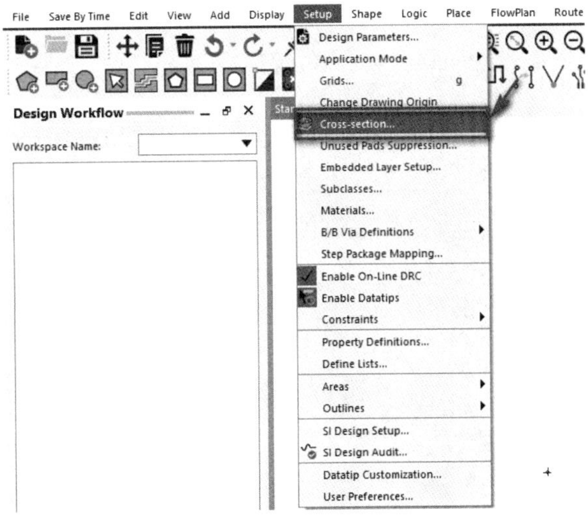

图 7-29

（2）如图 7-30 所示，弹出了层面设置对话框。在箭头所指的位置，用户可以双击鼠标，展开详细设置选项进行进一步配置。

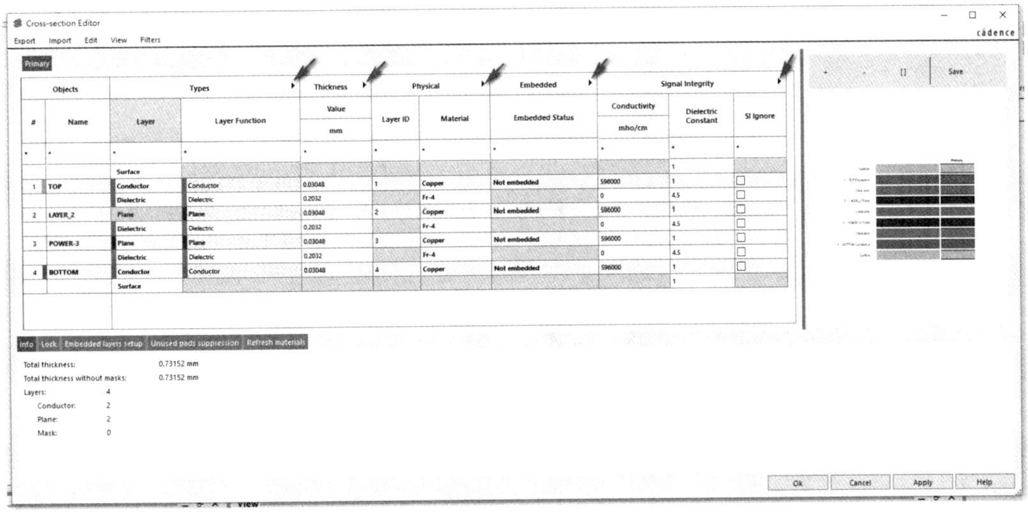

图 7-30

① Objects：可以在 Name 栏单击鼠标右键添加层面，如图 7-31 所示。

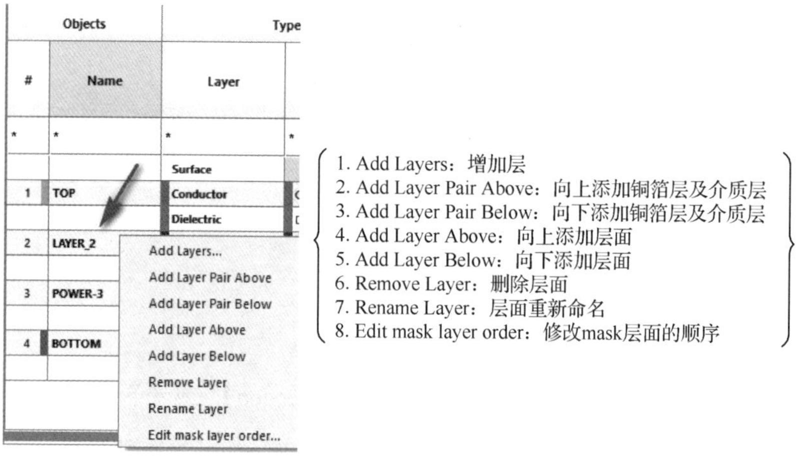

图 7-31

② Types：Layer 层面的类型，可以选择 Plane、Conductor、Dielectric，如图 7-32 所示。

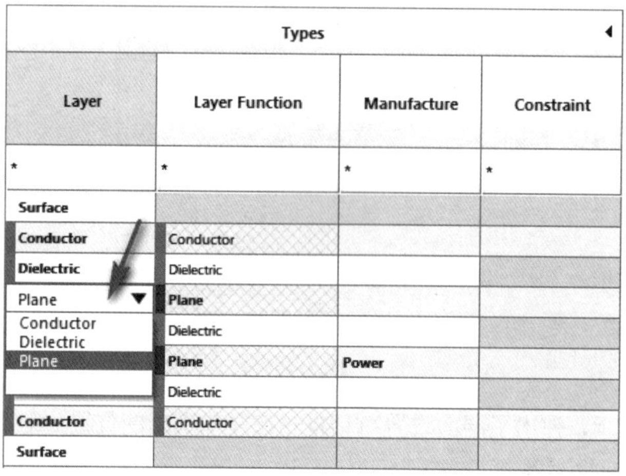

图 7-32

图 7-33 是标准 4 层板的结构，请参考层面类型的定义进行选择。

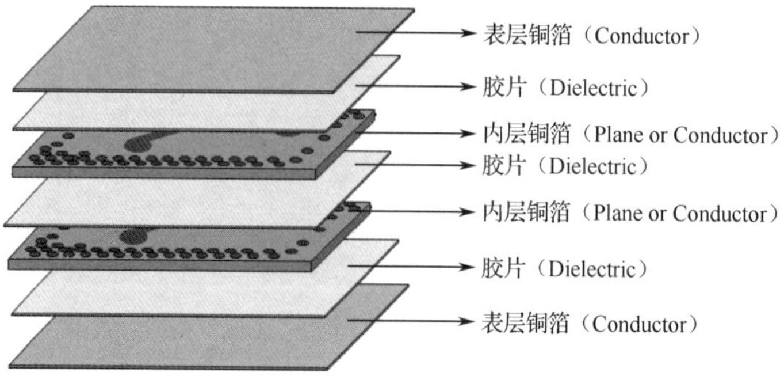

图 7-33

Layer Function、Manufacture、Constraint 三项采用默认值就好，无须特别设置。

③ Thickness：如图 7-34 所示，定义每一个层面的厚度及公差。具体数值建议请 PCB 板厂提供。

④ Physical（见图 7-35）：Layer ID，层面编号，默认即可；Material，材料规格（请 PCB 板厂提供，或者按照客户要求选择）；Negative Artwork，定义层面是否以负片形式产生底片；Unused Pin Suppression，内层无连接的焊盘是否去除；Unused Via Suppression，内层无连接的钻孔焊盘是否去除。

※建议信号层采用正片的方式处理，电源层和地层采用负片的方式处理，这样可以提高设计速度，并减少文件的数据量。

Thickness		
Value	(+)Tol.	(-)Tol.
mil	mil	mil
*	*	*
0.4	0	0
1.7	0	0
4	0	0
1.2	0	0
49.57	0	0
1.2	0	0
4	0	0
1.7	0	0
0.4	0	0

图 7-34

Physical					
Layer ID	Material	Negative Artwork	No Fillet	Unused Pin Suppression	Unused Via Suppression
*	*	*	*	*	*
	CONFORMAL_C...				
1	COPPER_1_EXT	☐			
	FR-4_4D5_NY				
2	COPPER_1_INT	☐		☐	☐
	FR-4_20_NY				
3	COPPER_1_INT	☐		☐	☐
	FR-4_4D5_NY				
4	COPPER_1_EXT	☐			
	CONFORMAL_C...				

图 7-35

⑥ Signal Integrity：如图 7-36 所示，具体参数请 PCB 板厂提供。其中，Conductivity，导电系数；Dielectric Constant，材质的介电常数。

（3）确认总的板厚以及层面的信息是否正确，如图 7-37 所示。

Signal Integrity		
Conductivity mho/cm	Dielectric Constant	SI Ignore
*	*	*
	1	
0	4	☐
595900	4.5	☐
0	4.2	☐
595900	1	☐
0	4.2	☐
595900	4.5	☐
0	4.2	☐
595900	4.5	☐
0	4	☐
	1	

图 7-36

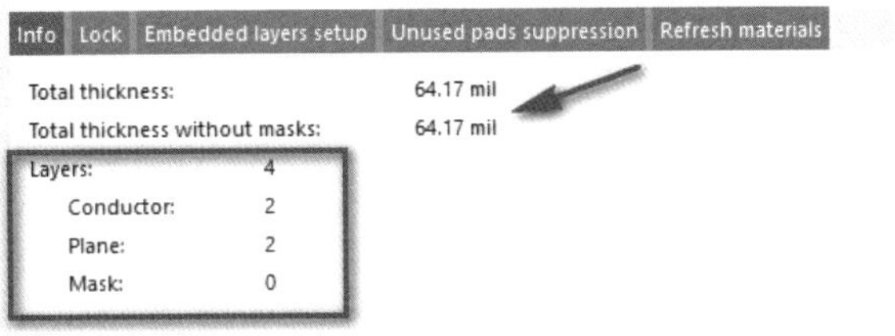

图 7-37

如图 7-38 所示，列举两个常规的叠构方案，供参考。

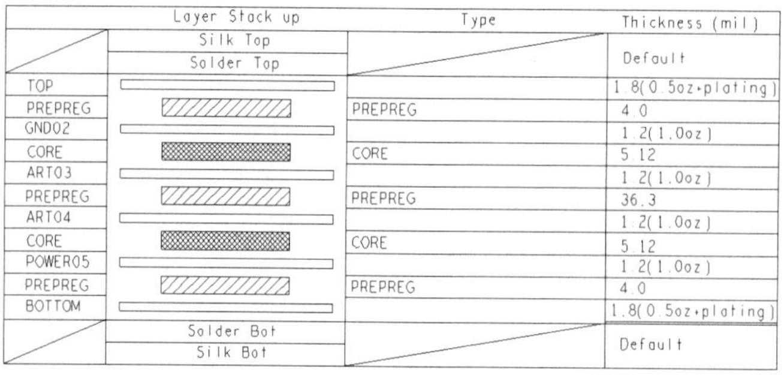

（a）

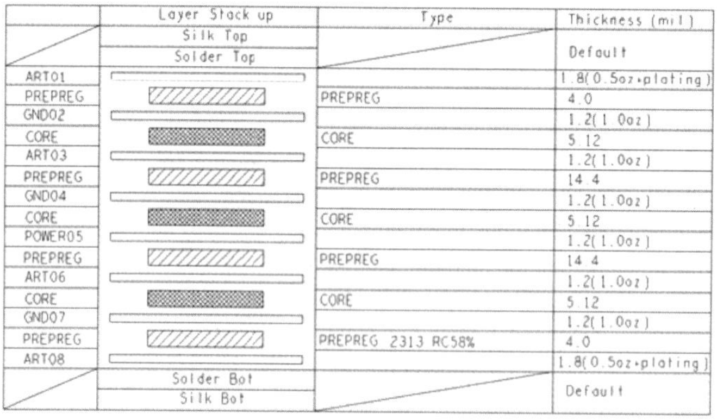

（b）

图 7-38

2．格点的设定

选择菜单【Setup】→【Grids】，进入格点设定的对话框，如图 7-39 所示。

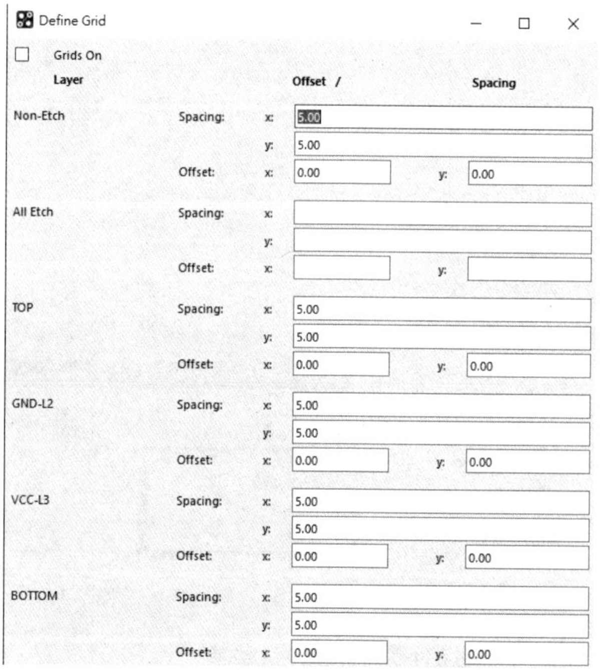

图 7-39

Grids On：控制格点是否要显示。可以通过工具栏的图标来控制格点是否显示。

Non-Etch：定义非电气特性的格点（如移动零件时的格点规格设定）。

Offset：格点与坐标原点的偏移。

All Etch：定义所有电气层面（包括电源层和地层）的格点。

TOP、GND-L2、VCC-L3、BOTTOM：对每个电气层格点的单独定义。

3．设定画图的参数

选择菜单【Setup】→【Design Parameters】，弹出如图 7-40 所示的对话框。

图 7-40

User units：单位。

Accuracy：单位精度。

Extents：Left X/Lower Y，工作区的原点参考坐标；Width/Height，工作区的范围大小。

Move origin：通过输入要移动的 X 轴的范围和 Y 轴的范围来改变原点的现有坐标，它是一个相对原点的坐标。

4．设定封装库的路径

选择菜单【Setup】→【User Preferences】，在弹出的对话框中，用户可以设置 Device、Pad（焊盘）、零件的路径。建议将库文件设置为一个固定的路径，以便管理和访问，如图 7-41 所示。

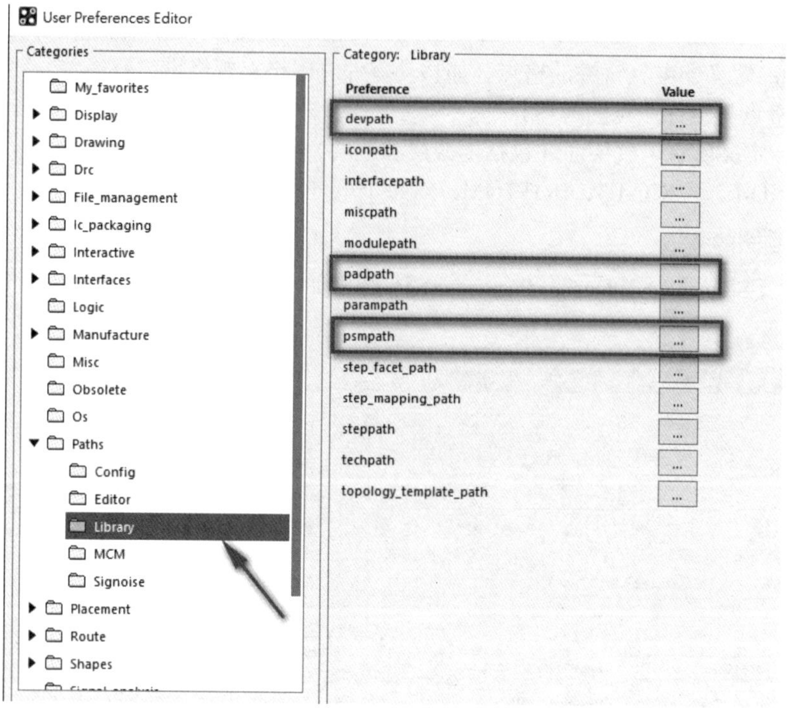

图 7-41

devpath：指 Device 文件（*.txt）所在的路径。

padpath：指焊盘（*.pad）所在的路径。

psmpath：指零件（包括*.psm/*.osm/*.bsm/*.ssm/*.fsm）所在的路径。

7.5 板框（Outline）的建立

在建立一块 PCB 之前，必须先确定 PCB 的大小范围，因此需要为其添加一个板框。我们介绍两种建立板框的方法：自定义板框和 DXF 结构图导入板框。

1. 自定义板框

对于外形比较规则的板框，如圆形、矩形、长方形等，都可以在 Allegro 软件中自定义绘制。以下以一个 100mm×120mm 的矩形为例进行介绍。

（1）如图 7-42 所示，选择菜单【Add】→【Line】，或者单击工具栏中的图标。

（2）在弹出的对话框中，进入“Options”面板，在该面板中的设置如图 7-43 所示。

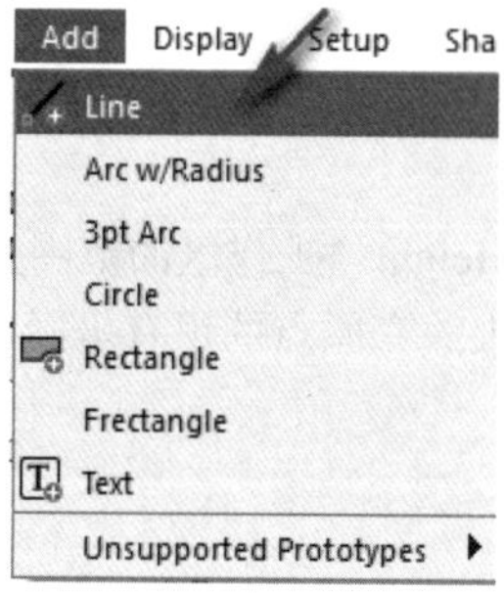

图 7-42

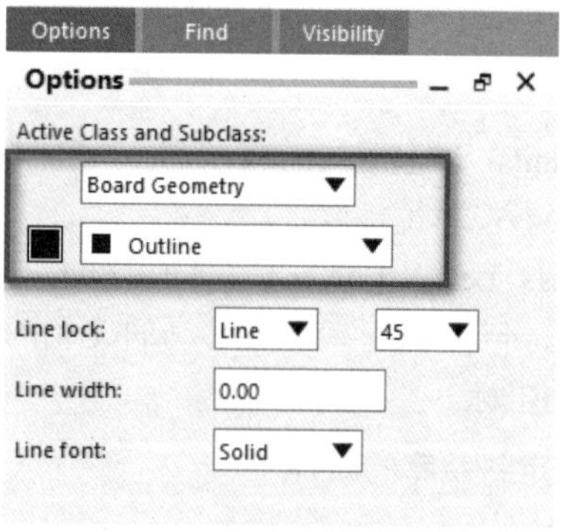

图 7-43

（3）画板子外框的外形，由于手动画很难做到精准，所以需要用坐标来定位。Layout 的单位是 mil，这里需要做一个换算（100mm×39.37=3937mil，120mm×39.37=4724.4mil）。

① 如图 7-44 所示，在命令栏依次输入四个点的坐标。

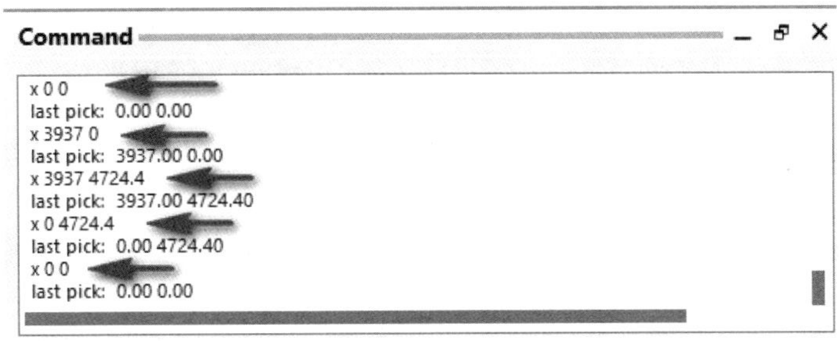

图 7-44

② 如图 7-45 所示，选择菜单【Done】完成操作。

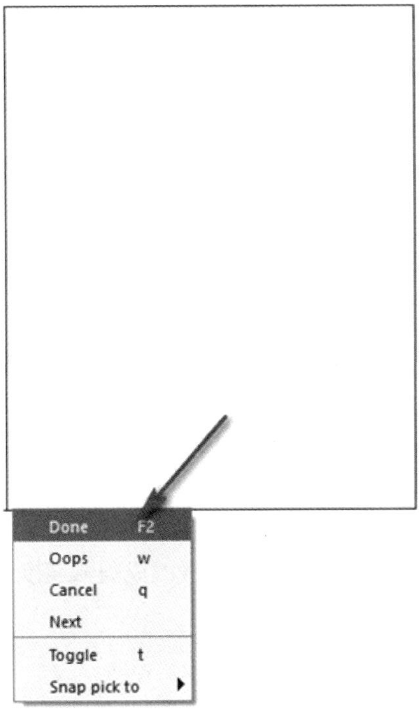

图 7-45

2. 板框导任意角度或弧度

由于 PCB 的直角比较尖锐，为了避免潜在的安全风险和提高机械强度，建议在没有特殊结构要求的情况下，对 PCB 的直角进行导角处理。这样可以减少应力集中，提高板子的耐用性和安全性。

1）板框导任意角度

如图 7-46 所示，选择菜单【Manufacture】→【Drafting】→【Chamfer】，在弹出的对话框中进行相应的设置，可以将两条相交或将要相交的直线改成斜角相连。其中：

First：第一选的线的折角；

Second：第二选的线的折角；

Chamfer angle：折角的度数（可以输入任意值）。

图 7-46

参数设置完成后，单击相邻两边的线条，实现导斜角。成品如图 7-47 所示。

图 7-47

2）板框导弧度

如图 7-48 所示，选择菜单【Manufacture】→【Drafting】→【Fillet】，在弹出的对话框中进行相应的设置，可以将两条相交或将要相交的直线改成圆弧连接。其中：

Radius：圆弧的半径值。

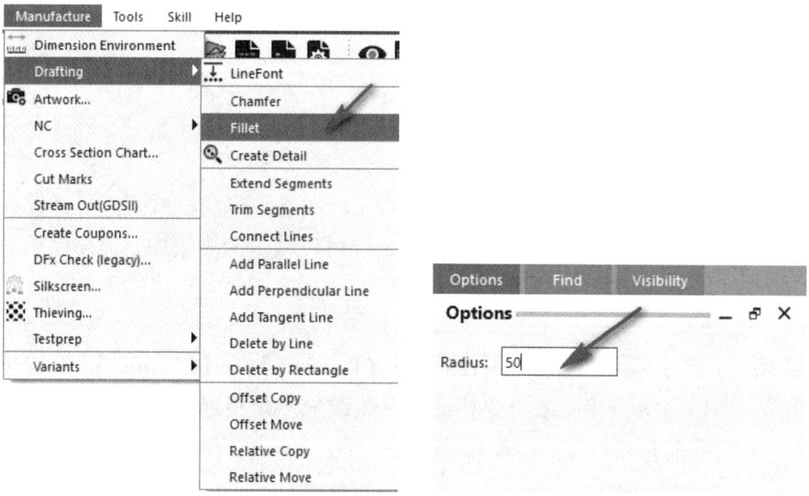

图 7-48

参数设置完成后，单击相邻两边的线条，实现导圆角。成品如图 7-49 所示。

3. DXF 结构图导入板框

我们可以通过手动画出规则的板框，但对于特殊形状的板框，通常由结构工程师通过 AutoCAD 绘制外形图，并提供 1:1 的 DXF 文件给 Layout 工程师。接下来，我们将讲解如何将 DXF 结构图导入板框中。

（1）如图 7-50 所示，选择菜单【File】→【Import】→【DXF】。

图 7-49

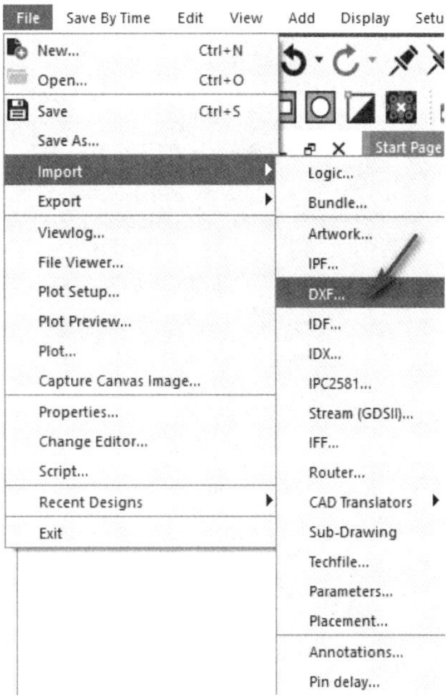

图 7-50

（2）在弹出的对话框中，参照参数说明进行细项的设置。常用的设置选项如图 7-51 所示。其中：

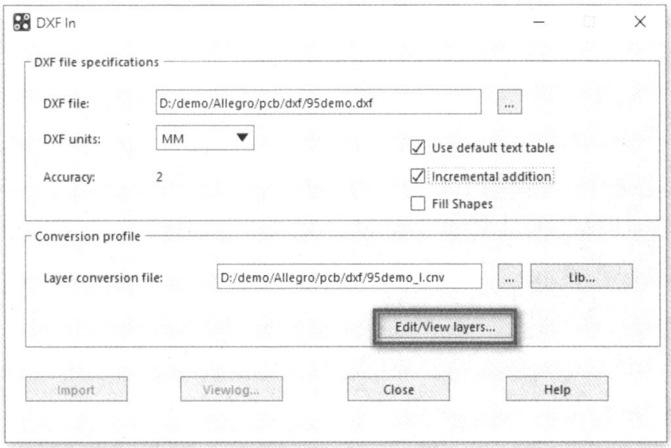

图 7-51

DXF file：选择需要导入的 DXF 文件。

DXF units：DXF 的单位。

注意：与当前 PCB 文件的单位无关，要和 DXF 文件的单位保持一致。

Use default text table：勾选此项，DXF 文件内具有文本类型，默认使用其文本字体号。

Incremental addition：勾选此项，则将新的 DXF 文件导入当前的 PCB 内；如不勾选，会单独新建一个 PCB 文件后再导入。

Fill Shapes：填充导入的 Shape 类型的文件，一般不勾选。

Layer conversion file：在 DXF 文件所在的文件夹中自动生成 cnv 的文件，一般无须理会。

（3）单击 Edit/View layers 按钮，进行层别的设置，如图 7-52 所示。

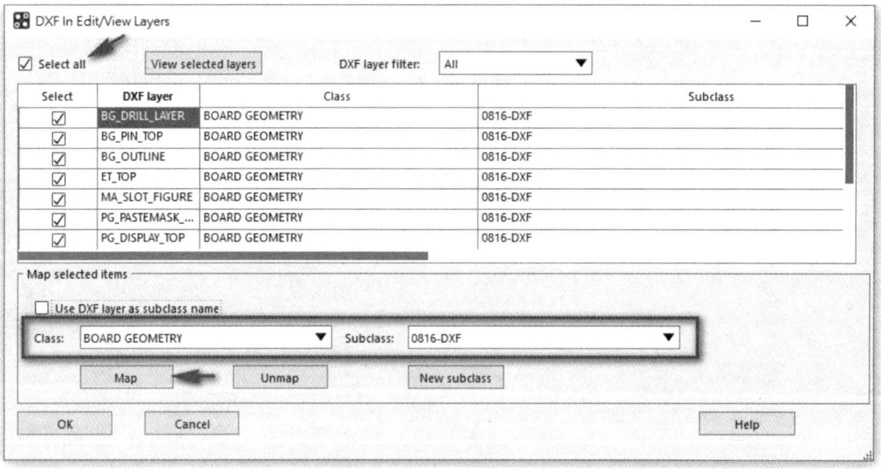

图 7-52

① Select all：如勾选，则导入 DXF 文件中所有的图层；也可以选择需要使用的图层，选择性进行导入。

② Map selected items：导入 PCB 的层面选择，用户可根据需要自行选择。

③ Class：一般选择 BOARD GEOMETRY。

④ Subclass：一般新建一个层面。选择菜单【Setup】→【Subclass】，在弹出的对话框中单击 BOARD GEOMETRY 按钮进行新建，建议以导入 DXF 文件时的日期命名，这样避免出错。

⑤ 单击 Map 按钮，所有层面都导入 BOARD GEOMETRY/0816-DXF 层面。

（4）单击 OK 按钮后，返回导入对话框。在该对话框中，单击 Import 按钮导入 DXF 文件，如图 7-53 所示。

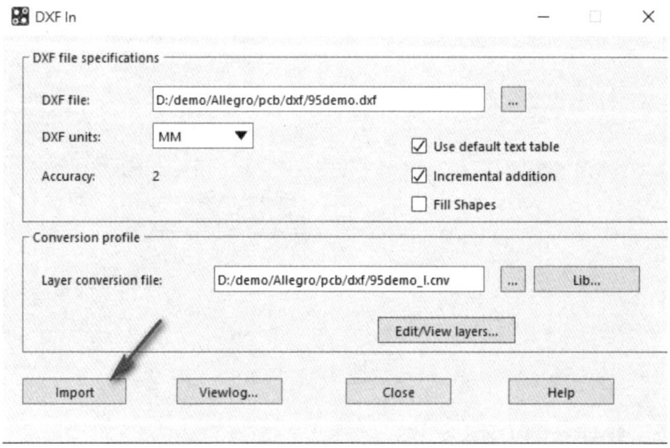

图 7-53

（5）导入成功的 DXF 文件，层面在 BOARD GEOMETRY/ 0816-DXF，属性是 LINE，如图 7-54 所示。

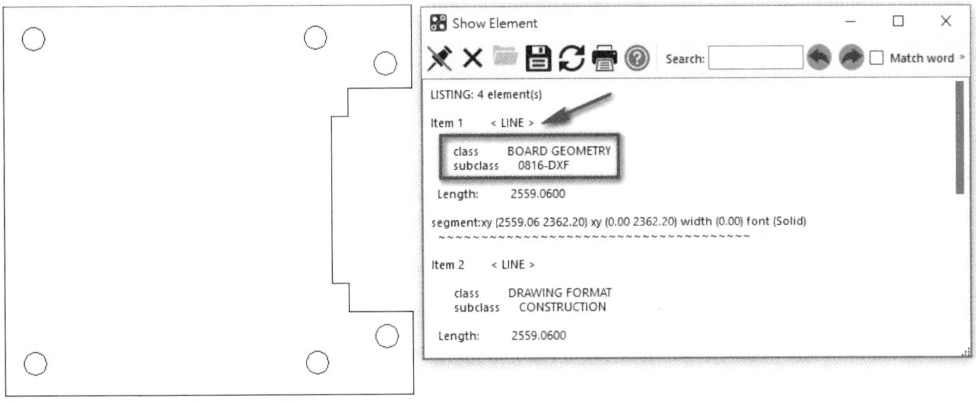

图 7-54

（6）建立 Shape 属性的外框，方便后续 Layout 作业时产生 Route Keepin、铜箔等层面。选择菜单【Shape】→【Compose Shape】。在弹出的对话框中，进入“Options”面板，在该面板中的设置如图 7-55 所示。

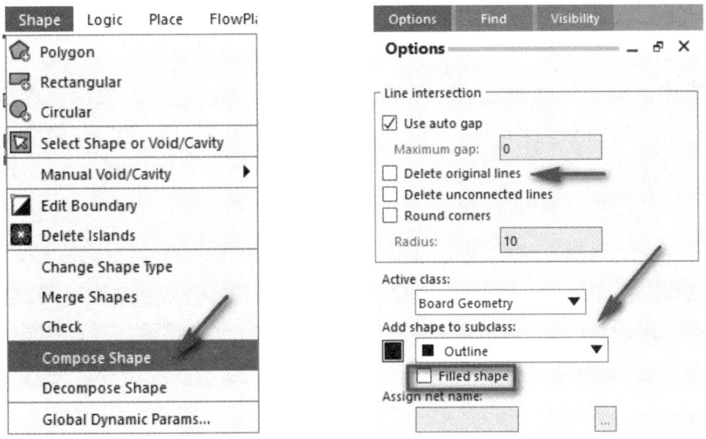

图 7-55

（7）产生一个在 Outline 层面的 Shape，即一个封闭的板框。完整的 DXF 文件导入完成，并建立板框，如图 7-56 所示。

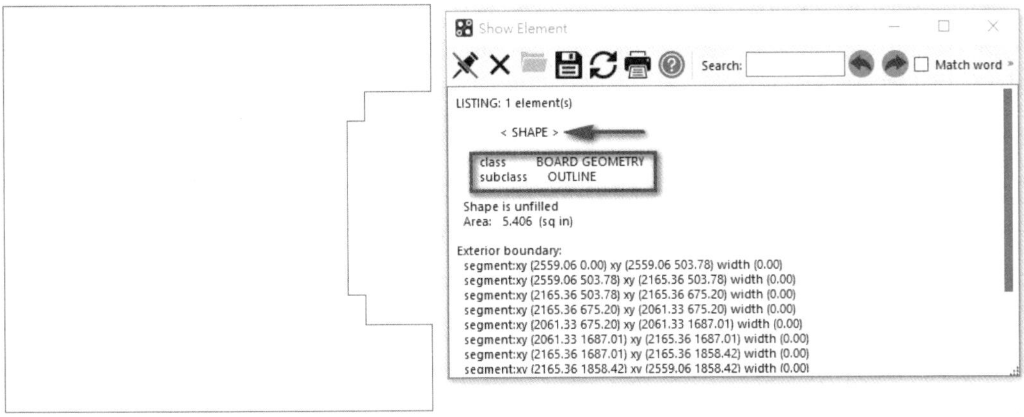

图 7-56

第 8 章　PCB 流程设计——布局

8.1　布局基本原则

PCB 设计是一个需要综合考虑各方面因素、进行权衡与不断优化的过程。尤其在 PCB 布局阶段，不仅需要关注高速信号的信号完整性，还要考虑电源完整性、EMC（电磁兼容性）、散热、结构设计、DFX（设计可制造性），以及元器件的返修等多个因素。

布局的优劣往往决定了 PCB 的成败。在低速阶段，由于信号线的上升沿时间较长，元器件摆放较远，信号线较长，并且存在多次打孔和切换层等情况，可能不会对系统信号的正常工作产生影响。然而，在高速、高密度的 PCB 单板设计中，一个不合理的布局可能会直接导致产品失败或生产成本的增加。

当 PCB 导入网表并设置好板框后，便进入了 PCB 布局设计阶段。大多数 PCB 工程师在初入行业时常遇到以下布局问题：布局完成后，发现没有足够空间打孔；额外的滤波电容放置在 BGA 周围，电源划分时出现交叉，导致难以处理；布线时总是出现交叉，导致需要再次调整布局。

因此，掌握必要的布局思路非常重要。常用的五种布局思路如下。

（1）快速模块化：模块化是高速 PCB 布局中常用的一种方法。根据原理图，将一个个小功能模块先行布置，然后整体布局到板内。优先确定重要的模块，如 DDR 模块、电源模块等，或者复用其他 PCB 上的模块。模块应尽量设计为规则形状，如正方形或长方形，这不仅有利于布局，还便于后期调整，甚至在设计改版时能够方便地进行调整。

（2）分区布局：一个典型的主机板可能包含各种电路模块，如时钟电路、PCI 总线单元、总线控制单元、A/D 转换电路、D/A 转换电路、I/O 电路、开关电源电路、滤波电路、处理器和存储器电路等。在进行 PCB 布局设计时，我们可以根据信号流向对整个电路进行功能模块划分，确保整体布局合理，避免电路模块之间相互干扰。通过分区布局，可以缩短布线路径，使各个模块互不交错。

（3）整体预布局：整体预布局的重点是对单板有一个整体把握，并确定一个合理的方向。在进行整体预布局时，可以不受板框大小的限制，也可以暂时忽略 DRC 等规则。在完成模块布局后，应该对各个模块有全面的了解，能够明确每个模块的功能。通过预布局调整，设计人员不需要频繁查看原理图，便能清楚地知道哪些模块属于电源、哪些属于 DDR、哪些属于接口等。

（4）模块化布局：无论电路多么复杂，实际上都是由各种电路模块组合而成的。在布局过程中，将每个电路模块视为一个整体，厘清其输入与输出。对于每个电路模块，要有整体的空间把握，并尽量利用模块之间的间隙作为布线空间。同时，还要区分主次，特别需要注意的地方应提前考虑并加以处理。

（5）布局优化：在空间较为充裕的 PCB 上，我们能够将每个电路模块合理布局，通常可以顺利放入板框。然而，在高密度 PCB 设计中，设计完成的电路模块可能会发现空间不足，总会出现一些冲突，不得不重新调整，这往往会导致大量的重复劳动。

在进行模块优化时，首先要评估是否能够将模块放入预定区域。

优化模块布局的原则是：预估空间，合理分配。

8.2　限制布局区域设置

因为结构限制，部分区域不能摆放零件，或者部分区域有高度限制，我们在摆放零件之前设置好这些限制区域，就能避免布局上的错误。

8.2.1 禁止布局区

根据结构的要求，对不能摆放零件的区域做如下设置。

（1）选择菜单【Shape】，或者单击工具栏中的图标之一，根据需要选择对应的形状。

（2）在弹出的对话框中，进入“Options”面板。在该面板中，根据结构图的要求做 Subclass 层面的设置，如图 8-1 所示。

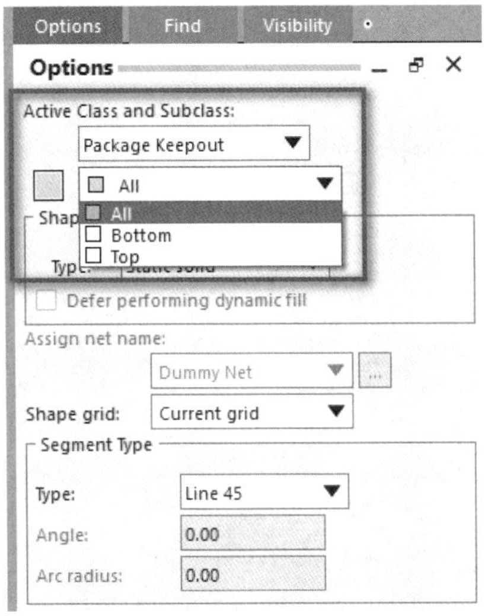

图 8-1

（3）在禁止布局区画上 Shape，一旦零件进入禁止布局区，系统会显示图 8-2 中所示错误报告。

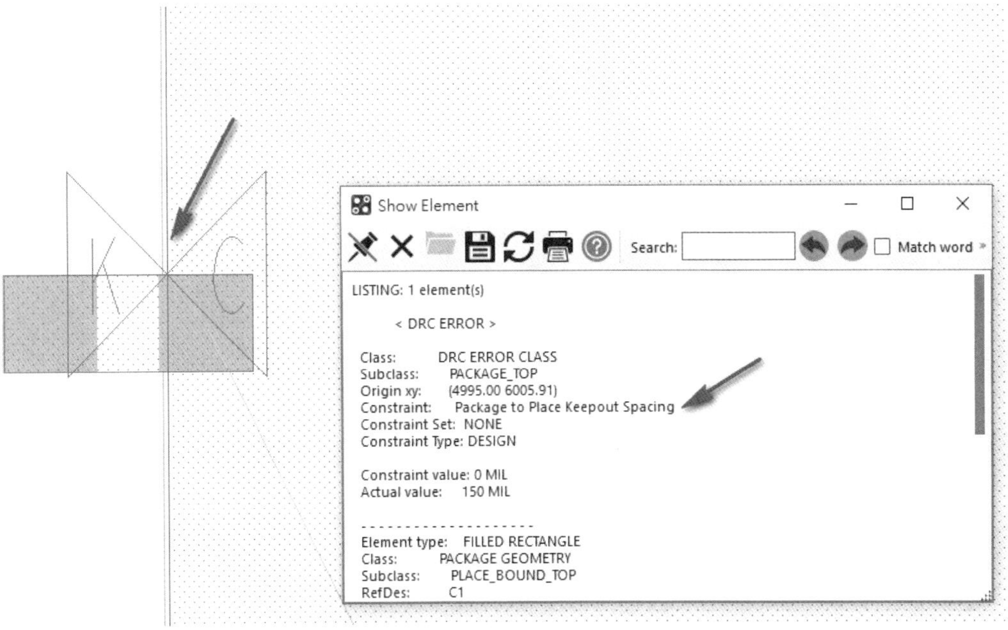

图 8-2

8.2.2 布局高度限制区

根据结构的要求，对有高度限制的区域做如下处理。

（1）选择菜单【Shape】，或者单击工具栏中的图标之一，根据需要选择对应的形状。

（2）在弹出的对话框中，进入“Options”面板。在该面板中，根据结构图的要求做 Subclass 层面的设置，如图 8-3 所示。

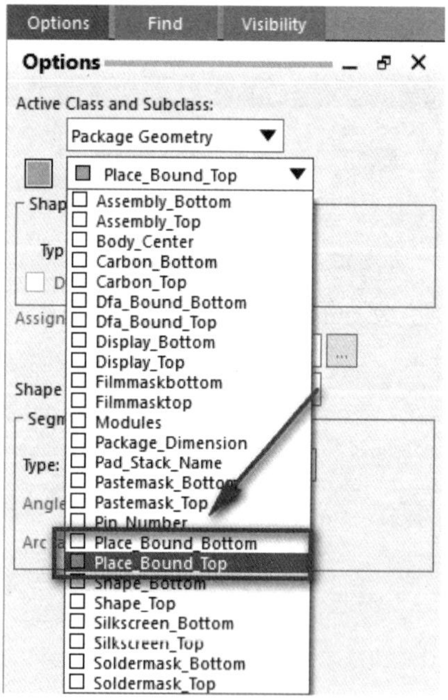

图 8-3

（3）层面设置完成后，结合 DXF 文件，在高度限制区画上 Shape，如图 8-4 所示。

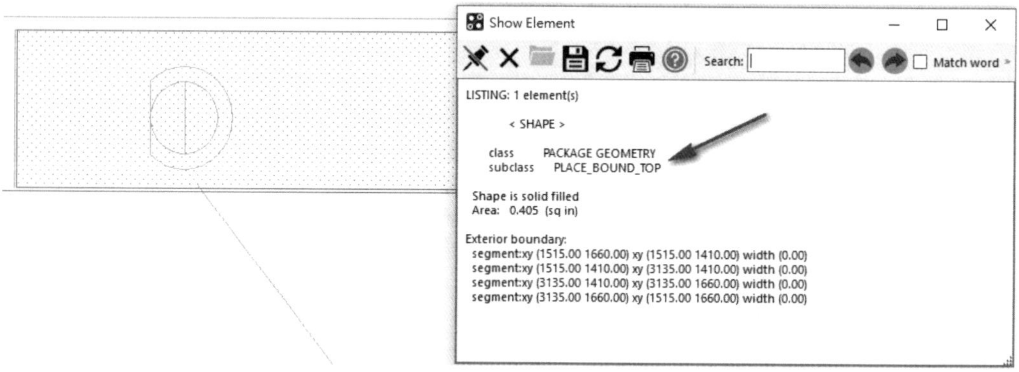

图 8-4

（4）选择菜单【Setup】→【Areas】→【Package Height】，在弹出的对话框中，单击 Shape，在“Options”面板中输入最小高度及最大高度。根据结构图的要求输入限制高度，如图 8-5 所示。我们设置一块区域，放置的零件高度不能超过 100mil。

（5）如果有超出高度的零件摆放，系统就会报错。如图 8-6 所示，区域限制高度是 100mil，现有 150mil 高度的零件在高度限制区，系统提示 DRC。

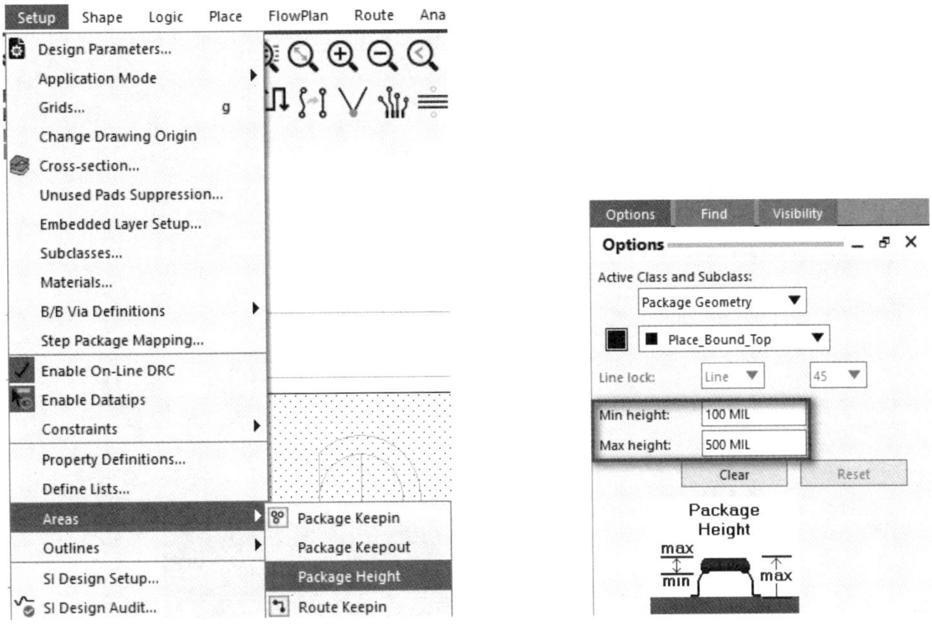

图 8-5

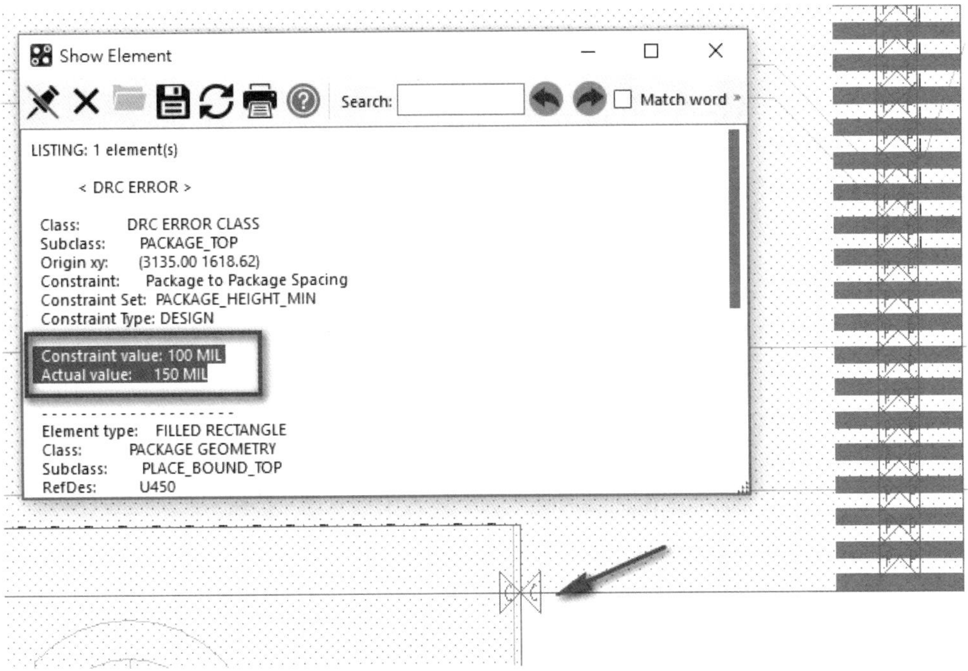

图 8-6

8.3 放置零件

1. 手动放置零件

（1）选择菜单【Place】→【Manually】，或者单击工具栏中的图标，弹出如图 8-7 所示的对话框。其中，Components by refdes，提供网表导入的零件名称，用户可以勾选零件编号后，直接将其放置在 PCB 上。Selection filters，针对所有零件，在摆放之前可以进行筛选，如按字母顺序或按零件类型进行筛选。勾选零件后，便可将其放置在 PCB 上。Graphics，针对所选零件，提供一个预览窗口，显示零件的外形。Text，可以查看零件的定义，如图 8-8 所示。

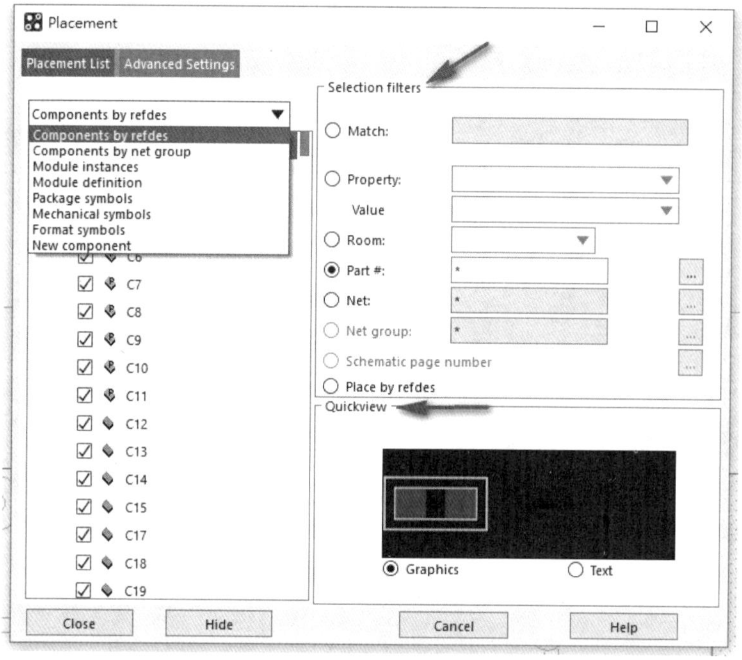

图 8-7

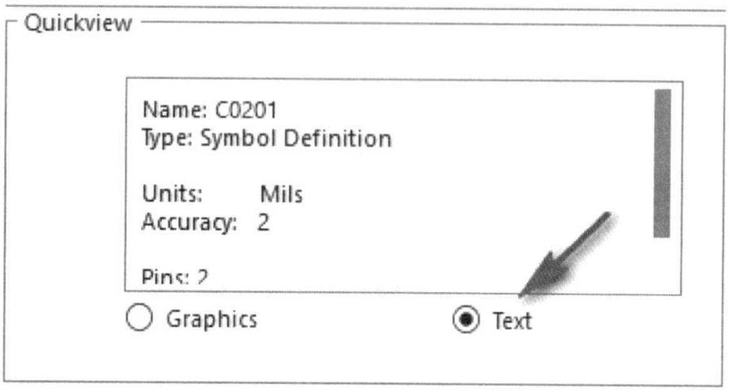

图 8-8

（2）选择“Components by refdes”选项后，勾选清单中的封装，封装会附着在光标上。在 PCB 工作区单击鼠标左键，即可将零件放置在工作区。如果有多个封装，连续单击鼠标左键即可继续放置。

然而，手动放置零件的缺点是速度较慢，特别是在大规模设计中，可能需要花费大量时间进行逐个放置。

2. 快速放置零件

（1）选择菜单【Place】→【Quickplace】，弹出如图 8-9 所示的对话框。在该对话框中，Edge 复选框用于选择零件放置的区域（以板框为中心），上、下、左、右四个方向可选。Board layer 用于选择零件放置的层面，选择 TOP 表示零件将放置在 TOP 层。Symbols placed 提示已放置到 PCB 上的零件数量，以及总共需要放置的零件数量。其他选项采用默认值。

（2）设定完毕后，单击 Place 按钮，系统自动将零件调出来，再单击 OK 按钮，关闭视窗。

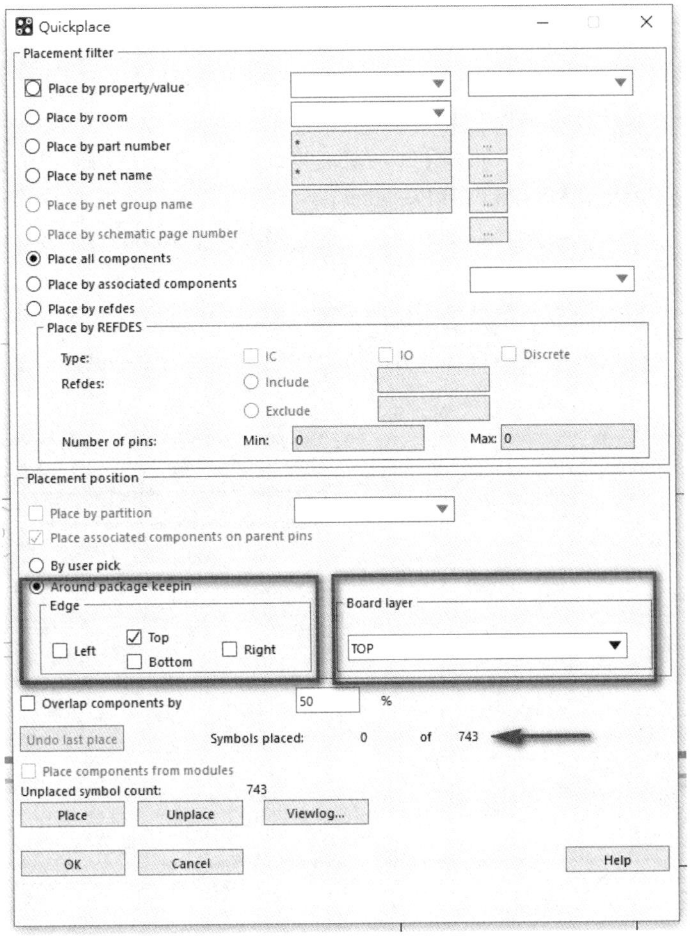

图 8-9

（3）执行完毕后，在工作区就可以看到网表内的封装全部调出到板框的外面。然后按照线路图将零件摆放到 PCB 中，如图 8-10 所示。

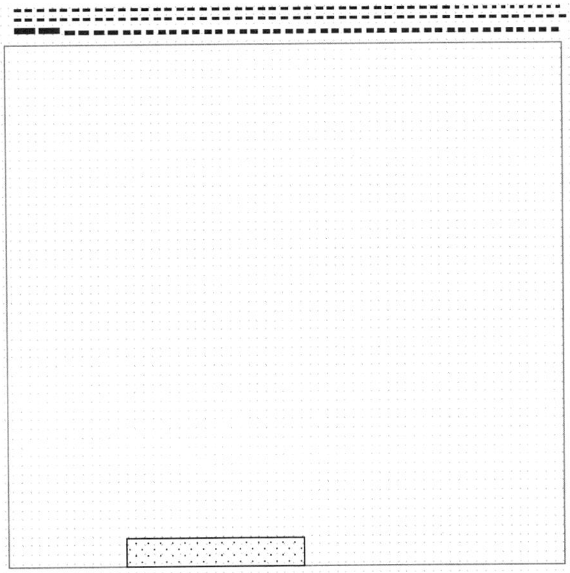

图 8-10

3. Room 模块化放置零件

面对复杂的线路图，我们希望在导入网表后，零件能够自动分区域摆放，避免零件被错误地摆放在板框外形成一圈。具体步骤如下所述。

（1）在 Capture 中打开线路图，右键单击需要选择的元件，在下拉功能表中选择 Edit Property。在右上角的 Filter 栏中选择 Allegro PCB Designer。

（2）在 Part 设定栏中，找到 ROOM 栏，在后面输入一个 Room 的名称，如我们设置的名称为 CPU，如图 8-11 所示。

补充说明：如果需要对多个零件进行修改，可以框选对应的零件，在一个 ROOM 栏位后输入名称。接着，将光标放在相应栏的右下角，待光标变为实心的十字架后，横向拖曳即可完成名称的复制。

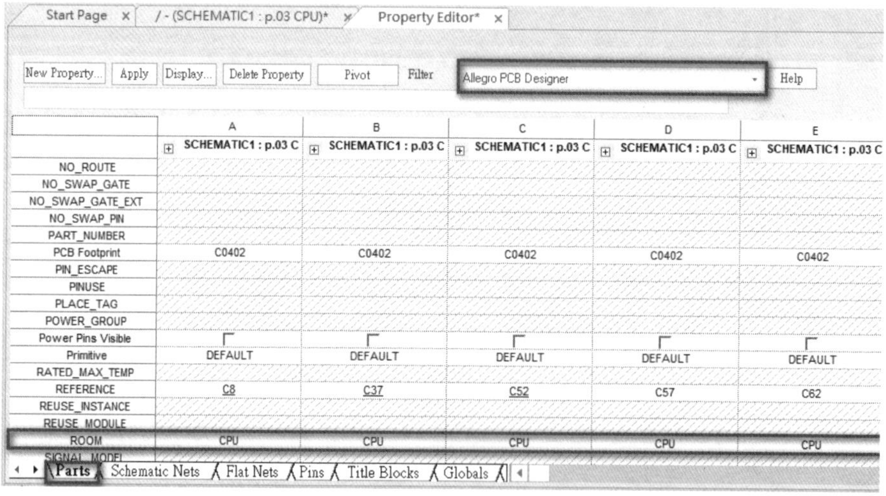

图 8-11

（3）在原理中采用第一方网表的方法，导出网表，并转到 Allegro 中去。

（4）在 Allegro 中打开 PCB 文件，选择菜单【Setup】→【Outlines】→【Room Outline】，在弹出的对话框中，在 Name 栏输入名称。延续上面的例子，命名为 CPU。其他选项默认即可，如图 8-12 所示。

（5）在工作区单击鼠标，画一个正方形的区域，该区域会自动被命名为 CPU，如图 8-13 所示。

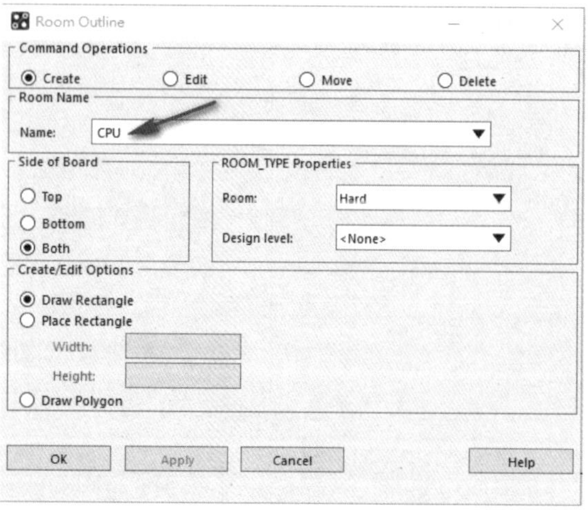

图 8-12

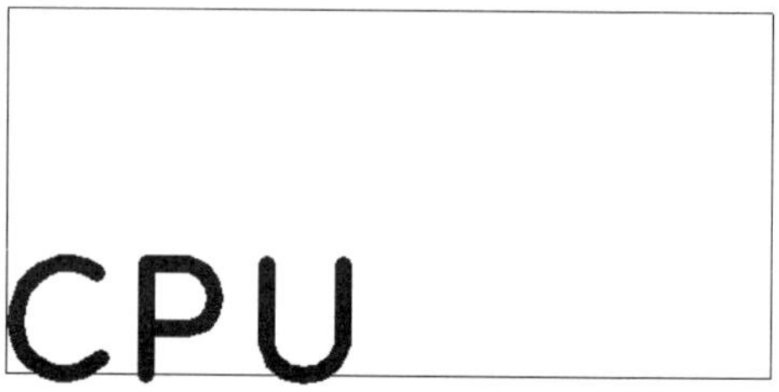

图 8-13

（6）选择菜单【Place】→【Quickplace】，在弹出的对话框中，在 Placement Filter 中选择 Place by room 选项，选择命名为“CPU”的 Room。单击 Place 按钮，将 Capture 中的 Room 定义为“CPU”的零件全部放在对应的框里，如图 8-14 所示。

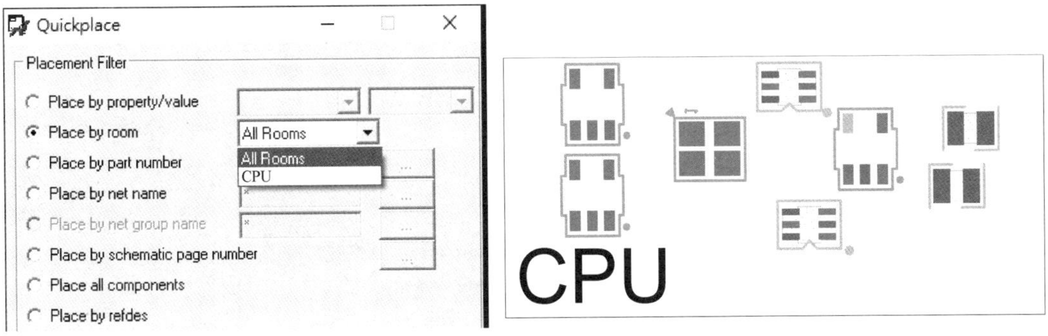

图 8-14

（7）重复上述步骤，即可完成其他模块的放置。

8.4　原理图与 PCB 交互

当元器件全部放置进工作区后，为了方便设计时元器件的摆放和查找，需要将原理图与 PCB 进行互动。通过这种互动，可以实现快速定位元器件，从而提高设计时的工作效率。具体操作步骤如下所述。

（1）在 Capture 中打开原理图，选择菜单【Options】→【Preferences】，在弹出的对话框中，进入“Miscellaneous”面板。在该面板中，勾选“Enable Intertool Communication”，表示允许原理图与 PCB 进行交互选择，如图 8-15 所示。

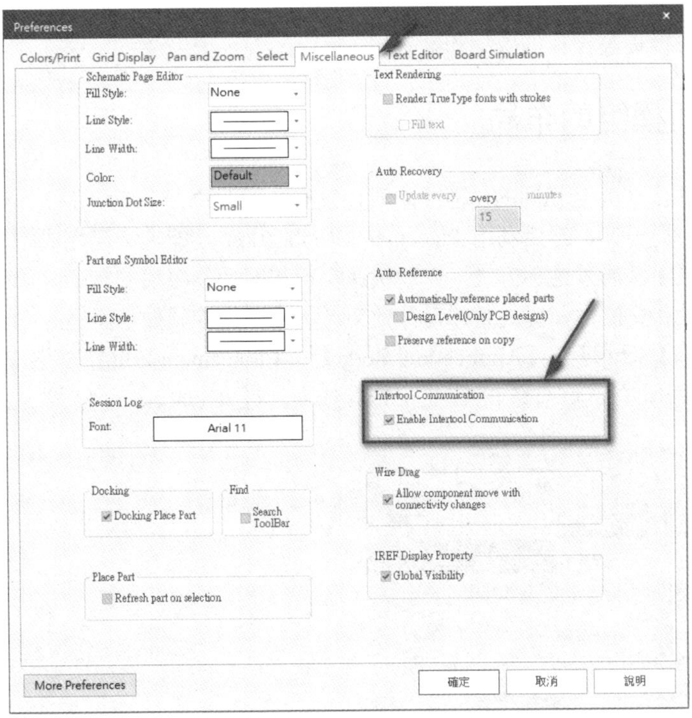

图 8-15

（2）在原理图中采用第一方网表的方法，导出网表，并通过导入第一方网表的方法导入至 Allegro。

（3）在 Allegro PCB 中要做如下设定：指令状态应为 move，如图 8-16 所示。

（4）在“Options”面板中，Point 栏选择 Sym Origin，切记不能选 User Pick。在“Find”面板中勾选 Symbols，如图 8-17 所示。

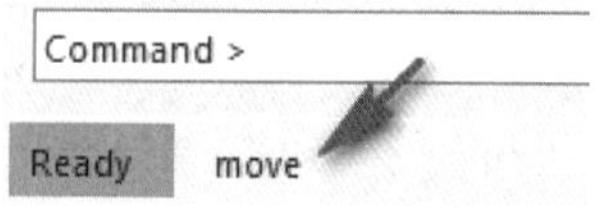

图 8-16

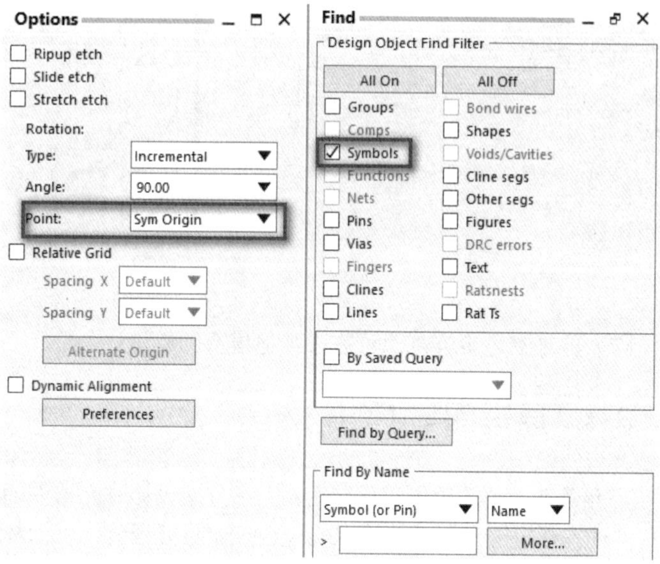

图 8-17

（5）关联后的原理图和 PCB 文件需要同时打开。在 Capture 中单击原理图中的元件符号时，Allegro PCB 会自动抓取对应的封装。此时，PCB 中的封装会被高亮显示（确保是单击图标）。一旦高亮显示，线路图会自动跳转到该元件所在的位置，方便设计人员快速定位和检查元件布局。通过这种互动，可以提高设计的效率和准确性。

8.5 相同模组的布局

当设计中存在多个完全相同的功能模块时，没有必要对每一个模块都重新进行布局。只需要完成一个模块的布局设计，然后利用 Placement Replication 功能，将已完成的布局复制到其他具有相同功能的模块上。通过这种方式，可以快速实现相同功能模块的布局，从而节省设计时间并保持布局的一致性和整洁性，提高整体设计效率。具体操作步骤如下所述。

（1）选择菜单【Setup】→【Application Mode】→【Placement Edit】，或者单击工具栏中的图标；或者在 Allegro 右下角选择 Placement Edit 选项，进入 Placement 模式，如图 8-18 所示。

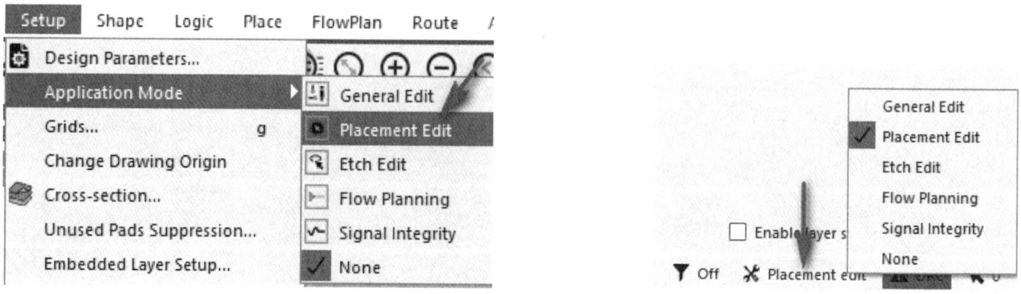

图 8-18

（2）建立“范本”。选择已经摆放好的一组封装，单击鼠标右键，选择菜单【Place replicate create】。在弹出的对话框中，单击鼠标右键，选择菜单【Done】，如图 8-19 所示。

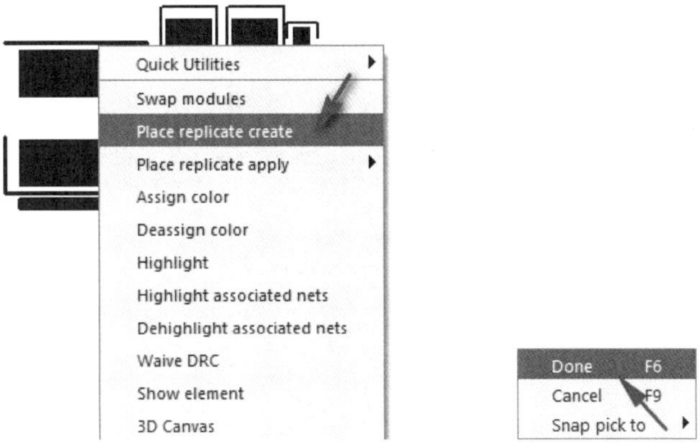

图 8-19

（3）选择参考点，或通过单击鼠标左键抓取某个物体作为参考点（通常选择任意位置，不会影响布局）。完成后，系统会弹出一个窗口，要求为储存的范本命名。可以为该范本指定一个名称，存储的文件名将以.mdd 格式保存，如图 8-20 所示。

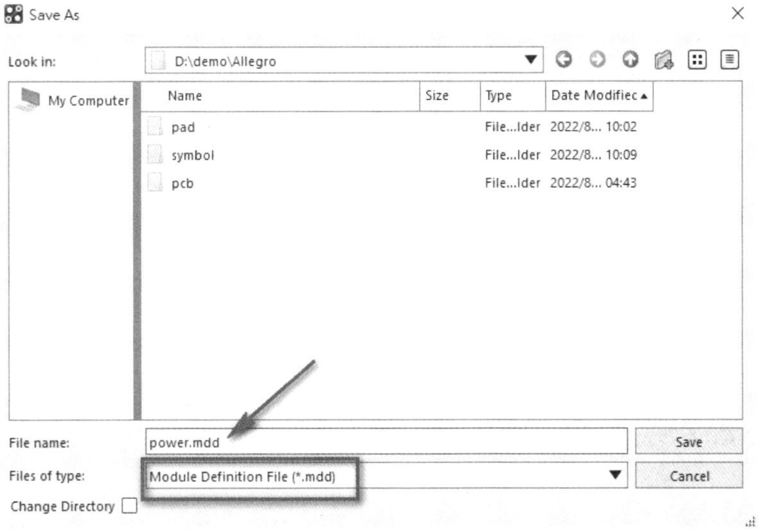

图 8-20

（4）套用范本到未布局的元件上。单击鼠标左键框选需要套用范本的元件，再单击鼠标右键，选择菜单【Place replicate apply】，随后在子菜单中选择之前保存的范本文件，如【POWER】，如图 8-21 所示，这样就可以将已保存的布局范本应用到选定的元件上，快速实现相同布局的复制，提升设计效率。

（5）系统会通过匹配合适的封装，将其形成一个模组，附着在光标上。此时，只需单击鼠标左键即可将该模组摆放到所需位置。

执行以上模组操作后，相同功能模块将以 Groups 形式存在，无法单独移动某个封装。此时，在“Find”面板中选择 Groups，然后将鼠标移至模组的位置，待模块高亮显示后，单击鼠标右键，选择菜单【Disband group】，即可解除模组设置。解除后，你就可以单独移动其中的一个封装了，如图 8-22 所示。

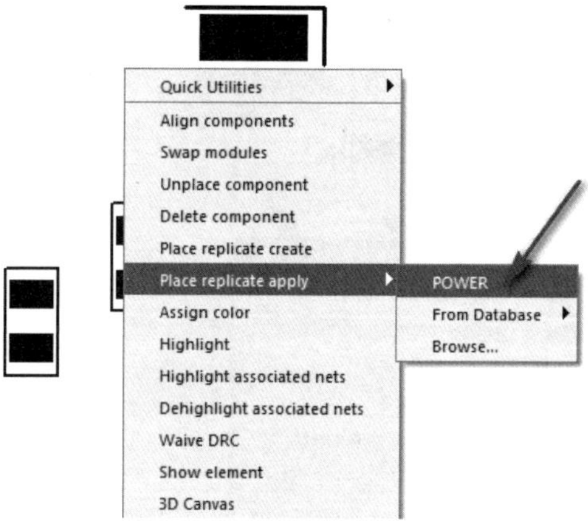

图 8-21

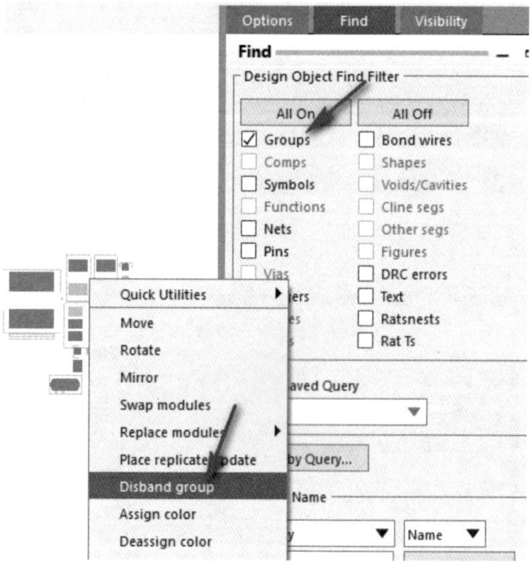

图 8-22

8.6　布局常用指令详解

1．Move（移动）

Move 指令是布局过程中最常用的指令之一，下面我们将对 Move 指令的界面及参数进行详细介绍。

（1）选择菜单【Edit】→【Move】，或者单击工具栏中的✥图标，进入移动的指令状态，在 PCB 界面的左下角显示 move，如图 8-23 所示。

图 8-23

（2）在“Find”面板和“Options”面板中，执行 Move 指令时的参数设置如图 8-24 所示，具体解读如下所述。

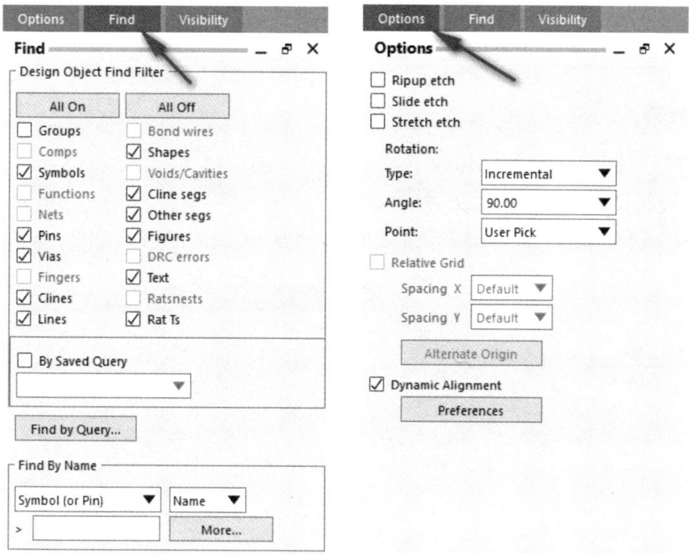

图 8-24

- “Find”面板参数：在“Find”面板中，用户可以勾选需要移动的对象，除灰色项之外，其他项都可以选择。
- “Options”面板参数：“Options”面板中的参数说明如下所述。

① Ripup etch：勾选此项时，移动对象时会删除与之连接的走线和过孔。

② Slide etch：勾选此项时，移动对象时，所连接的走线和过孔会保留，且走线会随着对象按角度移动。

③ Stretch etch：勾选此项时，移动对象时，所连接的走线和过孔会保留，且走线会根据移动对象的位置变化，按任意角度移动。

当以上三项都不勾选时，表示仅移动对象，走线和过孔不会受到影响。

④ Type：旋转时可选择相对坐标或绝对坐标的方式进行定位。Absolute（绝对坐标），旋转时以绝对坐标为基准；Incremental（相对坐标），旋转时以相对坐标为基准。

⑤ Angle：旋转的角度，一般选择 90.00°。

⑥ Point：所有动作的基准点，可选择以下四种方式。Sym Origin，以封装的原点（创建封装时的原点）作为基准点；Body Center，以封装的几何中心点作为基准点；User Pick，以鼠标单击选择的点为基准点，适用于多个元素作为整体进行旋转；Sym Pin#，以封装的引脚编号为基准点。

⑦ Dynamic Alignment：勾选此项后，单击 Preferences 按钮进入设置界面，并在 Align Guides 下勾选所有选项。此时，在移动封装时，可以实现与其他封装的对齐操作，如图 8-25 所示。

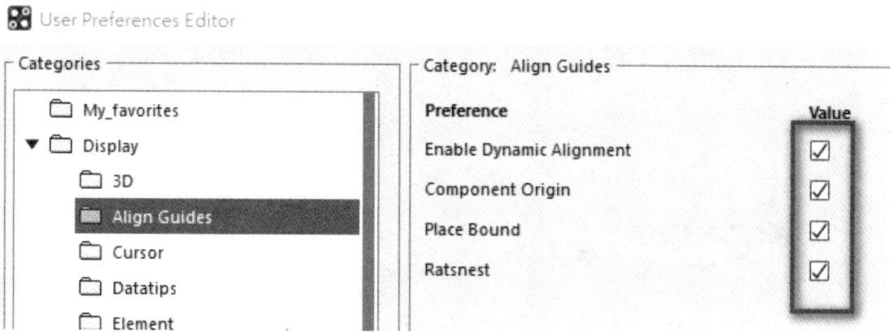

图 8-25

通过设置这些参数，用户可以根据具体需求灵活调整对象的移动方式，确保布局操作的精确性和灵活性。

2. Rotate（旋转）

使用 Rotate 指令前需要先执行 Move 指令，选中元件后单击鼠标右键，选择菜单【Rotate】，移动鼠标即可进行旋转动作，如图 8-26 所示。

※“Find”面板及“Options”面板中的参数同“Move（移动）”部分。

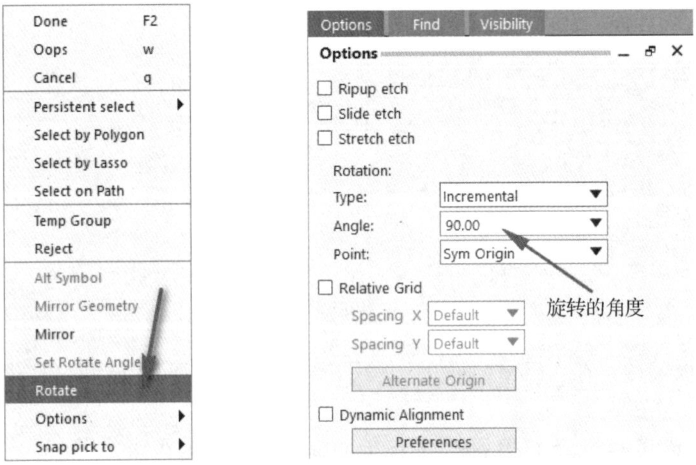

图 8-26

3. Spin（旋转）

选择菜单【Edit】→【Spin】，即可对选定元素进行旋转操作。该操作以封装的中心为旋转轴，封装的中心位置不会发生移动，适用于需要将零件在原地旋转的场景。此功能可帮助用户调整元件的方向，而不改变其在布局中的位置。

※“Find”面板及“Options”面板中的参数同“Move（移动）”部分。

4. Mirror（镜像）

封装从顶层换到底层，需要用到 Mirror 指令，且只能对封装和文字进行层面的镜像。

（1）选择菜单【Edit】→【Mirror】，在弹出的对话框中，在“Find”面板中勾选 Symbol 或者 Text，单击零件或文字即可完成镜像。

（2）对零件或者文字执行 Move 动作时，单击鼠标右键，选择菜单【Mirror】，也可以完成零件的镜像，如图 8-27 所示。

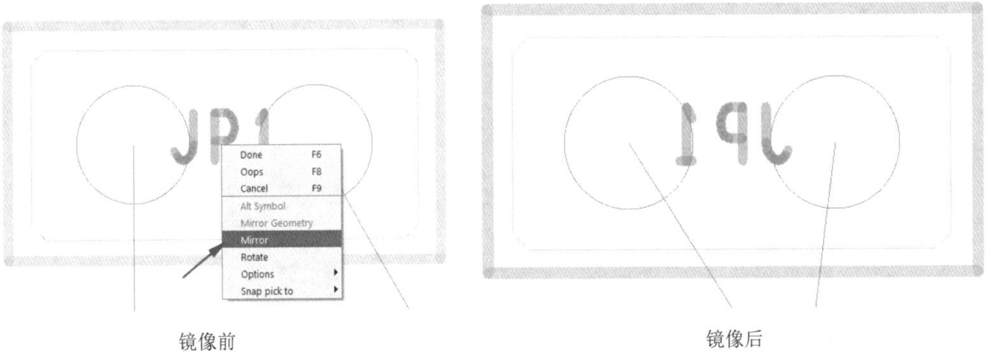

图 8-27

5. Swap（交换）

当两个封装需要互相交换位置时，可以使用 Swap 指令快速完成。具体操作步骤如下所述。

（1）选择【Place】→【Swap】→【Components】。

（2）在弹出的对话框中，单击选择需要互换位置的两个封装。

（3）确认选择后，两个零件的位置会自动互换，如图 8-28 所示。在“Options”面板中，Maintain symbol rotation 表示维持原来零件的角度，一般不勾选。

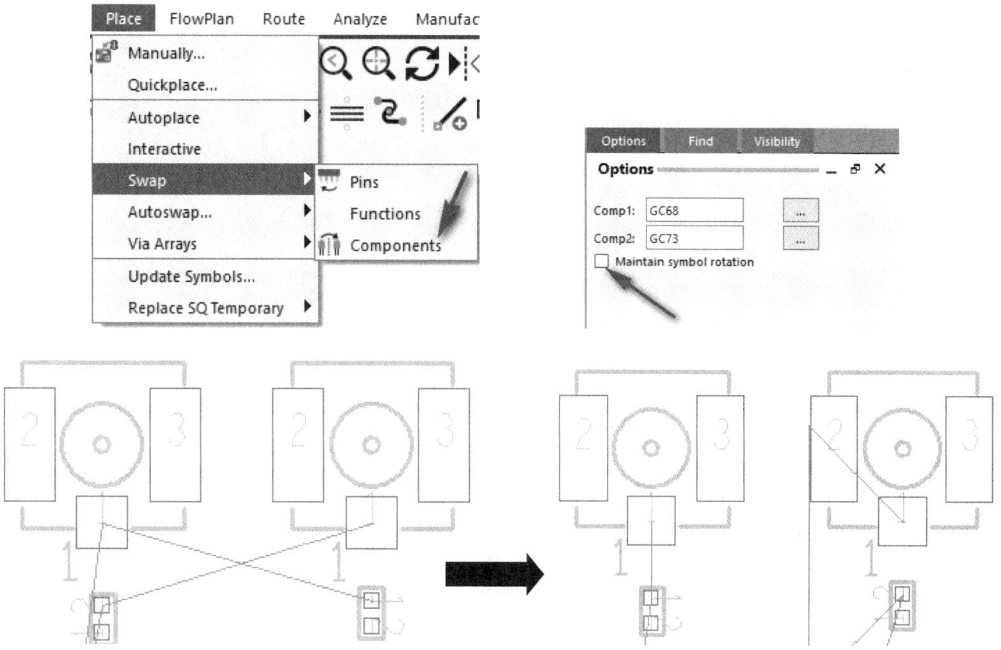

Swap 前　　　　Swap 后

图 8-28

6. Align components（零件对齐）

在 Application Mode 下支持 Align components（零件对齐）功能。

（1）选择菜单【Setup】→【Application Mode】→【Placement Edit】，或者单击工具栏中的图标，或者在 Allegro 右下角选择 Placement Edit 选项，进入 Placement 模式，如图 8-29 所示。

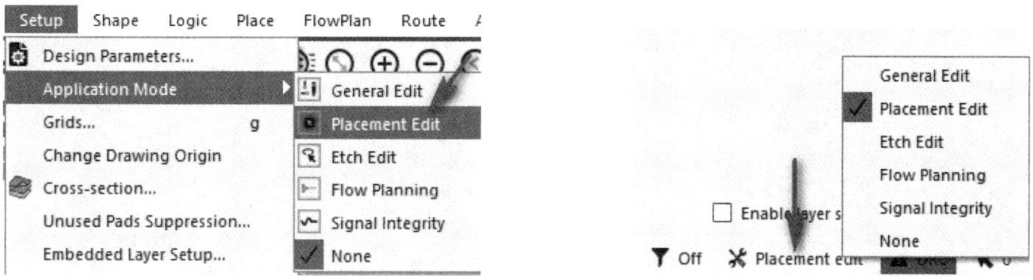

图 8-29

（2）单击鼠标左键框选封装，或者配合 Shift 键或 Ctrl 键来选取多个封装。

（3）保持选取状态，单击鼠标右键，选择菜单【Align components】，如图 8-30 所示。“Options”面板中的默认设置如图 8-31 所示。

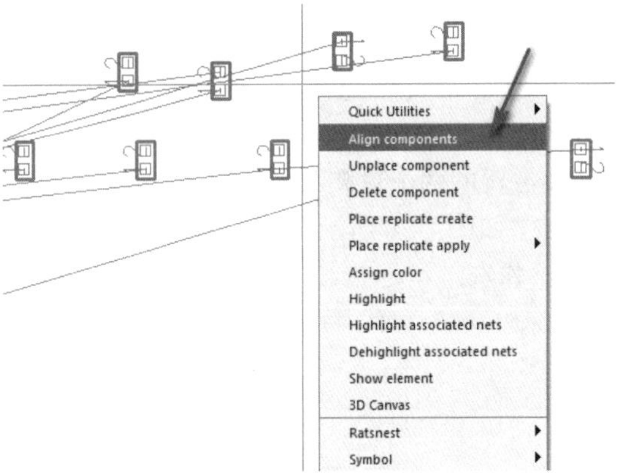

图 8-30

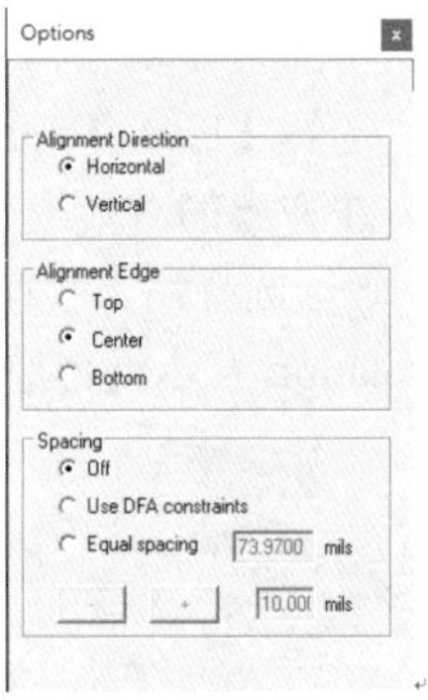

图 8-31

（4）举例：以零件中心、水平方向、按间距 12mil 对齐，设置如图 8-32 所示。

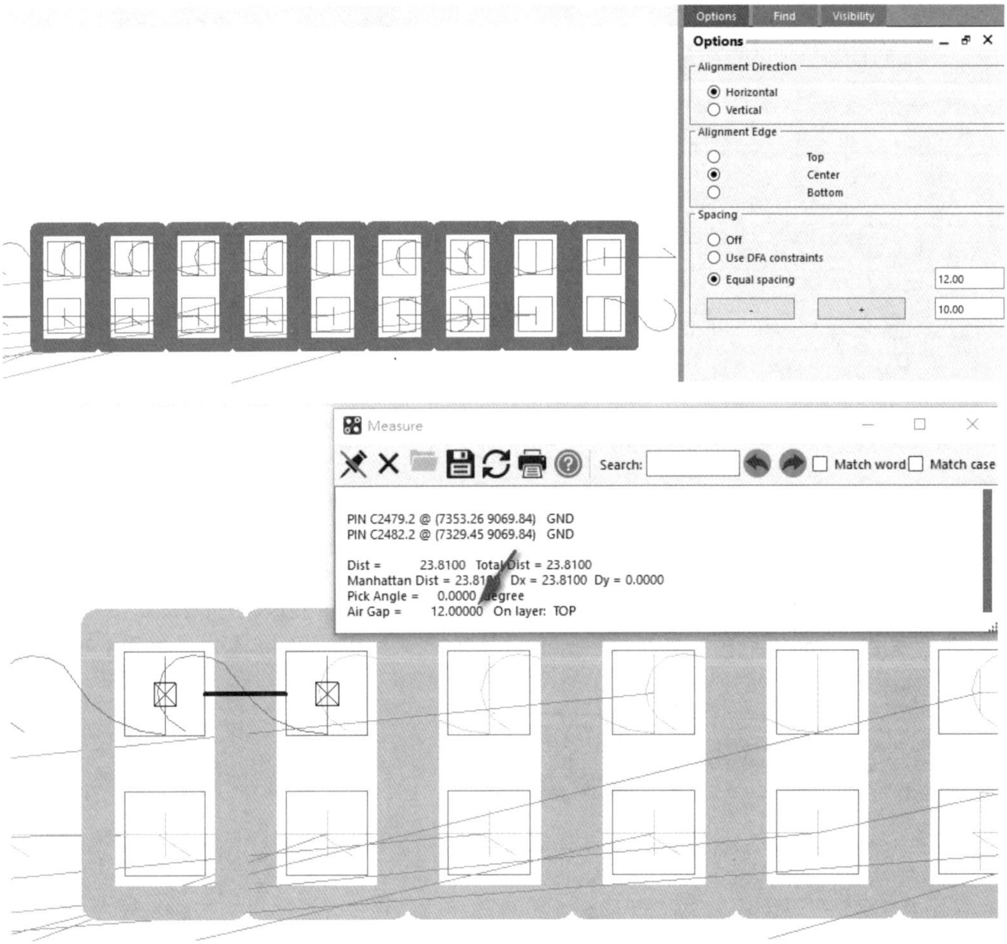

图 8-32

7. Snap（捕捉）

在布局过程中，Layout 工程师通常需要对物件进行精确定位。为了提高定位精度，可以使用捕捉功能，精准地捕捉任意物件的中心、边缘或某个特定点，避免了手动输入坐标的烦琐操作。

（1）在走线、布局、Move、Copy 等状态下单击鼠标右键，在弹出的菜单中有【Snap pick to】

选项，展开后有很多捕捉指令，如图 8-33 所示。

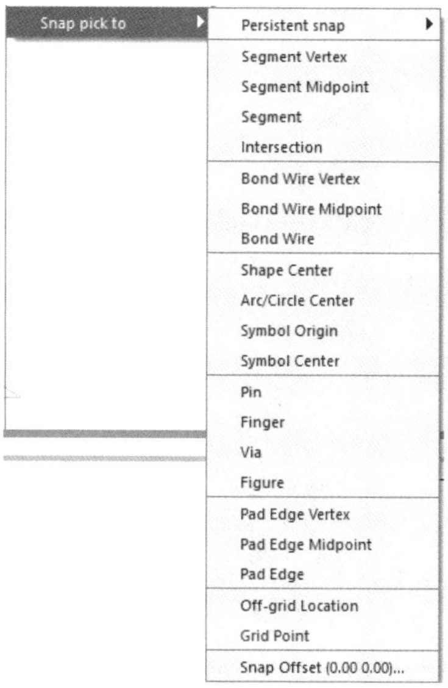

图 8-33

（2）可供捕捉的对象非常多，介绍几个 Layout 时常用的捕捉指令。

Segment Vertex：自动捕捉光标附近的 Line、Cline、Shape 等对象的端点。例如，在修改 Shape 时，能自动抓取铜箔的端点，方便对齐。

Segment Midpoint：自动捕捉光标附近 Line、Cline 的中心点，帮助精准定位。

Segment：自动捕捉任意点，可以帮助用户在设计中快速选择和对齐物件。

Intersection：自动捕捉光标附近的交叉点，适用于物件之间的交点对齐。

Shape Center：自动捕捉任意形状（Shape）的中心点，便于对齐和放置。

Arc/Circle Center：自动捕捉光标附近任意弧线或圆圈的中心。

Symbol Origin：自动捕捉光标附近零件的原点，适用于精准定位零件。

Symbol Center：自动捕捉光标附近零件的几何中心，帮助快速对齐零件位置。

Pin：自动捕捉光标附近的焊盘，便于焊盘对齐。

Via：自动捕捉光标附近的过孔，确保过孔位置的精准。

Pad Edge Vertex：自动捕捉光标附近焊盘的端点，适用于精确调整焊盘的角落位置。

Pad Edge Midpoint：自动捕捉光标附近焊盘的中心点，帮助对齐焊盘的中心位置。

Pad Edge：自动捕捉光标附近焊盘的边缘，便于对齐焊盘的边缘。

Off-grid Location：自动捕捉非格点位置，适用于不在网格上的精确对位。

Grid Point：自动捕捉格点位置，确保物件在网格上的对齐。

Snap Offset（0.00 0.00）：自动捕捉位移坐标，适用于对物件进行精确的位移调整。

8．Temp Group

当需要对多个元素进行操作，如执行移动、复制、镜像等指令时，可以使用 Temp Group 指令来简化操作。

（1）选择菜单【Edit】→【Move】或者【Copy】，在弹出的对话框中，在“Find”面板中选择对应的元素。

（2）单击鼠标右键，选择菜单【Temp Group】，在弹出的对话框中，可以进行多个元素的选择，框选或者连续单击都可以，如图 8-34 所示。

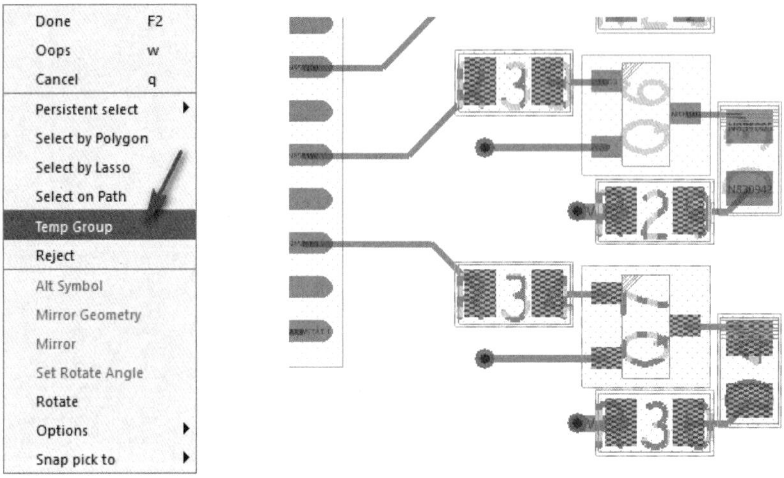

图 8-34

（3）选择完需要的元素后，单击鼠标右键，选择菜单【Complete】，如图 8-35 所示。此时，所选元素将被临时组合为一个 Temp Group，方便进行统一操作。当完成此次多选组合指令后，这个临时 Group 会被自动解散，确保操作结束后，元素恢复为独立状态。如果后续需要再次进行多选组合，用户需要重新执行以上操作，以创建新的临时组合。

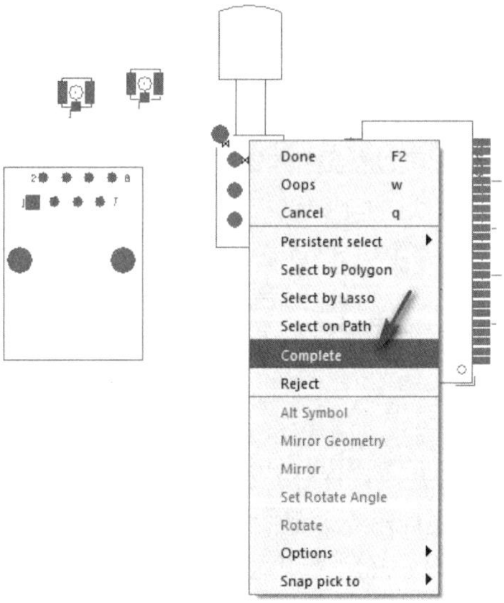

图 8-35

9. Fix/Unfix（锁住/解锁）

在布局过程中，一些结构零件需要固定，以防止后续布局操作时出现误操作。为确保这些零件的位置不被意外更改，应将其锁定。具体操作步骤如下所述。

（1）Fix：单击工具栏中的图标，在弹出的对话框中，进入“Find”面板并勾选需要锁定的元素，然后在 PCB 工作区中单击对应的元素即可完成锁定。锁定后的封装可以进行布线操作，但无法移动或镜像封装中的任何元素。

例如，锁定图 8-36 中 P1 的封装后，将鼠标光标放置在封装的中心位置，此时会弹出一个小方框，提示“封装已被锁定（Fixed）”。

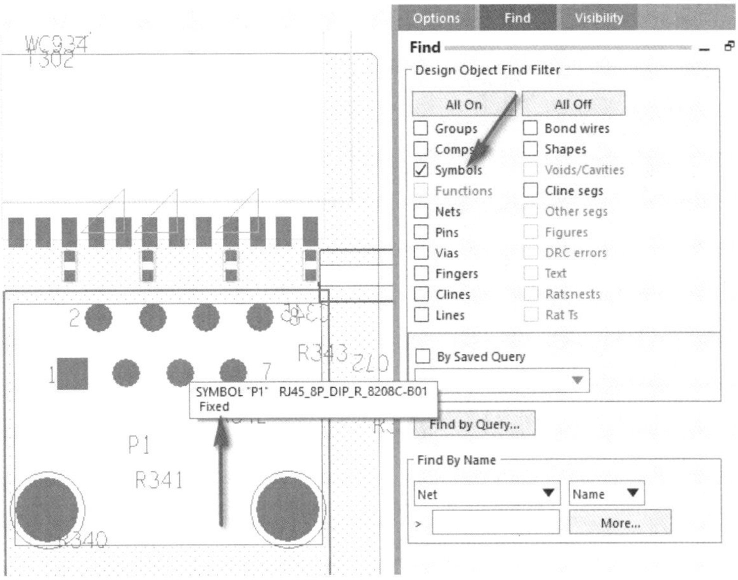

图 8-36

另外，还有一种方法能够更直观地查看元素是否被锁住。具体操作步骤如下所述。

① 单击工具栏中的图标，在弹出的对话框中，进入“Display”面板，在 Fixed objects 中选择一种图案，如图 8-37 所示。

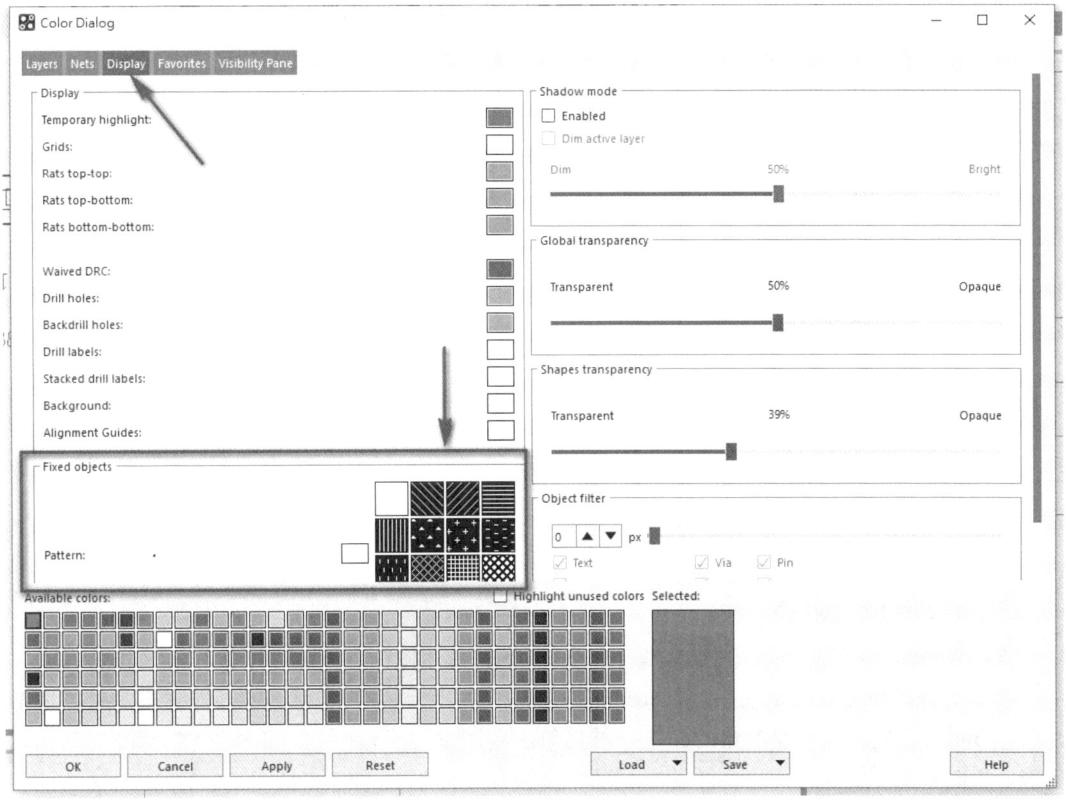

图 8-37

② 在 PCB 中，可以通过外框区分被锁定的封装与其他零件。如图 8-38 所示，锁定后的封装外框由点状线段表示，而未锁定的封装外框则为连续的线段。

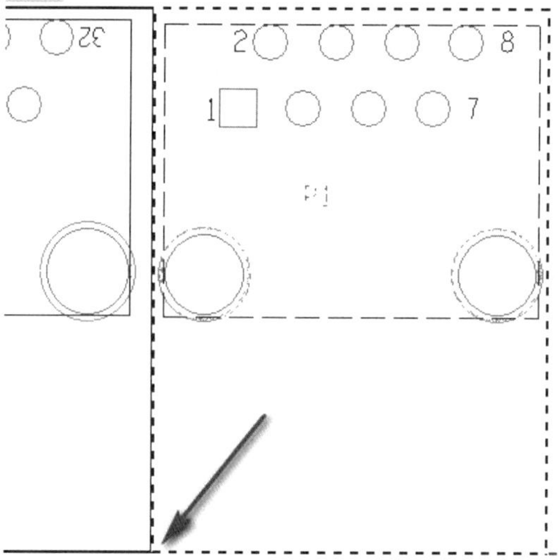

图 8-38

（2）Unfix：单击工具栏中的图标，在弹出的对话框中，进入“Find”面板，勾选需要解锁的元素，然后在 PCB 工作区单击对应的元素即可解锁。

10. Show Element

此指令可以查询 PCB 里面的任何元素的所有信息，功能非常强大。

选择菜单【Display】→【Element】，或者单击工具栏中的图标，在弹出的对话框中，进入“Find”面板，勾选对应的元素（如果不知道查询的对象是什么元素，可以全部勾选），单击对象元素，在弹出的对话框中可以显示对应元素的所有信息，如图 8-39 所示。例如，我们不知道一个线段是在哪一层，对话框中就会显示线段所在层的信息。

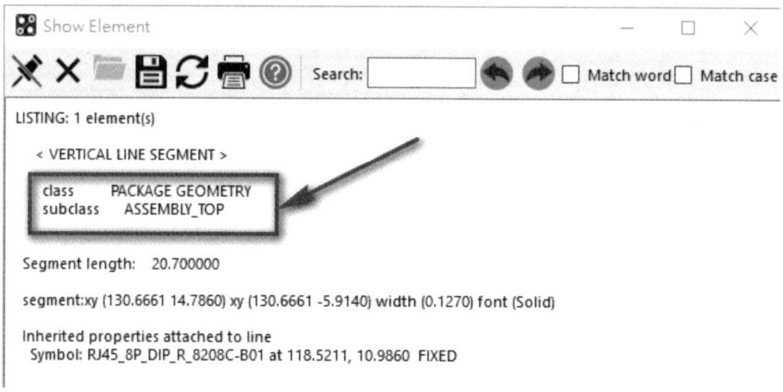

图 8-39

11. Measure（测量）

在 Layout 时经常要测量元素与元素之间的距离，具体操作步骤如下所述。

（1）选择菜单【Display】→【Measure】，或者单击工具栏中的图标，在弹出的对话框中，进入“Find”面板，勾选要测量的元素，然后单击要测量的元素，此时工作区将会弹出相应的对话框，如图 8-40 所示。

（2）测量数据解读，此处用三角形（见图 8-41）来示意。

Dist：点到点之间的距离，即三角形中 C 的值。

Dx：点到点之间 x 轴的距离，即三角形中 B 的值。

Dy：点到点之间 y 轴的距离，即三角形中 A 的值。

Manhattan Dist：点 x 轴加 y 轴的距离，即 $A+B$ 的值。

Air Gap：物件之间的空间距离。

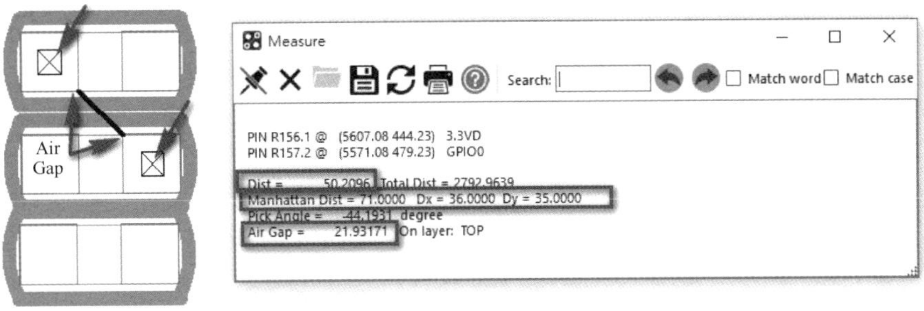

图 8-40

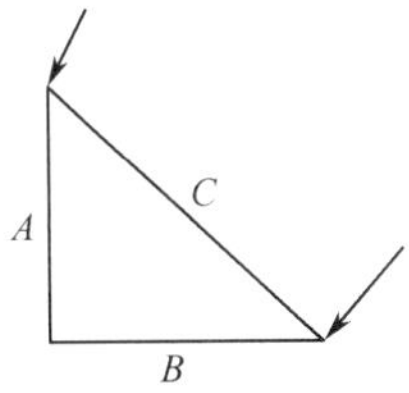

图 8-41

8.7 导出 DXF、3D 文件

布局完成后，需要导出 DXF 和 3D 文件，以便提供给结构工程师，帮助其确认零件与结构之间是否存在干涉。

1. 导出 DXF 文件

（1）如图 8-42 所示，选择菜单【File】→【Export】→【DXF】。

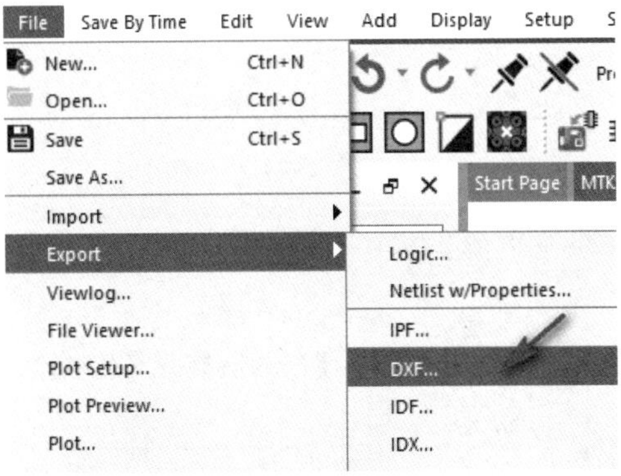

图 8-42

（2）在弹出的对话框中，按照图 8-43 中所示进行设置。

DXF output file：输出 DXF 文件的名称。

Output units：单位要与结构的保持一致。

Export drill information：勾选，输出孔的信息。

其他信息采用默认值即可。

（3）单击 Edit 按钮，设定 DXF 文件输出的层面。按照图 8-44 中所示的步骤操作，单击 OK 按钮。

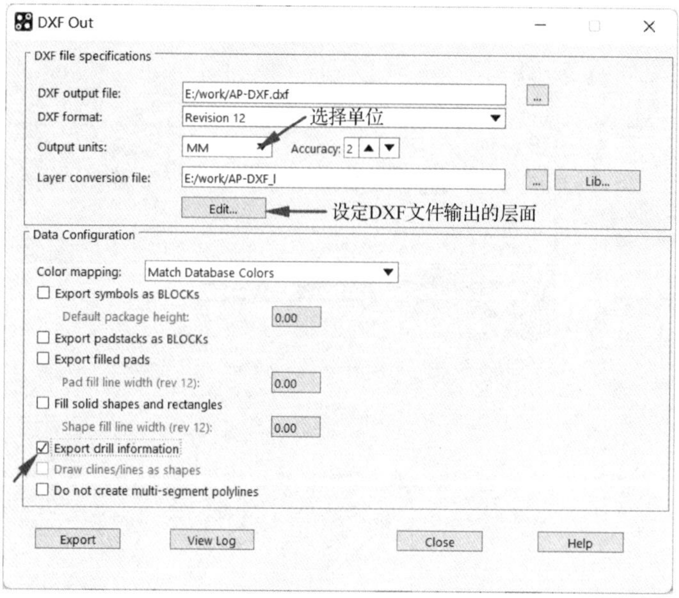

图 8-43

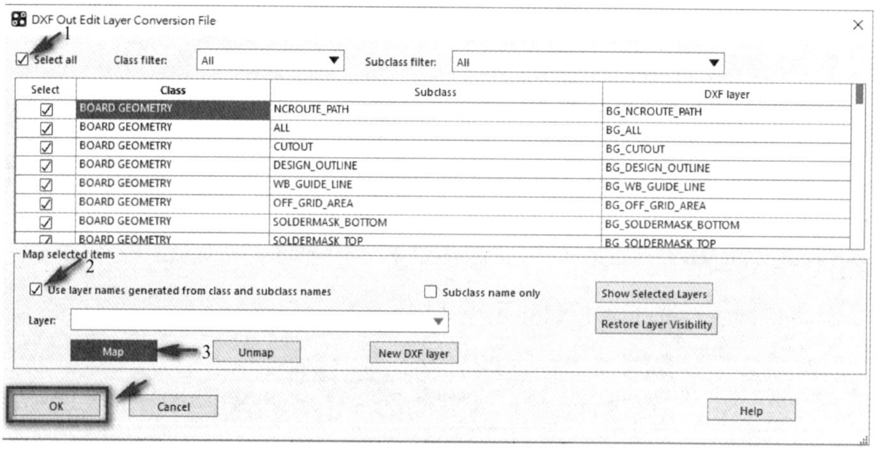

图 8-44

（4）回到 DXF Out 对话框，单击 Export 按钮即可导出 DXF 文件。

2．导出 3D 文件

（1）如图 8-45 所示，选择菜单【File】→【Export】→【IDF】。

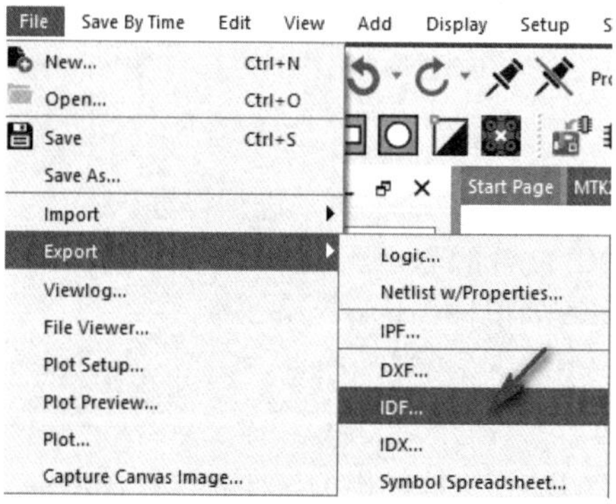

图 8-45

（2）在弹出的对话框中进行相应参数的设置，如图 8-46 所示。

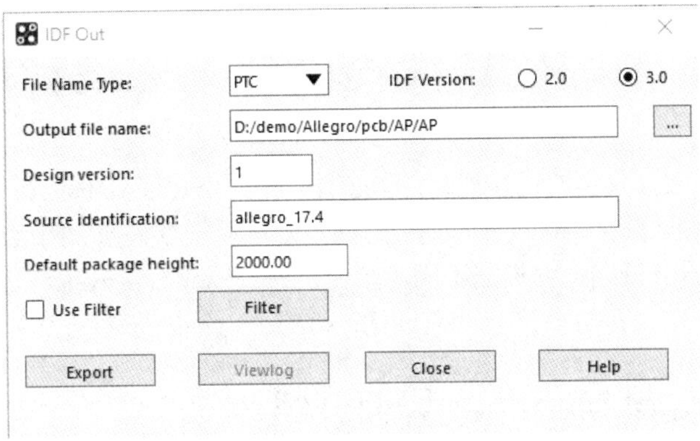

图 8-46

File Name Type：文件的输出格式，选 PTC。

IDF Version：输出 IDF 文件的版本，默认即可。

Output file name：输出文件的路径和名称。

Design version：设定设计文件的版本，默认即可。

Source identification：Allegro 系统版本。

Default package height：没有定义零件高度的零件，可自行定义零件高度。

（3）单击 Export 按钮，产生*.emn 和*.emp 文件，如图 8-47 所示。

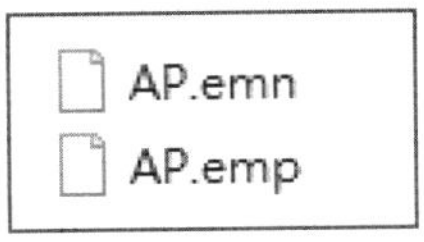

图 8-47

第 9 章　PCB 流程设计——设计规则

Allegro 提供了强大且完善的设计规则设置功能。在约束管理器中，设计者可以定义电路板的电气规则、物理规则、间距规则等设计规则。约束规则可以根据板层、网络或区域进行灵活设置。本章将介绍如何设定设计规则，并根据不同需求，针对 Spacing、Physical 等方面对不同群组进行规划和设置。

9.1　Constraint Manager 界面介绍

（1）如图 9-1 所示，打开 Allegro 软件，单击工具栏中的图标或选择菜单【Setup】→【Constraints】→【Constraint Manager】，进入 Constraint Manager 界面。

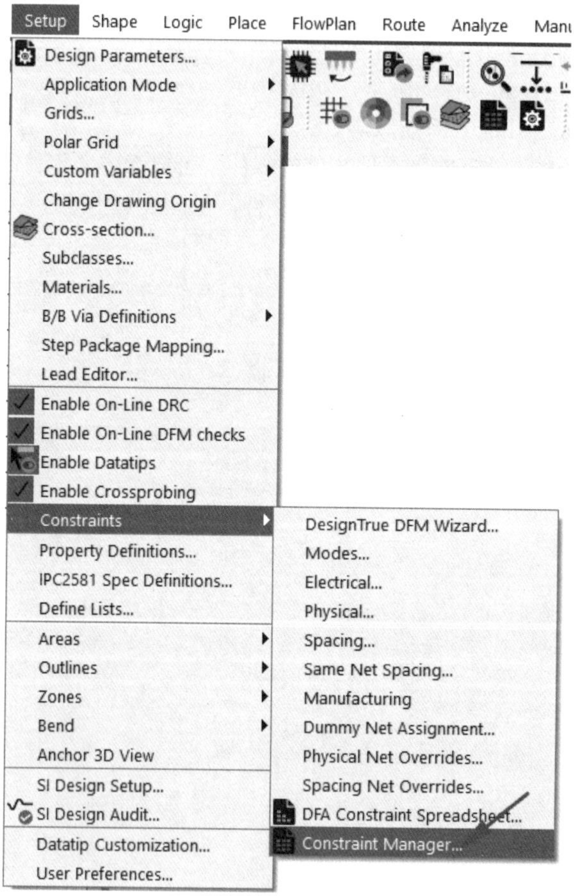

图 9-1

（2）如图 9-2 所示，左边为设定分类的树状图，可以选择电气规则、物理规则、间距规则等规则设置；中间为工作区，下面为状态栏。

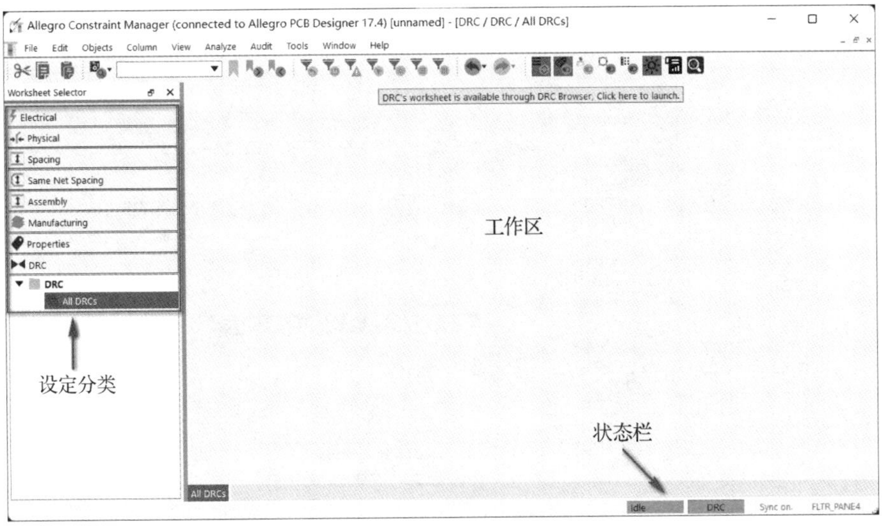

图 9-2

9.2 类的建立

9.2.1 Net Class 的建立

Allegro 的整体分层结构包括大类（Class）和小类（Subclass）。其中，Net Class 指的是网络的大类，它将具有相同功能的网络归为一类，从而形成一个总的网络类。例如，所有电源和 GND 的网络可以归为电源网络类；所有射频网络可以归为 RF 类；所有 HDMI 的高速差分走线可以归为 100Ω 的走线类。接下来，将讲解如何建立 Net Class。

（1）选择菜单【Setup】→【Constraints】→【Constraint Manager】，或者单击工具栏中的图标，进入 Constraint Manager 界面。

（2）单击左侧的树结构窗口，选择 Physical 或者 Spacing，单击【Net】→【All Layers】，如图 9-3 所示。

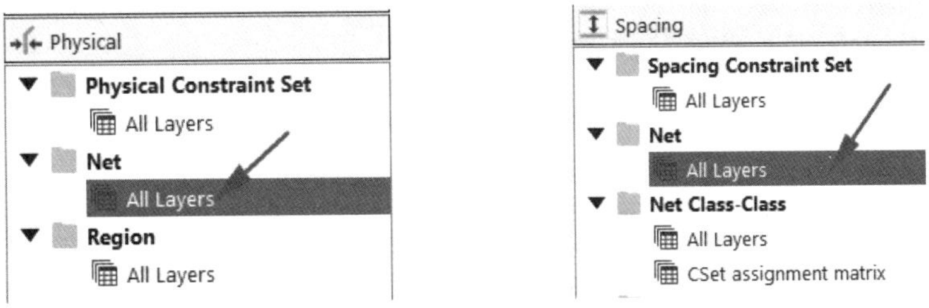

图 9-3

（3）工作区将显示板子上所有的网络名称。通过“Shift+鼠标左键”或“Ctrl+鼠标左键”，可以选择需要归为一类的网络。再次单击鼠标左键可取消选择。单击鼠标右键，在弹出的菜单中选择【Create】→【Class】来创建 Net Class，并为其命名，如图 9-4 所示。

（4）创建好的 Net Class 在 Type 里的命名中简化为 NCLs，系统根据类型将其排列在一起，如图 9-5 所示。

（5）添加至已有的类。如果有漏掉的网络没有添加至类，选择对应的网络，单击鼠标右键，在弹出的菜单中选择【Add to】→【Class】，如图 9-6 所示。

（6）在弹出的对话框中，在下拉菜单中选择要加入的类名称，如图 9-7 所示。

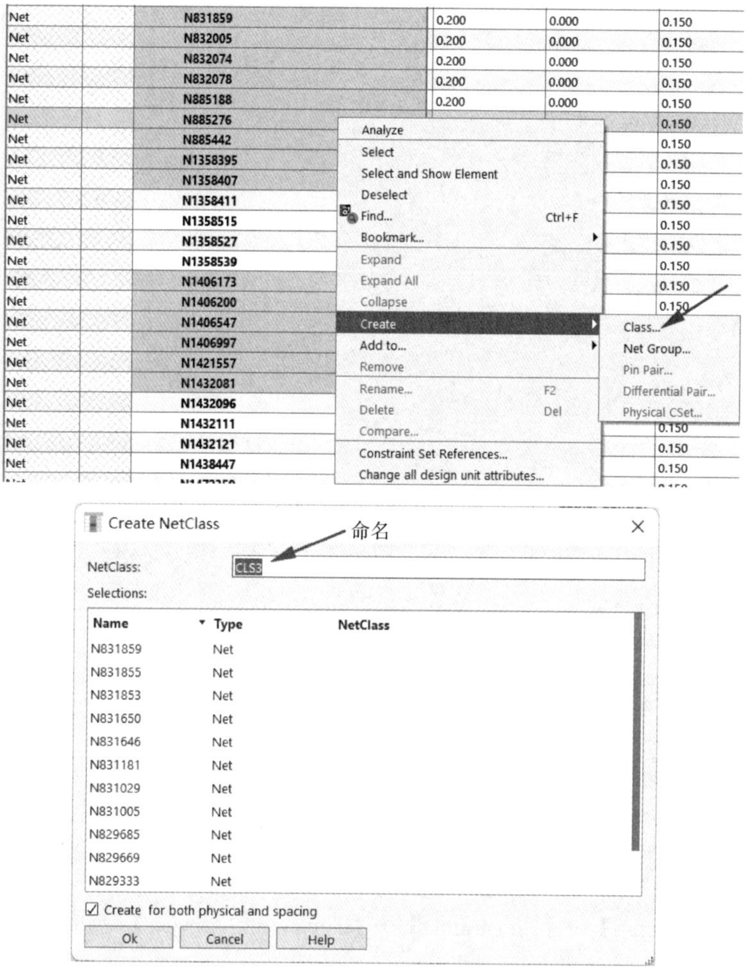
Analyze
Select
Select and Show Element
Deselect
Find... Ctrl+F
Bookmark...
Expand
Expand All
Collapse
Create
Add to...
Remove
Rename... F2
Delete Del
Compare...
Constraint Set References...
Change all design unit attributes...
Class...
Net Group...
Pin Pair...
Differential Pair...
Physical CSet...
Create NetClass
命名
NetClass:
CLS3
Selections:
Name
Type
NetClass
Create for both physical and spacing
Ok
Cancel
Help

图 9-4

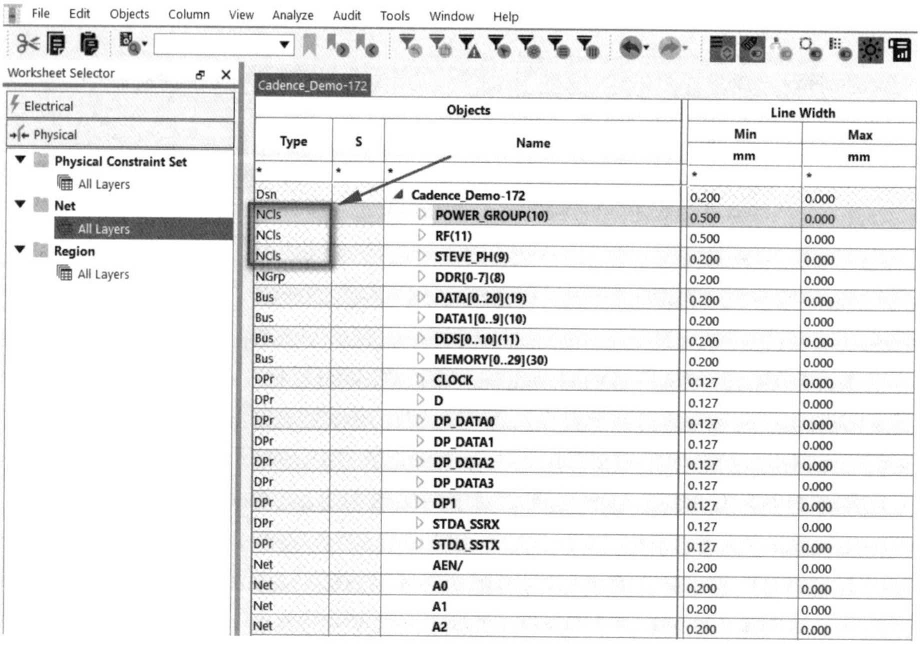
File Edit Objects Column View Analyze Audit Tools Window Help
Worksheet Selector
Electrical
Physical
Physical Constraint Set
All Layers
Net
All Layers
Region
All Layers
Cadence_Demo-172
Objects
Line Width
Type
S
Name
Min
Max
mm
mm

图 9-5

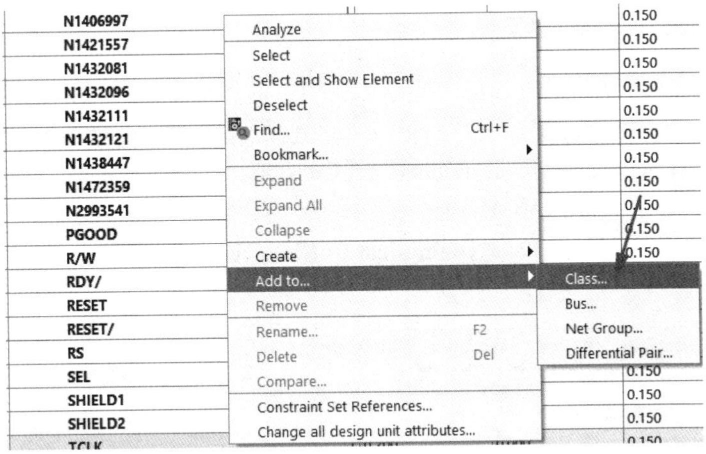

图 9-6

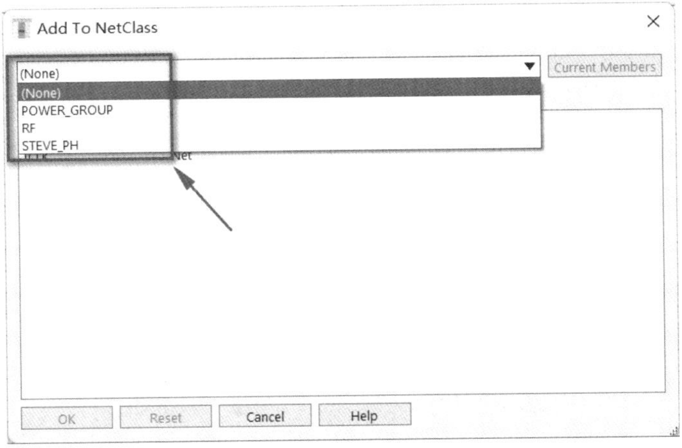

图 9-7

（7）重命名和删除 Net Class。单击 Net Class 的名称，单击鼠标右键，在弹出的菜单中可进行删除及重命名的操作，如图 9-8 所示。

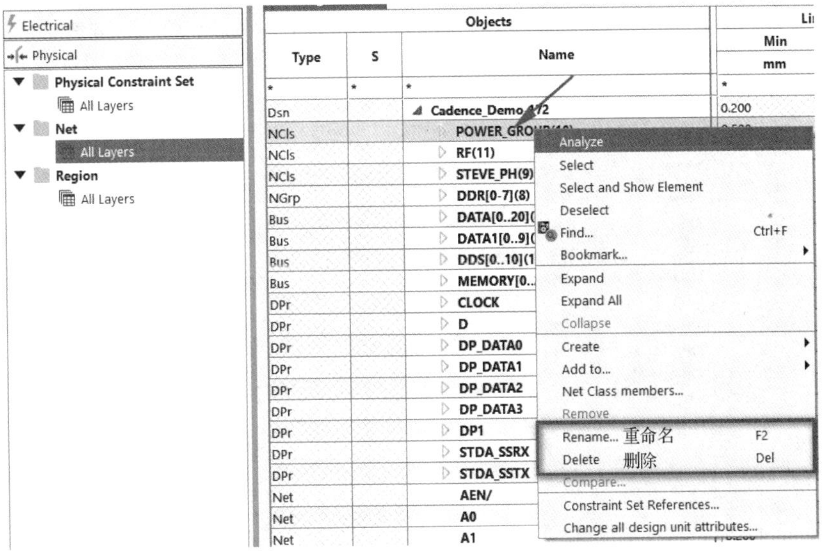

图 9-8

9.2.2 Net Group 的建立

Net Group 是将某一类信号集合在一起的组。例如，以 DDR 为例，DATA 线的 D0～D7 可以作为一组信号，可以将它们定义为一个 Net Group。建立 Net Group 的操作步骤如下所述。

（1）选择菜单【Setup】→【Constraints】→【Constraint Manager】，或者单击工具栏中的图标，进入 Constraint Manager 界面。

（2）单击左侧的树结构窗口，选择 Physical 或者 Spacing，单击【Net】→【All Layers】，如图 9-9 所示。

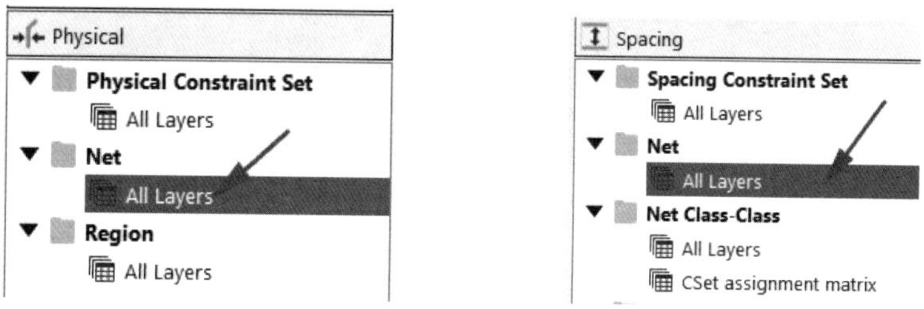

图 9-9

（3）工作区会显示板子上所有的网络名称。通过“Shift+鼠标左键”或“Ctrl+鼠标左键”，可以选择需要归为一个集合的网络。再次单击鼠标左键可取消选择。单击鼠标右键，在弹出的菜单中选择【Create】→【Net Group】来创建 Net Group，并为其命名，如图 9-10 所示。

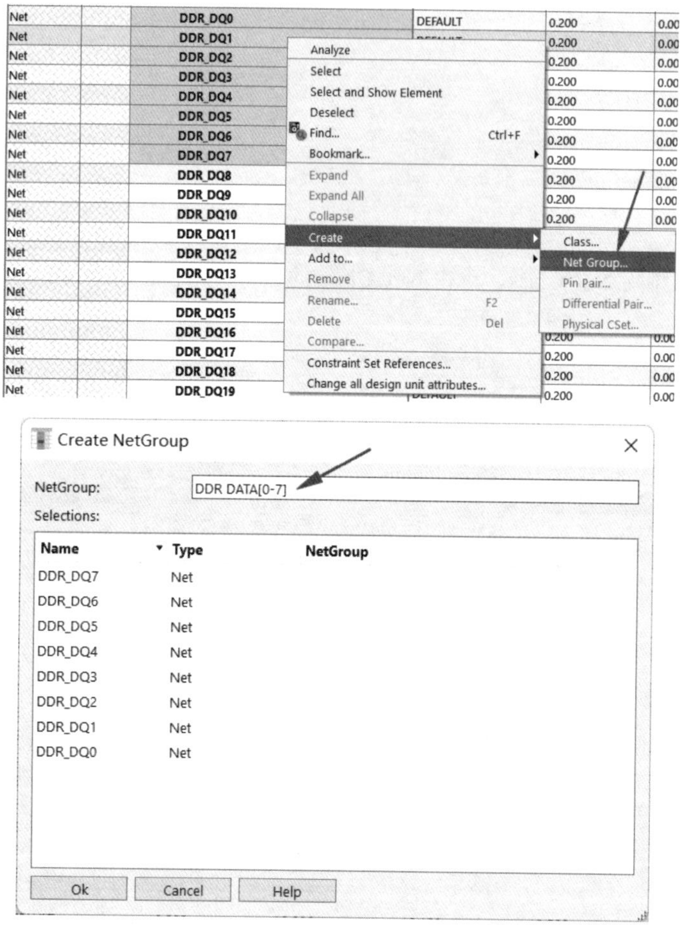

图 9-10

（4）创建好的 Net Group 在 Type 里的命名简化为 NGrp，如图 9-11 所示。

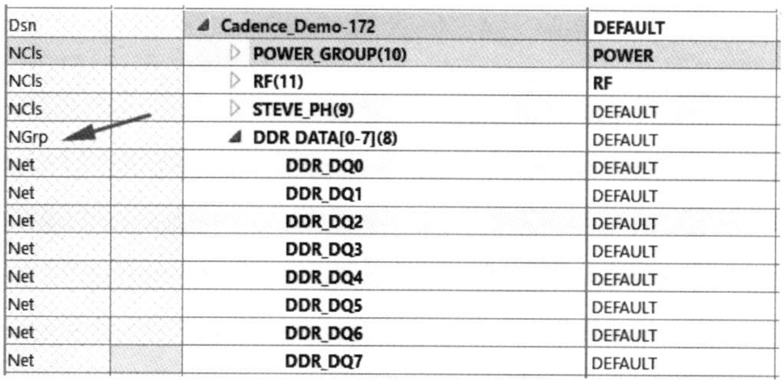

图 9-11

（5）添加、重命名、删除的操作步骤完全参考 9.2.1 节相关内容。

9.2.3 差分信号的建立

差分信号线的设置有两种方法，具体如下所述。

1. 在 Allegro 中设置

如图 9-12 所示，选择菜单【Logic】→【Assign Differential Pair】，弹出 Assign Differential Pair 对话框。对话框中各个视窗的含义如下所述。

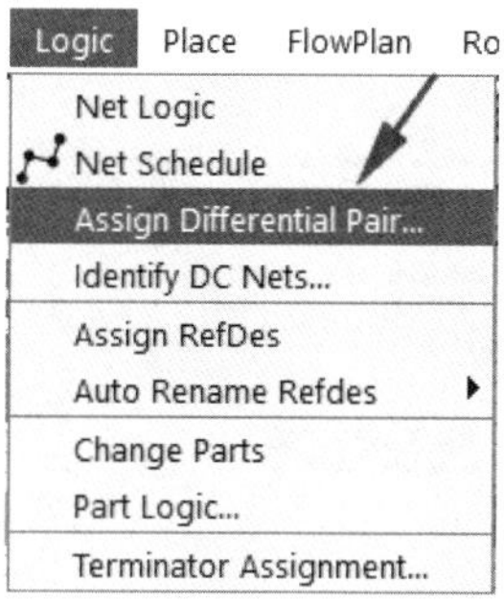

图 9-12

Diff Pairs 视窗：显示已经定义好的差分线，如图 9-13 所示。

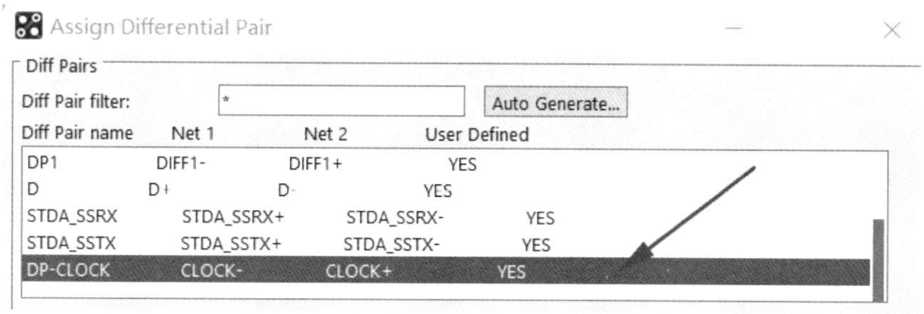

图 9-13

Nets 视窗：显示所有的网络名称，如图 9-14 所示。

Diff Pair Information 视窗：在此视窗中，可以在 Net 中选择网络名称，也可以直接单击 PCB 中的网络。网络选好后，给差分线指定名称，并单击 Add 按钮将其添加为差分网络。如图 9-14 所示，可以将 Clock+和 Clock-赋予为一组差分线，并命名为 DP-CLOCK。

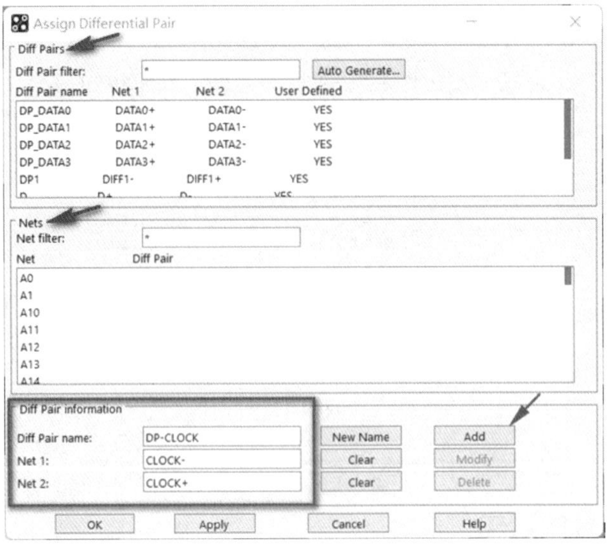

图 9-14

2．在 Constraint Manager 界面中设定

（1）选择菜单【Setup】→【Constraints】→【Constraint Manager】，或者单击工具栏中的图标，进入 Constraint Manager 界面。

（2）单击左侧的树结构窗口，选择 Physical 或者 Spacing，单击【Net】→【All Layers】，如图 9-15 所示。

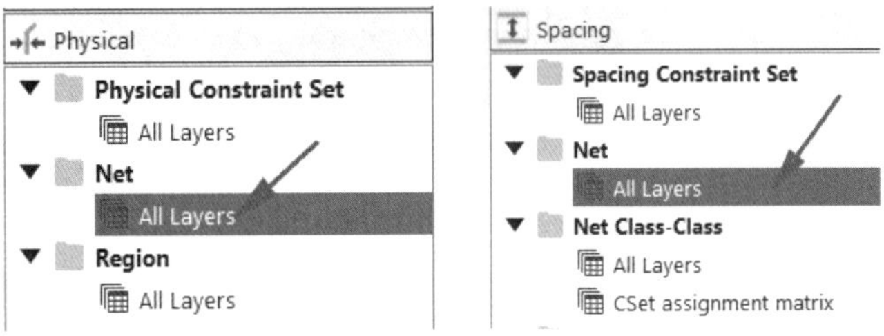

图 9-15

（3）在右边工作区找到要建立差分的网络，选择后单击鼠标右键，在弹出的菜单中选择【Create】→【Differential Pair】，如图 9-16 所示。

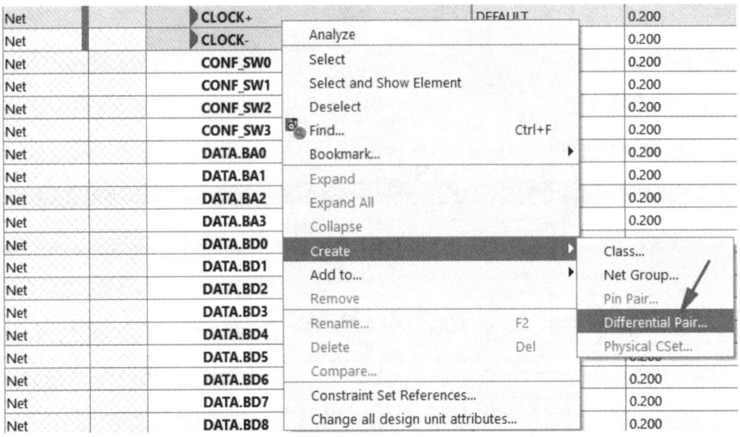

图 9-16

（4）在弹出的对话框中，在 Diff Pair Name 栏输入差分名称，并单击 Create 按钮，如图 9-17 所示。

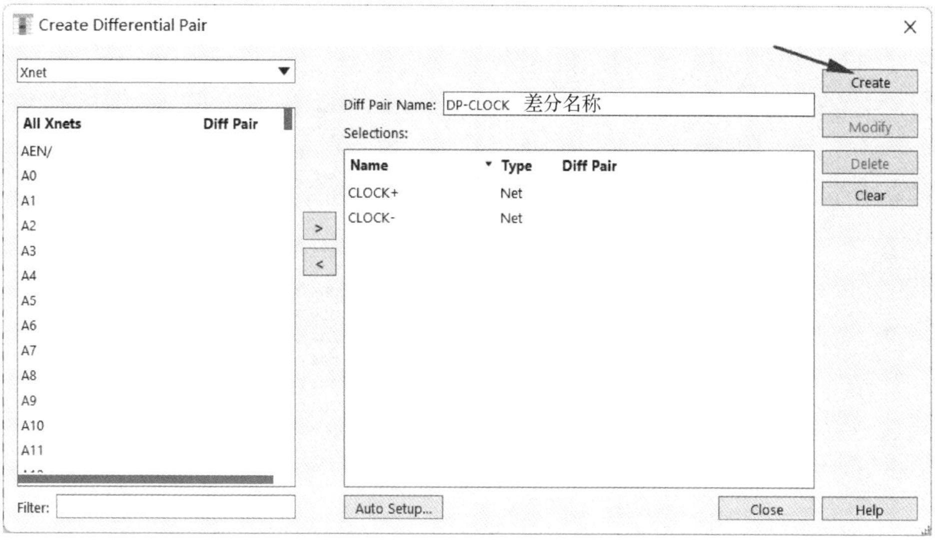

图 9-17

（5）创建好的 Differential Pair 在 Type 里的命名简化为 DPr，如图 9-18 所示。

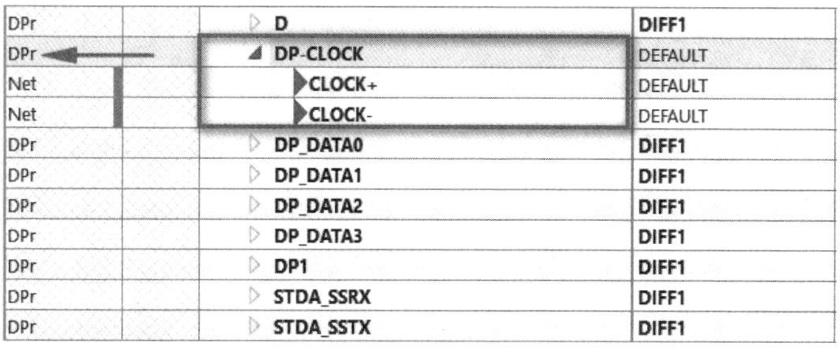

图 9-18

9.2.4　Pin Pair 的建立

在 PCB 设计中，走线的绝对长度和相对长度都是针对“Net”进行设置的。在 Constraint Manager 界面中，可以方便地设置某个 Net 的绝对长度在特定范围内，也可以设置 Net 从某个 Pin 脚到另一个 Pin 脚的长度。此时，便需要使用“Pin Pair”规则约束功能。以下是创建和删除“Pin Pair”的方法简述。

（1）选择菜单【Setup】→【Constraints】→【Constraint Manager】，或者单击工具栏中的图标，进入 Constraint Manager 界面。

（2）单击左侧的树结构窗口，选择【Electrical】→【Net】→【Relative Propagation Delay】，如图 9-19 所示。

（3）选择一组需要做等长的 Net（建议先完成 Net Group 的集合归类，便于后续查看和管理）。然后，单击所需网络的名称，单击鼠标右键，在弹出的菜单中选择【Create】→【Pin Pair】，如图 9-20 所示。

（4）在弹出的对话框中，将显示该网络连接的所有引脚。如果该网络仅包含引脚到引脚之间的连接节点，则可以直接单击 OK 按钮进行确认。如果网络包含多个拓扑连接节点，则需要选择需要创建 Pin Pair 的两个连接节点，并单击 OK 按钮，如图 9-21 所示。这样，即可完成 Pin Pair

的设置并应用于该网络。

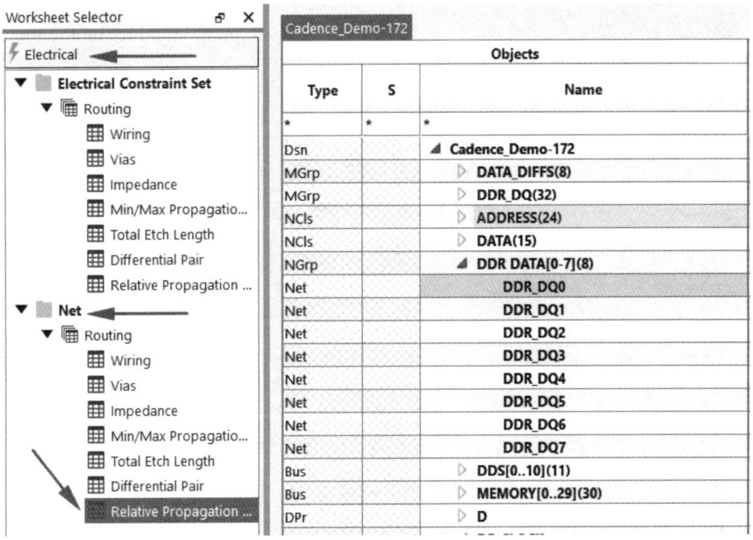

图 9-19

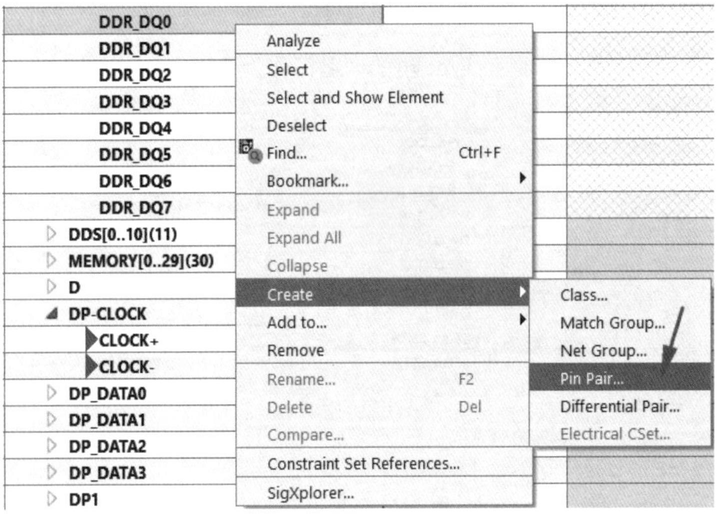

图 9-20

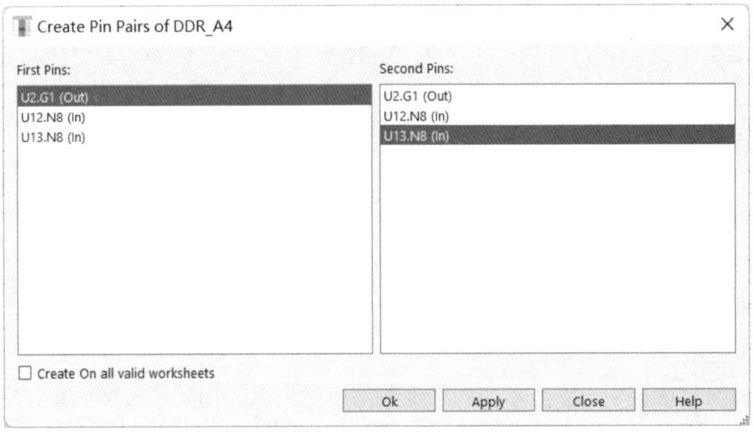

图 9-21

（5）创建好的 Pin Pair 在 Type 里的命名简化为 PPr，如图 9-22 所示。

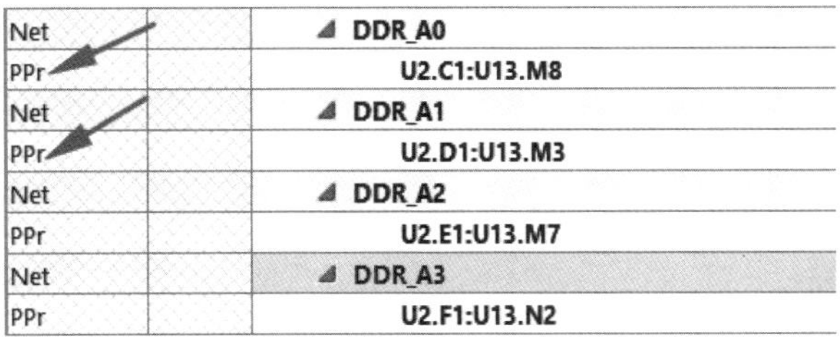

图 9-22

（6）删除 Pin Pair。单击创建好的 Pin Pair，单击鼠标右键，在弹出的菜单中选择【Delete】，即可删除 Pin Pair，如图 9-23 所示。

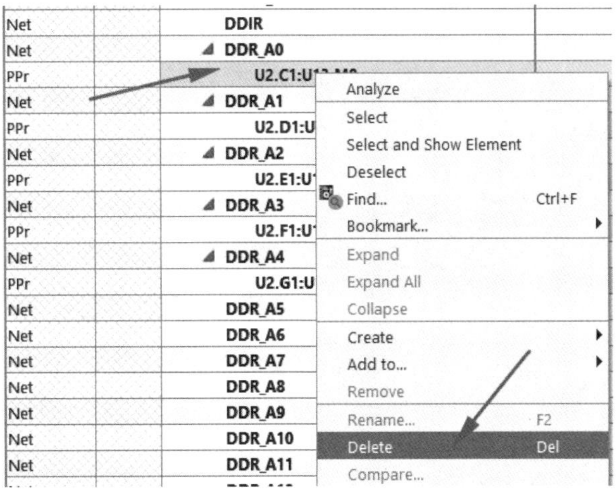

图 9-23

9.2.5　XNet 的设置

在 9.2.3 节中，我们学习了如何在 Allegro 17.4 中设置差分对。然而，在实际应用中，差分对走线往往会串接电阻或电容等器件。那么，针对串接了阻容器件的差分对，如何进行设置呢？如果在每个阻容器件的两端分别进行设置，显得非常烦琐。为了简化这一过程，Allegro 提供了一个专门的设置功能，叫作 XNet。下面，我们将学习如何通过 XNet 来进行差分对的设置，以便有效地管理和应用阻容器件。

使用 XNet 设置时，你可以定义一个虚拟的连接网络，将阻容器件与差分对组合在一起，而无须单独为每个器件进行设置。这将极大地提高设计效率并简化操作。接下来，我们将介绍如何在 Allegro 中进行 XNet 的设置。

（1）打开 Allegro PCB 文件，选择菜单【Analyze】→【Model Assigment】，如图 9-24 所示。

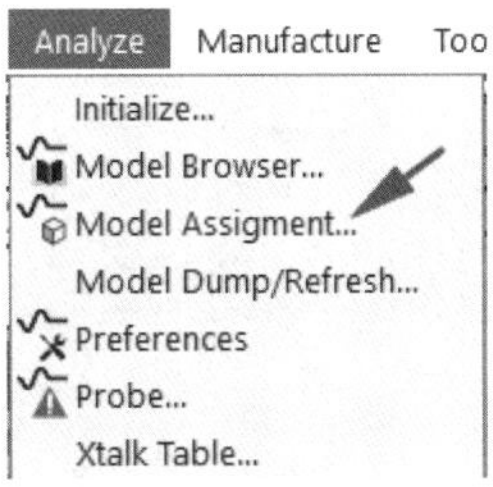

图 9-24

（2）在弹出的对话框中无须做任何设置，单击 OK 按钮，如图 9-25 所示。

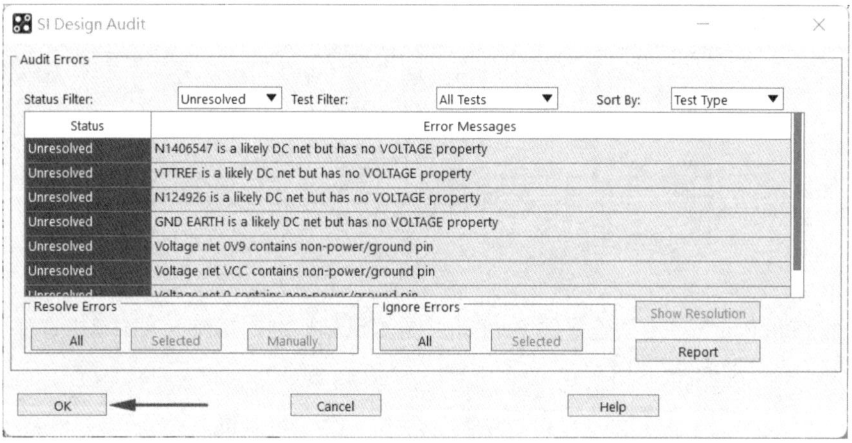

图 9-25

（3）在弹出的对话框中单击 Yes 按钮，如图 9-26 所示。

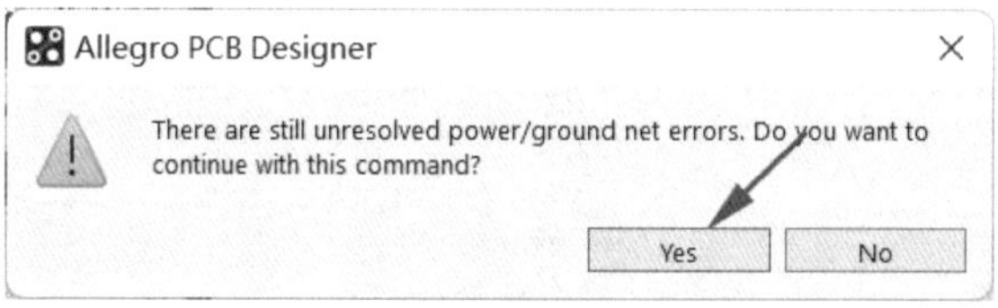

图 9-26

（4）如图 9-27 所示，弹出 Signal Model Assignment 对话框。不要关闭此对话框，在 PCB 设计文件中选中差分对所串接的阻容器件。如果差分对包含两个阻容器件，首先选择其中的一个。完成第一个阻容器件的设置后，再选择另一个阻容器件。选中该阻容器件后，Signal Model Assignment 对话框将自动定位到该器件的模型。接下来，单击 Create Model 按钮，以创建相应的信号模型并应用于该阻容器件。

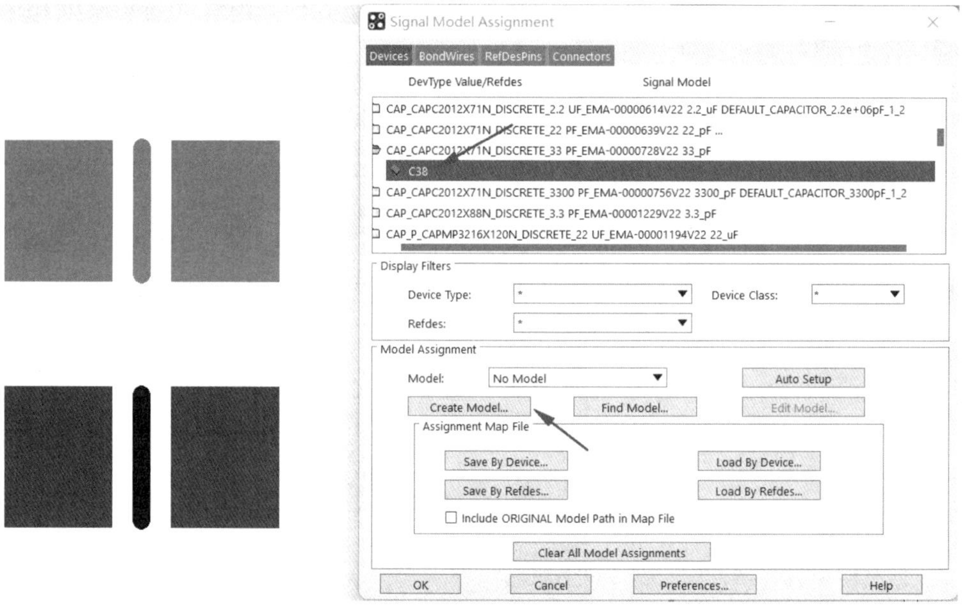

图 9-27

（5）在弹出的对话框中选择 Create ESpiceDevice model，并单击 OK 按钮，如图 9-28 所示。

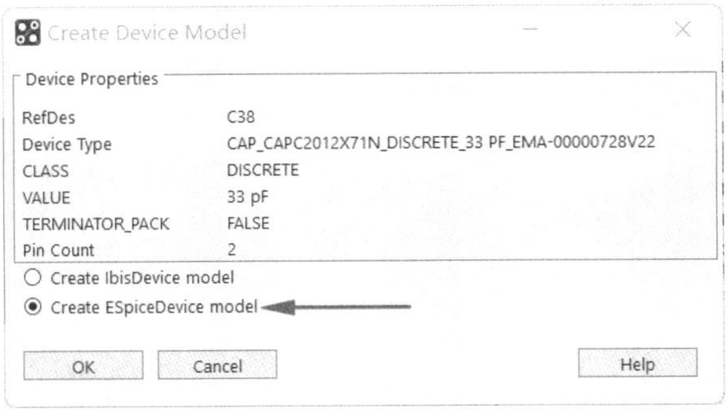

图 9-28

（6）如图 9-29 所示，弹出 Create ESpice Device Model 对话框。在该对话框中，一般所有的值都用默认的，但是需要赋予 Value 一个任意值。如果是排阻，请注意 Single Pins 的排序，单击 OK 按钮，完成 Model 的建立。

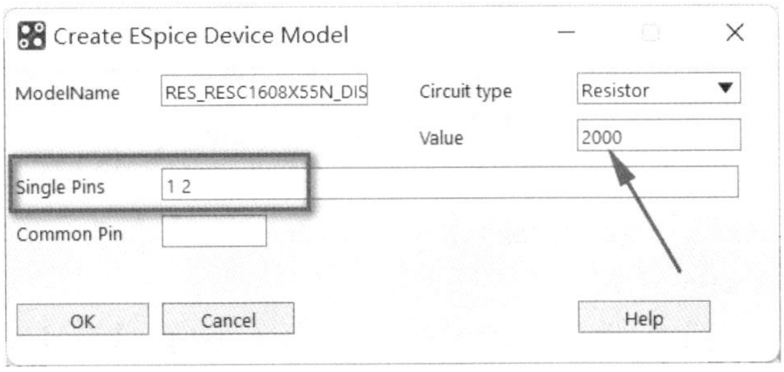

图 9-29

ModelName：输入产生 Model 的名字，采用默认值。

Circuit type：选择 Type、电阻、电感或电容，采用默认值。

Value：输入任意值。

Single Pins：各 Pin 的连接顺序，中间为空格，注意零件的 Pin 排列。例如，排列顺序 1 2 3 4，就表示 Pin1 和 Pin2 是一个电阻，Pin3 和 Pin4 是一个电阻，其他同理。所以，如果是普通电阻、电容，Single Pins 栏就填 1 2。

Common Pin：采用默认值，空着。

（7）在 PCB 设计中，单击工具栏中的 ◉ 图标，在弹出的对话框中选择网络的属性。在此对话框中，你可以看到电阻两端的 Net 已经变成了 XNet 属性。同时，你也可以打开 Constraint Manager 界面，查看网络的 Type 栏，它将显示为 XNet 属性，如图 9-30 所示。这表示网络已成功设置为 XNet 类型，并且相关的信号模型和约束已自动应用。

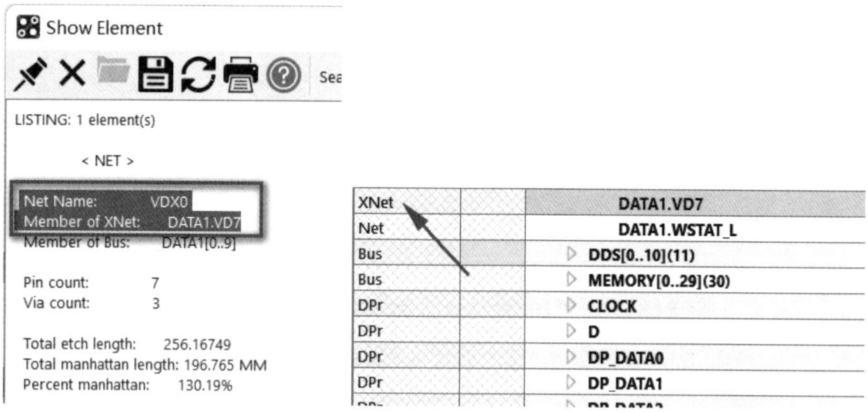

图 9-30

9.3 常用规则的设置

9.3.1 线宽及过孔的规则设置

本节的操作全部在 Physical 类别下，主要设定线宽、过孔大小等与 Physical 相关的参数。若 PCB 中的所有网络未手动选择规则，则默认采用 Default Rule。

如果需要新增一组线宽和过孔的规则，设定步骤如下所述。

（1）选择菜单【Setup】→【Constraints】→【Constraint Manager】，或者单击工具栏中的图标，进入 Constraint Manager 界面。

（2）如图 9-31 所示，单击左侧的树结构窗口，选择【Physical】→【Physical Constraint Set】→【All Layers】，即可出现默认的 Physical 相关设定值，如 Line Width（线宽）、Neck 等。

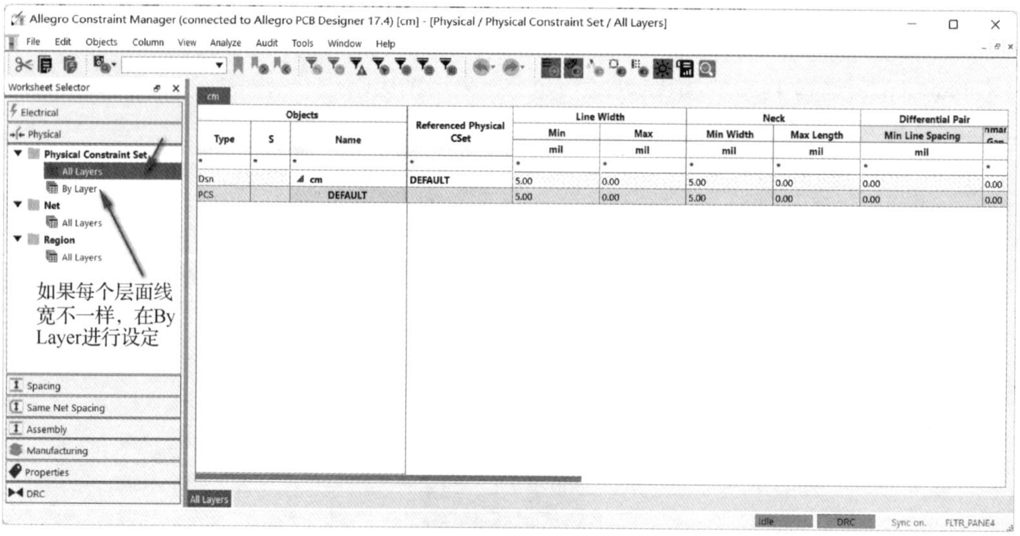

图 9-31

（3）新建线宽规则。如图 9-32 所示，单击 DEFAULT，然后单击鼠标右键，在弹出的菜单中选择【Create】→【Physical CSet】。在弹出的对话框中，输入新的规则名称，单击 OK 按钮。例如，我们增加一个名为 10MIL_LINE 的规则，如图 9-33 所示。如图 9-34 所示，在对应栏输入相关数值。

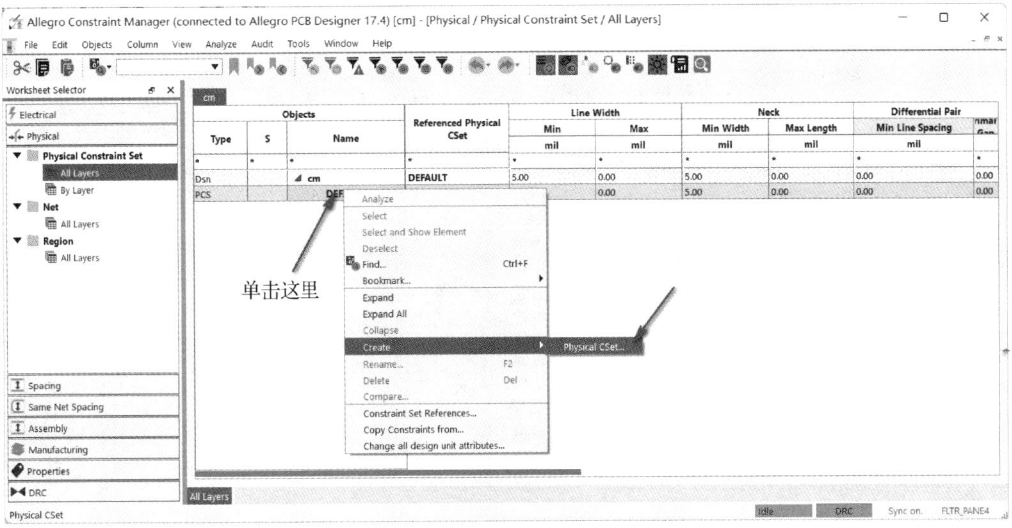

图 9-32

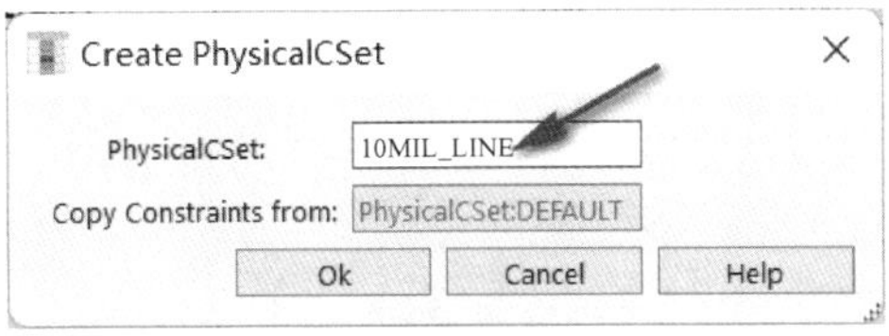

图 9-33

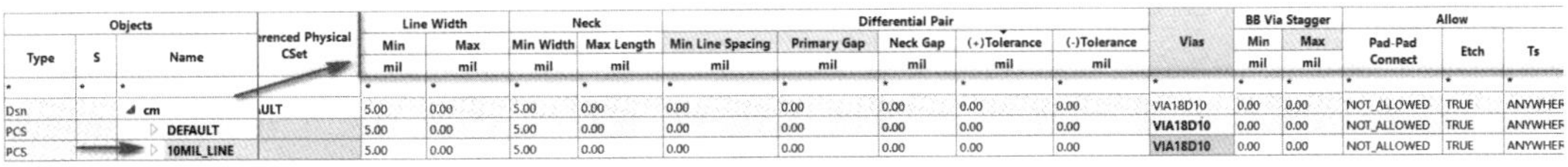

图 9-34

Line Width：Min，最小线宽；Max，最大线宽。

Neck：Min Width，最窄线宽；所允许的最小长度；Max Length，最窄线宽所允许的最大长度。

Differential Pair：差分线的设置，此处忽略。

Vias：设置过孔，单击此栏会自动弹出 Edit Via List 对话框。在该对话框中，在左边的焊盘清单里双击需要的过孔，单击 OK 按钮，如图 9-35 所示。

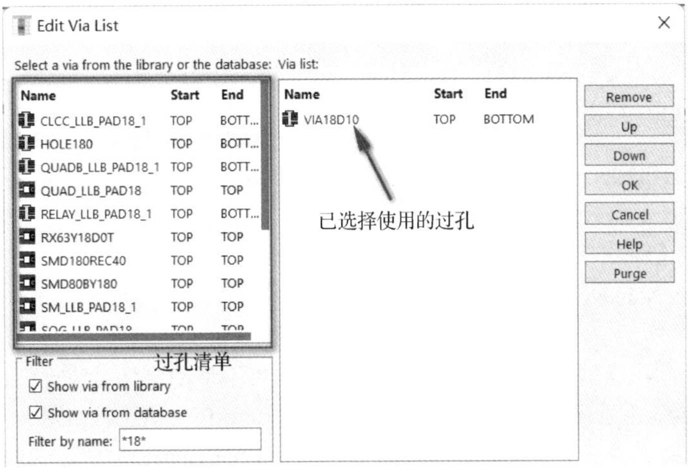

图 9-35

（4）分层设置线宽，如图 9-36 所示，单击箭头展开层面，在对应的层面输入线宽。

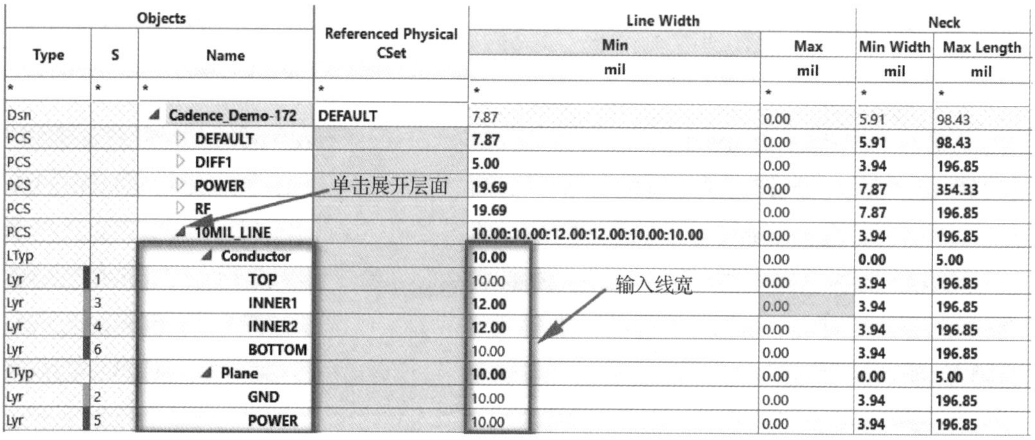

Objects			Referenced Physical CSet	Line Width		Neck	
Type	S	Name		Min	Max	Min Width	Max Length
				mil	mil	mil	mil
*	*	*	*	*	*	*	*
Dsn		◢ Cadence_Demo-172	DEFAULT	7.87	0.00	5.91	98.43
PCS		▷ DEFAULT		7.87	0.00	5.91	98.43
PCS		▷ DIFF1		5.00	0.00	3.94	196.85
PCS		▷ POWER		19.69	0.00	7.87	354.33
PCS		▷ RF		19.69	0.00	7.87	196.85
PCS		◢ 10MIL_LINE		10.00:10.00:12.00:12.00:10.00:10.00	0.00	3.94	196.85
LTyp		◢ Conductor		10.00	0.00	0.00	5.00
Lyr	1	TOP		10.00	0.00	3.94	196.85
Lyr	3	INNER1		12.00	0.00	3.94	196.85
Lyr	4	INNER2		12.00	0.00	3.94	196.85
Lyr	6	BOTTOM		10.00	0.00	3.94	196.85
LTyp		◢ Plane		10.00	0.00	0.00	5.00
Lyr	2	GND		10.00	0.00	3.94	196.85
Lyr	5	POWER		10.00	0.00	3.94	196.85

图 9-36

（5）将新的规则应用到走线或群组中。如图 9-37 所示，单击左侧的树结构窗口，选择【Physical】→【Net】→【All Layers】。单击 Referenced Physical CSet 栏，在弹出的下拉菜单中选择之前建立的规则名称，此时规则即可套用到该走线。

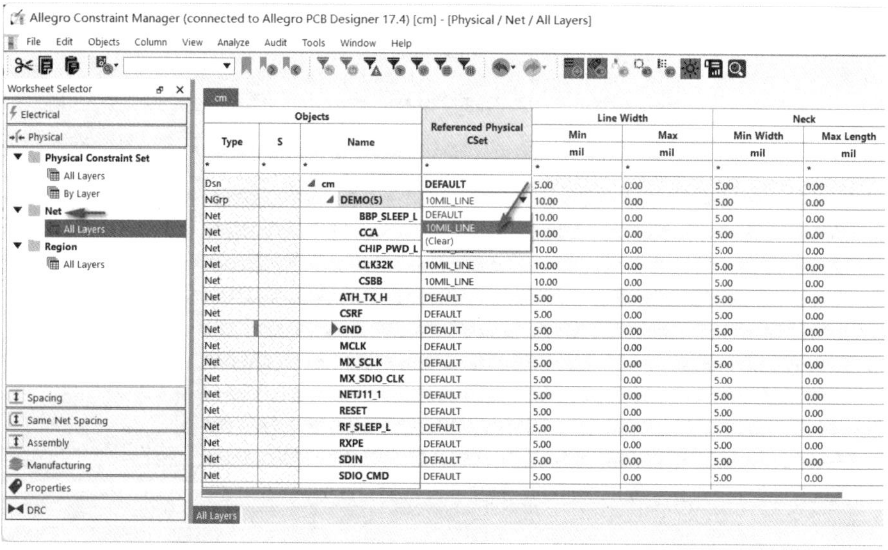

Objects			Referenced Physical CSet	Line Width		Neck	
Type	S	Name		Min	Max	Min Width	Max Length
				mil	mil	mil	mil
*	*	*	*	*	*	*	*
Dsn		◢ cm	DEFAULT	5.00	0.00	5.00	0.00
NGrp		◢ DEMO(5)	10MIL_LINE	10.00	0.00	5.00	0.00
Net		BBP_SLEEP_L		10.00	0.00	5.00	0.00
Net		CCA		10.00	0.00	5.00	0.00
Net		CHIP_PWD_L		10.00	0.00	5.00	0.00
Net		CLK32K	10MIL_LINE	10.00	0.00	5.00	0.00
Net		CSBB	10MIL_LINE	10.00	0.00	5.00	0.00
Net		ATH_TX_H	DEFAULT	5.00	0.00	5.00	0.00
Net		CSRF	DEFAULT	5.00	0.00	5.00	0.00
Net		▷GND	DEFAULT	5.00	0.00	5.00	0.00
Net		MCLK	DEFAULT	5.00	0.00	5.00	0.00
Net		MX_SCLK	DEFAULT	5.00	0.00	5.00	0.00
Net		MX_SDIO_CLK	DEFAULT	5.00	0.00	5.00	0.00
Net		NETJ11_1	DEFAULT	5.00	0.00	5.00	0.00
Net		RESET	DEFAULT	5.00	0.00	5.00	0.00
Net		RF_SLEEP_L	DEFAULT	5.00	0.00	5.00	0.00
Net		RXPE	DEFAULT	5.00	0.00	5.00	0.00
Net		SDIN	DEFAULT	5.00	0.00	5.00	0.00
Net		SDIO_CMD	DEFAULT	5.00	0.00	5.00	0.00

图 9-37

9.3.2 Spacing 间距的设定

为了满足 PCB 的生产需求、焊接需求以及阻抗要求，需要设置各类元素之间的间距。以下操作全部在 Spacing 类别下进行，具体操作步骤如下所述。

（1）选择菜单【Setup】→【Constraints】→【Constraint Manager】，或者单击工具栏中的图标，进入 Constraint Manager 界面。

（2）如图 9-38 所示，单击左侧的树结构窗口，选择【Spacing】→【Spacing Constraint Set】→【All Layers】，即出现默认的 Spacing 相关设置。如果不手动选择对应规则，PCB 整板网络默认采用 Default Rule。由于元素较多，双击图 9-38 中的 Line To，展开后如图 9-39 所示。在此界面中，可以设置走线与各个元素之间的距离。例如，选择 Line To All 可以设置走线与其他所有元素之间的距离。

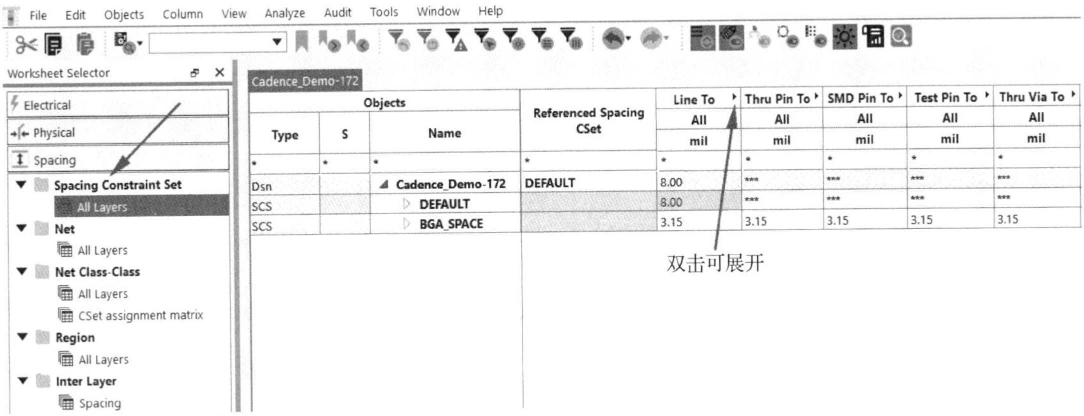

图 9-38

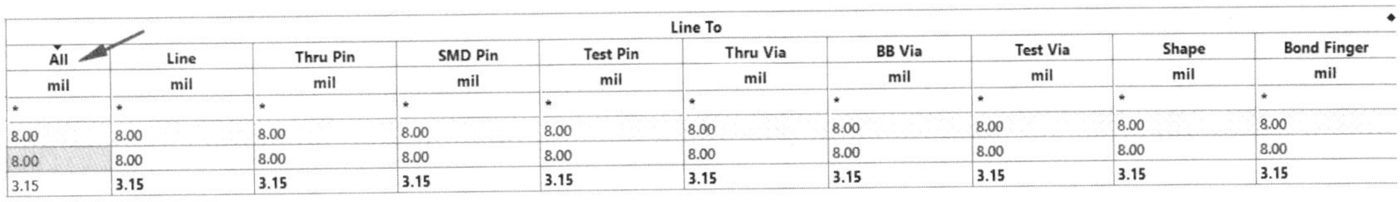

图 9-39

（3）新建间距规则。单击 DEFAULT，然后单击鼠标右键，在弹出的菜单中选择【Create】→【Spacing CSet】。在弹出的对话框中，输入新的规则名称，单击 OK 按钮。例如，我们增加一个名为 12MIL_SPACING 的规则，在工作表中即可显示，如图 9-40 所示，在各栏输入新的规则值。

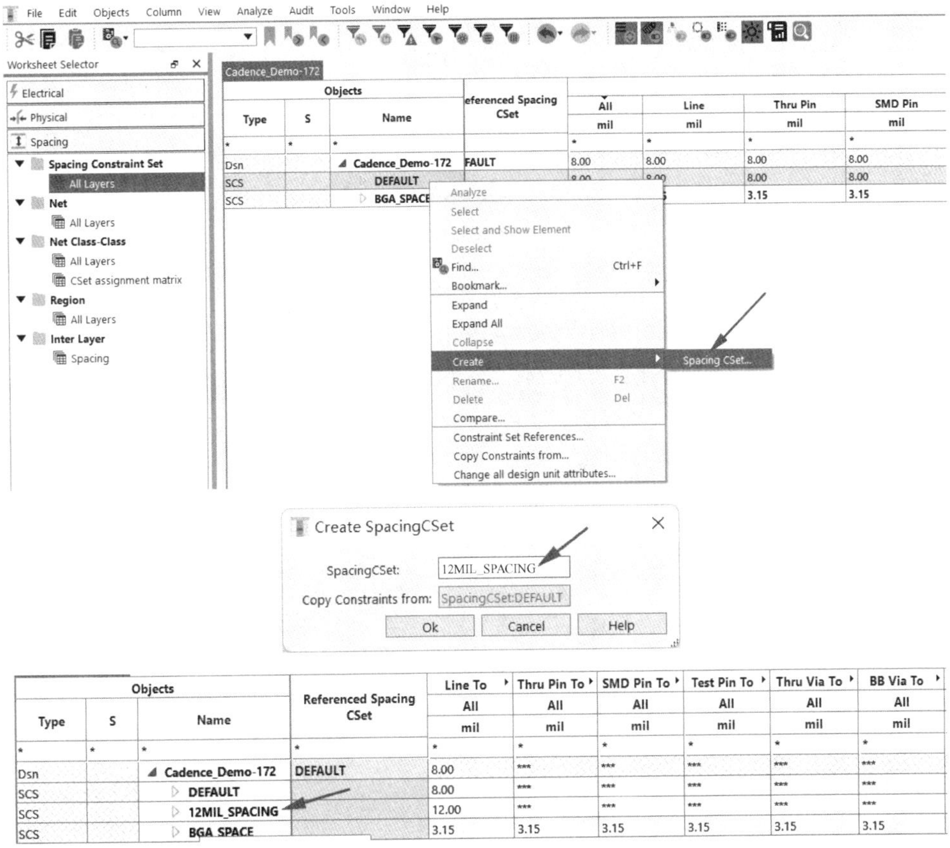

图 9-40

（4）分层设置间距。单击图 9-41 中箭头所指的地方，在对应的层面输入间距距离。

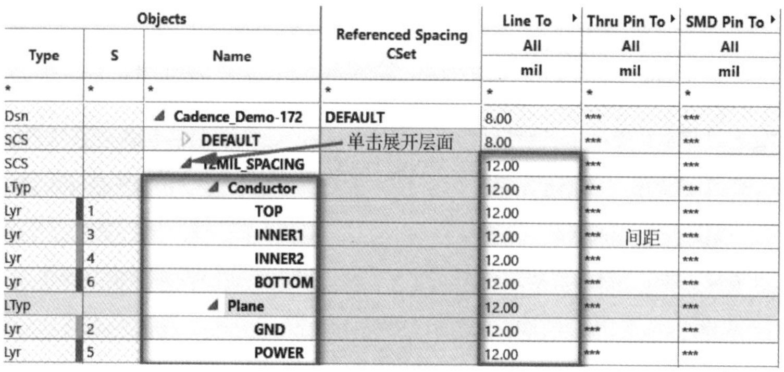

图 9-41

（5）将新的规则套用到走线或群组中。如图 9-42 所示，单击左侧的树结构窗口，选择【Spacing】→【Net】→【All Layers】，单击 Referenced Spacing CSet 栏，在弹出的下拉菜单中选择设置的规则名称，此时规则即可套用到该走线。

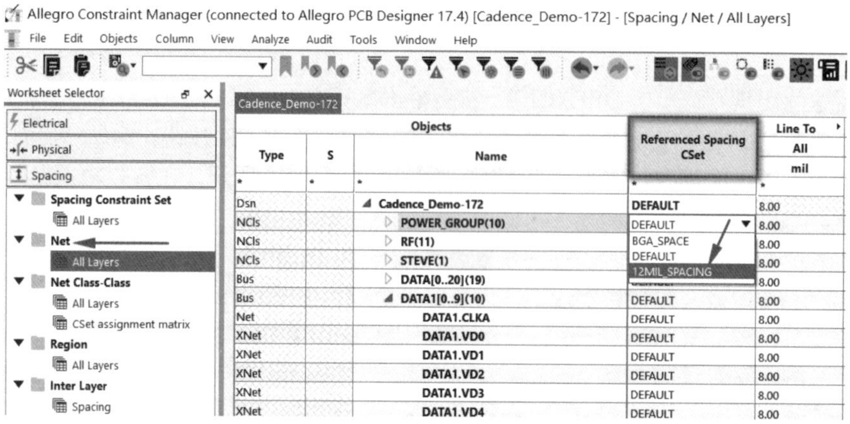

图 9-42

（6）将新的规则套用到 Net Class。如图 9-43 所示，单击左侧的树结构窗口，选择【Spacing】→【Net Class-Class】→【All Layers】，单击 Referenced Spacing CSet 栏，在弹出的下拉菜单中选择设置的规则名称，此时规则即可套用 Net Class 与 Net Class 的距离。

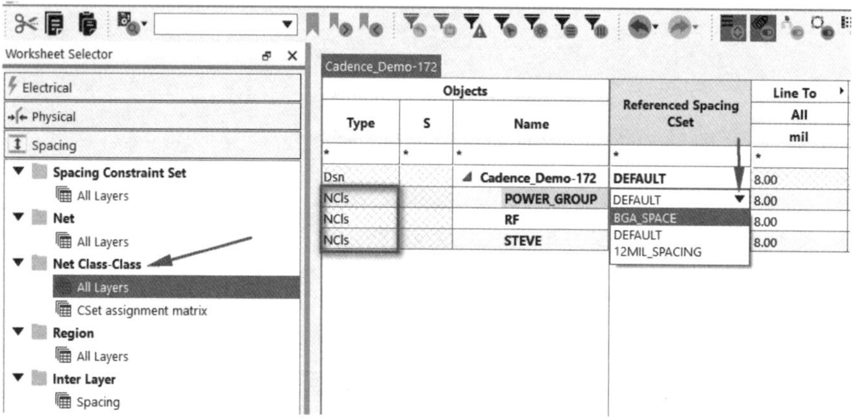

图 9-43

9.3.3 相同网络间距的规则设置

相同网络之间仅需设置间距，如相同网络的焊盘、铜箔、过孔等间距。相同网络间距的规则设置步骤如下所述。

（1）选择菜单【Setup】→【Constraints】→【Constraint Manager】，或者单击工具栏中的图标，进入 Constraint Manager 界面。

（2）单击左侧的树结构窗口，选择【Same Net Spacing】→【Same Net Spacing Constraint Set】→【All Layers】，即可出现默认的相关设置。如果不手动选择对应规则，PCB 整板网络默认采用 Default Rule。

（3）所有设置和 9.3.2 节的设置基本一致，不同的是 Enable DRC By-Layer 可以选择 TRUE 和 FALSE，如图 9-44 所示。其中，TRUE 表示设置打开；FALSE 表示设置关闭。

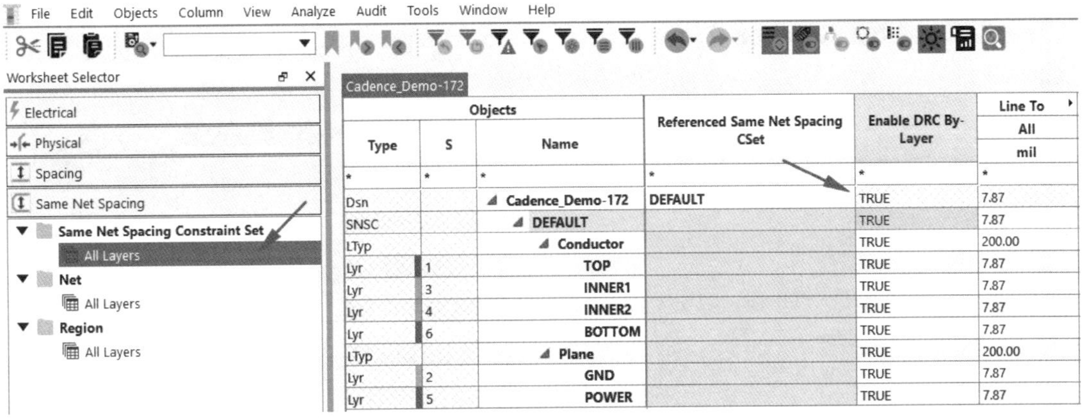

图 9-44

9.3.4 特殊区域线宽、间距的规则设置

在 PCB 设计中，由于某些区域的特殊要求，线宽和线距需要单独设置规则。最典型的例子是 BGA 区域，由于空间的限制，该区域内的线宽和间距通常需要更小。当需要在特殊区域内设置规则时，可以为走线间距和走线线宽分别添加特殊区域规则。以走线线宽为例，默认的线宽设置为 6mil，但由于 BGA 区域空间限制，在线宽上需要进行调整，通常设定为 4mil。以下是具体的设置步骤。

（1）设置规则。选择菜单【Setup】→【Constraints】→【Constraint Manager】，或者单击工具栏中的图标，进入 Constraint Manager 界面。如图 9-45 所示，单击左侧的树结构窗口，选择【Physical】→【Physical Constraint Set】→【All Layers】，在右侧的窗口中新建一个规则。单击 DEFAULT，然后单击鼠标右键，在弹出的菜单中选择【Create】→【Physical CSet】。在弹出的对话框中，输入新的规则名称，单击 OK 按钮。例如，我们设置走线的线宽规则名为 4MIL-WIDTH。

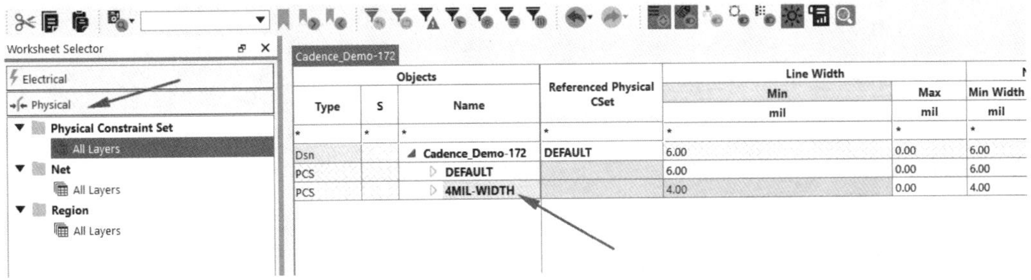

图 9-45

（2）定义特殊区域。在这个区域内满足 4mil 的走线规则。单击左侧的树结构窗口，选择【Physical】→【Region】→【All Layers】，在右侧窗口中单击 Cadence_Demo-172，然后单击鼠标右键，在弹出的菜单中选择【Create】→【Region】，如图 9-46 所示。在弹出的对话框中输入区域的名称，如 BGA，如图 9-47 所示。

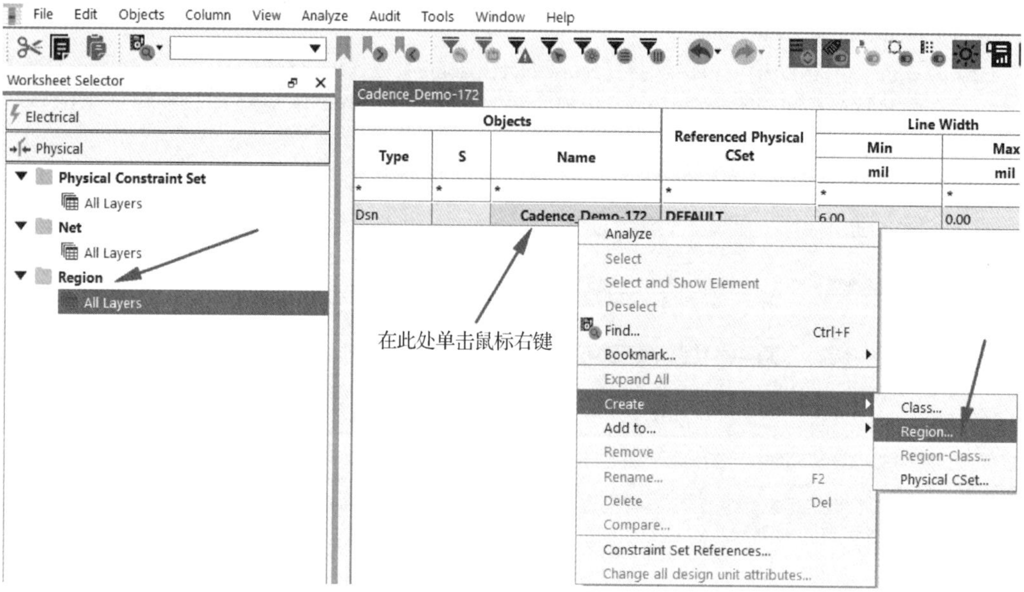

图 9-46

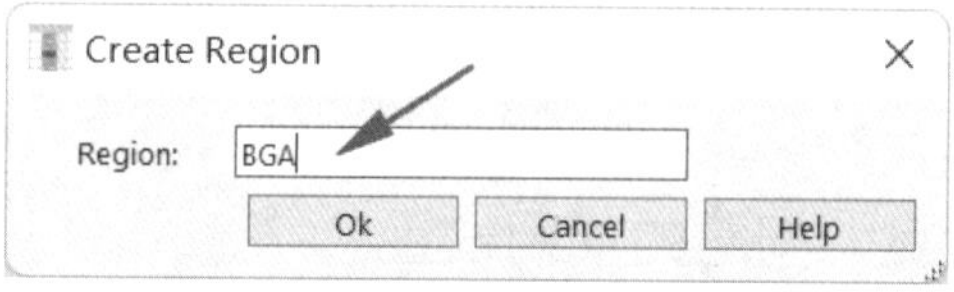

图 9-47

（3）在设置完特殊区域后，需要将规则应用到该区域。例如，在 BGA 区域内执行 4mil 线宽的规则。单击 Referenced Physical CSet 栏，然后在弹出的下拉菜单中选择之前设置的规则名称。选择后，该规则将自动套用到指定的区域，如图 9-48 所示。

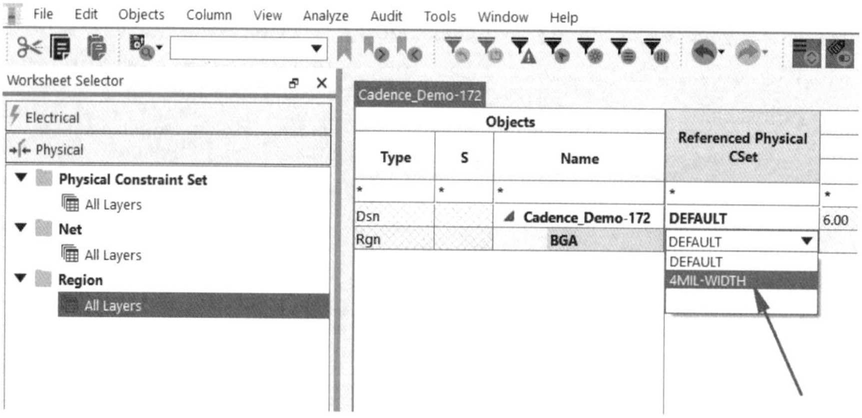

图 9-48

（4）在 PCB 上添加设置好的区域框。选择菜单【Shape】，或者单击工具栏中的图标之一，选择铜箔的形状。在弹出的对话框中，进入“Options”面板，如图 9-49 所示。在该面板中，首先选择 Constraint Region 层，然后在 Subclass 层中选择需要设置的层。如果希望在所有层上生效，可以选择 All，这样设置将适用于所有层。接着，单击 Assign to Region 栏后面的方框...，弹出 Select a region 对话框。在该对话框中，选择已经建立好的特殊区域名称。

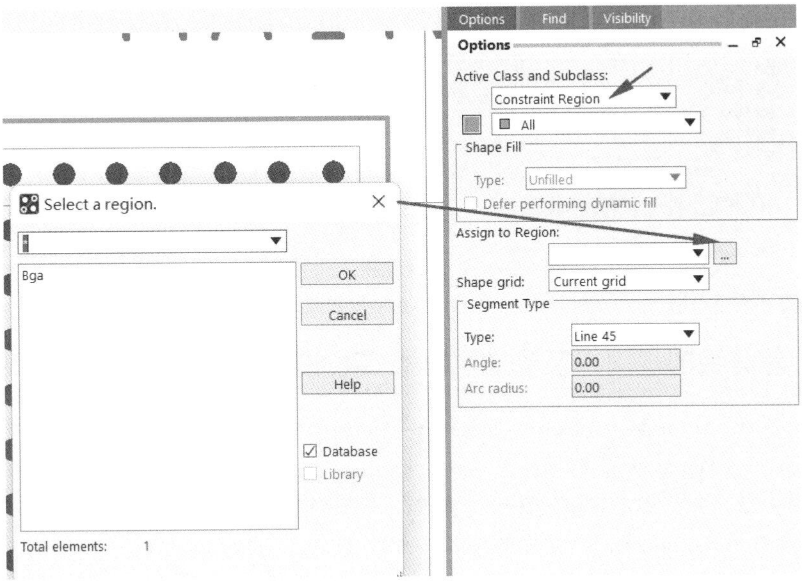

图 9-49

（5）设置完成后，在 PCB 上需要在特殊走线区域绘制一个形状，Region 是一个空心的 Shape，如图 9-50 所示。

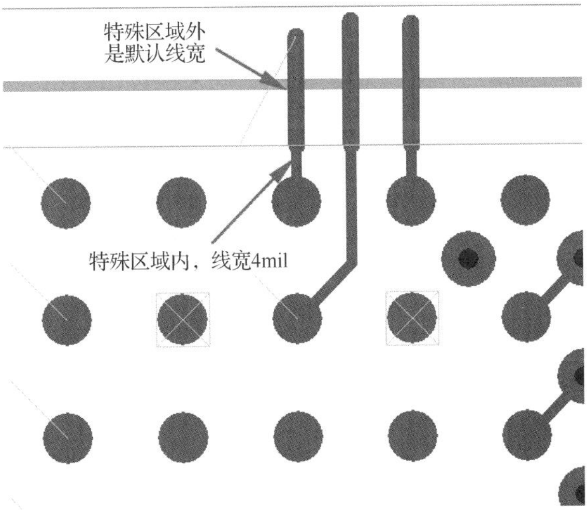

图 9-50

（6）特殊区域内间距的规则设置与线宽设置的步骤相同。在左侧的树结构窗口中，在【Physical】→【Region】→【All Layers】下定义的特殊区域。此时，在左侧的树结构窗口中，在【Spacing】→【Region】→【All Layers】下也会显示该区域。只需设置新的间距规则，并将新设置的间距规则应用到该特殊区域即可。具体操作步骤这里不再赘述，如图 9-51 所示。

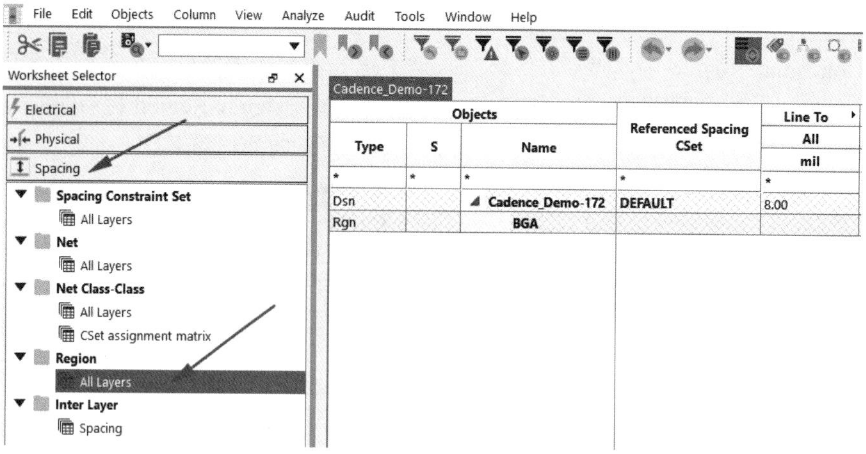

图 9-51

9.3.5 差分线的规则以及动态和静态等长设置

（1）选择菜单【Setup】→【Constraints】→【Constraint Manager】，或者单击工具栏中的图标，进入 Constraint Manager 界面。

（2）如图 9-52 所示，单击左侧的树结构窗口，选择【Electrical】→【Electrical Constraint Set】→【Routing】→【Differential Pair】，在右侧窗口中单击 DIFF，然后单击鼠标右键，在弹出的菜单中选择【Create】→【Electrical CSet】，在弹出的对话框中输入差分线的约束规则名称，如我们建立名为 100OHM 的约束规则，如图 9-52 所示。

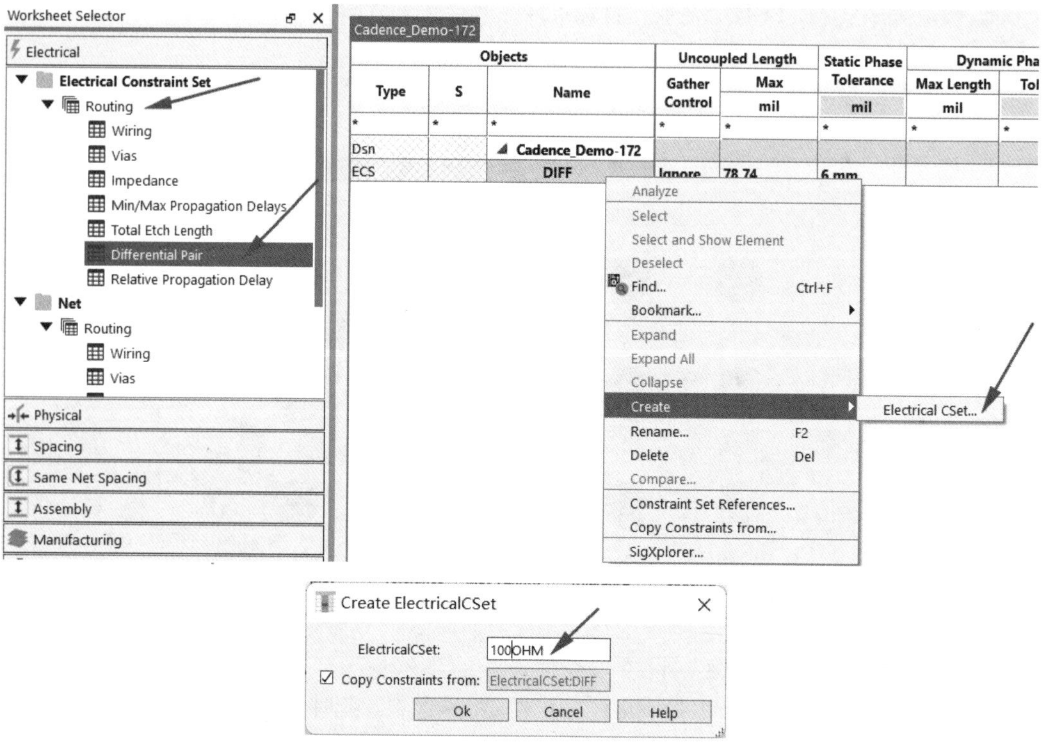

图 9-52

（3）规则细项设置，如图 9-53 所示。具体细项说明如下。

① Uncoupled Length：差分线无法靠在一起走时的最大线长。

Cadence_Demo-172			A		B	C		D	E					
Objects			Uncoupled Length		Static Phase Tolerance	Dynamic Phase		Min Line Spacing	Coupling Parameters					
Type	S	Name	Gather Control	Max		Max Length	Tolerance		Primary Gap	Primary Width	Neck Gap	Neck Width	(+)Tolerance	(-)Tolerance
				mil	mil	mil	mil	mil	mil	mil	mil	mil	mil	mil
*	*	*	*	*	*	*	*	*	*	*	*	*	*	*
Dsn		◢ Cadence_Demo-172												
ECS		100OHM	Ignore	78.74	6 mm			0.00	0.00	7.87	0.00	5.91	0.00	0.00

图 9-53

② Static Phase Tolerance：静态相位检查，一次性检测整个差分线对的长度或延时误差，控制差分线对的整体误差。

③ Dynamic Phase：动态相位检查，对差分线的每一个转角进行误差检查，控制每个转角相对于驱动端的长度或延时误差。在 Dynamic Phase Max Length 范围内，差分线的误差可以超过 Tolerance。但是，如果在 Dynamic Phase Max Length 规定的长度内未能将误差补偿回来，则会给出 DRC 错误。举例来说，设定 Tolerance 为 20mil，Max Length 为 600mil，那么动态相位检查要求整个差分对网络的误差不会超过 20mil。如果网络中的某个点差分对的误差超过了 20mil，则超过的部分必须在 600mil 以内进行补偿。补偿可以通过蛇形线或者转角进行实现。

④ Min Line Spacing：差分线之间的最小间距。

⑤ Coupling Parameters：在差分信号设置中，最基本的设置就是 Coupling Parameters，示意图如图 9-54 所示。其中，Primary Gap，差分线之间的主要间距；Primary Width，差分线之间的主要线宽；Neck Gap，差分线之间的次要间距；Neck Width，差分线之间的次要线宽；(+) / (-) Tolerance，差分线之间的线距误差值。

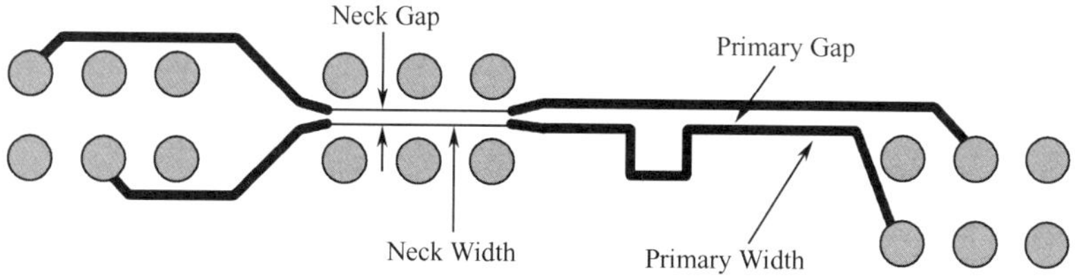

图 9-54

（4）将规则套用到差分走线上。在左侧的树结构窗口中，选择【Electrical】→【Net】→【Routing】→【Differential Pair】，在右侧窗口的 Referenced Electrical CSet 栏中选择已设置好的差分规则。在下拉菜单中，可以看到所有已创建的规则，如图 9-55 所示。此时，可以将名为 100OHM 的约束规则应用到 CLOCK 差分走线上。

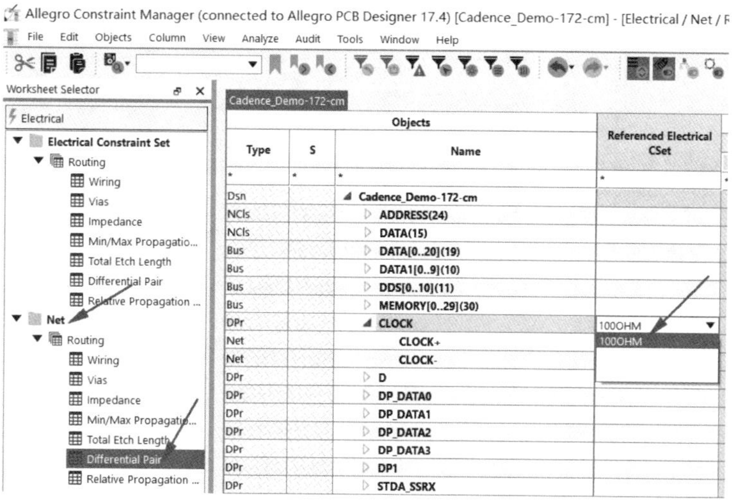

图 9-55

（5）对设置了长度约束的差分线，可以利用 Phase Tune 精确调整长度。操作步骤如下所述。

① 选择菜单【Route】→【Phase Tune】，如图 9-56 所示。

② 在弹出的对话框中，进入“Options”面板，在该面板中设定相关参数，调整补偿线的长度。如图 9-57 所示，圆圈中的数字表示根据输入的 L 和 H 值计算出的补偿线的长度。单击需要补偿的走线，系统会显示凸起的走线，以便进行补偿操作。

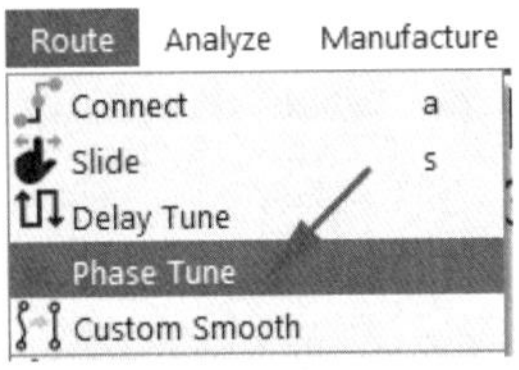

图 9-56

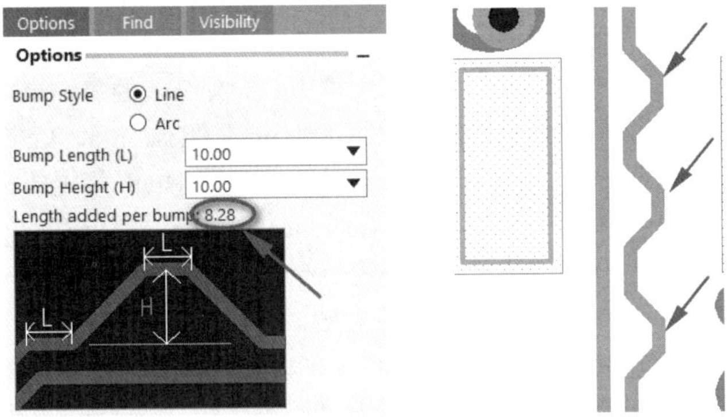

图 9-57

9.3.6 设置绝对传输延时

通常情况下，如果信号中间没有串接其他封装，通过设置一个最大值和最小值的范围来满足信号等长的方法非常有效。该方法可以应用于 Bus、单根走线以及 Net Group 的设置中，以确保信号传输延时在预定的范围内。具体操作步骤如下所述。

（1）选择菜单【Setup】→【Constraints】→【Constraint Manager】，或者单击工具栏中的▤图标，进入 Constraint Manager 界面。

（2）在左侧的树结构窗口中，选择【Electrical】→【Net】→【Routing】→【Total Etch Length】。在右侧工作区内输入走线的最小长度值（Min）和最大长度值（Max）。图 9-58 的范例是要求 DATA 这一组的线长控制在 1400～1500mil 范围内。

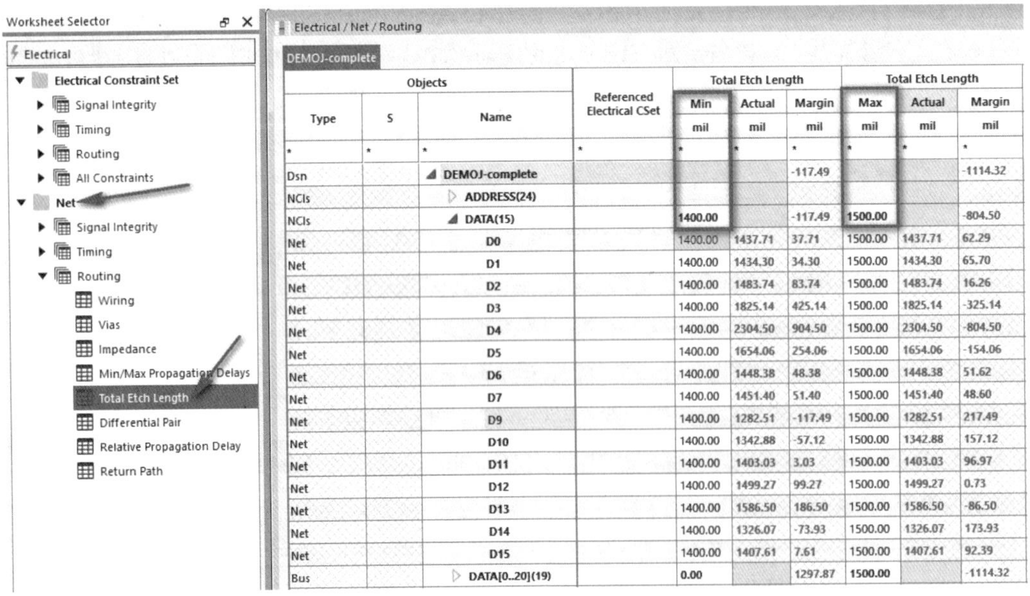

Objects			Referenced Electrical CSet	Total Etch Length			Total Etch Length		
Type	S	Name		Min mil	Actual mil	Margin mil	Max mil	Actual mil	Margin mil
*	*	*	*	*	*	*	*	*	*
Dsn		DEMOJ-complete				-117.49			-1114.32
NCls		ADDRESS(24)							
NCls		DATA(15)		1400.00		-117.49	1500.00		-804.50
Net		D0		1400.00	1437.71	37.71	1500.00	1437.71	62.29
Net		D1		1400.00	1434.30	34.30	1500.00	1434.30	65.70
Net		D2		1400.00	1483.74	83.74	1500.00	1483.74	16.26
Net		D3		1400.00	1825.14	425.14	1500.00	1825.14	-325.14
Net		D4		1400.00	2304.50	904.50	1500.00	2304.50	-804.50
Net		D5		1400.00	1654.06	254.06	1500.00	1654.06	-154.06
Net		D6		1400.00	1448.38	48.38	1500.00	1448.38	51.62
Net		D7		1400.00	1451.40	51.40	1500.00	1451.40	48.60
Net		D9		1400.00	1282.51	-117.49	1500.00	1282.51	217.49
Net		D10		1400.00	1342.88	-57.12	1500.00	1342.88	157.12
Net		D11		1400.00	1403.03	3.03	1500.00	1403.03	96.97
Net		D12		1400.00	1499.27	99.27	1500.00	1499.27	0.73
Net		D13		1400.00	1586.50	186.50	1500.00	1586.50	-86.50
Net		D14		1400.00	1326.07	-73.93	1500.00	1326.07	173.93
Net		D15		1400.00	1407.61	7.61	1500.00	1407.61	92.39
Bus		DATA[0..20](19)		0.00		1297.87	1500.00		-1114.32

图 9-58

9.3.7　设置相对传输延时

相对传输延时是以组内一根参考目标线为基准，并设置一个相对误差，正负偏差在误差范围内即可，无须满足最大最小的限制。此项约束不能单独应用于一个网络或单根 Bus，必须将约束的网络创建为一个群组，因为只有在一个群组内才能定义相对值。具体操作步骤如下所述。

（1）选择菜单【Setup】→【Constraints】→【Constraint Manager】，或者单击工具栏中的图标，进入 Constraint Manager 界面。

（2）在左侧的树结构窗口中，选择【Electrical】→【Net】→【Routing】→【Relative Propagation Delay】。

（3）创建群组。

① 点到点走线的创建。在右侧的 Objects 中选择要建立群组的网络，单击鼠标右键，在弹出的菜单中选择【Create】→【Match Group】，如图 9-59 所示。在弹出的对话框中输入群组的名字，单击 OK 按钮，即产生 MGrp 的群组，如图 9-60 所示。

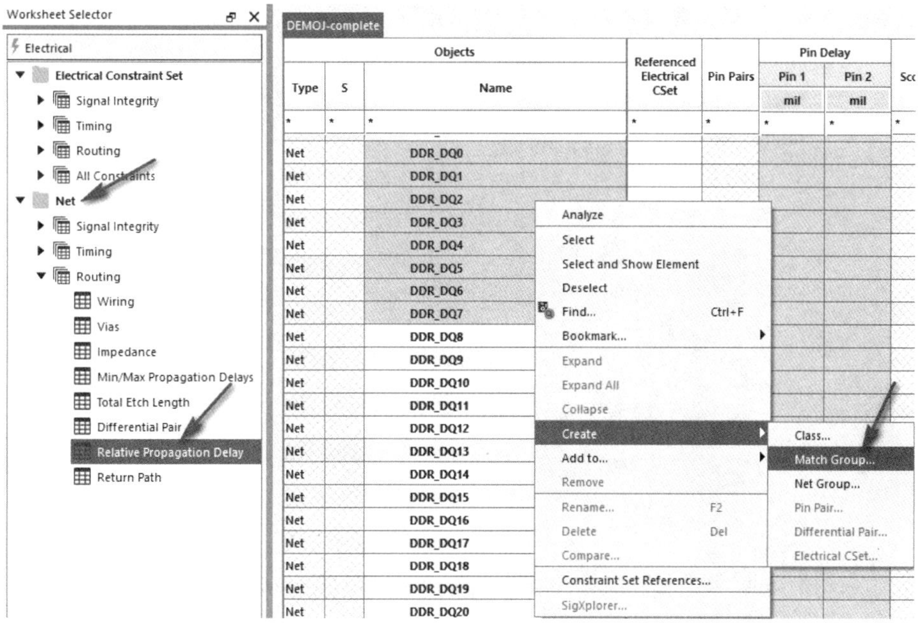

图 9-59

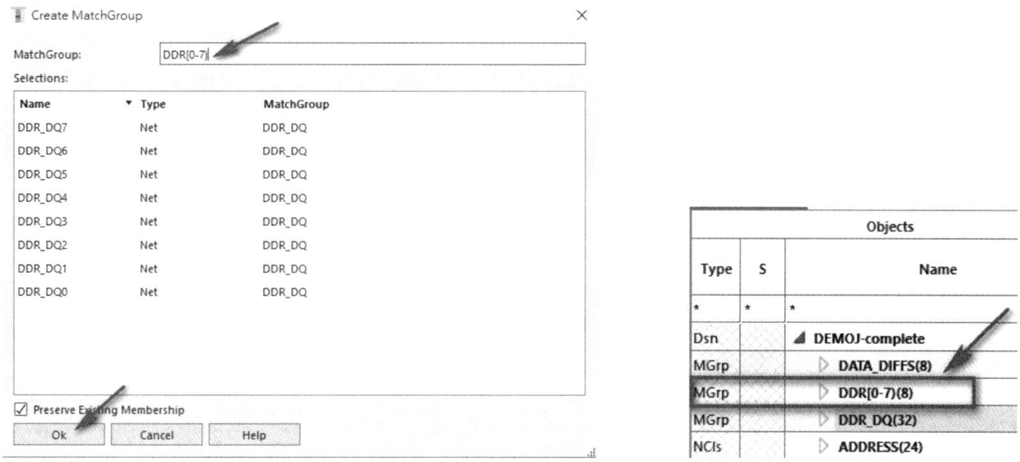

图 9-60

② 多负载走线的群组创建。如果走线有很多元器件，需要识别它的端点，请先对走线设置 Pin Pair，单击完成后的 Pin Pair 创建群组，具体操作步骤如图 9-61 所示。创建后的 Match Group 子项内容是 PPr，显示的网络名称包括端点+网络名称，如图 9-62 所示。

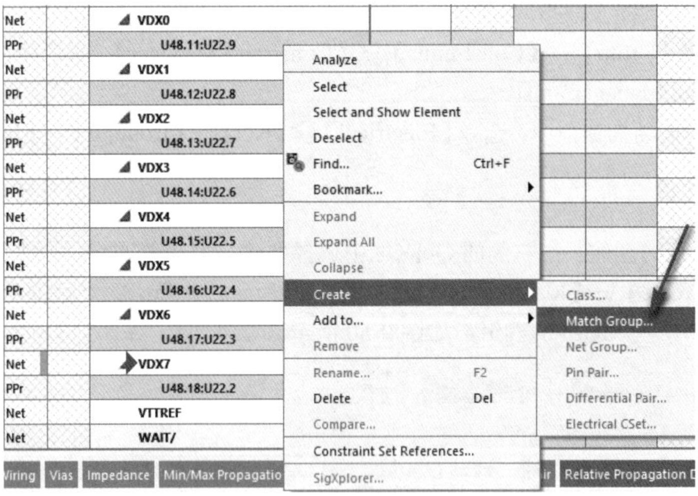

图 9-61

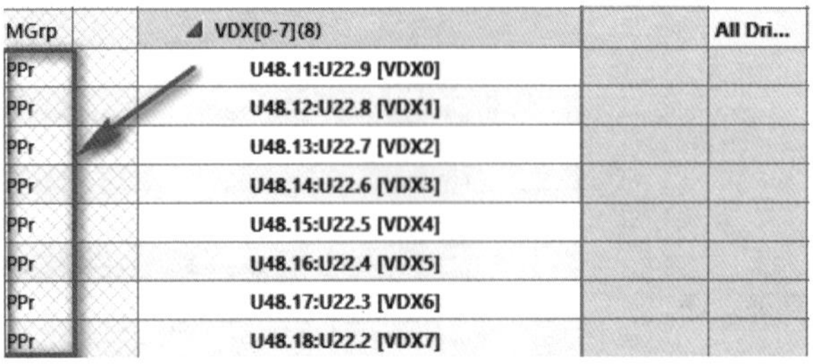

图 9-62

（4）设置相对延时的误差。双击 MGrp 群组对应的 Delta:Tolerance 栏，进入编辑状态后，输入误差值。如果同组的误差值在+/−10mil 范围内，则格式应为 0mil:10mil，如图 9-63 所示。这样设置后，系统会根据该误差范围进行约束和校验，确保信号传输延时在可接受的误差范围内。

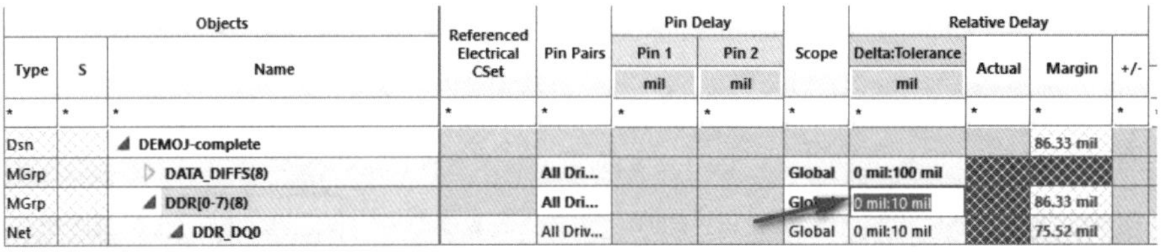

图 9-63

（5）设置基准线。可以选择组内最长或最短的线作为基准线。首先，单击鼠标右键，在弹出的菜单中选择【Set as target】，将其设置为基准线。这样，组内的其他线将以这根基准线为参考，并在其误差范围内进行等长设置，如图 9-64 所示。通过这种方式，可以确保信号传输延时的一致性，优化走线布局并满足设计要求。

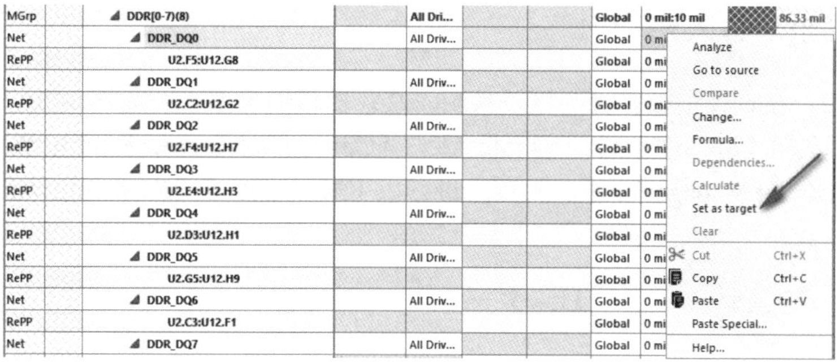

图 9-64

9.3.8 芯片封装长度导入

如图 9-65 所示，选择菜单【File】→【Import】→【Pin delay】，在弹出的对话框中单击厂商提供的 Pin delay 文件，格式最好是.csv，然后单击 Import 按钮。

图 9-65

Pin delay 文件中的内容如图 9-66 所示。

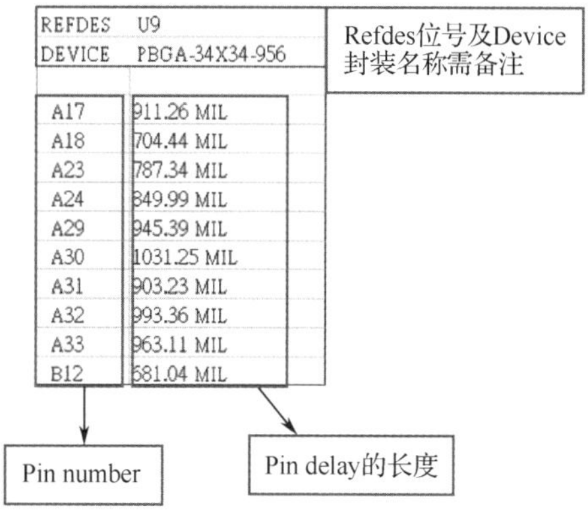

图 9-66

9.3.9 规则的导入和导出

不同的 PCB，在设计中很多规则可以共用。具体操作步骤如下所述。

首先，选择菜单【Setup】→【Constraints】→【Constraint Manager】，或者单击工具栏中的图标，进入 Constraint Manager 界面。然后，进行以下操作，以下操作都在此界面进行。

1. 规则的导出

（1）如图 9-67 所示，选择菜单【File】→【Export】→【Constraints】，弹出 Export Constraints 对话框。

（2）在该对话框中，没有特殊要求就采用默认值，单击 Save 按钮，输出.dcfx 格式的文件，如图 9-68 所示。

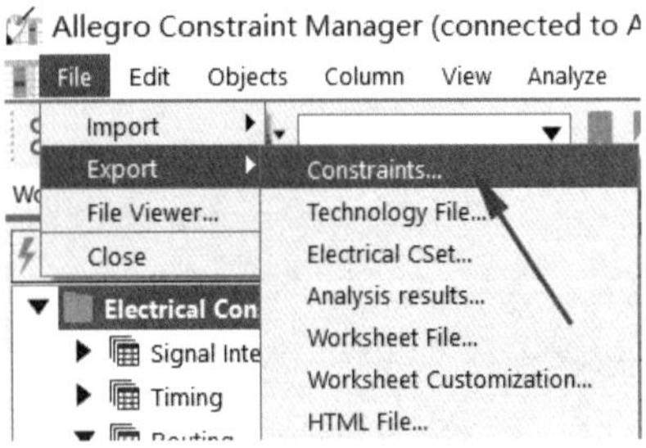

图 9-67

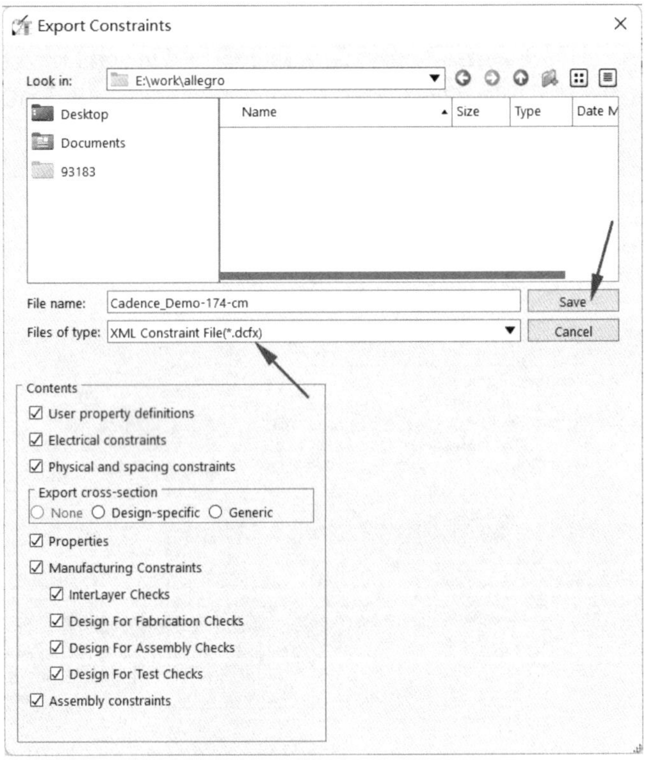

图 9-68

2. 规则的导入

（1）如图 9-69 所示，选择菜单【File】→【Import】→【Constraints】，弹出 Import Constraints 对话框。

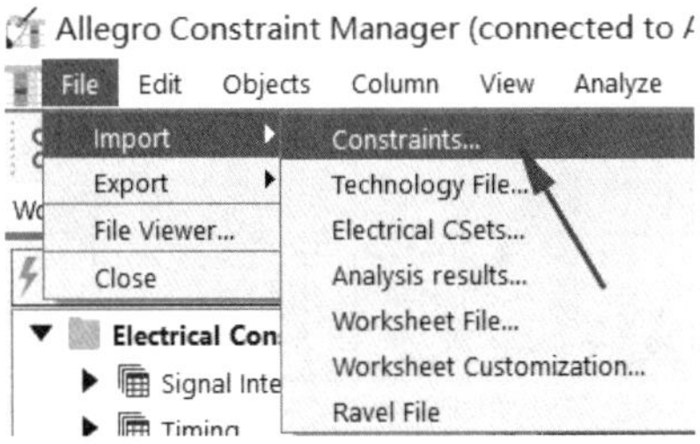

图 9-69

（2）在弹出的对话框中，选择.dcfx 格式的文件，单击 Open 按钮即可导入规则的设定，如图 9-70 所示。

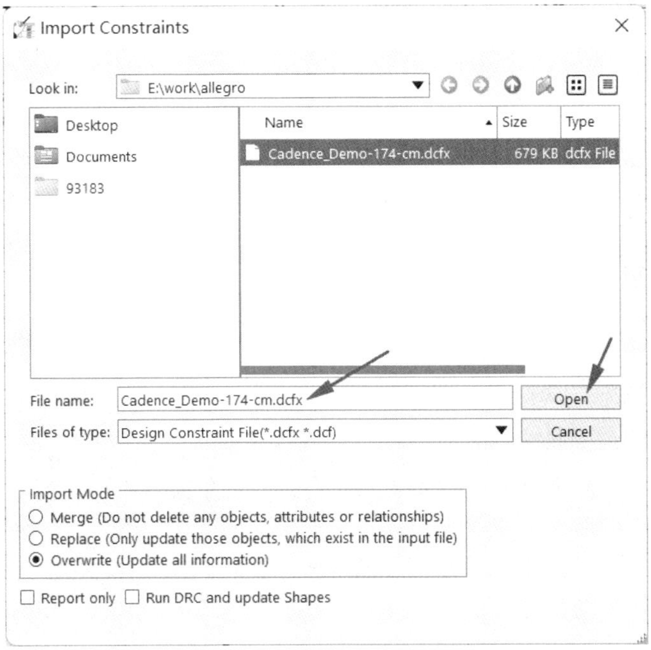

图 9-70

Merge：合并。保存现有的设定，并导入新的设定。

Replace：替换。更新输入文件中的设定。

Overwrite：覆盖。更新所有设定。

第 10 章　PCB 流程设计——布线

布线（Layout）是 PCB 设计工程师最基本的工作技能之一，直接影响到 PCB 的性能。大多数高速设计理论最终需要通过 Layout 来实现并验证。因此，布线在高速 PCB 设计中至关重要。本章将介绍布线的常用指令及操作方法，所有操作步骤均在 Allegro 界面内执行。

10.1　控制鼠线的显示

鼠线是指同一网络的两个信号点之间连接的这根线。在进行布线时，当在一个信号点走线时，鼠线会随着鼠标的移动而动态变化。由于鼠线的这种特性，它通常被设计者称为**飞线**。

1. Show Rats（显示鼠线）

选择菜单【Display】→【Show Rats】后，会弹出一个包含多种指令的菜单，其中常用的指令有三个，如图 10-1 所示。

① All：显示所有鼠线。此指令既可以通过选择菜单中的选项来执行，也可以直接单击工具栏中的图标来快速实现。

② Components：显示连接器件的鼠线。

③ Net：显示 Net 的鼠线。

2. Blank Rats（关闭鼠线）

选择菜单【Display】→【Blank Rats】后，会弹出一个包含多种指令的菜单，常用的指令有三个，如图 10-2 所示。

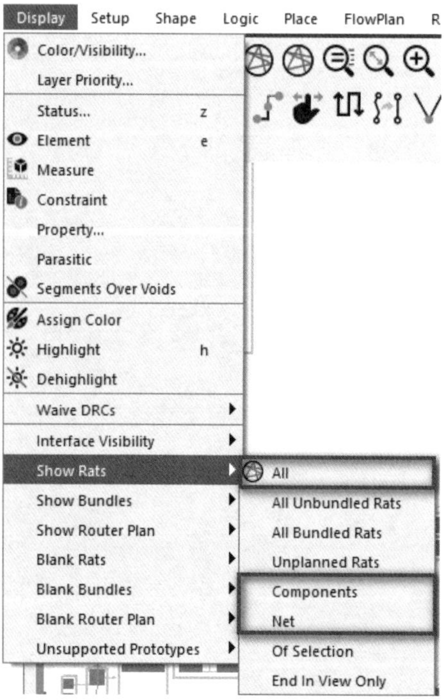

图 10-1

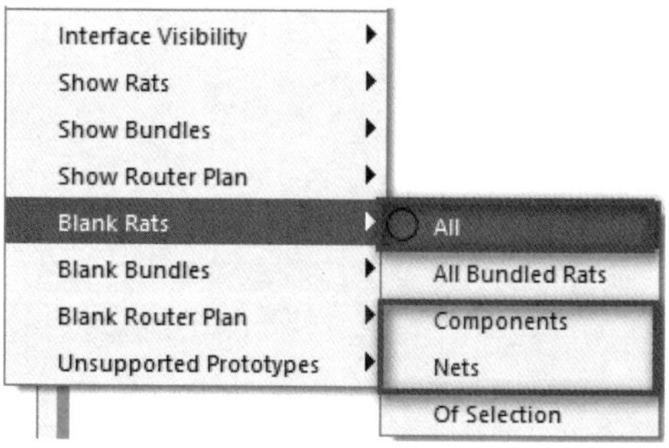

图 10-2

① All：不显示所有鼠线。此指令可以通过选择菜单中的选项来执行，也可以直接单击工具栏中的图标，隐藏设计中的所有鼠线，帮助设计者在布局过程中减少干扰，专注于其他部分的调整。

② Components：不显示连接器件的鼠线。

③ Nets：不显示 Net 的鼠线。

10.2 层面及元素的颜色管理

1. 层面的颜色管理

（1）层面的打开与关闭。

在 PCB 设计中，通过“Visibility”面板（见图 10-3）可以轻松控制各层面的显示状态。该面板显示了所有 PCB 层面的信息，设计者可以根据需要打开或关闭某些层面的可见性，以便更好地查看设计细节。可以通过每层面后面的 All 选项来打开或关闭层面，或者单击颜色方框打开或显示对应的元素。

（2）改变层面的颜色。

① 在“Visibility“面板中，你可以直接修改元素的颜色，以便更好地识别和区分不同的设计部分。将鼠标光标移到对应元素的颜色方框上，单击鼠标右键，即会弹出颜色板。通过颜色板，你可以选择自己需要的颜色。单击鼠标选择你所需要的颜色后，所选元素（如 Top 层的 Pin）将立即更新为新颜色，方便你进行区分和查看，如图 10-4 所示。

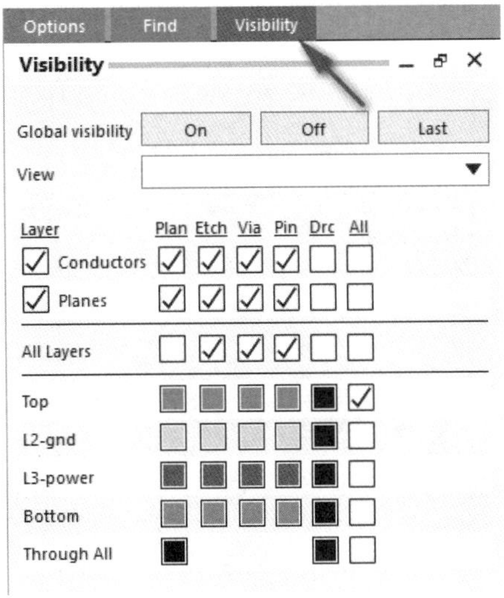

图 10-3

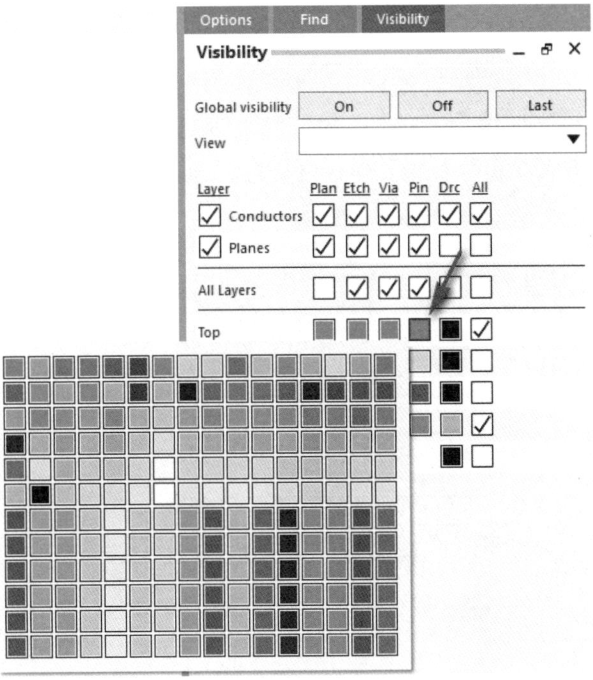

图 10-4

② 单击工具栏中的图标，弹出 Color Dialog 对话框。如图 10-5 所示，选择【Stack-Up】→【Conductor】，在右边的窗口中可以显示层面信息，在 Available colors 中选取对应的颜色。

2. 元素的颜色管理

（1）如果你想为某个元素（如封装、走线、焊盘等）赋予特定的颜色，可以按照以下步骤操作。选择菜单【Display】→【Assign Color】，或者单击工具栏中的图标。在弹出的对话框中，进入“Find”面板。在该面板中，选择赋予颜色的元素；在“Options”面板中选择对应的颜色，然后单击对应的元素即可，如图 10-6 所示。

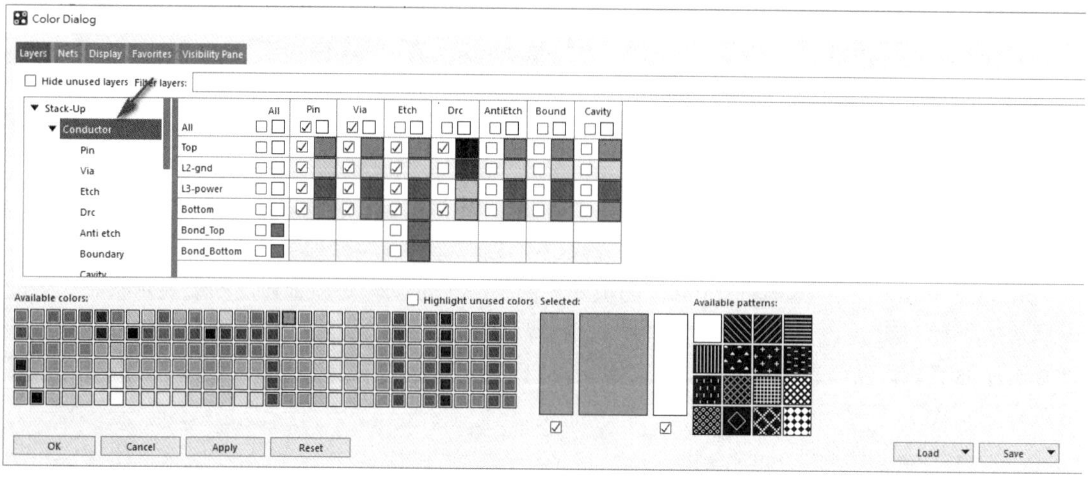

图 10-5

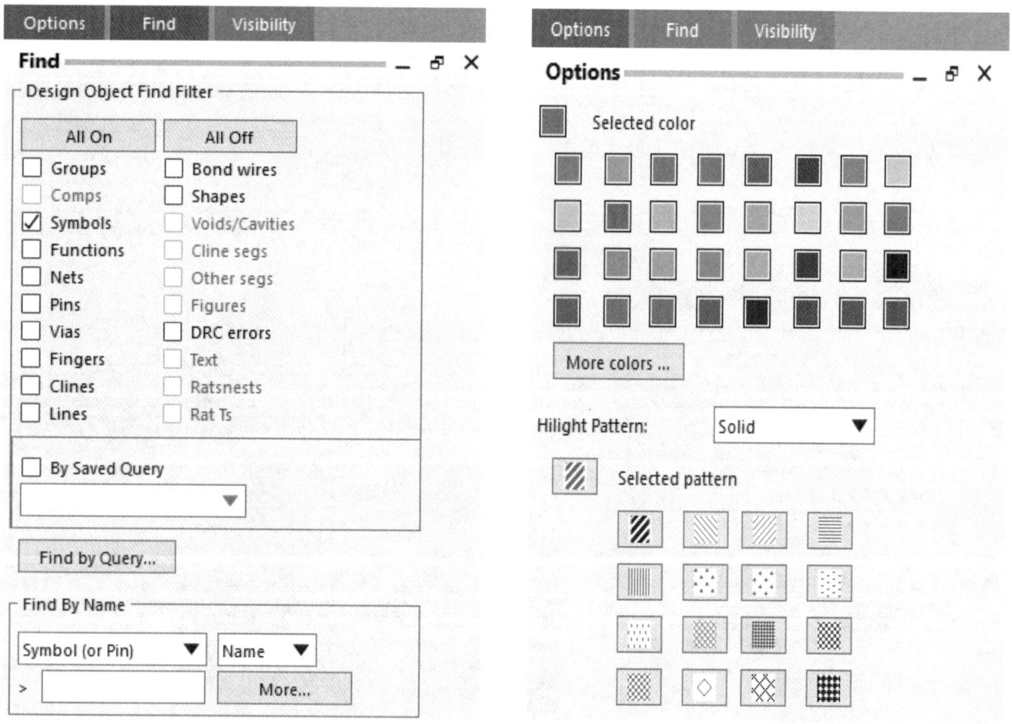

图 10-6

（2）不显示元素的颜色。

选择菜单【Display】→【Dehilight】，或者单击工具栏中的图标。在弹出的对话框中，进入“Find”面板。在该面板中，选择不赋予颜色的元素；在“Options”面板中，不要勾选“Retain objects custom color”（见图 10-7）。然后单击对应的元素即可。

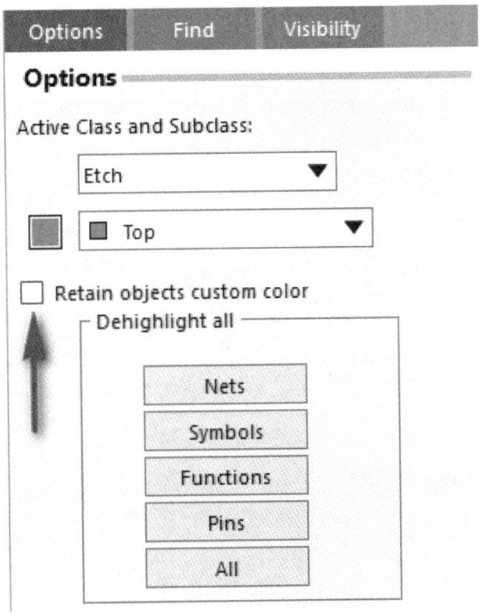

图 10-7

10.3 限制布线及打孔区域的设置

和禁止布局区域设置类似，有些区域由于结构限制或电气特性要求，可能不允许布线或打孔。为了避免在走线过程中出现错误，我们可以在设计初期设置这些限制区域。

1．限制布线区的建立

（1）选择菜单【Shape】，或者单击工具栏中的图标之一，根据需要选择对应的形状。

（2）在弹出的对话框中，进入“Options”面板。在该面板中，根据禁止布线层的要求进行选择，具体如图 10-8 所示。

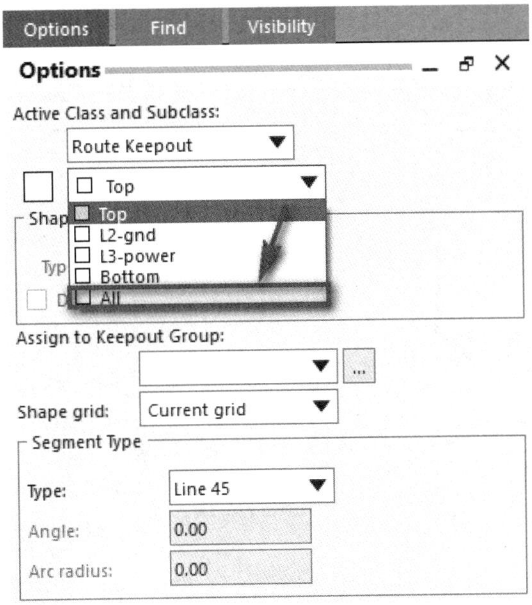

图 10-8

（3）在限制布线区画上 Shape。一旦走线及铜箔进入限制布线区，系统会显示如图 10-9 所示的错误报告。

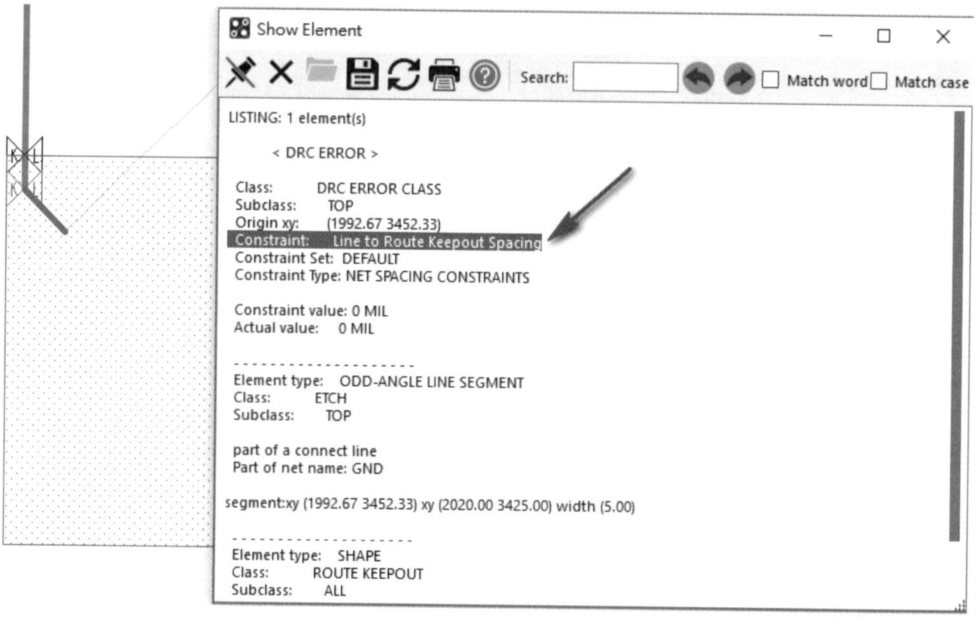

图 10-9

2．限制打孔区的建立

（1）选择菜单【Shape】，或者单击工具栏中的图标之一，根据需要选择对应的形状。

（2）在弹出的对话框中，进入“Options”面板。在该面板中的设置如图 10-10 所示。

（3）在限制打孔区画上 Shape。一旦过孔进入限制打孔区，系统会显示如图 10-10 所示的错误报告。

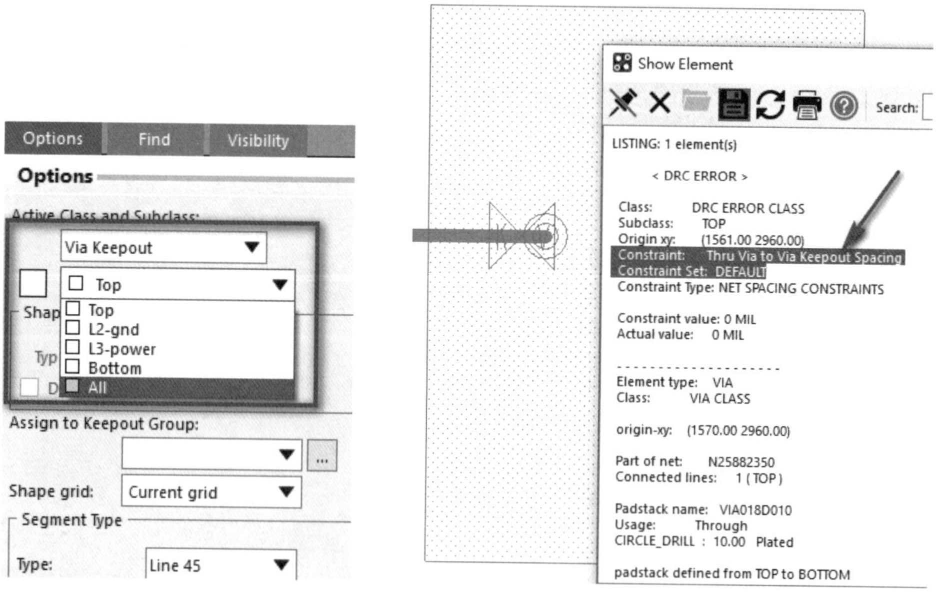

图 10-10

10.4 自动布线

Allegro 具有强大的自动布线功能，能够大大提高 PCB 设计效率，尤其适用于一些简单的 PCB 设计。在零件较少且空间充足的情况下，使用自动布线模式可以快速完成布线任务。以下是自动布线功能的简要介绍。

（1）如图 10-11 所示，选择菜单【Route】→【PCB Router】→【Route Automatic】，或者单击工具栏中的 图标。

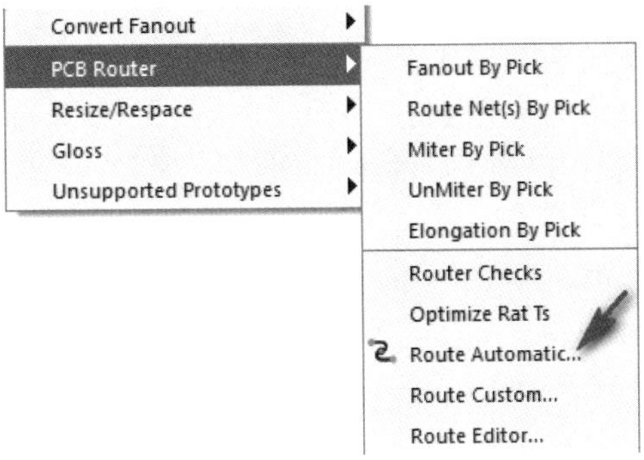

图 10-11

（2）在弹出的对话框中，进入“Router Setup”面板。在该面板中，勾选“Protect existing routes”，保证已有的走线被保存下来，其他选项采用默认值即可。该面板中的参数说明如下。

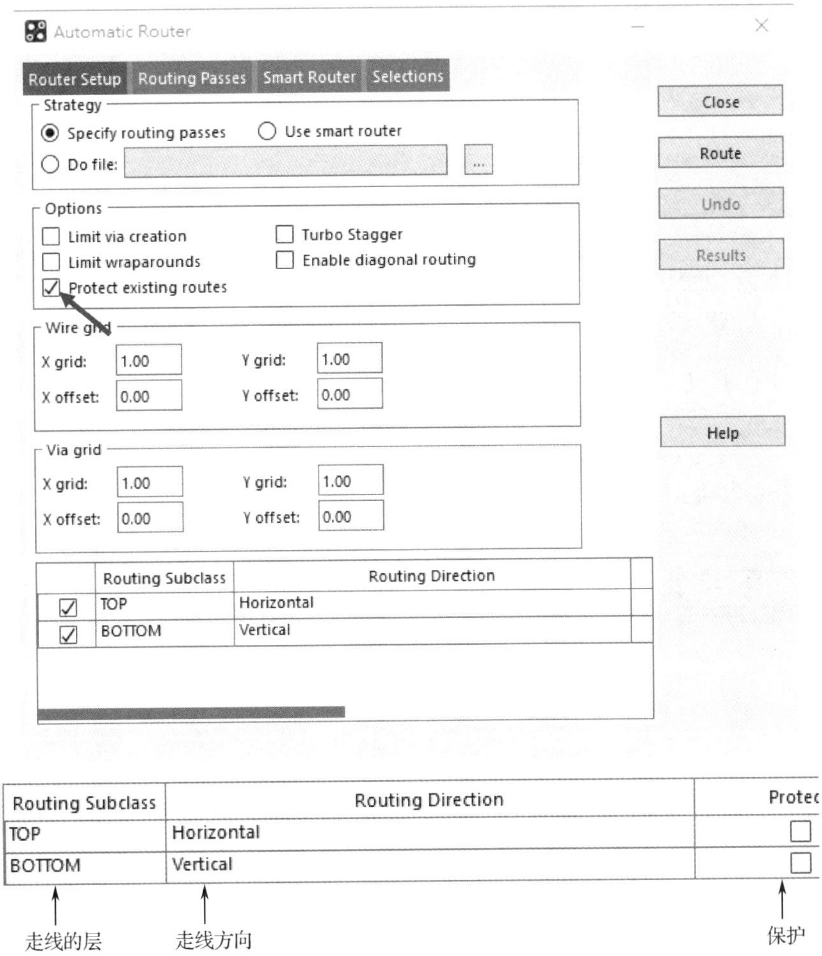

图 10-12

Strategy：选择自动布线的参数设定。

Specify routing passes：使用“Routing Passes”面板中的参数设定。
Use smart router：使用“Smart Router”面板中的参数设定。
Do file：使用已有的 do 文件指令来设定。
Limit via creation：尽量避免使用 Via。
Enable diagonal routing：允许斜走线。
Limit wraparounds：限制走线包围 Pin。
Protect existing routes：保护已经走好的线。
Wire grid：走线的格点。
X grid：x 方向的格点间距。
Y grid：y 方向的格点间距。
X offset：x 方向的格点偏移。
Y offset：y 方向的格点偏移。
Via grid：Via 的格点。
X grid：x 方向的格点间距。
Y grid：y 方向的格点间距。
X offset：x 方向的格点偏移。
Y offset：y 方向的格点偏移。

（3）进入“Routing Passes”面板。在该面板中，勾选“Miter corners”，保证是 45°走线。其他参数采用默认值，如图 10-13 所示。该面板中的参数说明如下。

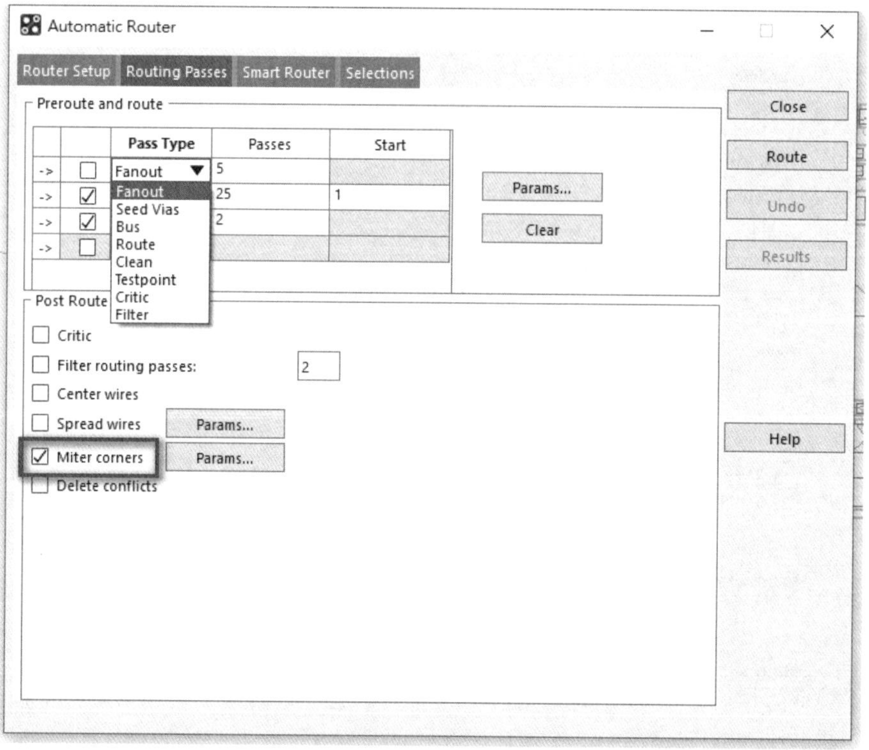

图 10-13

Fanout：从 Pad 拉出走线打孔。
Route：走线。
Clean：清除多余走线。

Passes：执行的次数。

（4）进入“Smart Router”面板。在该面板中，一般采用默认值，如图 10-14 所示。该面板中的参数说明如下。

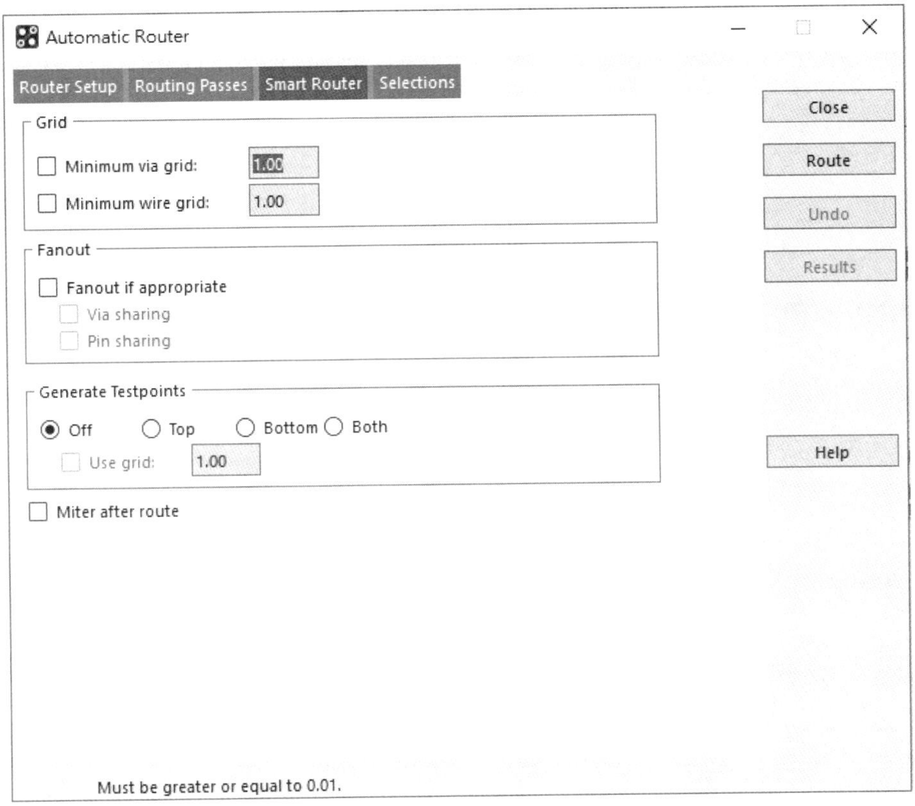

图 10-14

Minimum via grid：最小过孔的格点。

Minimum wire grid：最小走线的格点。

Via sharing：共用 Via。

Pin sharing：共用 Pin。

Generate Testpoints：加测点。

Off：关闭。

Top：加在 Top 层。

Bottom：加在 Bottom 层。

Both：两面。

Use grid：设定测点的格点。

Miter after route：在自动布线完成之后自动把直角变成斜角。

（5）设置完成后，单击 Route 按钮开始自动布线。其他按钮说明如下。

Close：关闭窗口并退出自动布线。

Route：开始自动布线。

Undo：撤销自动布线。

Results：查看结果。

Help：说明。

10.5 手动布线及常用指令

1. Fanout 扇出 BGA 走线

（1）如图 10-15 所示，选择菜单【Route】→【Create Fanout】，或者单击工具栏中的图标。在弹出的对话框中，在工作区单击鼠标右键，在弹出的菜单中选择【Fanout Parameters】进行 Fanout 参数设置。

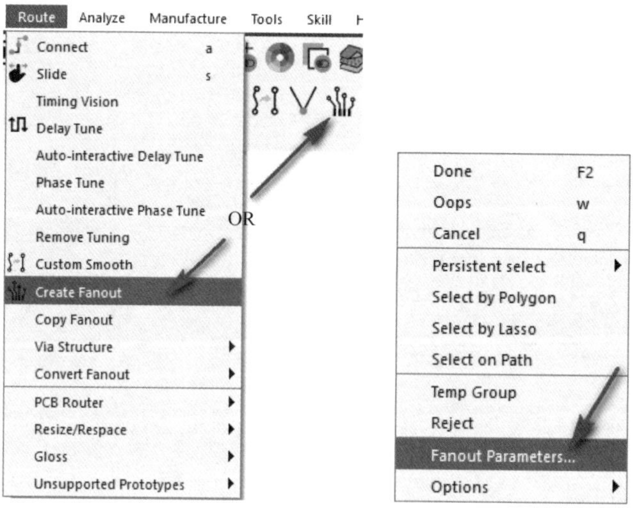

图 10-15

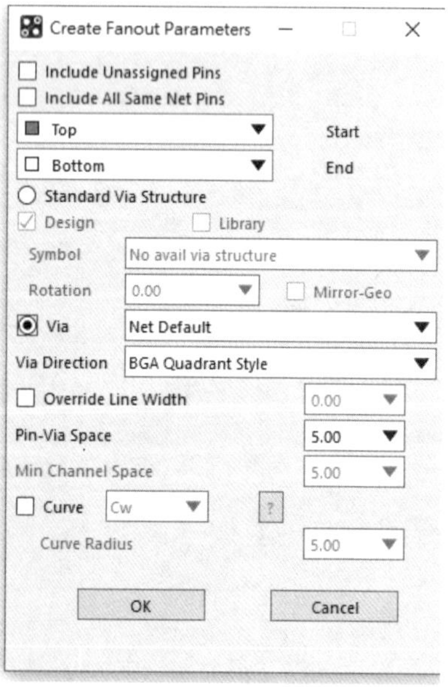

图 10-16

（2）相关参数的设置及说明如下所述，一般结合自己的需求进行选择，如图 10-16 所示。

① Include Unassigned Pins：此选项用于将没有网络的引脚也进行扇出。通常情况下，只有当某些引脚确实需要布线时才会扇出，若没有特殊需求，一般不勾选此项。空网络的引脚通常不需要进行扇出。

② Include All Same Net Pins：当对某个引脚进行扇出时，若该引脚上的网络与其他引脚一致，这些引脚也会被一起扇出。一般情况下，除非有特别要求，通常不需要勾选此项。

③ Via：用于扇出时需要的过孔。在进行过孔选择时，需要在物理规则中预先调用过孔类型。若没有进行过孔调用操作，系统将没有可供选择的过孔。

④ Via Direction：过孔的扇出方向，通常选择 BGA 类型的风格。这种设置会为 BGA（球栅阵列）器件留出十字形的走线通道，便于布线通道的规划，同时帮助芯片散热。

⑤ Pin-Via Space：过孔与焊盘之间的间距。通常选择“Centered”选项，即将过孔放置在四个焊盘的中心位置。这样可以确保四周与过孔的间距均等，从而提高布线的稳定性和可制造性。

（3）参数设置完成后，单击 OK 按钮以激活扇出操作。接着，单击需要进行扇出的 BGA 封装，软件将自动完成器件的 Fanout 操作。扇出后的 BGA 效果如图 10-17 所示。

2. Route 走线与打过孔

（1）选择菜单【Route】→【Connect】，或者单击工具栏中的图标。

（2）在弹出的对话框中，进入“Options”面板（见图 10-18）。该面板中的参数说明如下。

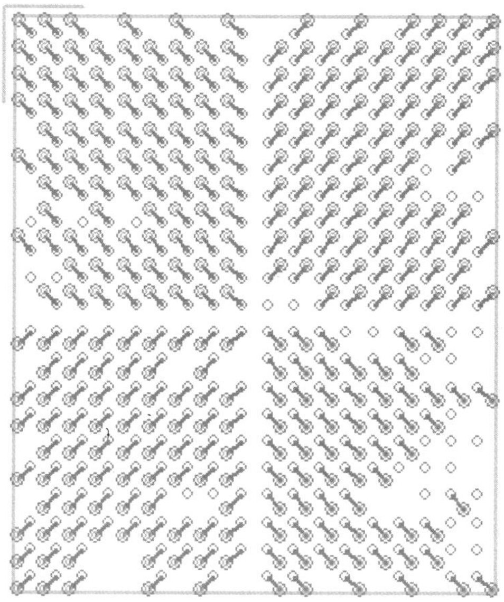

图 10-17

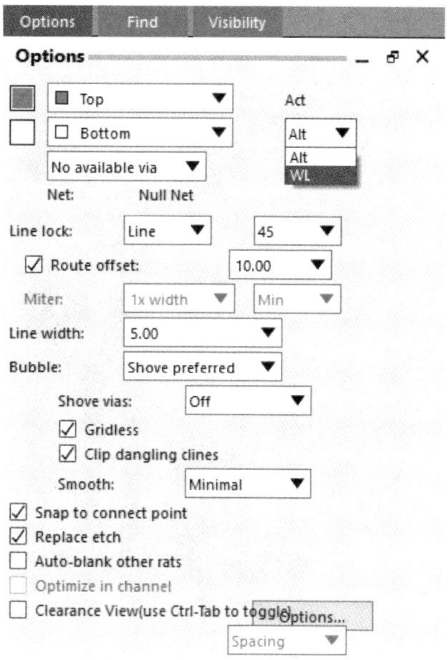

图 10-18

Act：现在操作的层。

Alt：相对调换的层。

WL：Working Layer 模式。

Net：当前布线的网络名称。

Line lock：布线形态，可选择 Line 或 Arc，后面为角度（45：45°，90：90°，Off：任意角度）。

Route offset：10°角走线。

Miter：拐角的长度，如几倍线宽。

Line width：设定布线线宽。其中，Default 表示恢复到原始设定线宽。

Bubble：走线模式，如图 10-19 所示。

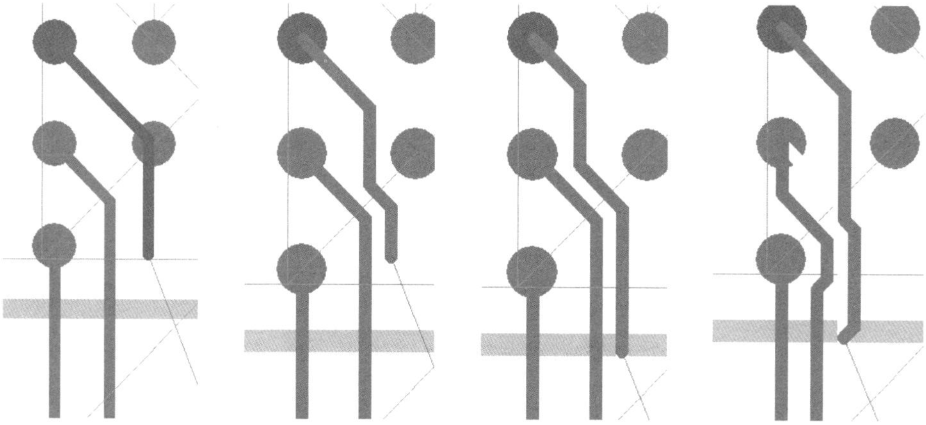

OFF：普通模式　　Hug Only：纯避让模式　　Hug preferred：最佳化避让模式　　Shove preferred：推挤模式

图 10-19

Shove vias：推挤过孔。

Gridless：控制走线是否移动在格点上。

Clip dangling clines：推挤小段走线效果，如图 10-20 所示。

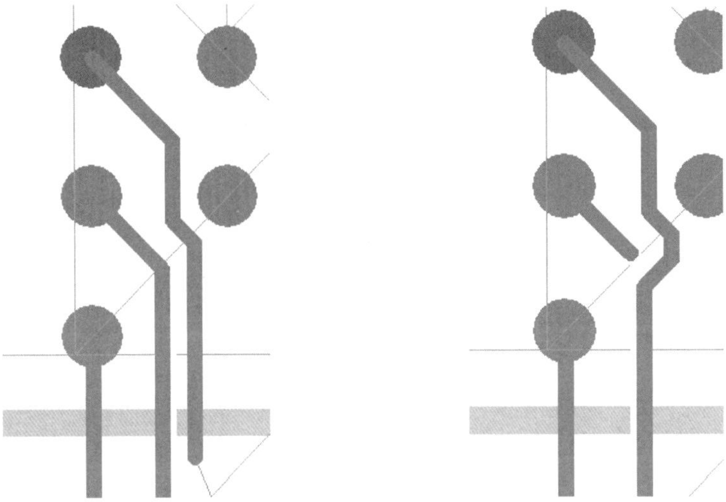

Clip dangling clines 勾选前　　Clip dangling clines 勾选后

图 10-20

Smooth：平滑程度，此处选 Minimal 即可。

Snap to connect point：自动吸附上接点。一定要勾选，否则吸附不上任何接点。

Replace etch：自动取消旧的走线回路，避免形成 Loop Net，如图 10-21 所示。

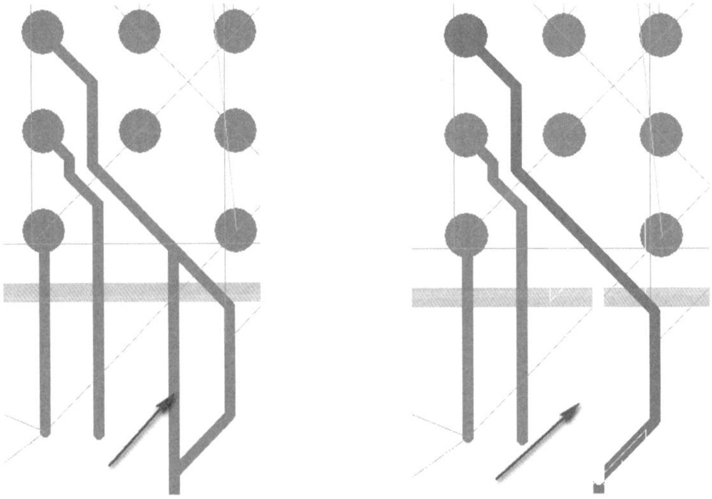

勾选前　　勾选后

图 10-21

Auto-blank other rats：除了当前的走线，其他鼠线全部不显示。

Clearance View（use Ctrl-Tab to toggle）：走线时可以看见间距，可以按 Ctrl+Tab 键控制是否显示。效果如图 10-22 所示。

（3）进入“Find”面板，该面板中的参数设置如图 10-23 所示。

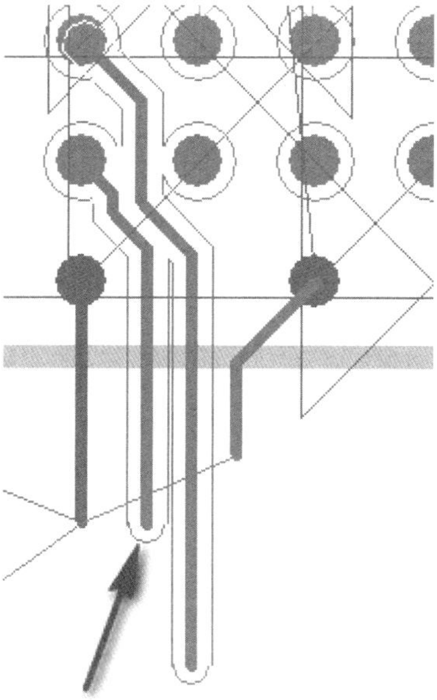

图 10-22

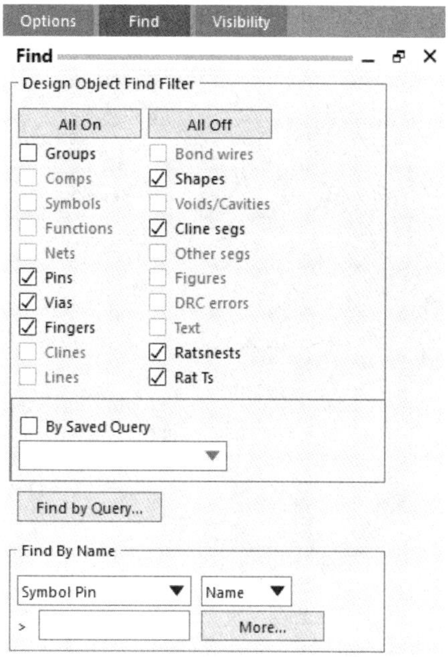

图 10-23

（4）参数设置完毕后，单击鼠标左键在当前层上开始走线。如果在走线过程中需要换层，可直接双击鼠标左键产生过孔。如图 10-24 所示，Act，当前为 Bottom 层；Alt，换层后为 Top 层；Via，选择所使用的过孔 VIA018D010。

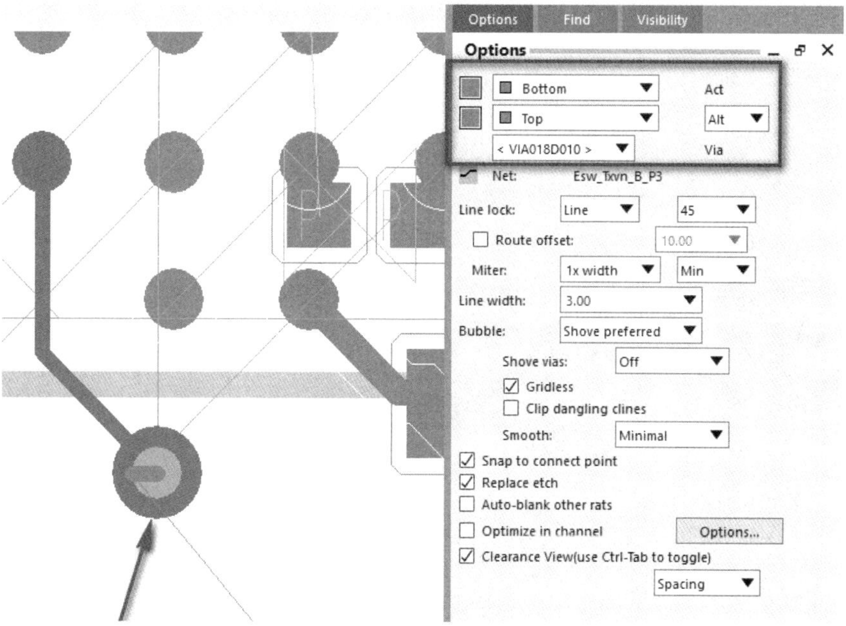

图 10-24

（5）“Options”面板中 Bubble 与 Smooth 叠加使用的效果图如图 10-25 所示。

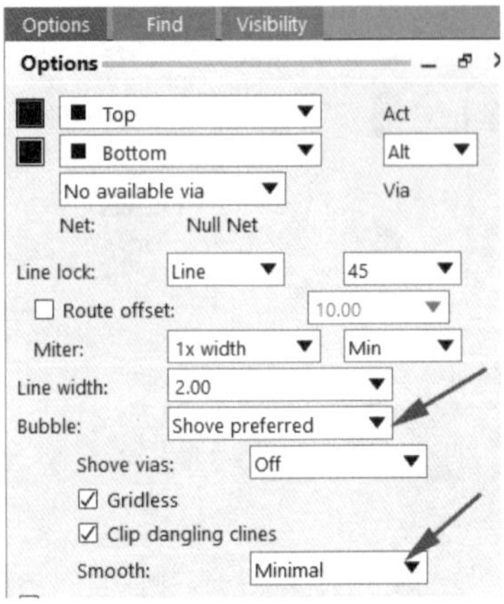

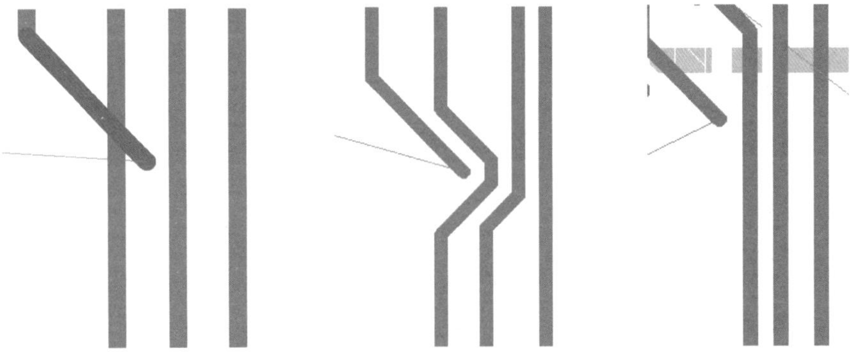

Off　　Shove preferred+Minimal　　Shove preferred +Full

图 10-25

（6）Shove vias 推挤过孔的效果图如图 10-26 所示。

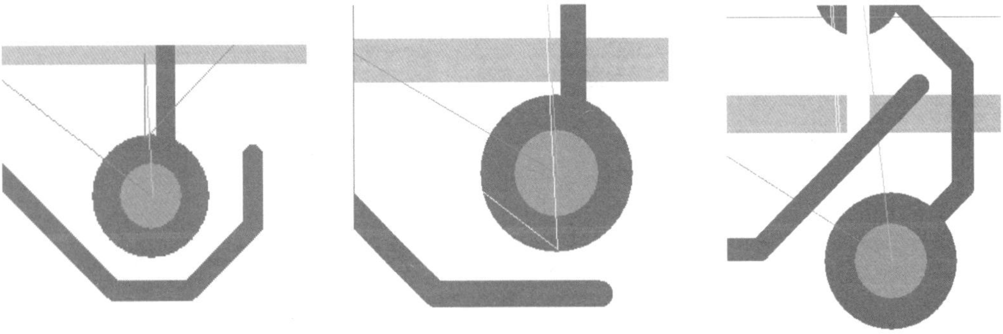

Off 不推挤　　Minimal 沿着走线推挤　　Full 推着走线移动

图 10-26

（7）在布线状态下单击鼠标右键，在弹出的菜单中选择菜单【Done】，如图 10-27 所示。

3. Slide 推挤走线与过孔

调整走线及过孔的指令，其操作步骤说明如下所述。

（1）选择菜单【Route】→【Slide】，或者单击工具栏中的图标。

（2）在弹出的对话框中，进入“Options”面板（见图 10-28）。该面板中的参数说明如下。

Active etch subclass：现阶段操作的层。

Min Coner Size：在推挤走线时的最小长度拐角，默认选一倍线宽即可。

Min Arc Radius：在推挤走线时的最小半径圆弧拐角，默认选一倍线宽即可。

Vertex Action：在推挤走线时端点的处理有四种选项。其中，Line corner，推挤走线拐角；Arc corner，推挤圆弧拐角；Move，推挤整条信号线；None，不推挤拐角。

Bubble：推挤走线的模式选择。

Shove vias：推挤过孔的模式选择。

Smooth：推挤时的平滑度。

Allow DRCs：推挤时是否允许 DRC 出现，默认勾选此选项。

Gridless：推挤时按格点推挤走线，默认勾选此选项。

Auto Join：推挤走线时是否改变拐角长度，操作时按住“Ctrl”键才起效。

Extend Selection：推挤走线时是否改变所选线段长度，一般不勾选此选项。

（3）进入“Find”面板。在该面板中的设置如图 10-29 所示。由于推挤的对象只有过孔和走线，所以根据需要选择要推挤的元素即可。

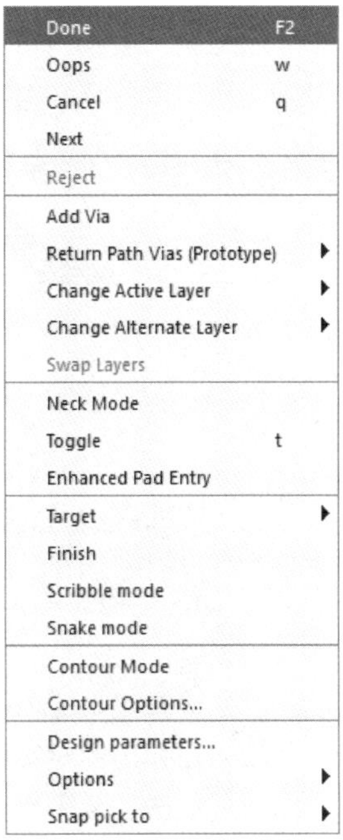

图 10-27

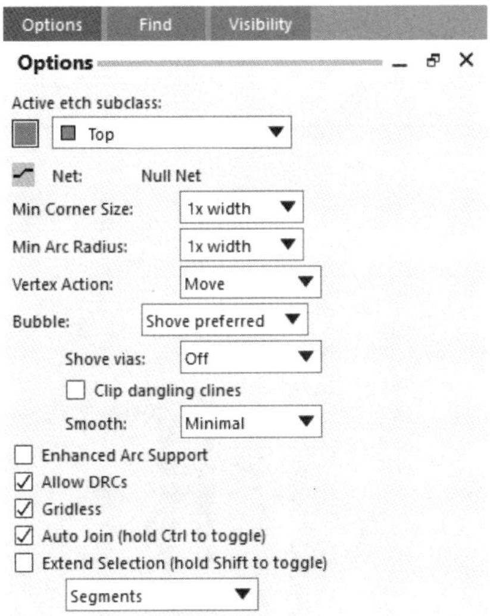

图 10-28

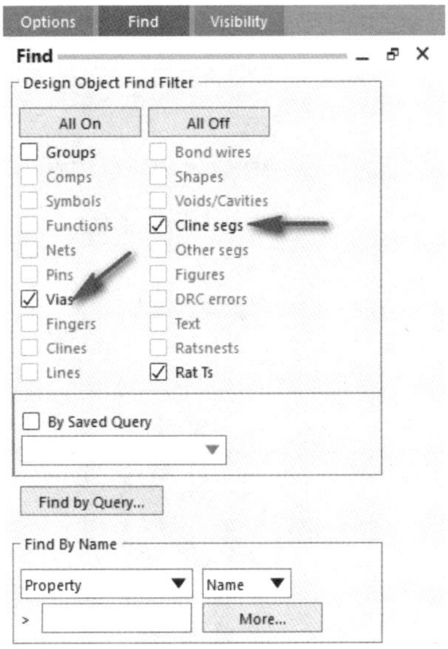

图 10-29

4．Pad Entry 避免锐角的走线

为了避免在走线时线与焊盘之间形成锐角，影响信号的传输效果，可以通过设置来改善这一问题。在走线时，单击鼠标右键，在弹出的菜单中勾选“Enhanced Pad Entry”。启用此选项后，走线会自动调整，避免形成锐角，从而确保信号传输的稳定性和可靠性。如图 10-30 所示，启用该选项后的效果可以有效提升布线质量。

5．Custom Smooth 自动平滑修线

在布线过程中，难免会出现不平滑的走线问题，这时可以使用自动平滑修线功能来改善布线路径。具体操作步骤如下所述。

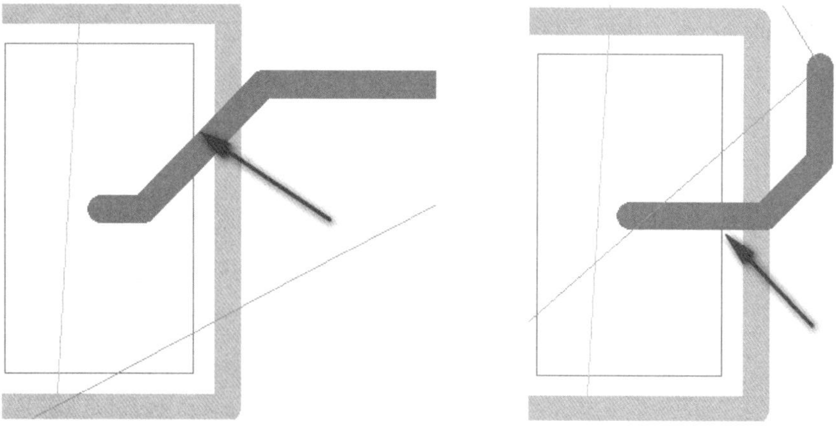

未勾选　　勾选

图 10-30

（1）选择菜单【Route】→【Custom Smooth】，或者直接单击工具栏中的图标。

（2）在弹出的对话框中，进入“Options”面板进行设置。该面板中的设置如图 10-31 所示。

通过框选需要平滑修线的走线，软件将自动对这些走线进行平滑处理，以减少不规则的转弯和锐角，优化走线的布局。图 10-32 展示了修线前后的对比效果，可以清晰地看到修线后走线路径的平滑程度得到显著提升，进而改善了布线质量。布线过程中，难免会有不平滑的走线，可使用自动平滑修线功能。

图 10-31

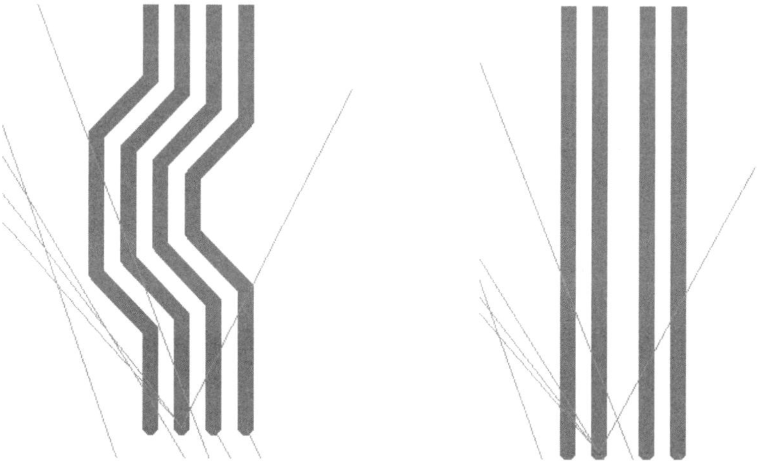

自动修线前　　自动修线后

图 10-32

6. Vertex 走线节点控制

若要针对走线删除或增加节点，可以按照以下步骤操作。

（1）增加或修改节点：选择菜单【Edit】→【Vertex】，或者直接单击工具栏中的 V 图标，进入节点编辑模式。

（2）删除节点：若需要删除某个节点，选择菜单【Edit】→【Delete Vertex】，然后单击需要删除的节点。这样，该节点将从走线中移除，调整后的走线将更符合设计需求。

如图 10-33 所示，展示了删除节点前后的效果，通过删除不必要的节点，可以简化走线路径，提升布线的精确度和可制造性。

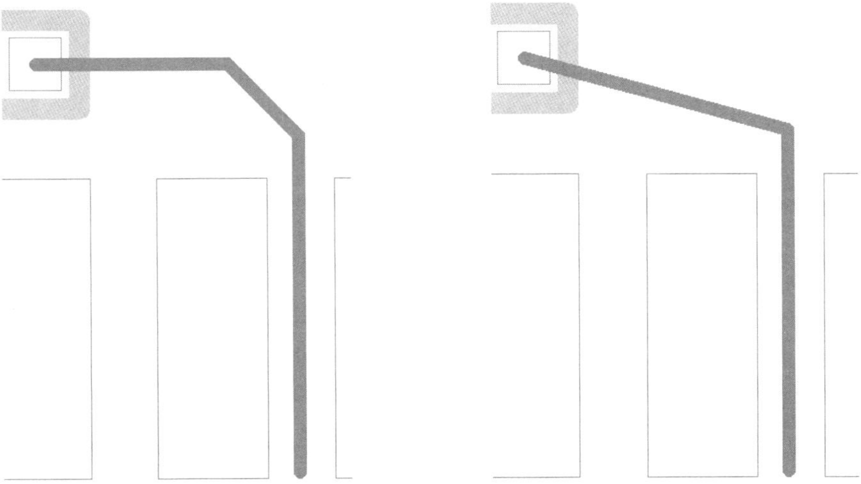

删除节点前　　　　删除节点后

图 10-33

7. 删除走线及过孔

删除走线及过孔的操作步骤如下所述。

（1）选择菜单【Edit】→【Delete】，或者单击工具栏中的图标。

（2）进入“Options”面板，如图 10-34 所示。

（3）进入“Find”面板，勾选需要删除的元素，删除时建议只勾选删除的元素，避免误操作。

这里有一点需要说明：如果在“Find”面板中勾选过孔及走线，就不能同时勾选 Nets，否则删除指令无效，如图 10-35 所示。

（4）单击删除的元素即可。

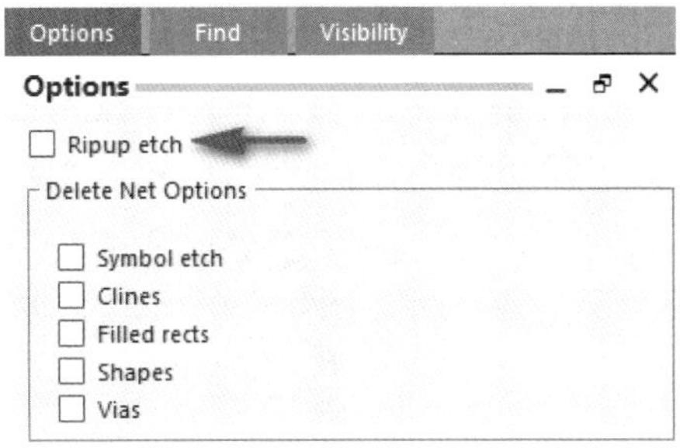

图 10-34

8. 布线居中

布线居中功能对于 BGA 封装的布线非常实用，它可以将走线精确地置于两个引脚的正中间。这样做不仅能够优化走线路径，还能有效减少 PCB 厂商在制作时的困扰。通过使用该功能，可以确保走线在 BGA 引脚之间的布局更加合理，有助于提高板子的可制造性和信号传输的稳定性。

（1）单击工具栏中的图标，在弹出的对话框中，进入“Find”面板。在该面板中，只有 3 个选项是高亮的，说明该指令只能对焊盘、过孔、图形符号三个元素有效。

（2）单击鼠标左键，单击走线两边的元素，走线自动实现居中。以图 10-36 为例，分别单击箭头所示的两端的焊盘，焊盘中间的走线居中。

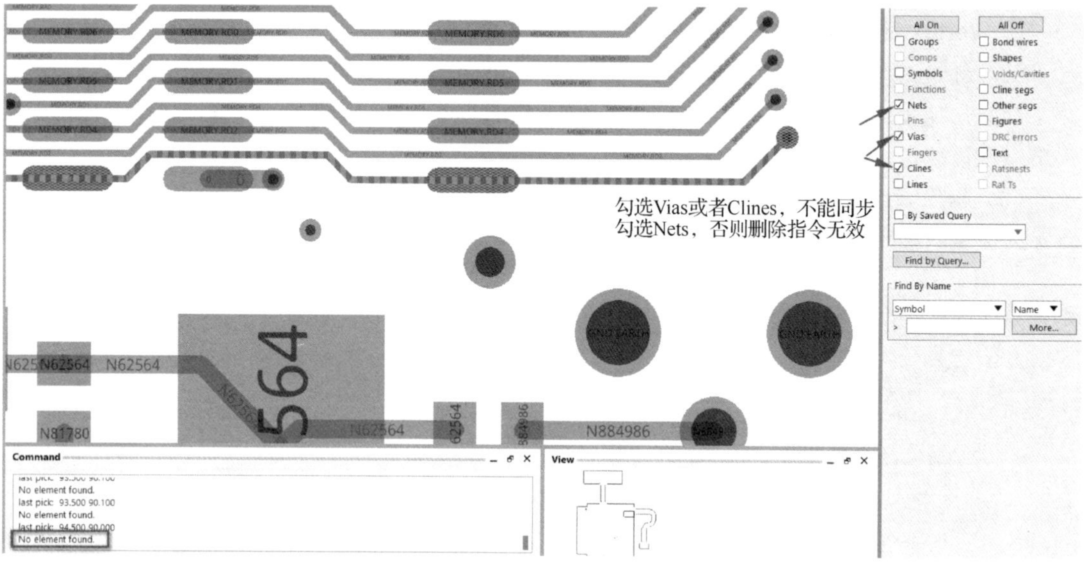

图 10-35

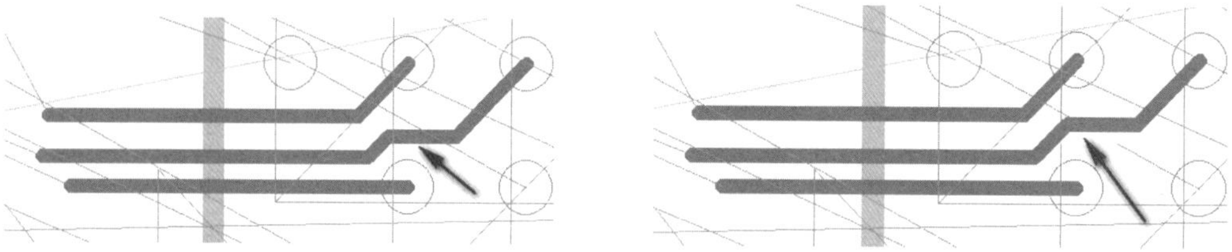

布线居中调整前　　　　布线居中调整后

图 10-36

9．弧形布线

在软板或者高速信号布线时，经常会要求走弧线，下面介绍如何实现弧形布线。

（1）选择菜单【Route】→【Connect】，或者单击工具栏中的图标。

（2）在弹出的对话框中，进入“Options”面板。在该面板中的设置及效果图如图 10-37 所示。

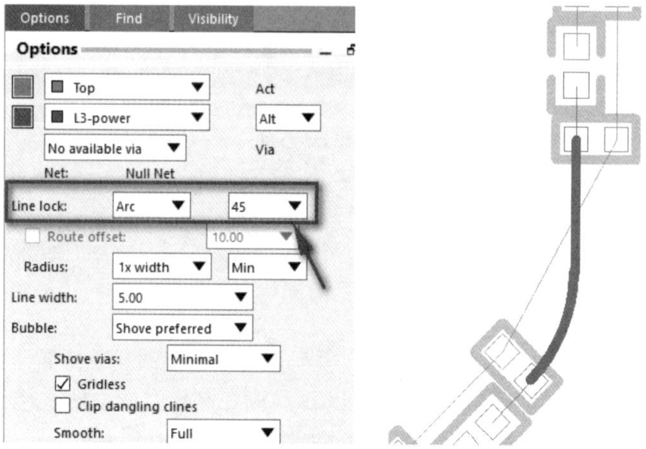

图 10-37

如果是已经完成的走线，由 45°或者 90°布线改为弧形布线，按以下方法操作。

方法一：用于少量走线的转换，选择菜单【Route】→【Slide】，或者单击工具栏中的图标。

在弹出的对话框中，进入“Options”面板。在该面板中，Vertex Action 项选 Acr Corner，将鼠标光标移到走线拐角处，推挤即可，如图 10-38 所示。

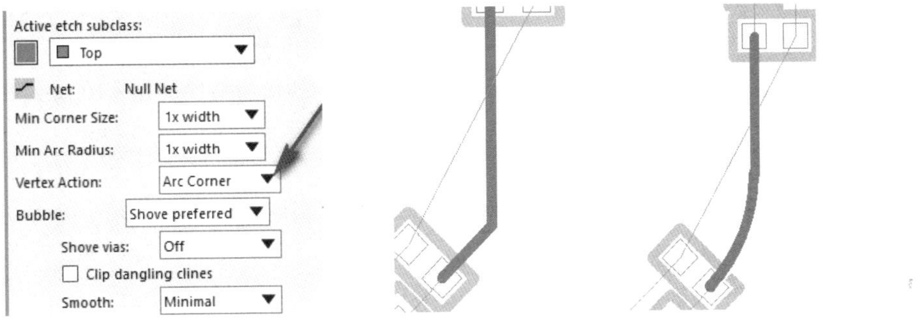

图 10-38

方法二：用于大量走线的转换。选择菜单【Route】→【Unsupported Prototypes】→【Auto-interactive Convert Corner】。在弹出的对话框中，进入“Options”面板。在该面板中，Preferred Radius Size 项选择弧度半径的大小，其他参数默认即可，单击 Net，该 Net 上所有的拐角处都自动变成弧线，如图 10-39 所示。

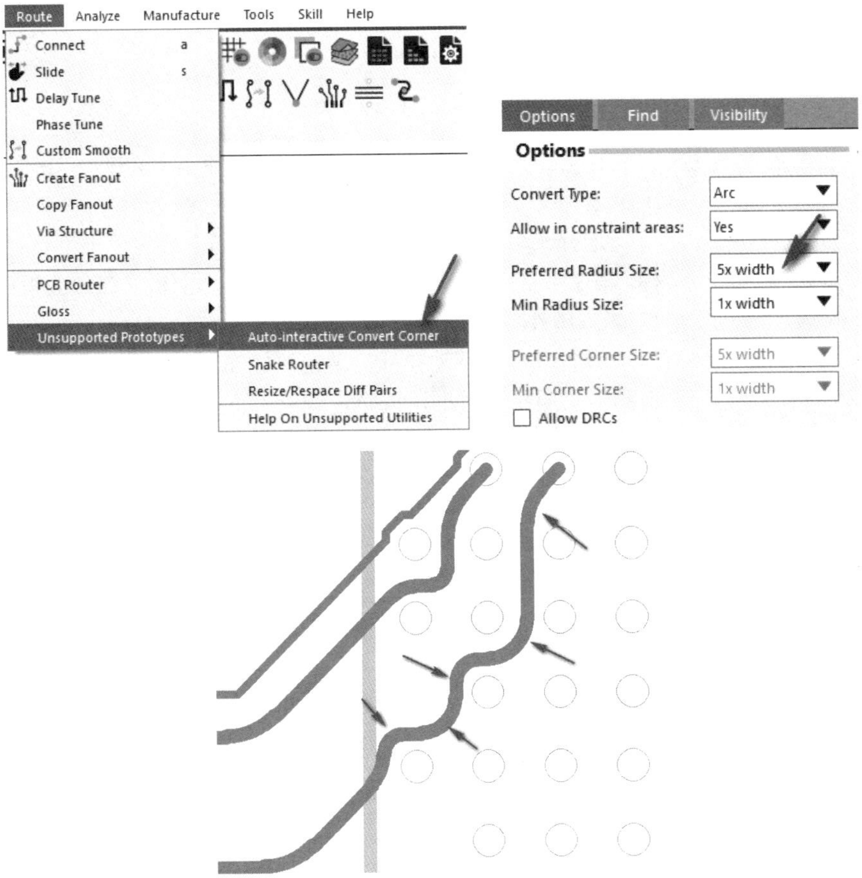

图 10-39

10. 10°布线

关于 10°布线，这一设计与板材的玻璃纤维分布密切相关。在高速电路设计中，采用大约 10°的布线路径可以有效降低由于玻璃纤维分布不均而导致的基板介电常数不一致的影响。这种布线角度有助于确保高速信号线路路径上介电常数的一致性，从而保证信号传输的完整性和稳定性。

举个例子，玻纤布的分布可以比作纱窗：纱窗上有铁丝用于挡蚊子，而中间有空窗透气。走线如果位于玻纤区域和空窗区域，其介电常数和损耗角会有所不同。走线在玻纤区域与空窗区域所受的影响也不同，走线在不同区域的传播特性和损耗角度会有所变化。因此，采用 10°左右的布线角度，可以有效规避这些差异，确保电路的高频性能和信号传输质量。10°走线的具体操作步骤如下所述。

选择菜单【Route】→【Connect】，或者单击工具栏中的图标。在弹出的对话框中，进入“Options”面板。在该面板中，勾选“Route offset”即可实现 10°走线，如图 10-40 所示。

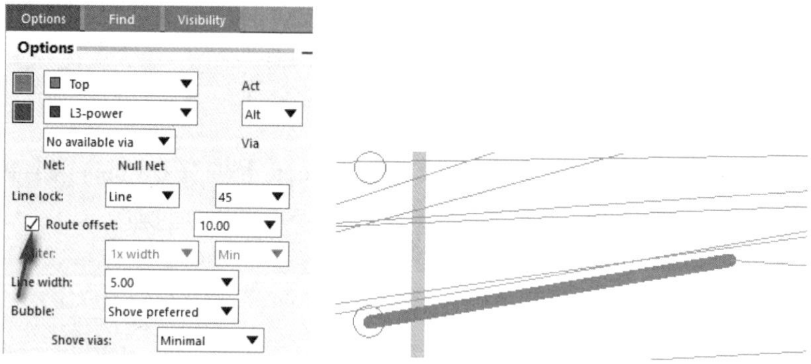

图 10-40

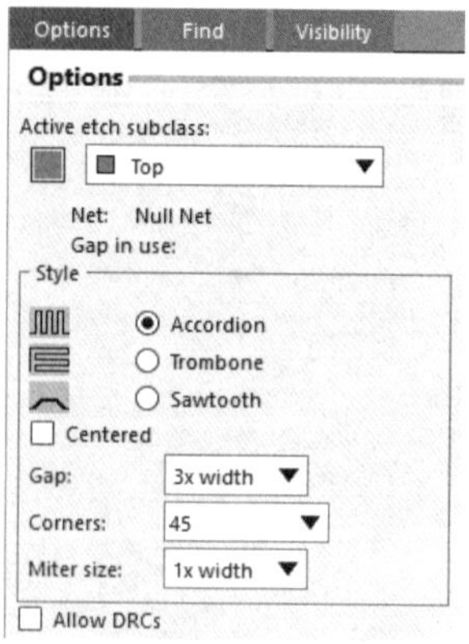

图 10-41

11. 蛇形走线

Layout 时要做到时钟等长，就会用到蛇形布线。具体实现步骤如下所述。

选择菜单【Route】→【Delay Tune】，或者单击工具栏中的图标。在弹出的对话框中，进入“Options”面板，在该面板中的参数设置如图 10-41 所示。

设置好后，移动鼠标，单击已经布好的走线进行蛇形等长布线。拖动箭头所指的方框，调整走线的上下左右尺寸，以确保走线路径符合设计要求和信号传输需求。如图 10-42 所示，你可以通过调整方框尺寸来微调走线的布局，从而优化电路板设计，确保信号传输的质量与稳定性。

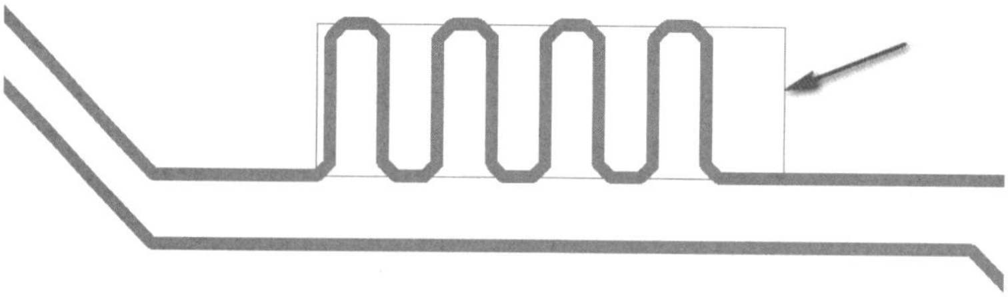

图 10-42

12. 沿特殊形状板边布线

在柔性板或异形板的设计中，拐角通常呈现异形状态。在这种情况下，设计师通常希望走线与板子的外框或已存在的走线保持一致。为了解决这一问题，Contour 功能可以帮助实现走线的精准引导。

通过使用 Contour 功能，新的走线可以自动与 Route keepout 区域或相邻的走线保持一致。

1）产生 Route keepin

首先确认板框是否为封闭的 Shape，选择菜单【Edit】→【Z-Copy】。在弹出的对话框中，进入“Options”面板。在该面板中，选择 ROUTE KEEPIN，子项选择 ALL，Size 选择 Contract（内缩），内缩尺寸一般设置为 20mil，单击板框，即可产生 Route keepin，如图 10-43 所示。

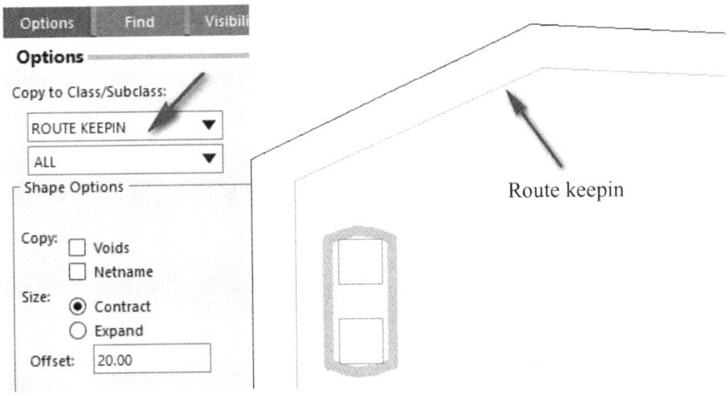

图 10-43

2）引导沿 Route keepin 的边沿布线

选择菜单【Route】→【Connect】，或者单击工具栏中的图标。单击目标线段或焊盘，开始进行走线。单击鼠标右键，在弹出的菜单中选择【Contour Mode】。此时，走线会沿着 Route keepin 的边沿自动布设，走线路径可以适应任何形状。如图 10-44 所示，启用 Contour Mode 后，走线将自动遵循已定义的边界，无论是直线还是曲线形状，都能确保走线与设计要求保持一致。

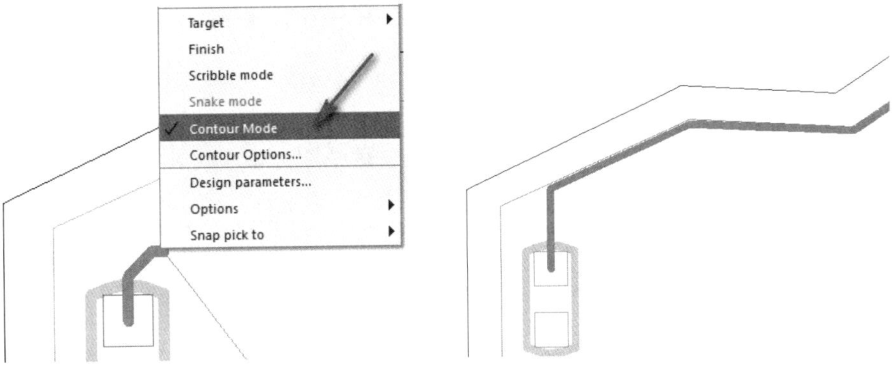

图 10-44

3）设置走线距离

可以通过右键菜单中的【Contour Options】设置间距。选择 User-defined 选项后，定义间距为 10mil，则走线与 Route keepin 以及其他走线之间的间距将保持为 10mil，如图 10-45 所示。

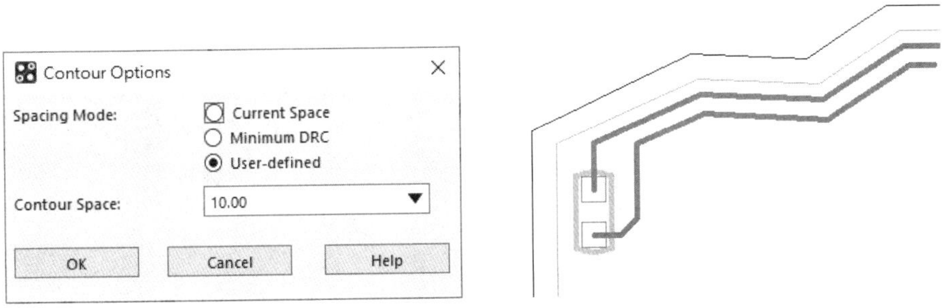

图 10-45

13. 差分布线与打孔

差分线（Differential Pair）是电子电路中用于传输高速信号的特殊走线，其核心特征是通过两根等长、等宽、并行且相位相反的信号线传递同一组信息。差分的两根线通过互补信号的协同工作，以差值传递信息，从而有效解决了高速电路中的噪声、辐射和信号衰减问题。差分线技术是现代电子设备实现高速、高可靠性通信的核心技术之一。在第 9 章中介绍了差分线规则的设置。本部分将进一步探讨差分线布线与打孔的基本方法。

1）差分线布线

选择菜单【Route】→【Connect】，或者单击工具栏中的图标。单击焊盘后，默认会同时走两根线。如果需要切换到单根线模式，单击鼠标右键，在弹出的菜单中选择【Single Trace Mode】即可，如图 10-46 所示。

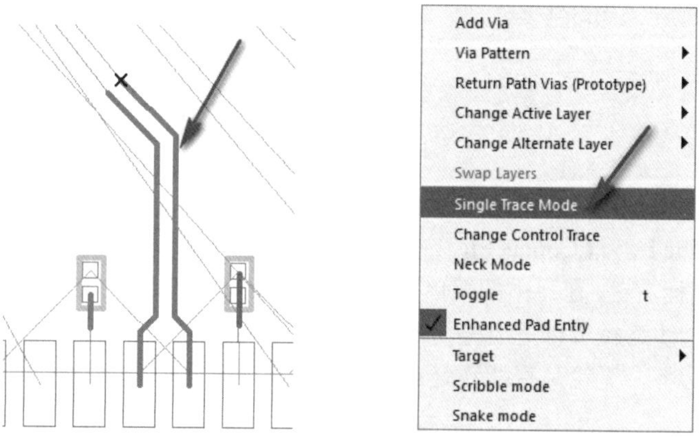

图 10-46

2）差分线打过孔

单击鼠标右键，在弹出的菜单中选择【Via Pattern】，按图示选择需要的打孔模型并双击即可。也可以直接双击鼠标左键打过孔，如图 10-47 所示。

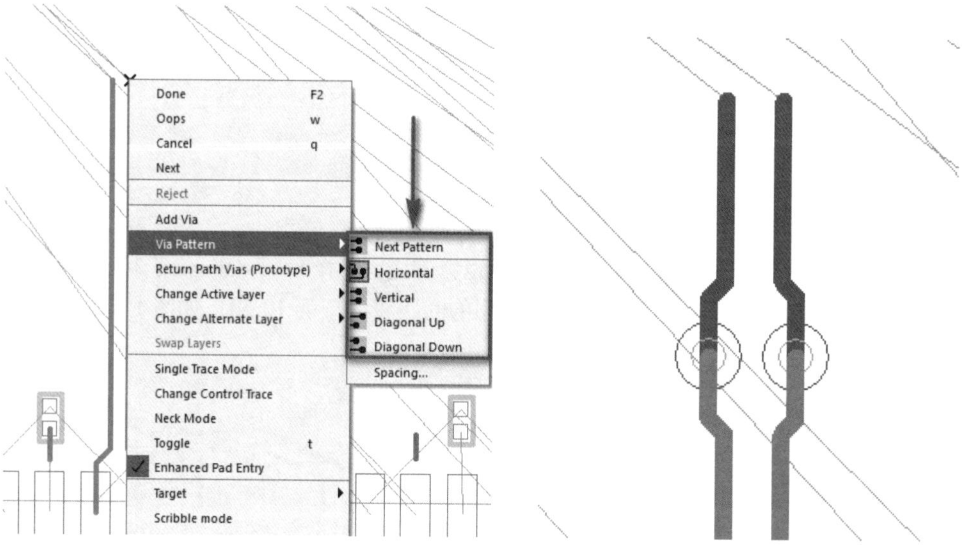

图 10-47

14. 总线布线

如果遇到一组总线，逐根拉线既费时又费力，此时可以采用总线布线的方法来提高效率。具体步骤如下所述。

（1）选择菜单【Route】→【Connect】，或者单击工具栏中的 图标。

（2）将线头从焊盘或过孔处引出一小段线段，为总线布线做好准备，如图 10-48 所示。

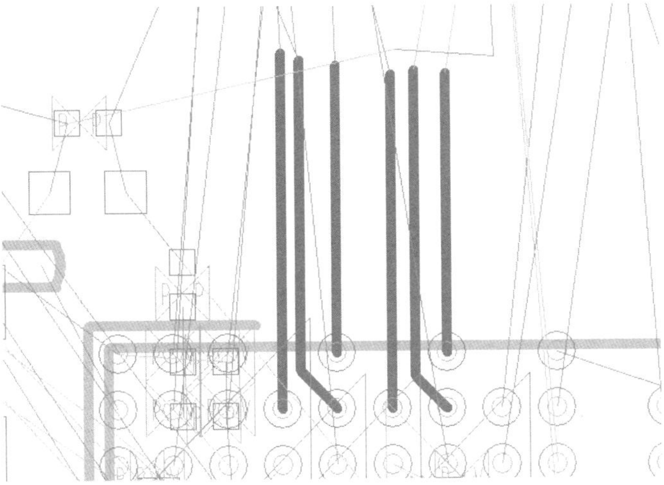

图 10-48 引出走线

（3）框选需要总线布线的多根线头位置，选中后，即可实现同时布设多根线。

（4）如果需要调节多根走线的间距，在走线时单击鼠标右键，在弹出的菜单中选择【Route Spacing】。在弹出的对话框中选择所需的间距即可，如图 10-49 所示。

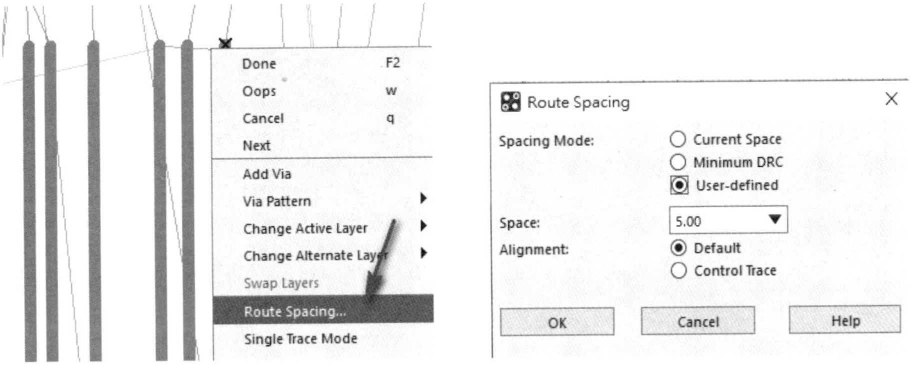

图 10-49

Current Space：按照当前的间距布线。

Minimum DRC：在满足 DRC 间距要求的情况下，按照规则内最小的间距布线。

User-defined：自定义布线间距，在下方的 Space 中可以输入自定义的间距值。我们按照自定义的间距 5mil 来设置，效果如图 10-50 所示。

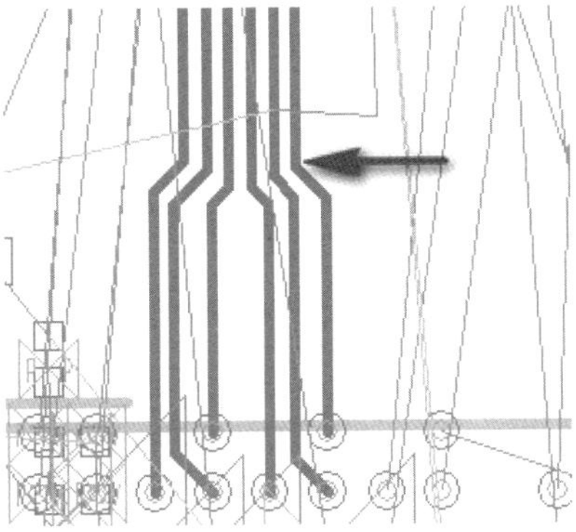

图 10-50

15．快速打过孔的方法和技巧

待布线完成后，重要信号线旁边及空旷区域可能需要大量打地的过孔。如果一个一个地打过孔，效率较低。下面介绍一种快速打过孔的方法。

选择菜单【Place】→【Via Arrays】，在弹出的对话框中，进入相应的面板进行参数的设置，具体如下所述。

（1）快速添加过孔。

① 在“Find”面板中，勾选需要添加过孔的元素对象，如图 10-51 所示。

② 在“Options”面板中，添加过孔，选择 Place，如图 10-52 所示。

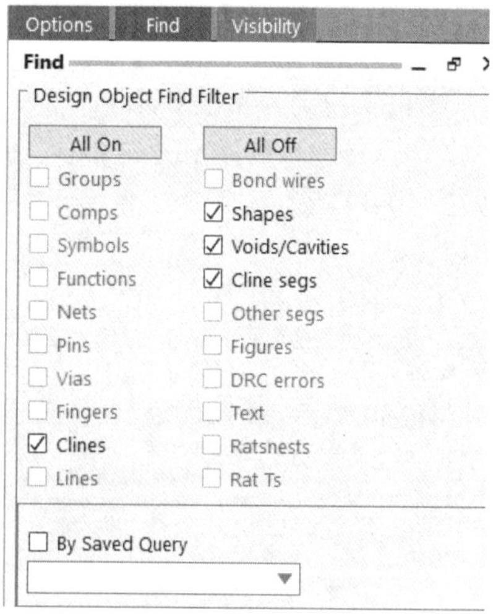

图 10-51

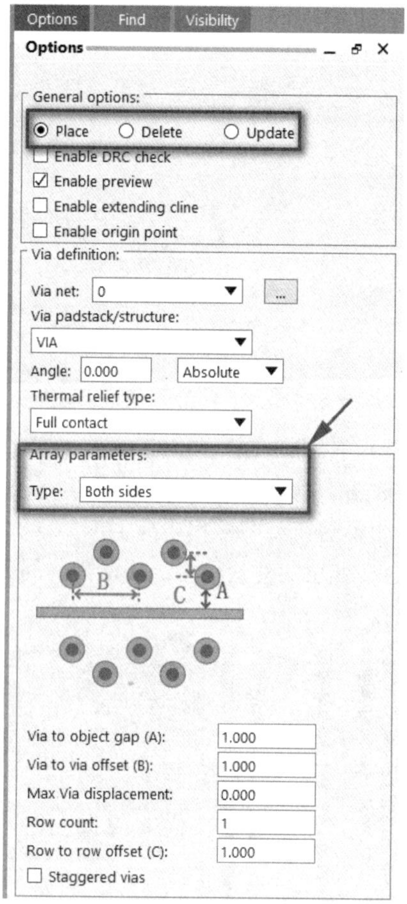

图 10-52

过孔排列如图 10-53 所示。

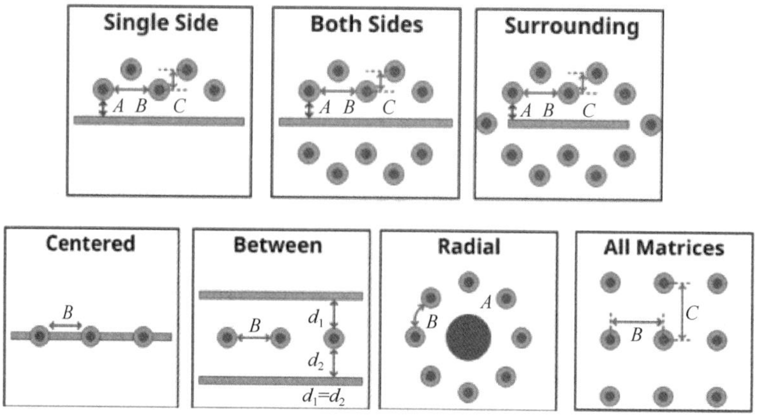

图 10-53

Single Side：在所选对象的单面添加过孔。

Both Sides：在所选对象的两面添加过孔。

Surrounding：在所选对象的四周添加过孔。

Centered：在所选对象的中心位置添加过孔。

Between：在所选两个对象之间添加过孔。

Radial：以极坐标的方式，在所选对象周围添加过孔。

③ 在“Options”面板中勾选“Enable preview”，可以动态预览和控制过孔的位置。通过翻边或者移动起点和终点的方式来实现，如图 10-54 所示。

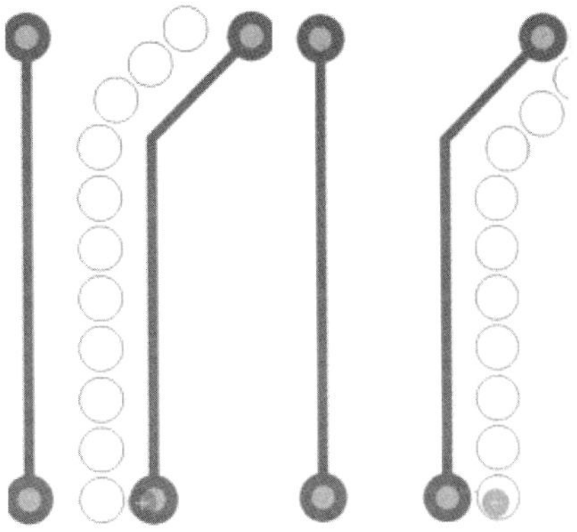

图 10-54

④ 在一块空旷的区域打上一片地的过孔。如图 10-55 所示，选择 Type 为“Across windowed area”选项，并设置相关参数。然后框选空旷区域的范围，最终打孔后的效果如图 10-55 所示。

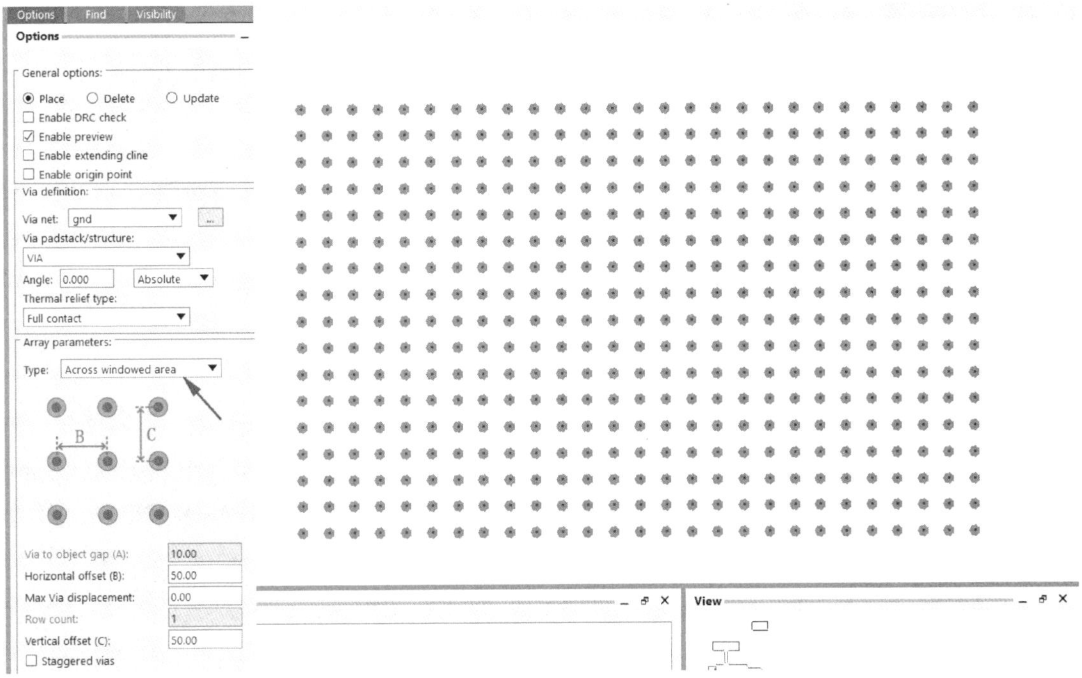

图 10-55

（2）快速删除过孔。在“Options”面板中选择 Delete，无须设置其他参数。元素旁边采用快速添加过孔模式的孔会被一次性删除，如图 10-56 所示。

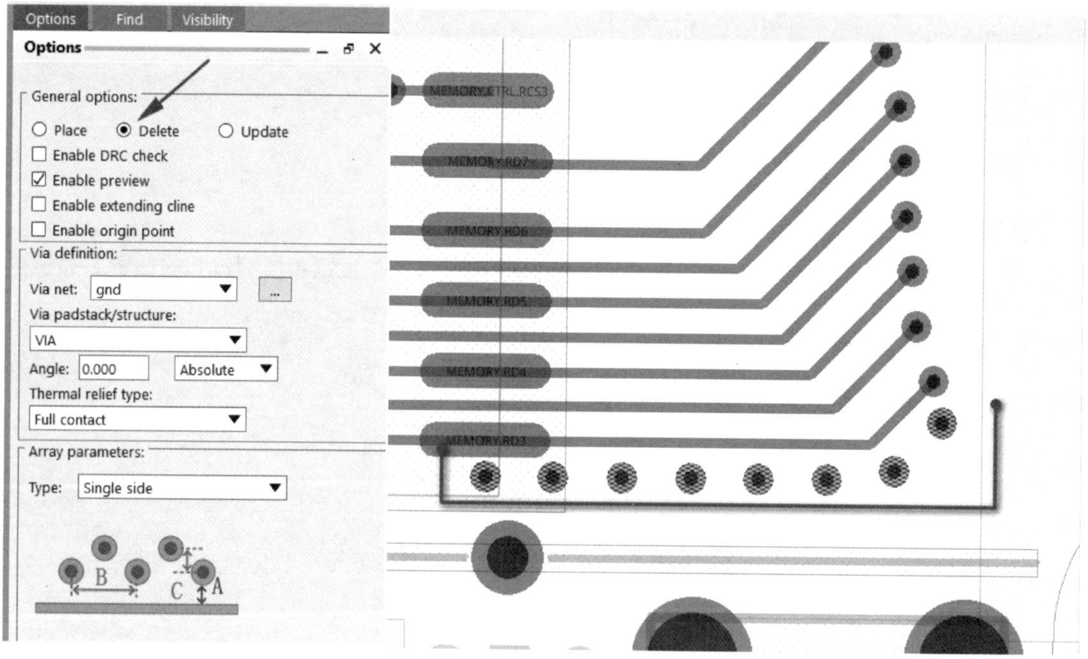

图 10-56

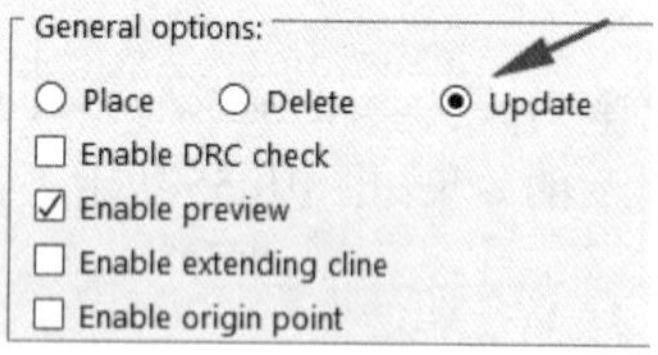

图 10-57

（3）更新过孔排列时，无须删除已添加的 Via Array，只需重新添加并设定好参数。选中对象后，选择 Update 即可完成更新，如图 10-57 所示。

16．泪滴的设置及添加

泪滴的作用如下所述。

（1）保护电路板连接：泪滴可以避免电路板在受到巨大外力冲击时，导线与焊盘或导线与过孔的连接点断开。同时，它还能提升 PCB 的外观，使其更加美观。

（2）焊接保护：在焊接过程中，泪滴能够保护焊盘，避免多次焊接造成焊盘脱落。它还可以防止生产过程中出现蚀刻不均、过孔偏位以及裂缝等问题。

（3）信号传输优化：泪滴能够平滑信号传输中的阻抗，减少阻抗的急剧跳变。尤其是在高频信号传输时，它能够避免由于线宽突然变小而引起的反射，从而使走线与焊盘之间的连接变得更加平稳过渡。

在 Allegro 中添加泪滴的具体步骤如下所述。

1）整板添加

（1）选择菜单【Route】→【Gloss】→【Parameters】，在弹出的对话框中勾选“Fillet and tapered trace”选项，单击该选项前面的方框进行参数设置。在弹出的对话框中，将 Min line width 设置为板子里的最小线宽，其他参数保持默认即可，如图 10-58 所示。

（2）单击 Gloss 按钮，完成整板泪滴的添加。

2）单根走线添加

选择菜单【Route】→【Gloss】→【Add Fillet】，在弹出的对话框中，进入“Find”面板。在该面板中，勾选需要添加泪滴的对象，单击对象即可添加泪滴，如图 10-59 所示。

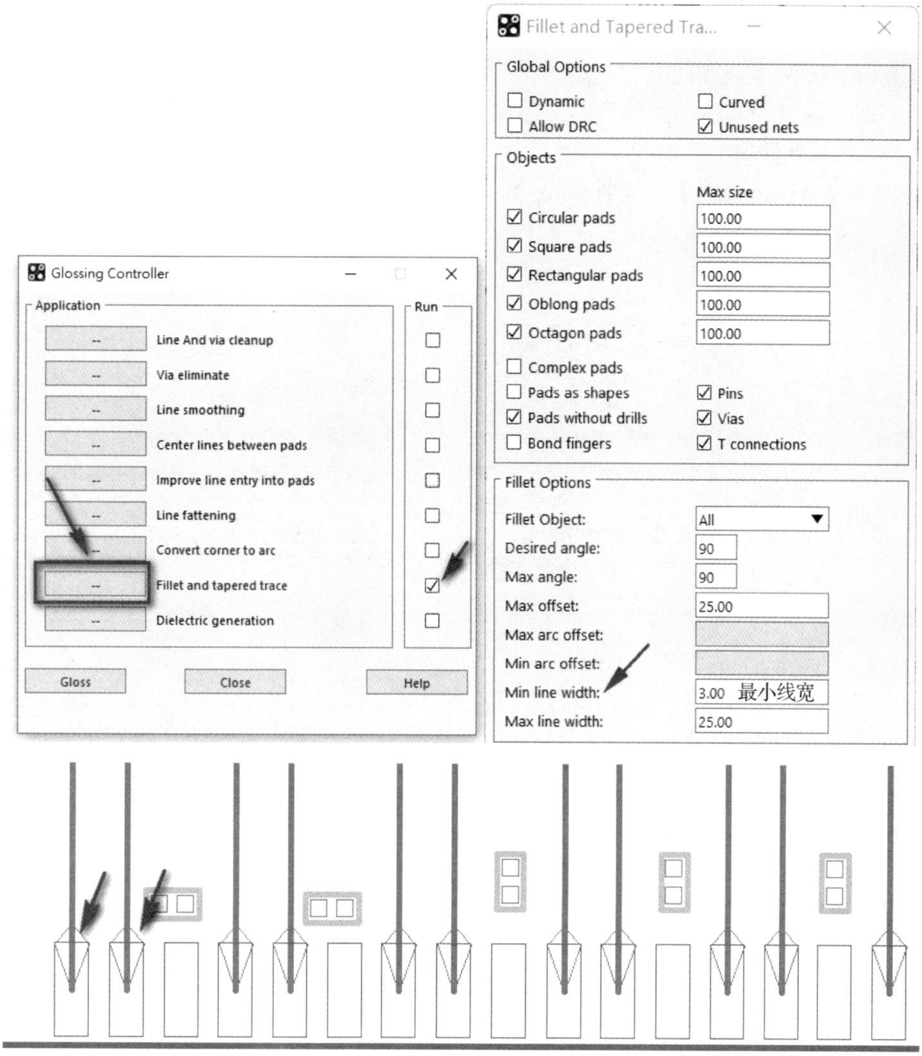
Glossing Controller
Application
Run
Line And via cleanup
Via eliminate
Line smoothing
Center lines between pads
Improve line entry into pads
Line fattening
Convert corner to arc
Fillet and tapered trace
Dielectric generation
Gloss
Close
Help
Fillet and Tapered Tra...
Global Options
Dynamic
Curved
Allow DRC
Unused nets
Objects
Max size
Circular pads
100.00
Square pads
100.00
Rectangular pads
100.00
Oblong pads
100.00
Octagon pads
100.00
Complex pads
Pads as shapes
Pins
Pads without drills
Vias
Bond fingers
T connections
Fillet Options
Fillet Object:
All
Desired angle:
90
Max angle:
90
Max offset:
25.00
Max arc offset:
Min arc offset:
Min line width:
3.00 最小线宽
Max line width:
25.00

图 10-58

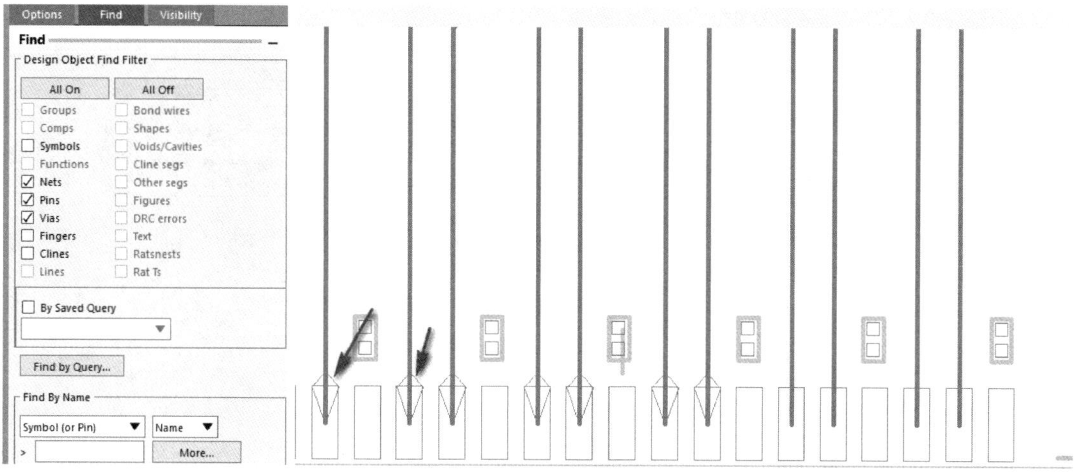
Options
Find
Visibility
Find
Design Object Find Filter
All On
All Off
Groups
Bond wires
Comps
Shapes
Symbols
Voids/Cavities
Functions
Cline segs
Nets
Other segs
Pins
Figures
Vias
DRC errors
Fingers
Text
Clines
Ratsnests
Lines
Rat Ts
By Saved Query
Find by Query...
Find By Name
Symbol (or Pin)
Name
More...

图 10-59

17. 测试点的设置及添加

增加测试点是为了后续的测试使用。在 PCB 上安装元件后，通常需要进行功能测试，因此在设计电路时，通常会在适当的位置添加测试点，以便后续的检测和调试。

1）测试点参数设定

选择菜单【Manufacture】→【Testprep】→【Automatic】，弹出如图 10-60 所示的对话框。在该对话框中，单击 Parameters 按钮。在弹出的对话框中，进入相应的面板进行相应参数的设置。

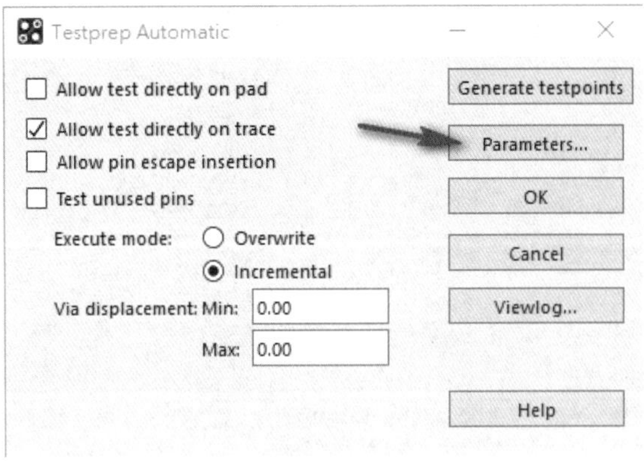

图 10-60

① "General Parameters" 面板中的设置如图 10-61 所示。其中，Methodology 用于选择测试点的层面。Restrictions 中的 Allow under component 应设置为 Never，目的是不允许测试点放置在元件下方。

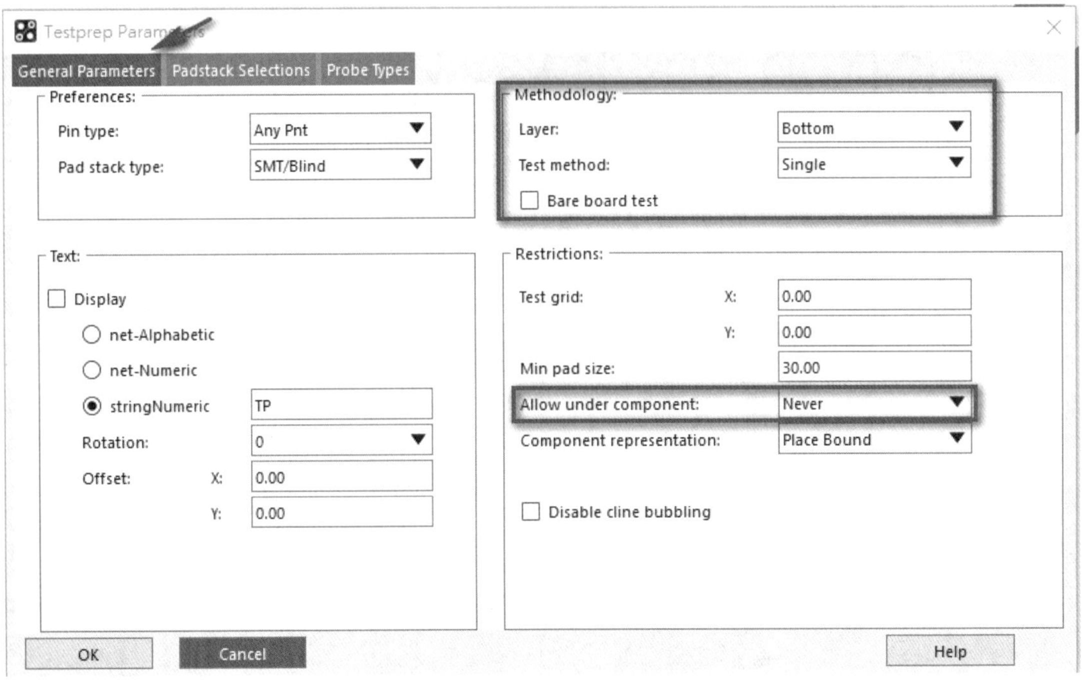

图 10-61

② 在 "Padstack Selections" 面板中，单击 TOP Side Testpoint 后面的…按钮选择 TOP 层的测点焊盘；单击 BOTTOM Side Testpoint 后面的…按钮选择 BOTTOM 层的测点焊盘，如图 10-62 所示。

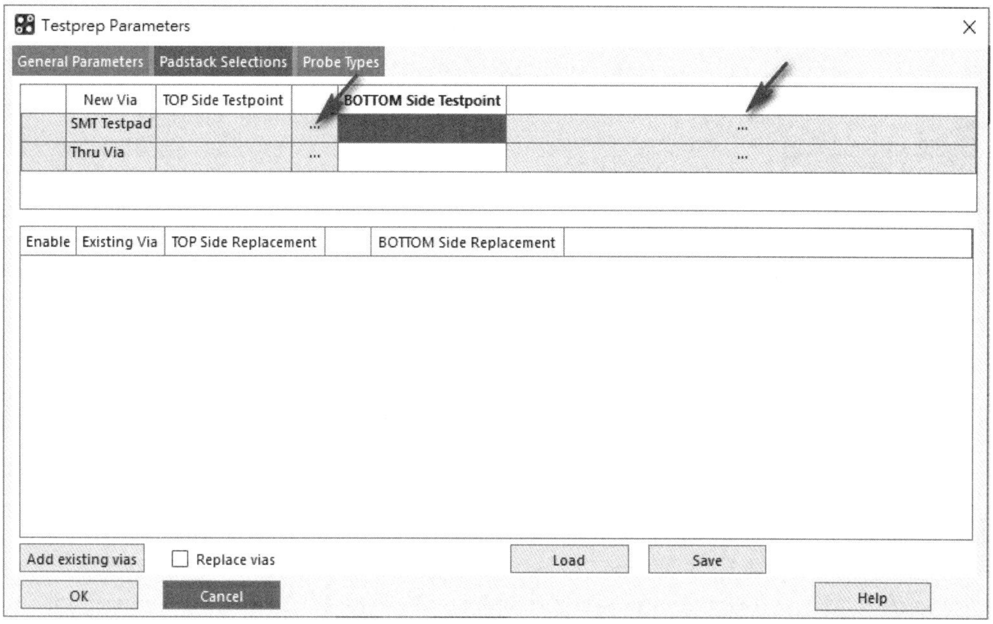

图 10-62

③ 在“Probe Types”面板中，设定测试点之间的距离（测试点中心到中心的距离），如图 10-63 所示，可参照各自测试机台的要求进行设定。单击 OK 按钮后完成参数设定。

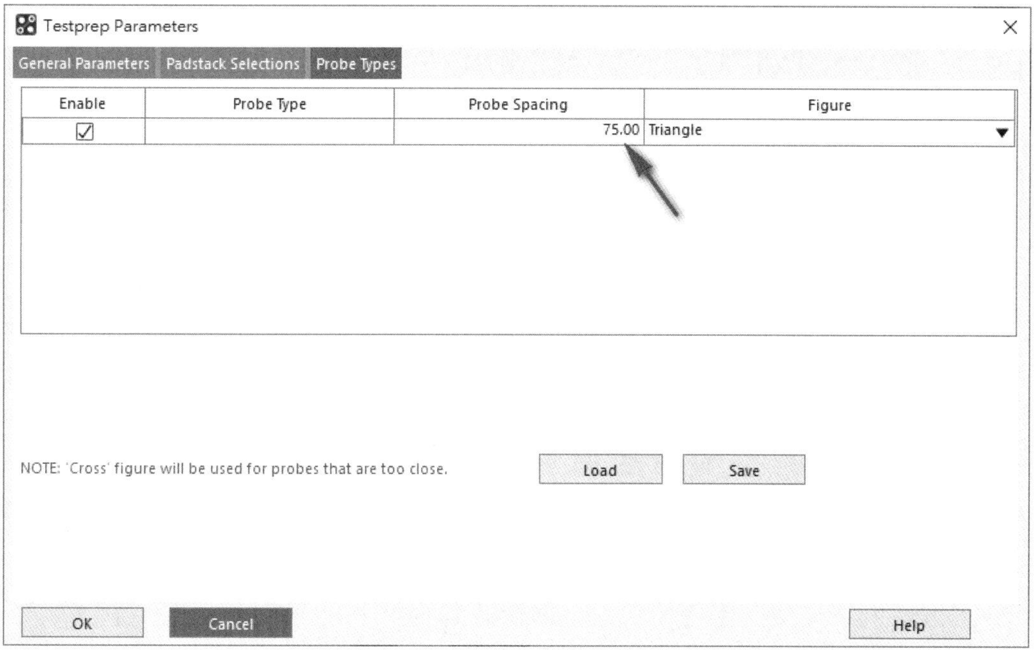

图 10-63

2）自动添加测试点

选择菜单【Manufacture】→【Testprep】→【Automatic】，弹出如图 10-64 所示的对话框。相关参数说明如下。

Allow test directly on pad：允许测试点直接添加到焊盘上。

Allow test directly on trace：允许测试点直接添加到走线上。

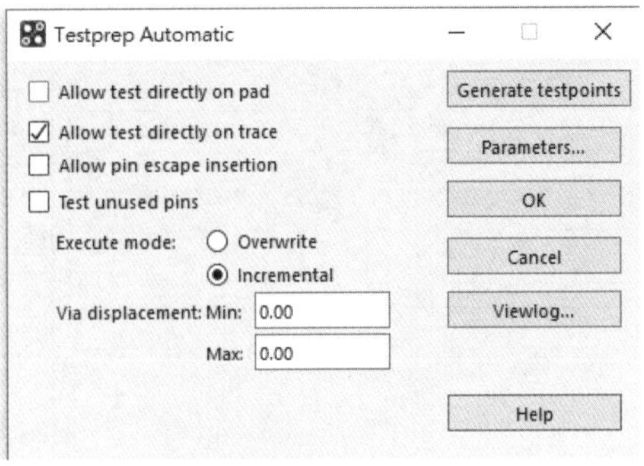

图 10-64

Allow pin escape insertion：自动引线打过孔后添加测试点。

Test unused pins：空的焊盘添加测试点。

Execute mode：Overwrite，删除旧测试点，并加入新测试点；Incremental，保留旧测试点，并加入新测试点。

Via displacement：Min，当勾选“Allow pin escape insertion”选项后，设定自动引线的最小长度；Max，当勾选“Allow pin escape insertion”选项后，设定自动引线的最大长度。

以上参数设置完成后，单击 Generate testpoints 按钮，即可自动添加测试点。此时，Command 命令窗口中会显示相应的信息，如图 10-65 所示。在图 10-65 中，Complete 之后的数字表示成功添加的测试点数量；Fail 之后的数字表示无法添加的测试点数量；Ignore 之后的数字表示无法处理的测试点数量；Warn 之后的数字表示警告信息的数量。

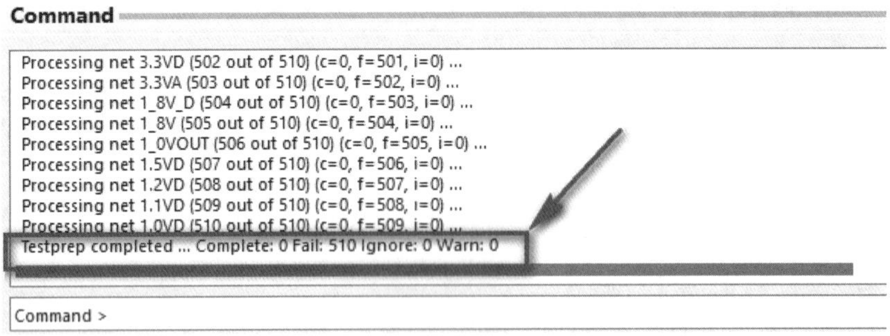

图 10-65

当执行完自动添加测试点的操作步骤后，如果尚有测试点未能自动添加，则改用手动方式添加。

3）手动添加测试点

选择菜单【Manufacture】→【Testprep】→【Manual】，在弹出的对话框中，进入“Options”面板。在该面板中，选择 Add，如图 10-66 所示。

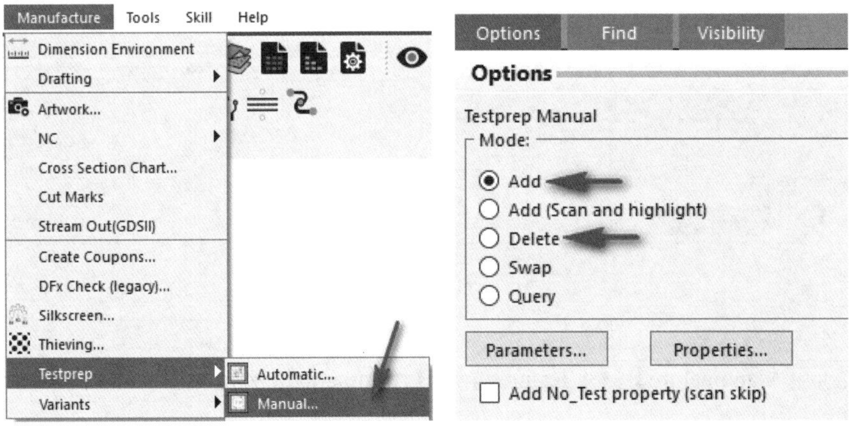

图 10-66

双击需要添加的 Net，即可添加测试点，如图 10-67 所示。

4）显示测试点的符号

单击图标，打开 Manufacturing 中的 Probe_Top/Probe_Bottom，测试点将显示为三角符号，以便进行区分，如图 10-68 所示。

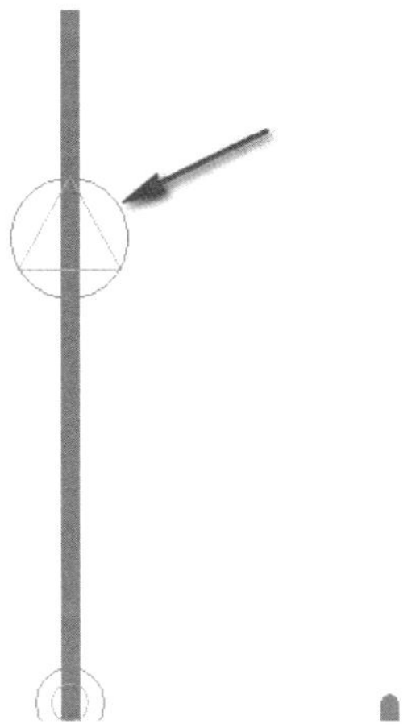

图 10-67

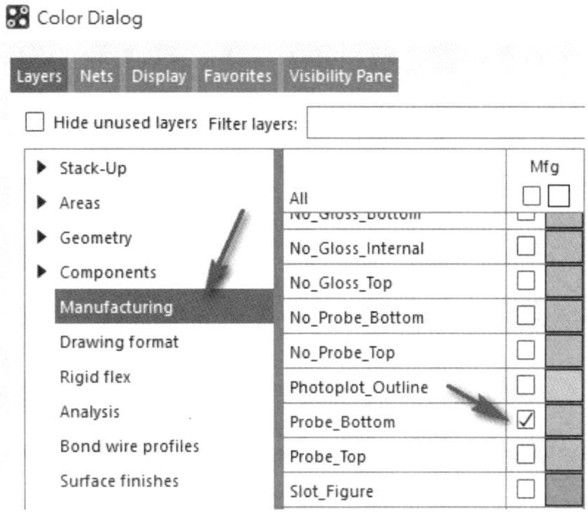

图 10-68

18. 自动连接线头

在为 BGA 或连接器等元器件粘贴走线时，如果线的端点与焊盘中心存在偏差，系统会显示飞线和 DRC 错误。此时，可以使用自动连接线头方法一键连接，解决此问题。

选择菜单【Tools】→【Derive Connectivity】，弹出 Derive Connectivity 对话框。在该对话框中，勾选所有选项，单击 OK 按钮，如图 10-69 所示。此时，可自动连接线头。

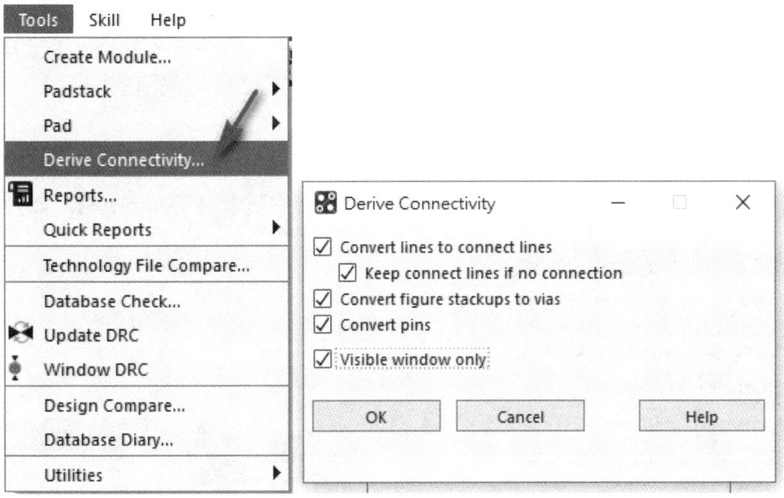

图 10-69

19. 走线及过孔的复制及粘贴

如果板子上有相同的模块，可以直接复制走线及过孔。具体操作步骤如下所述。

选择菜单【Edit】→【Copy】，或者单击工具栏中的图标。在弹出的对话框中，进入“Options”面板。在该面板中，选择复制的基准点，如图 10-70 所示。

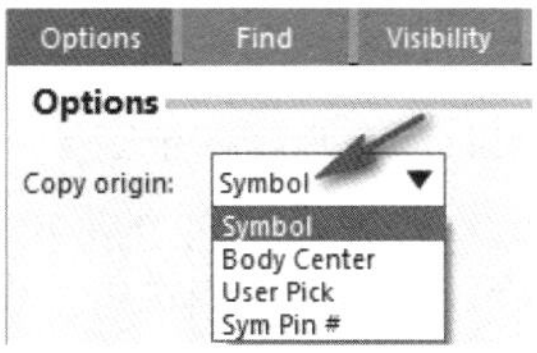

图 10-70

进入“Find”面板，在该面板中勾选对应的元素，如 Vias、Clines、Cline segs 等，如图 10-71 所示。选择走线及过孔进行复制粘贴即可。

20. Sub-Drawing 功能介绍

Sub-Drawing 可以在不同的 PCB 之间完成各类元素的复制粘贴，具体操作步骤如下所述。

（1）选择菜单【File】→【Export】→【Sub-Drawing】，如图 10-72 所示。

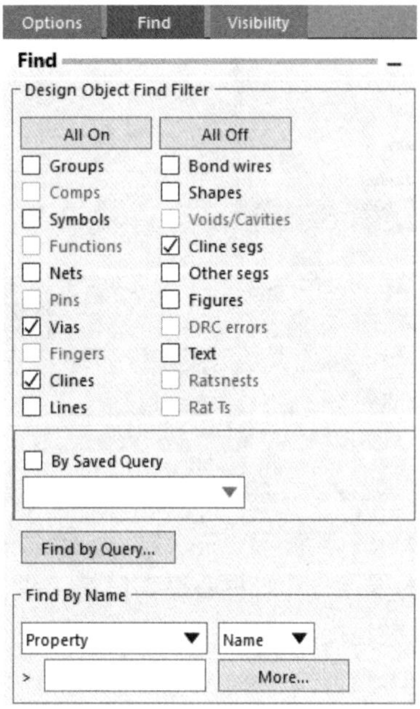

图 10-71

图 10-72

（2）在弹出的对话框中，进入“Find”面板。在该面板中，选择要复制的元素；进入“Options”面板，在该面板中根据需要勾选对应的选项，一般选择保留过孔和铜箔的网络名称，如图 10-73 所示。

（3）在工作区中单击鼠标右键，在弹出的菜单中选择【Temp Group】，在工作区选择需要复制的内容，选择完毕后再次单击鼠标右键，在弹出的菜单中选择【Complete】，如图 10-74 所示。

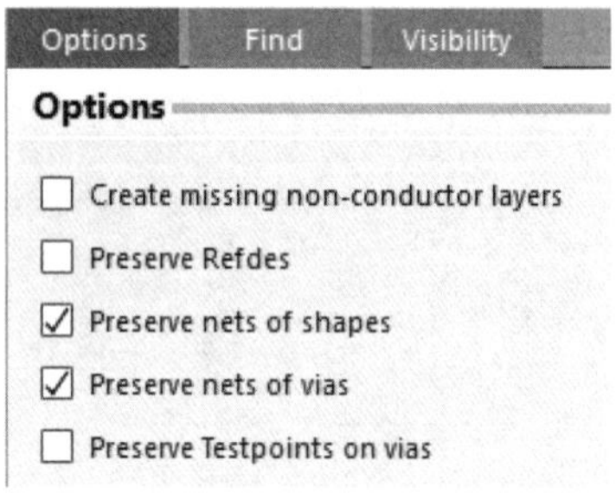

图 10-73

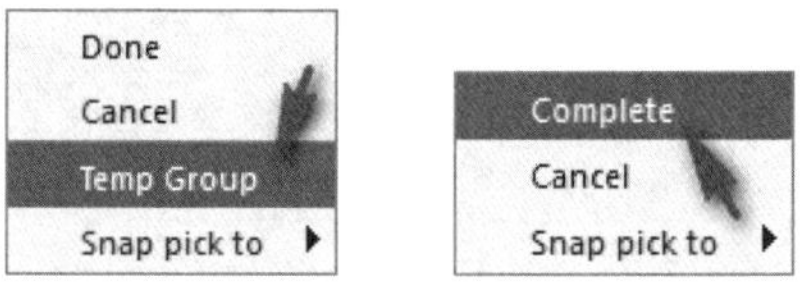

图 10-74

（4）以上步骤完成后，选择两个对象中相同的基准点来执行定位。两个 PCB 文件在复制粘贴时，将通过这个定位点来进行复制粘贴，尽量选择两个 PCB 相同部分的某个点作为基准。可以通过右键的 Snap pick to 功能来捕捉 Pin 或者某个点，也可以使用原点，进入 Command 命令窗口，输入坐标并按回车键。在弹出的对话框中，系统将生成一个*.clp 文件，默认名称为 standard，并保存到与粘贴对象的 PCB 文件同一路径下，如图 10-75 所示。

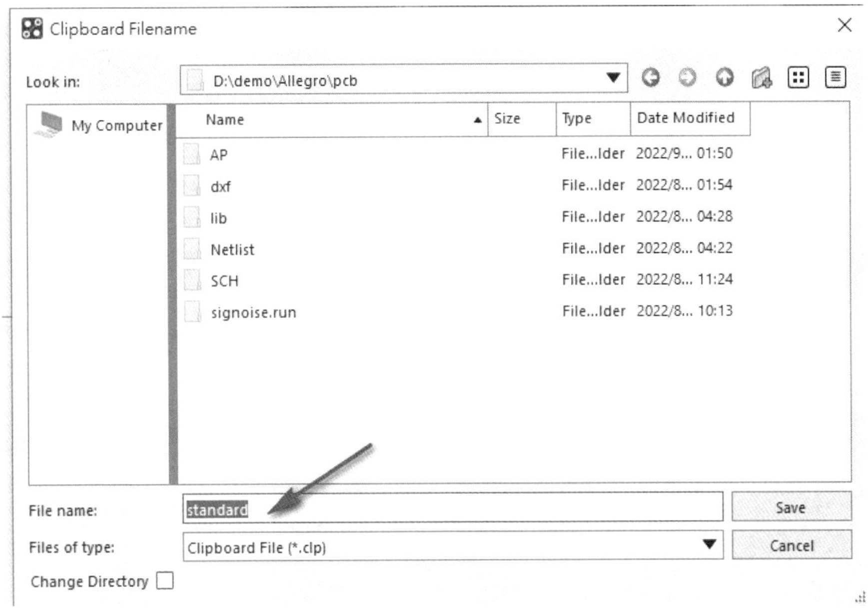

图 10-75

（5）打开需要导入 Sub-Drawing 的文件，选择菜单【File】→【Inport】→【Sub-Drawing】，在弹出的对话框中选择上一步保存的 standard.clp 文件，单击 OK 按钮，如图 10-76 所示。

（6）在“Options”面板中根据需要勾选是否保留文字或者铜皮的网络名。这一步请特别注意，选择与第（4）步同样的基准点，导入成功。

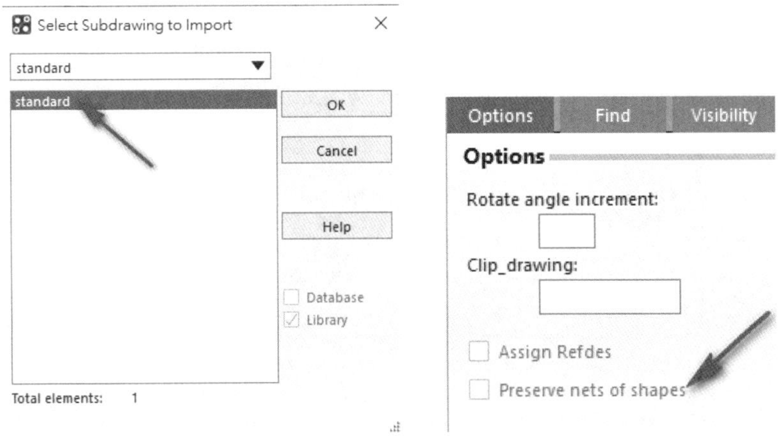

图 10-76

21. 删除多余的线头及过孔

布线完成后，需要检查是否有多余的过孔或者走线，避免影响 PCB 的电气特性，具体操作步骤如下所述。

（1）选择菜单【Tools】→【Reports】，在弹出的对话框中双击“Dangling Lines, Via and Antenna Report”选项，在 Selected Reports 栏中显示“Dangling Lines, Via and Antenna Report”，单击 Generate Reports 按钮，如图 10-77 所示。

（2）如图 10-78 所示，在弹出的对话框中报告多余的线头和过孔，单击箭头所指的坐标，光标会跳到坐标所在的位置，执行删除操作即可。

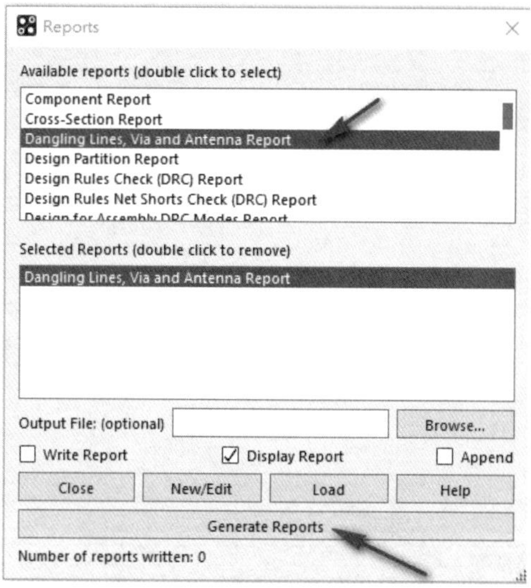

图 10-77

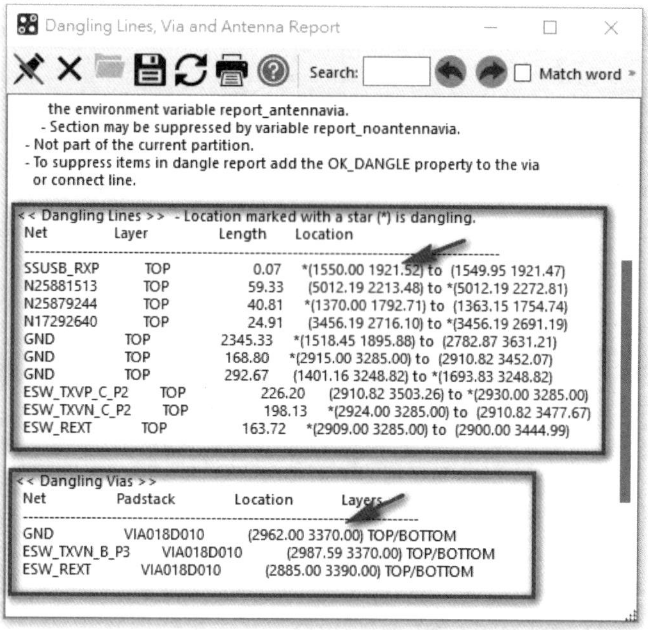

图 10-78

22. PCB 布线的基本原则

（1）使用 45°角（圆弧更佳）的走线取代 90°角，以减少高频辐射，如图 10-79 所示。

图 10-79

（2）走线应尽量保持短而直，避免出现 T 型分支，同时保持同一网络的线宽一致，以减少信号干扰。

（3）所有的走线应尽量避免使用打孔，减少信号的衰减和反射。

（4）对于过长的高速线和一般走线，为了减少线间串音，可适当增加走线间距，确保信号的完整性。

（5）在多层板的布线设计中，如果条件允许，最好采用井字形网状布线结构。具体做法是：印制板一面横向布线，另一面纵向布线，然后通过过孔将交叉处连接，减少并行线的长度，降低串扰。

（6）注意不同信号线的阻抗要求。对于阻抗控制的信号线，需要进行立体包地设计，以确保信号传输质量。

10.6 铜箔

本节将主要介绍铜箔在 Routing 层和 Plane 层中的应用，铜箔分为正片（Positive）和负片（Negative）两种类型，如图 10-80 所示。通常，负片铜箔用于 Plane 层，而正片铜箔常用于 Routing 层。

1. 铜箔的正负片描述

1）负片铜箔

负片铜箔中，白色部分表示走线或导通的贯穿孔，图形与实际情况相反。

优点：

① 负片铜箔的数据量非常小。

② 对于后段 PCB 板厂在进行 Gerber 数据处理时较为方便。

缺点：

① 必须为所有热孔建立 Flash Symbols。

② 无法提供太详细的 DRC 检查规则。

2）正片铜箔

正片铜箔中，黑色部分表示铜箔，而走线或导通的贯穿孔和焊点也以黑色表示。

优点：

① 在 Allegro 中显示效果非常明显，正片的显示对热孔和抗焊盘不需要建立 Flash Symbols。

② 提供比较完整的 DRC 检查，如未连接的焊盘可以通过鼠线显示出来。

缺点：

① 正片铜箔的数据量远大于负片铜箔。

② 在静态铜箔时，若有修改，需要手动重新铺设铜箔。

总结：需要特别强调的是，电源层和地层通常使用一整块铜箔。如果选择正片铜箔进行处理，底片输出时会占用大量数据。因此，通常建议电源层和地层使用负片铜箔。

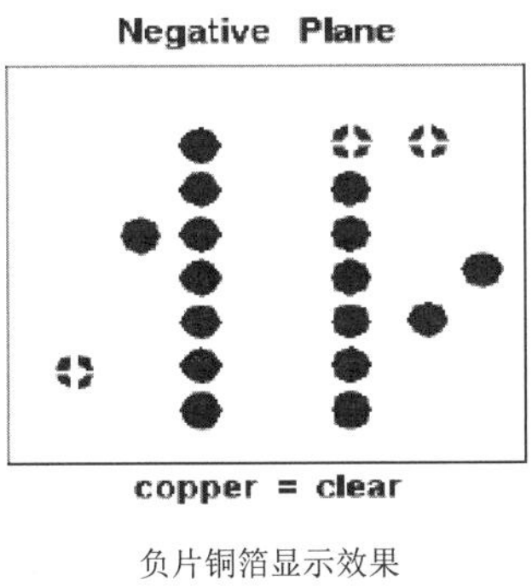

负片铜箔显示效果

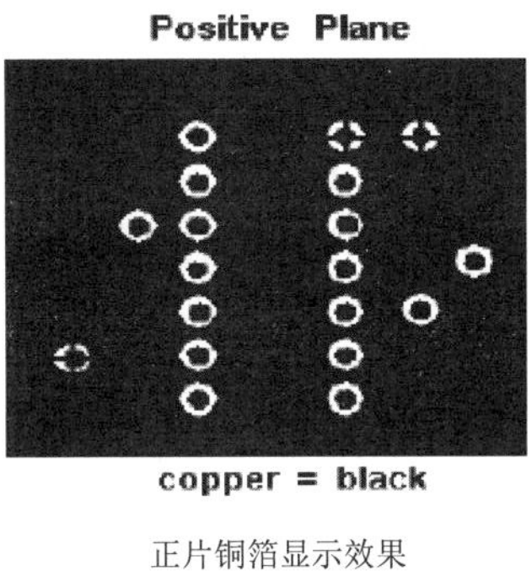

正片铜箔显示效果

图 10-80

2. 铜箔的动静态描述

（1）动态铜箔：动态铜箔能够在走线、移动元件或添加过孔时自动产生避让效果，从而有效避免信号线与铜箔的冲突，如图 10-81 所示。

（2）静态铜箔：静态铜箔在走线、移动元件或添加过孔时无法自动产生避让效果，必须通过手动设置来实现避让，确保走线与铜箔之间的适当间隔，如图 10-81 所示。

（a）动态铜箔　　（b）静态铜箔

图 10-81

3. 铜箔参数的设定

在铺设铜箔之前，必须先设置好铜箔的相关参数，以确保铜箔的类型和特性符合设计要求。通过合理设置，可以实现实心铜箔、网状铜箔、动态铜箔和静态铜箔的建立。具体步骤如下所述。

（1）对于整个 PCB 铜箔，选择菜单【Shape】→【Global Dynamic Params】；对于单个铜箔，选择菜单【Shape】→【Select Shape or Void/Cavity】，或者单击工具栏中的图标，如图 10-82 所示。

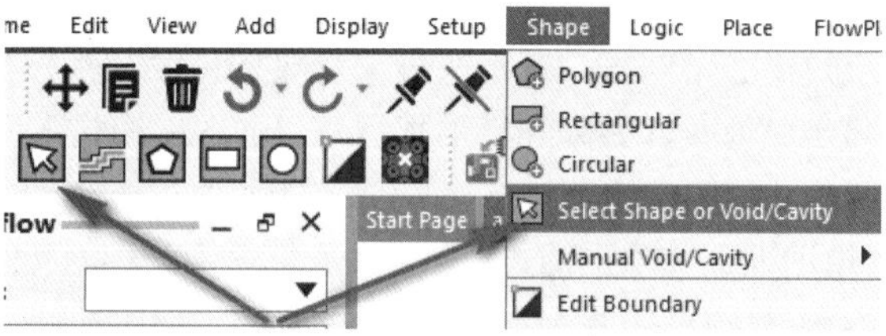

图 10-82

（2）选择目标铜箔，单击鼠标右键，在弹出的菜单中选择【Parameters】，如图 10-83 所示。

（3）如图 10-84 所示，在弹出的对话框中，进入“Shape fill”面板。在该面板中，设置铺铜方式。其中，Smooth，选择此选项后，系统会自动填充铜箔并进行避让，适用于精确的外形和底片输出效果，同时会执行 Void、DRC 检查，确保设计的精确性。Fast，选择该选项，可以快速产生自动避让效果，但只会生成大致的外形，不会执行底片输出效果，适用于设计初期的快速检查和修改。Disabled，禁用此选项后，系统不会执行填充、Void 操作或 DRC 检查，适用于进行大规模变动时，以提高处理速度。Fill style，选择铜箔填充风格，包括 Solid（实心铺铜）和 Xhatch（网状铺铜）。Xhatch style，选择网状铺铜的填充效果，提供六种不同的形式，每种形式适用于不同的设计需求，具体效果如图 10-85 所示。

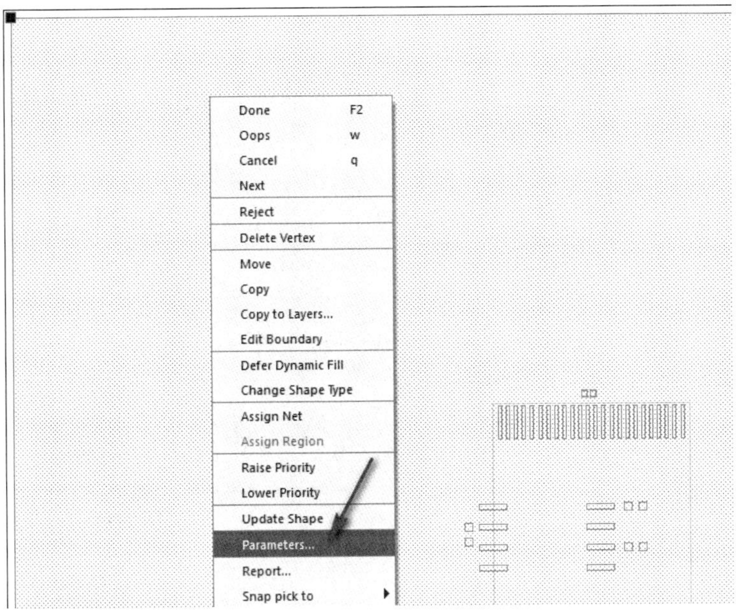

图 10-83

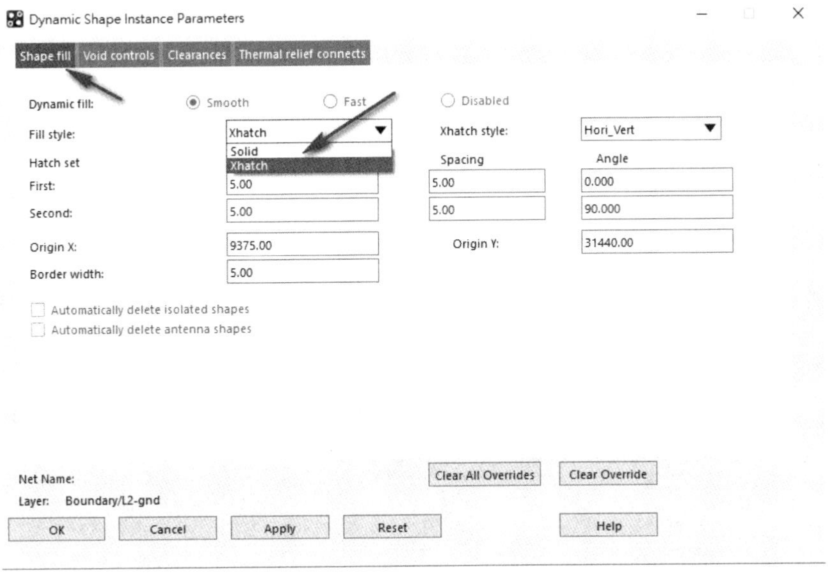

图 10-84

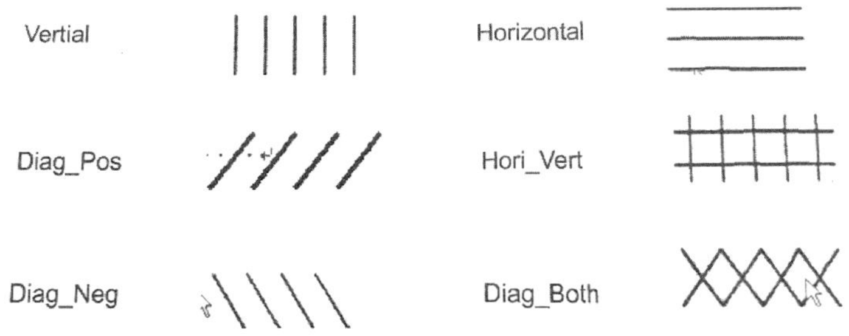

图 10-85

（4）进入“Void controls”面板，在该面板中进行挖铜方式的设置，如图 10-86 所示。其中，

Artwork format 为底片格式，指的是输出用于制造的底片图形格式，通常用于 PCB 设计中的铜箔和焊盘等内容的展示和生产。Minimum aperture for gap width 用于设定最小镜头大小，定义了在生成底片时，最小的孔径或开口尺寸。小于此值的区域将不会被填充或输出，确保设计符合制造标准。Suppress shapes less than，当铜箔的面积小于设定值时，自动删除这些小面积的铜箔。此设置用于优化设计，去除无效的铜箔区域，减少生产过程中的复杂度和资源浪费。Create pin voids，在焊盘或过孔排布时，自动创建避开铜箔的空洞区域。这种模式确保焊盘或过孔位置周围不会被铜箔覆盖，便于后续焊接和制造过程。其他采用默认值。

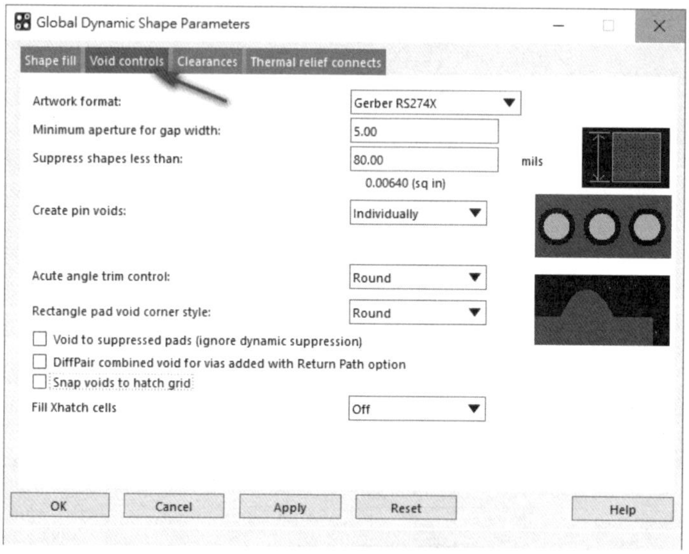

图 10-86

（5）进入“Clearances”面板，如图 10-87 所示。在该面板中，设定铜箔与其他元素之间的安全间距，以确保设计的可制造性和电气性能。安全间距的计算方式可以选择以下几种方式。其中，DRC，根据系统 Constrains Manager 中 Spacing（间距）设置中的 Shape（形状）相关参数，自动进行避让。Thermal/Antipad，根据焊盘的热孔和抗焊盘设置的值进行避让。

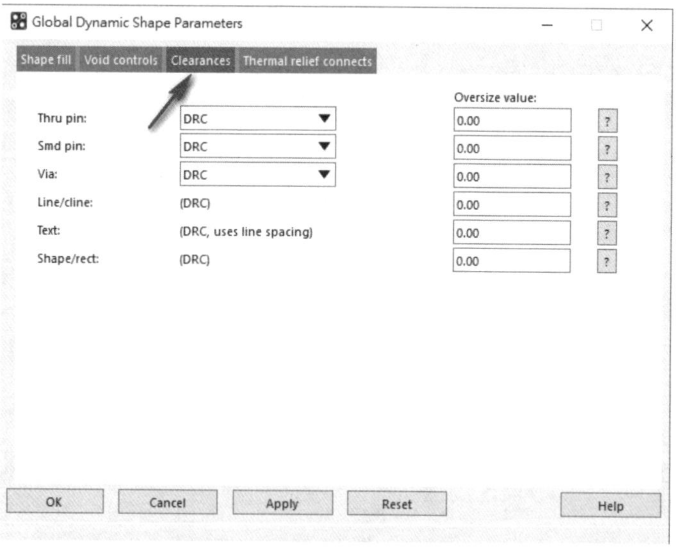

图 10-87

（6）进入“Thermal relief connects”面板，在该面板中设置焊盘与铜箔的连接方式，如图 10-88 所示。其中，设定 Pin 和 Via 与铜箔的连接方式可分为以下几种，即 Orthogonal，十字形连接铜箔；Diagonal，斜角 45°连接铜箔；Full contact，完全接触铜箔；8 Way connect，米字形 8 个连接点。Maximum connects，设定焊盘与铜箔的最大连接数，其值范围为 1～8。Minimum connects，设定焊盘与铜箔的最小连接数。Use fixed thermal width of，使用固定宽度的热孔连接线。Use thermal width oversize of，在设定原本热孔宽度的基础上，再加上该设定值作为新的宽度。

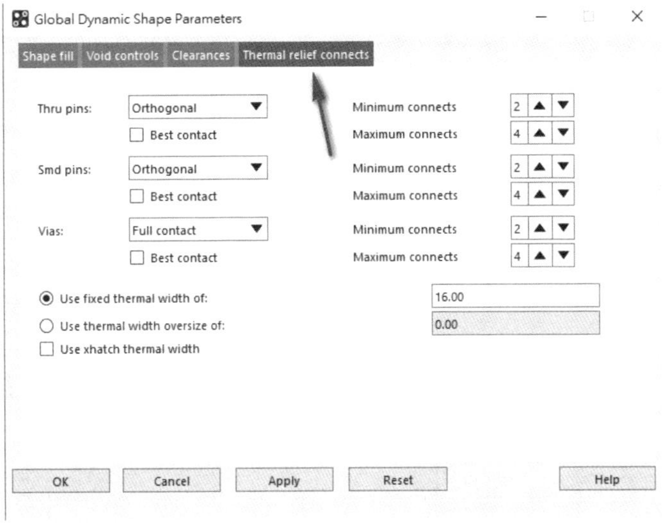

图 10-88

4．铜箔的建立

（1）选择菜单【Shape】，选择铜箔形状，或者单击工具栏中的图标之一，连接铜箔至走线层面上，如图 10-89 所示。

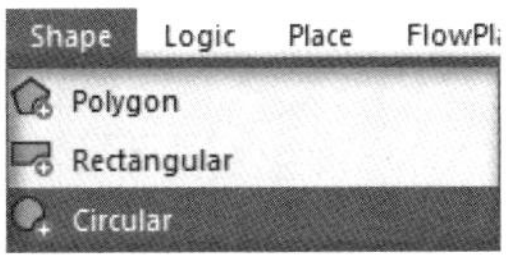

图 10-89

（2）在弹出的菜单中，进入“Options”面板。在该面板中，选择铺铜的层面，如图 10-90 所示。选择铺铜的类型，如图 10-91 所示。其中，Dynamic copper 为动态铺铜；Dynamic Crosshatch 为动态网状铺铜；Static solid 为静态铺铜；Static Crosshatch 为静态网状铺铜；Unfilled 为不填满铺铜。如图 10-92 所示，单击图中的…按钮，指定铜箔的网络名称。在图 10-92 中，Shape grid 为铺铜格点，Current grid 表示当前格点；None 表示不用格点。Segment Type 铜箔外形和转角角度的设置如图 10-93 所示。

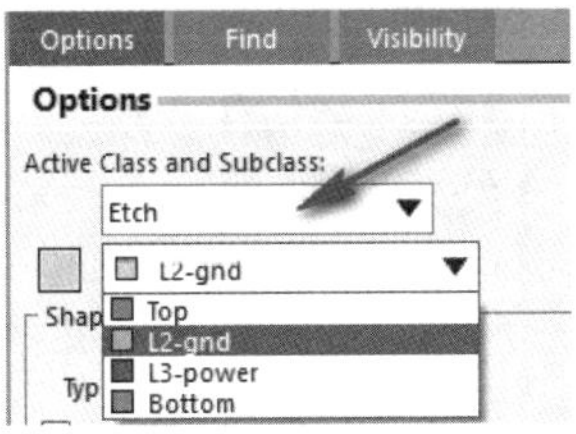

图 10-90

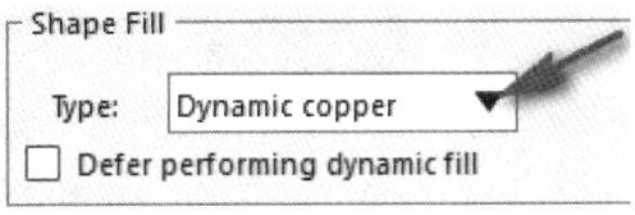

图 10-91

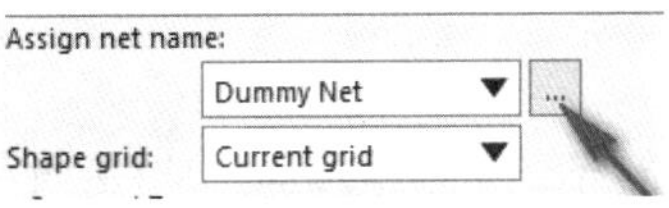

图 10-92

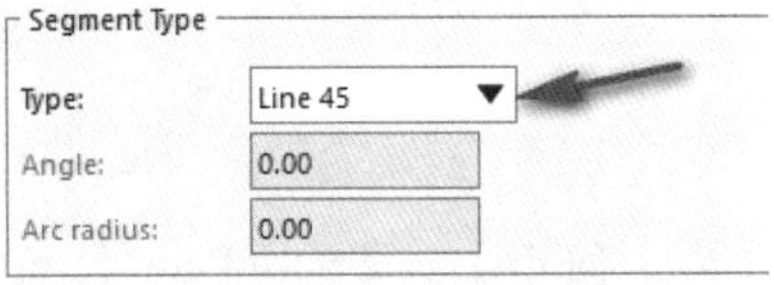

图 10-93

5．电源、地层面分割铜箔的建立

自动采用 Split 进行铺铜，具体操作步骤如下所述。

（1）选择菜单【Add】→【Line】，或者单击工具栏中的图标。在弹出的对话框中，进入“Options”面板。在该面板中，Class 选“Anti Etch”，Subclass 选铺铜的层面。Line width 设置为 20mil，在工作区画出切割的铜箔区域，如图 10-94 所示。

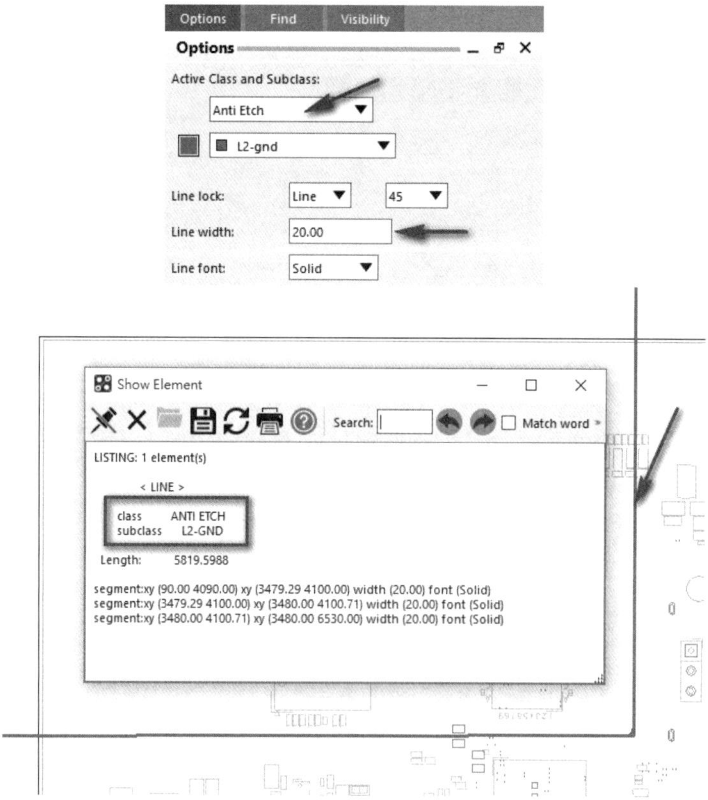

图 10-94

（2）选择菜单【Edit】→【Split Plane】→【Parameters】，如图 10-95 所示。在弹出的对话框中，Style 选项用于选择铜箔的填充形式。

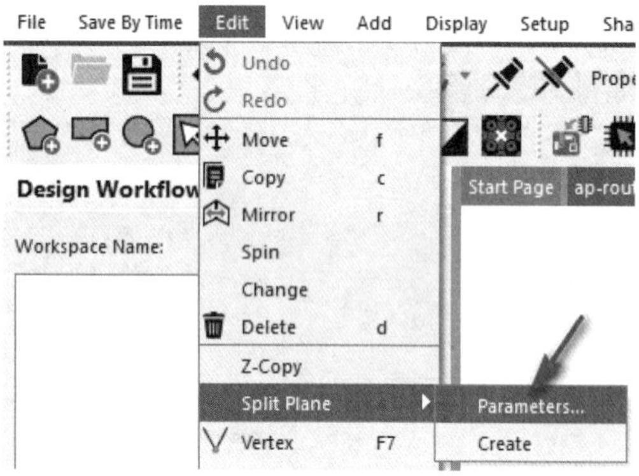

图 10-95

（3）选择菜单【Edit】→【Split Plane】→【Create】，在弹出的对话框中对层面及铺铜的形态进行设置。设置完成后单击 Create 按钮，如图 10-96 所示。

（4）在弹出的对话框中选择铜箔的网络名称，单击 OK 按钮，如图 10-97 所示。

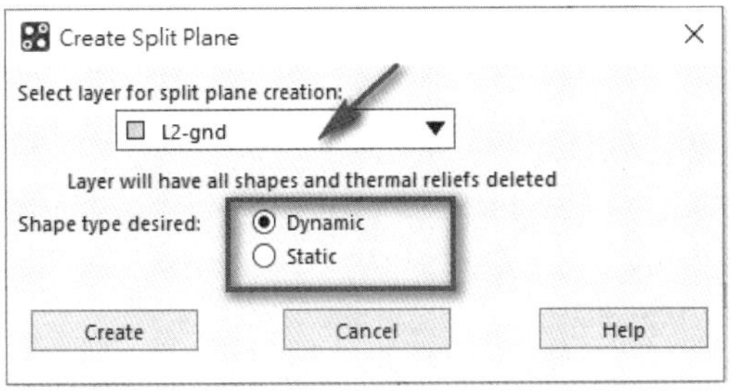

图 10-96

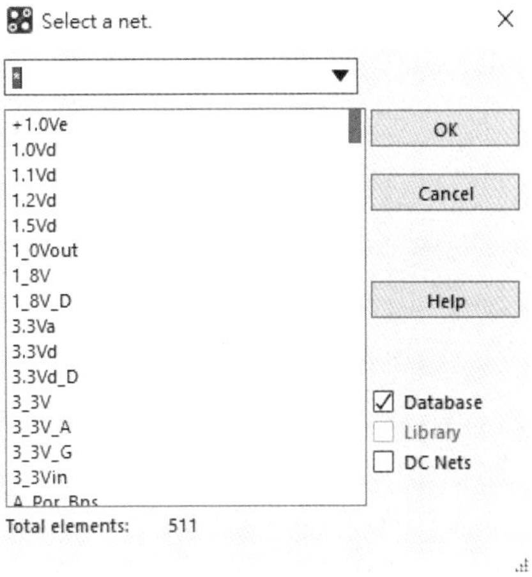

图 10-97

通过以上步骤，分割电源和地层面的铜箔就完成了。

6．动态铜箔与静态铜箔的转换

动态铜箔与静态铜箔的切换步骤如下所述。

选择菜单【Shape】→【Change Shape Type】。在弹出的对话框中，进入“Options”面板。在该面板中，选择切换的铜箔状态，如图 10-98 所示。其中，To dynamic copper 表示切换到动态铜箔；To static solid 表示切换到静态铜箔。

设定完毕后，在工作区单击需要切换的铜箔即可。

7．编辑及修改铜箔

1）挖铜

选择菜单【Shape】→【Manual Void/Cavity】，弹出子菜单，如图 10-99 所示。

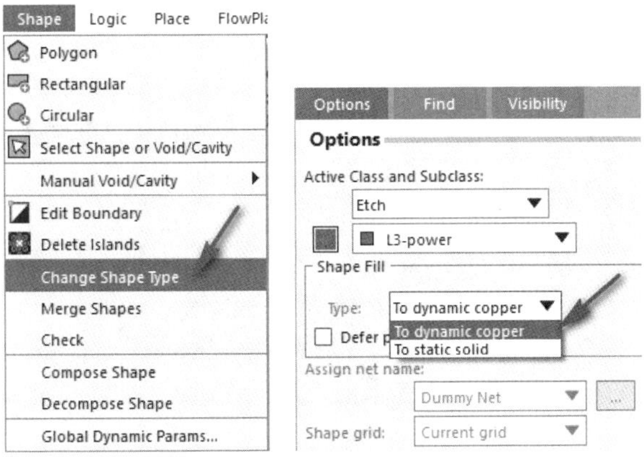

图 10-98

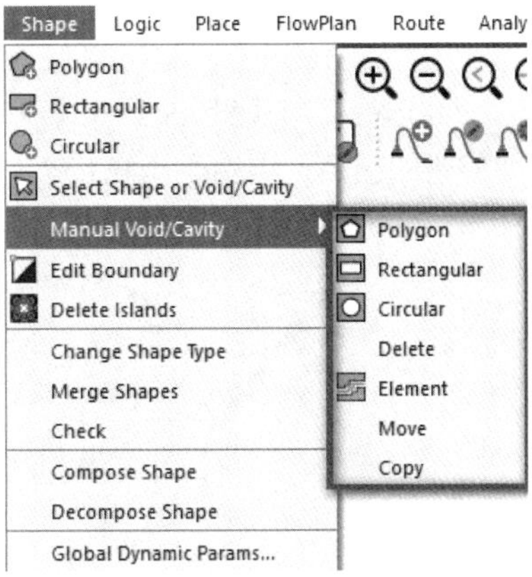

图 10-99

根据需要选择对应的子菜单，单击需要挖铜的铜箔，待铜箔高亮后，画出挖铜的形状，各种挖铜形状的效果如图 10-100 所示。

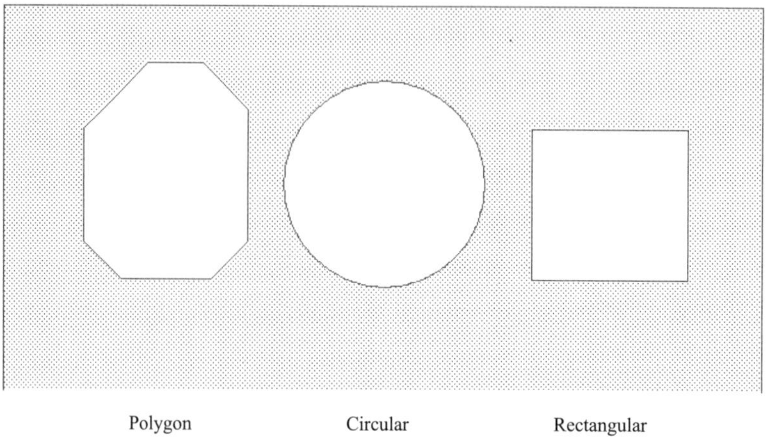

图 10-100

2）修改铜箔外形

（1）选择菜单【Shape】→【Edit Boundary】，或者单击工具栏中的图标，选择要修改的铜箔，铜箔呈高亮状态，单击铜箔边沿进行裁切，如图 10-101 所示。

图 10-101

（2）选择菜单【Shape】→【Select Shape or Void/Cavity】，或者单击工具栏中的图标，选择要修改的铜箔，铜箔呈高亮状态，且周围会出现端点（如图 10-102 中箭头所指），可点选端点做移动，或者点选在直线上增加、缩小铜箔范围。

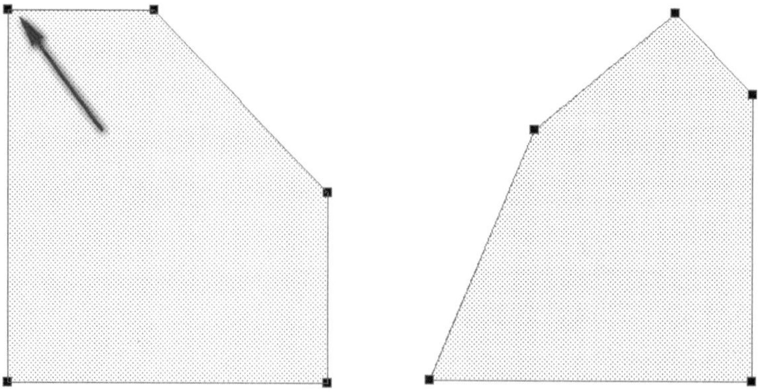

图 10-102

8. 铜箔合并

将两块重叠的且网络名相同的铜箔合并，操作步骤如下所述。

选择菜单【Shape】→【Marge Shapes】，分别单击两块铜箔即可。

9. 铜箔优先级设定

当在同层绘制铜箔时，多个铜箔重叠且网络不相同的情况下，如铜箔 A 的优先等级要比铜箔 B 高，A 在优先前提下会保持形状不变，而 B 会被软件自动识别优先等级低于 A，此时 B 会自动避让与 A 重叠部分的区域，如图 10-103 所示。

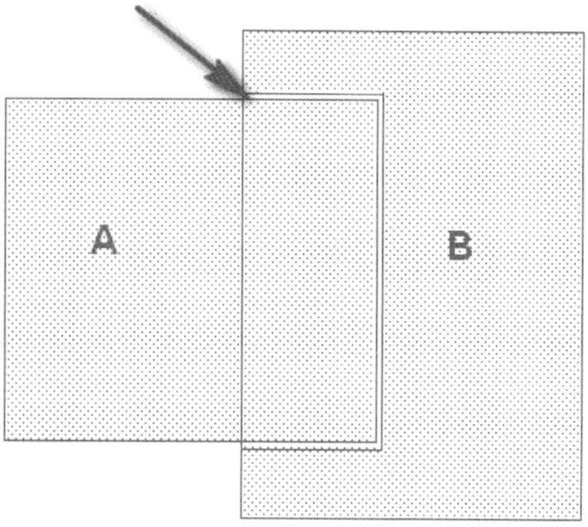

图 10-103

在 Allegro 中，先绘制添加的铜箔默认优先于后面绘制添加的铜箔，如果要提高后绘制添加的铜箔 B 优先于先绘制的铜箔 A 时，可以选择菜单【Shape】→【Select Shape or Void/Cavity】，或者单击工具栏中的图标，选择铜箔，单击鼠标右键。在弹出的菜单中选择【Raise Priority】提升优先等级，铜箔 B 优先级提高后，铜箔 A 会自动避让重叠铜箔 B 的区域，如图 10-104 所示。

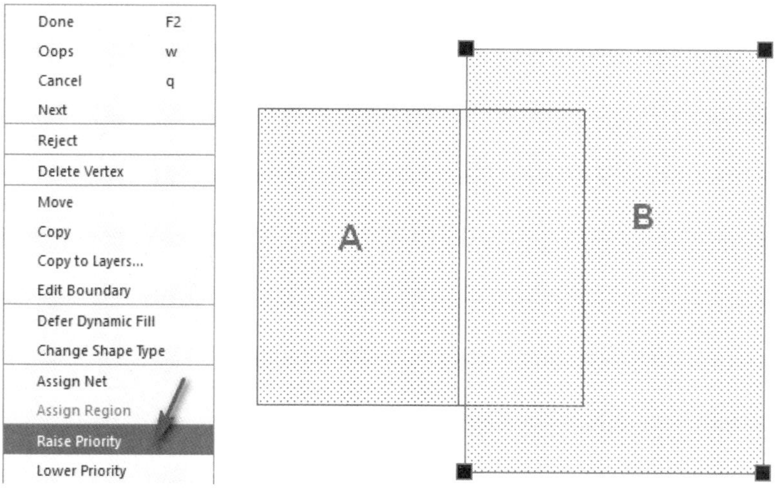

图 10-104

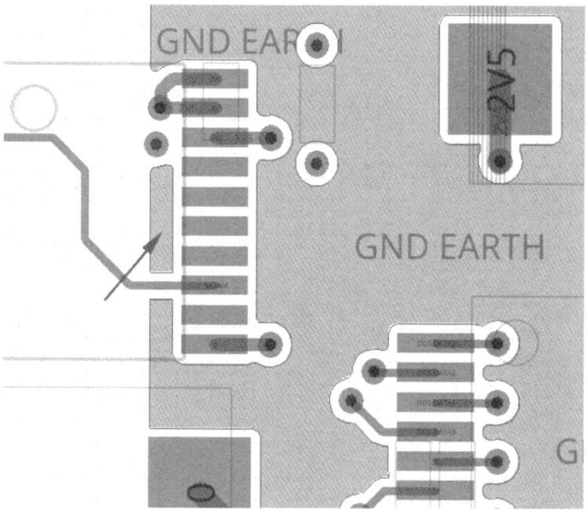

图 10-105

10. 删除孤岛铜箔

在整板铺铜时，常常会产生孤立无连接的铜箔，这些类似孤岛的铜箔在设计优化时必须删除；特别是出现多处孤岛时，需要应用功能一次性删除，如图 10-105 所示。具体操作步骤如下所述。

（1）选择菜单【Shape】→【Delete Islands】，或者单击工具栏中的图标，如图 10-106 所示。

（2）在弹出的对话框中，进入“Options”面板，如图 10-107 所示。其中，Process layer 表示孤岛铜箔所在层面；Total design 表示 PCB 上孤岛铜箔的总数量；Total on layer 表示当前层面孤岛铜箔的数量；Fixed in design 表示锁住的孤岛铜箔的数量；Delete all on layer 表示删除此层面所有的孤岛铜箔；Current Island 表示用逐一寻找的方式，由使用者手动删除孤岛铜箔。

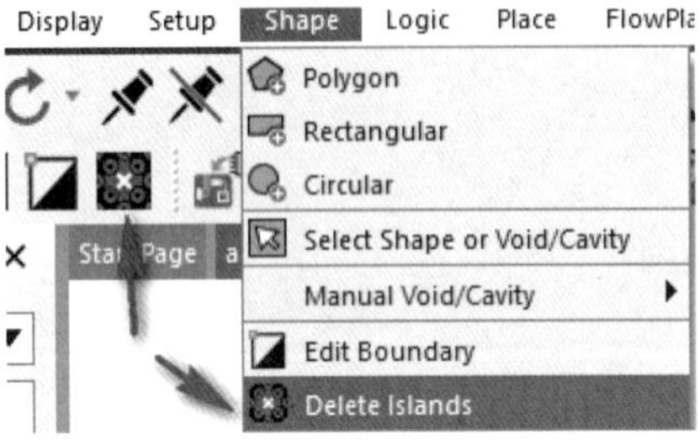

图 10-106

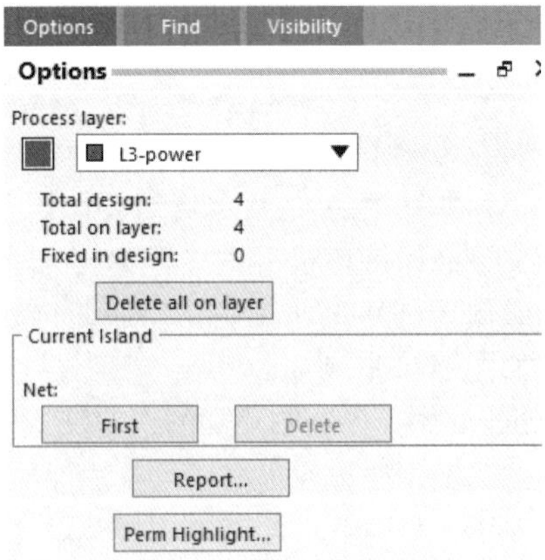

图 10-107

（3）单击 First 按钮，跳到孤岛铜箔所在的界面，自行判断是否删除。如果删除，单击 Delete 按钮；不删除，则单击 Next 按钮查看下一个孤岛铜箔，如图 10-108 所示。

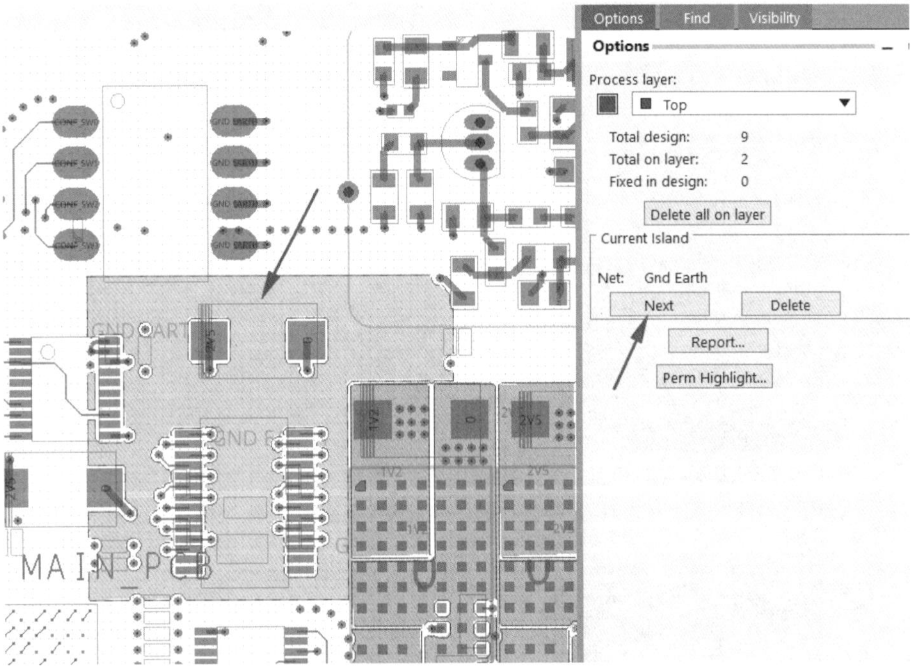

图 10-108

第 11 章　PCB 流程设计——DRC 检查

PCB 布局和布线完成后，一个关键的步骤是设计规则检查（Design Rule Check，DRC）。该检查可以验证 PCB 设计中的间距、开路、短路等问题，以及走线是否符合设计要求，确保设计的正确性和可靠性。

11.1　DRC 显示及查询

在 Allegro 中，DRC 的显示效果如图 11-1 所示，呈现出蝴蝶结的样式。蝴蝶结的显示方式可以从空心变为实心，并且可以调整其大小。

图 11-1

1. DRC 图示空心变实心

选择菜单【Setup】→【User Preferences】，在弹出的对话框中，选择【Display】→【Visual】，勾选“display_drcfill”选项，实现 DRC 图示从空心变实心的转换，如图 11-2 所示。

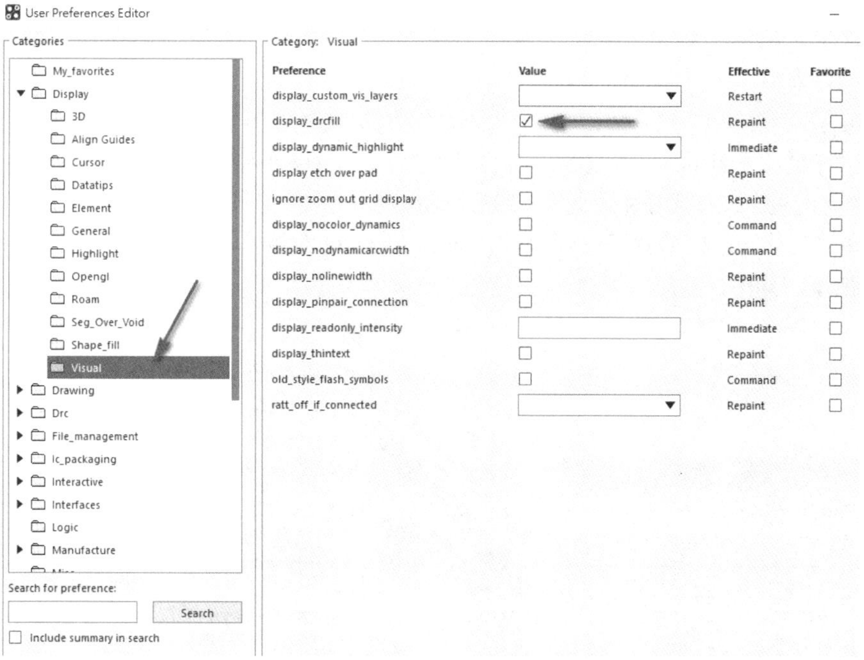

空心 DRC

实心 DRC

图 11-2

2．DRC 图示尺寸调整

选择菜单【Setup】→【Design Parameters】，在弹出的对话框中修改 DRC marker size。默认值是 25，数字越大，DRC 的尺寸越大，如图 11-3 所示。

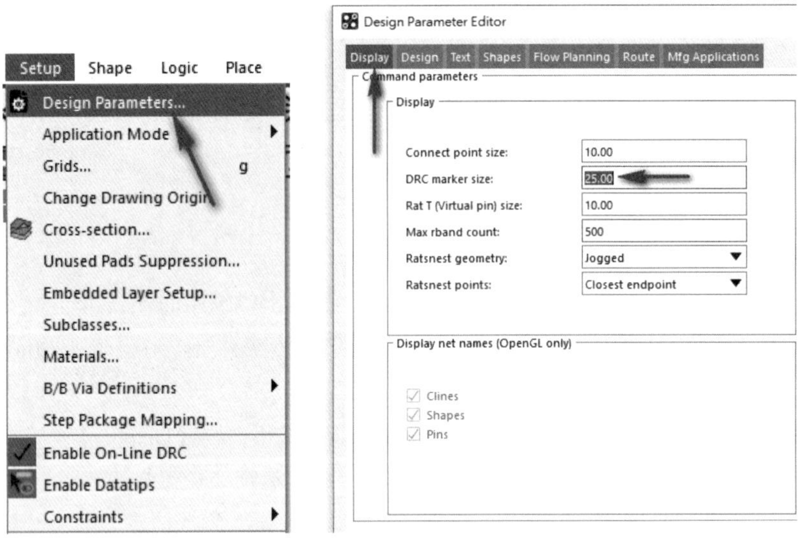

图 11-3

3．DRC 查询

在 Allegro 中，DRC 显示的错误种类非常多，可以通过以下方式查询具体的错误类别。

（1）选择菜单【Display】→【Element】，或者单击工具栏中的 图标。在弹出的对话框中，进入“Find”面板。在该面板中，勾选“DRC errors”。

（2）单击工作区中的 DRC 图标，弹出 Show Element 对话框，显示详细的 DRC 错误信息，如图 11-4 所示。其中：

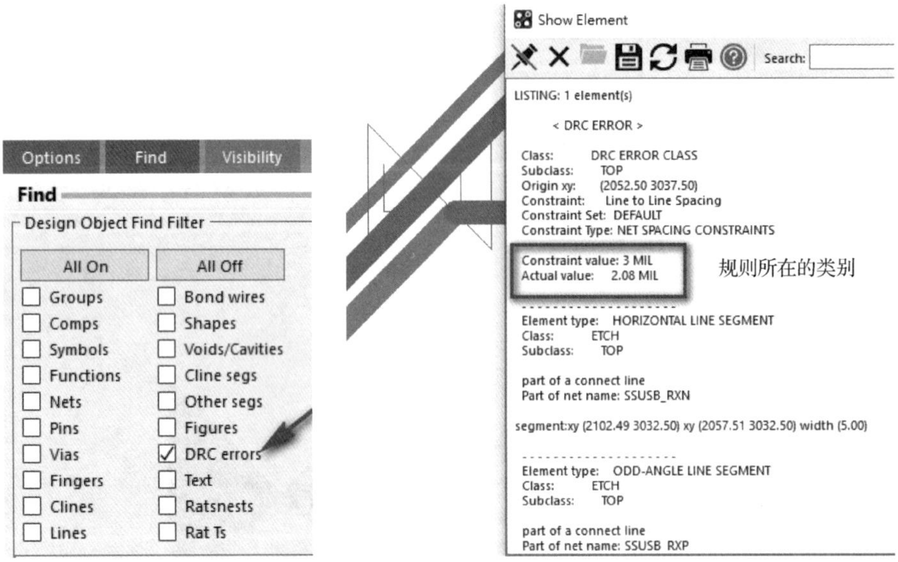

图 11-4

Class：DRC ERROR CLASS。

Subclass：DRC 产生的层面。

Origin xy：DRC 所在位置的坐标。
Constraint：DRC 的详细描述。
Constraint Set：产生 DRC 的约束集合。
Constraint Type：产生 DRC 的类别。
Constraint value：规则约束设定的值。
Actual value：PCB 中实际的值。

11.2　规则检查

1．间距规则检查

间距规则检查主要用于检查所有间距。在进行检查时，特别需要注意 Same Net Spacing 选项，其中焊盘到焊盘之间的距离必须确保开启检查。具体步骤如下所述。

（1）选择菜单【Setup】→【Constraints】→【Modes】。

（2）在弹出的对话框中，勾选 Spacing 类别下的所有规则模型。

（3）在 Same Net Spacing 类别下，勾选“SMD Pin”和“Thru Pin”两项，如图 11-5 所示。

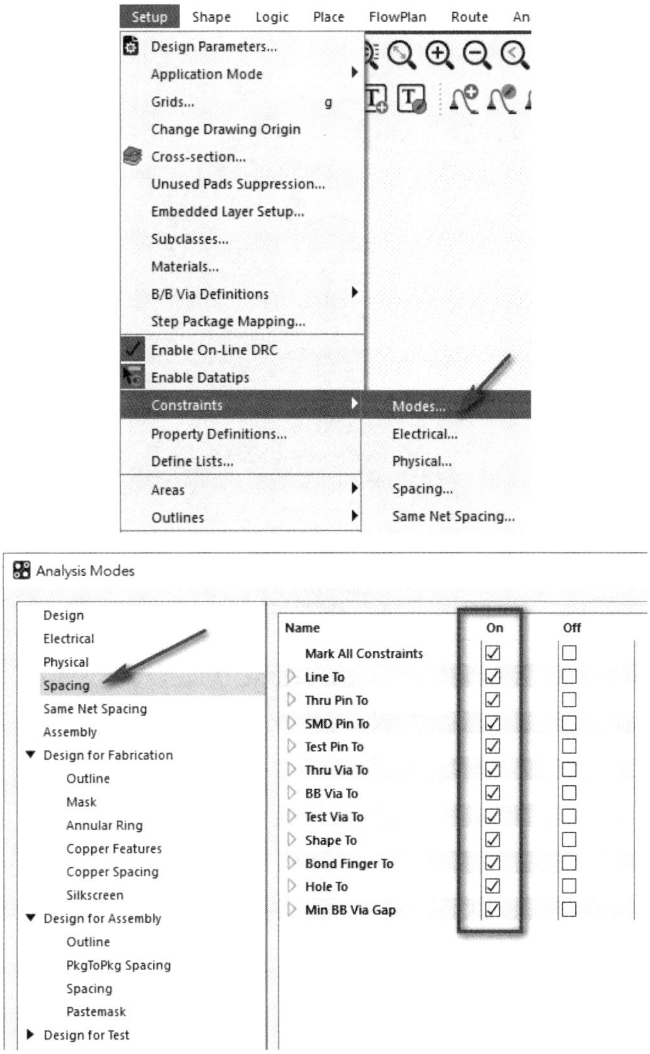

图 11-5

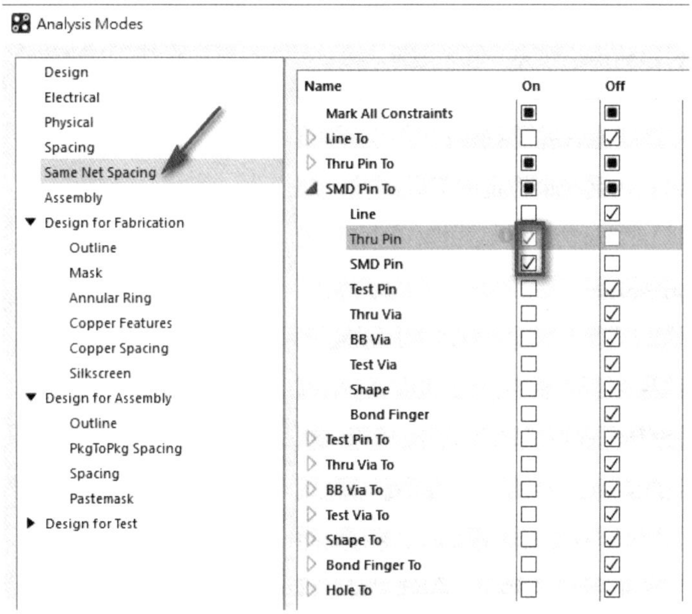

图 11-5（续）

2. 布线规则检查

布线规则检查的内容包括走线的等长检查、差分线的检查，以及线宽的检查。

（1）等长检查、差分线的检查：选择菜单【Setup】→【Constraints】→【Modes】，在弹出的对话框中打开 Electrical 中的相关选项，如图 11-6 所示。

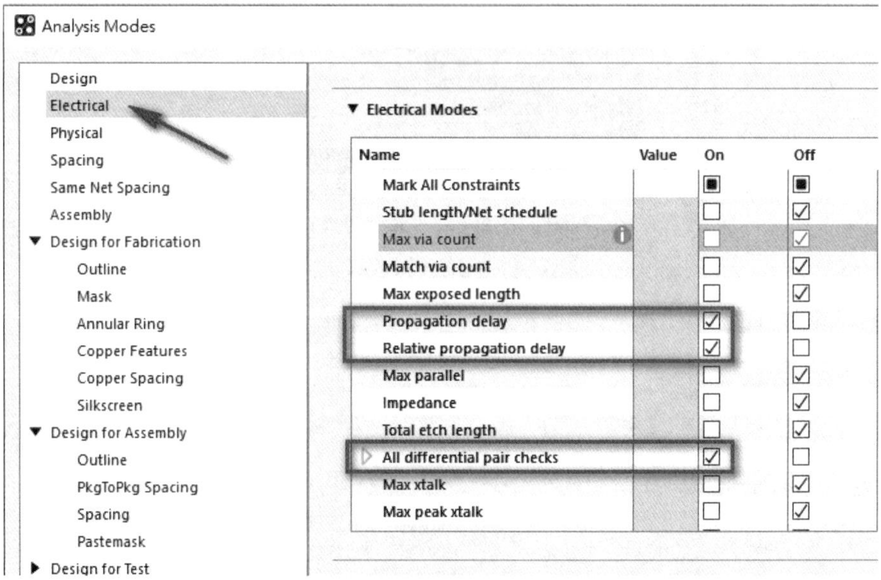

图 11-6

（2）线宽的检查：选择菜单【Setup】→【Constraints】→【Modes】，在弹出的对话框中打开 Physical 中的相关选项，如图 11-7 所示。

3. 阻焊距离检查

阻焊距离检查是检查阻焊之间是否留有阻焊桥的距离。具体操作步骤如下所述。

选择菜单【Setup】→【Constraints】→【Modes】，在弹出的对话框中勾选 Design 中的

“Soldermask to soldermask”复选框，如图 11-8 所示。可以根据板厂的制程能力，输入数值。建议值是 6，因为一般板厂的绿油桥是 6mil。

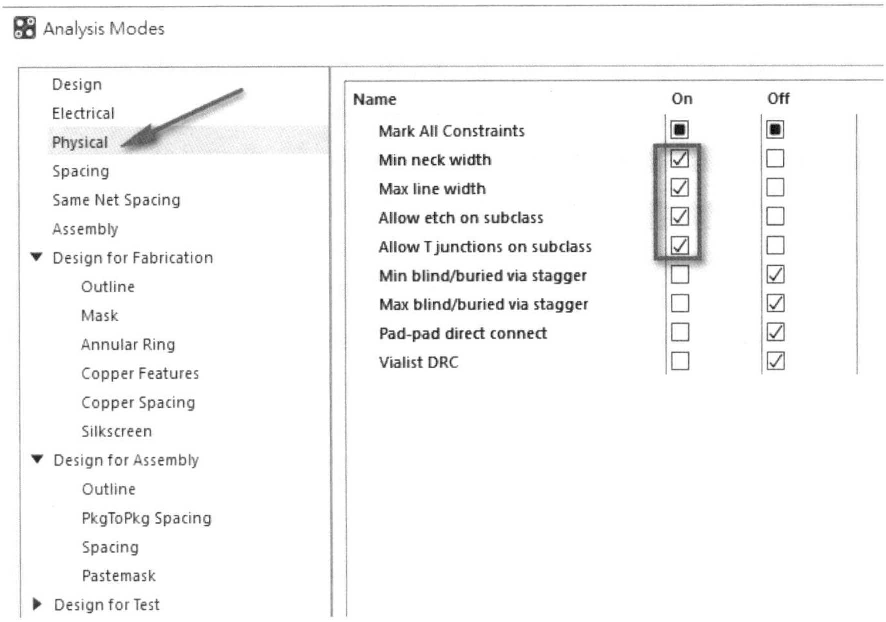

图 11-7

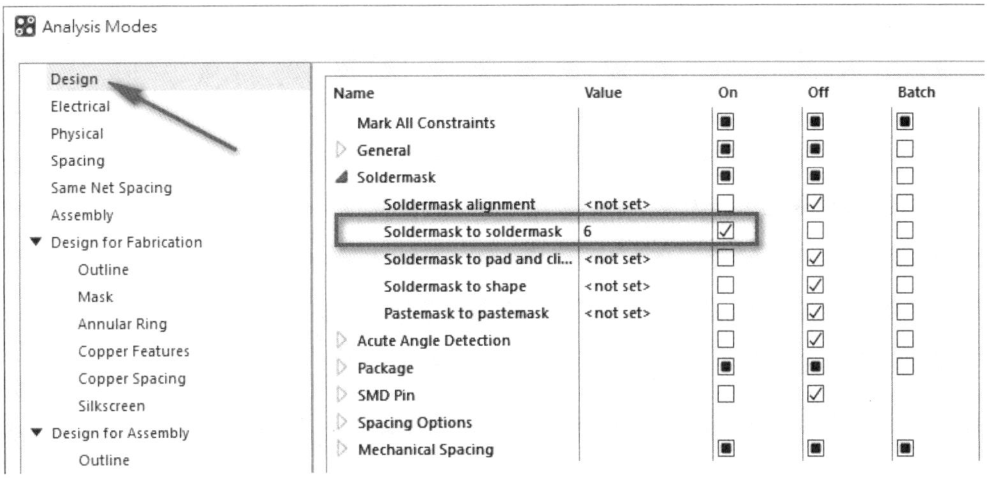

图 11-8

4．铺铜检查

此项主要是检查铜箔，是否有孤岛、没有赋予网络的铜箔，铜箔状态是否有避开等。具体操作步骤如下所述。

选择菜单【Display】→【Status】，弹出 Status 对话框。在该对话框中，方框内的选项为铜箔检查，如图 11-9 所示。其中，参数要求如下。

Isolated shapes：铜箔孤岛数量为 0。

Unassigned shapes：没有网络名称的铜箔，没有特别的需求此项也为 0。

Out of date shapes：0/总铜箔数量。

Update to Smooth 按钮：要求为灰色。

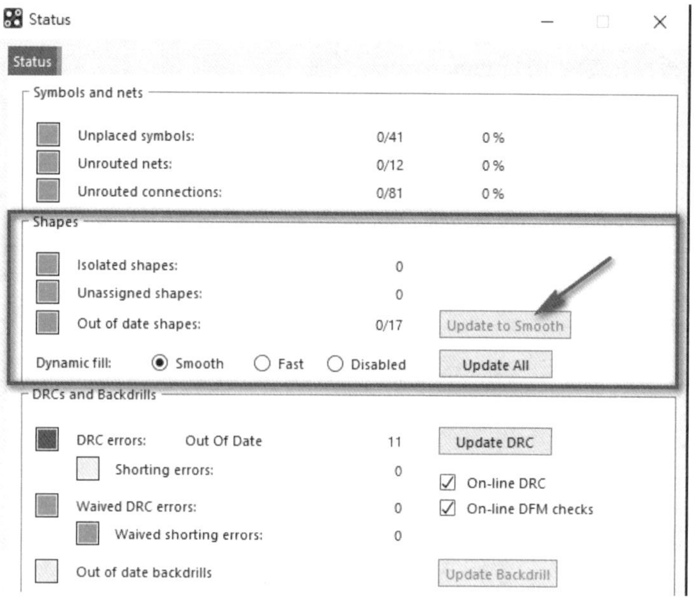

图 11-9

11.3 数据库检查

Allegro 提供了一个强大的数据库检查功能，建议定期执行此功能以确保设计的完整性和正确性。其主要功能包括：

（1）分析和修复 PCB 设计文件的数据库问题；

（2）消除重复的过孔；

（3）批处理设计规则检查（DRC）；

（4）升级间隔超过一个版本的旧数据库（例如，用 17.4 打开 16.3 的文件时，需要使用 DBdoctor 进行检测）。

数据库检查可以通过板内的指令执行，也可以通过 Cadence 提供的快捷方式进行操作。

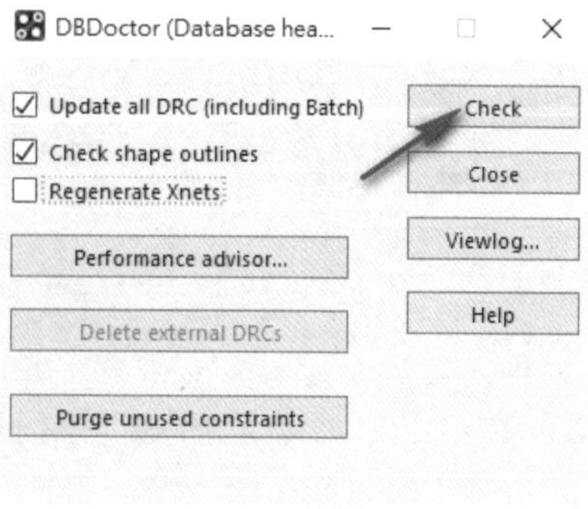

图 11-10

（1）板内的指令：选择菜单【Tools】→【Database check】，在弹出的对话框中，一般勾选前面两项，然后单击 Check 按钮，如图 11-10 所示。

Update all DRC（including Batch）：重新计算 DRC 并更新 DRC 标记。

Check shape outlines：分析数据库中所有关于铜箔元素的问题。

Regenerate Xnets：检查 Xnet 网表文件。

Performance advisor：单击该按钮，开始分析设计文件中的性能问题，并生成报告，提供解决方案和维护建议。

Delete external DRCs：单击该按钮，可删除由于用户定义 DRC 代码而出现的外部 DRCs。

Purge unused constraints：单击该按钮，删除任何未使用的约束条件。

Viewlog：单击该按钮，查看包含数据库检查结果的 dbdoctor.log 日志信息。

（2）Cadence 提供的快捷方式：选择菜单【PCB DB Doctor 17.4】，运行 DBDoctor，如图 11-11 所示。在弹出的对话框中，Input design with extension 为选择需要检测修复的设计文件路径；Output design 为修复后保存的文件路径；一般除了不勾选“No backup”，其他都需要勾选，单击 Check 按钮，然后单击 Viewlog 按钮查看修复日志。

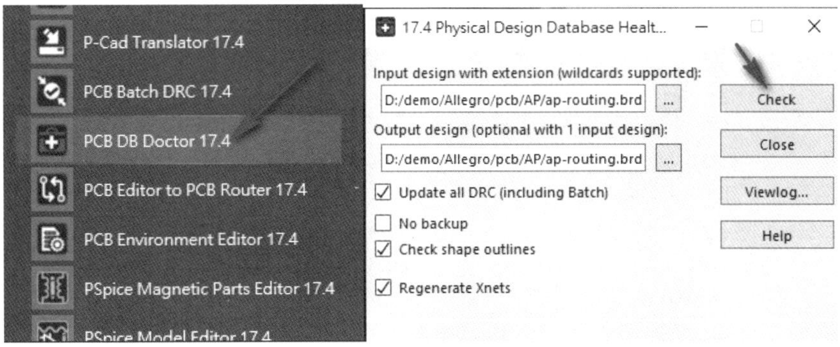

图 11-11

11.4 更新 DRC

为防止有一些隐藏或者不显示的 DRC，需要执行 Update DRC 指令，保持 DRC 的更新，具体操作如图 11-12 所示。

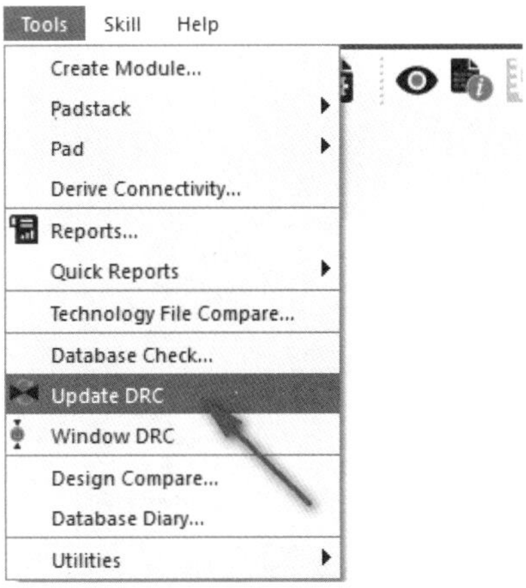

图 11-12

11.5 PCB 状态检查

PCB 状态检查的具体操作步骤如下所述。

（1）选择菜单【Display】→【Status】，弹出 Status 对话框。

（2）在弹出的对话框中单击 Refresh 按钮，确保状态为最新，如图 11-13 所示。

（3）从对话框中可以查看 PCB 各个状态的详细信息，包括器件安放，网络、节点的设计进度以及 DRC（设计规则检查）的状况。在进行出图之前，必须进行此检查，确保所有状态显示为绿色。如果有黄色或红色标记，请单击箭头所指的按钮，弹出报告，确保资料无误。具体检查项如下。

① Symbols and nets：检查是否有未放置的零件、未完成的布线或未完成的节点，数值必须为 0。

② DRCs and Backdrills：检查规则错误和背钻情况。如果存在 DRC 问题没有消除，单击小方框，在弹出的对话框中逐一单击坐标，确认 DRC 是否被允许，如图 11-14 所示。

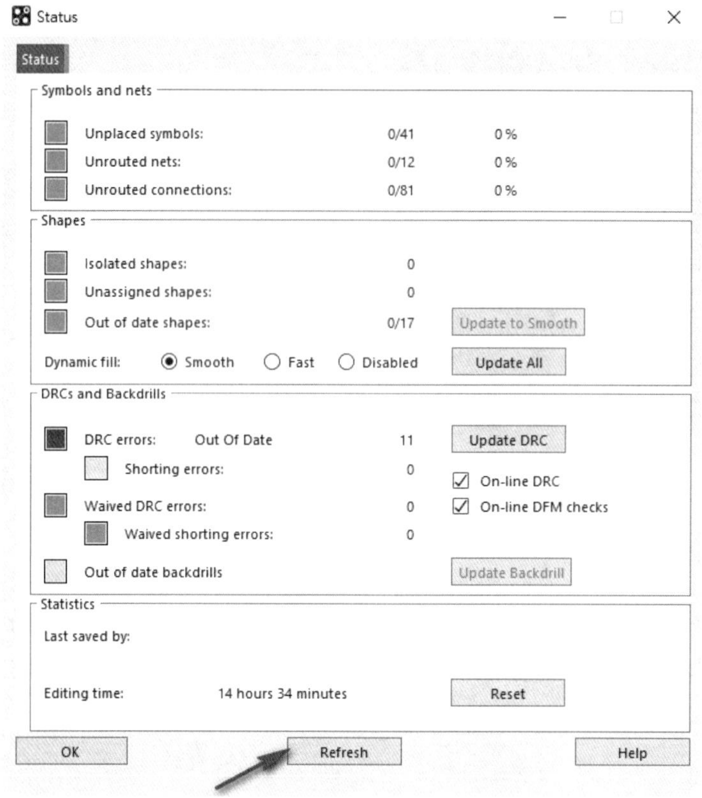
Status
Symbols and nets
Unplaced symbols: 0/41 0 %
Unrouted nets: 0/12 0 %
Unrouted connections: 0/81 0 %
Shapes
Isolated shapes: 0
Unassigned shapes: 0
Out of date shapes: 0/17
Update to Smooth
Dynamic fill: Smooth Fast Disabled
Update All
DRCs and Backdrills
DRC errors: Out Of Date 11
Update DRC
Shorting errors: 0
On-line DRC
Waived DRC errors: 0
On-line DFM checks
Waived shorting errors: 0
Out of date backdrills
Update Backdrill
Statistics
Last saved by:
Editing time: 14 hours 34 minutes
Reset
OK
Refresh
Help

图 11-13

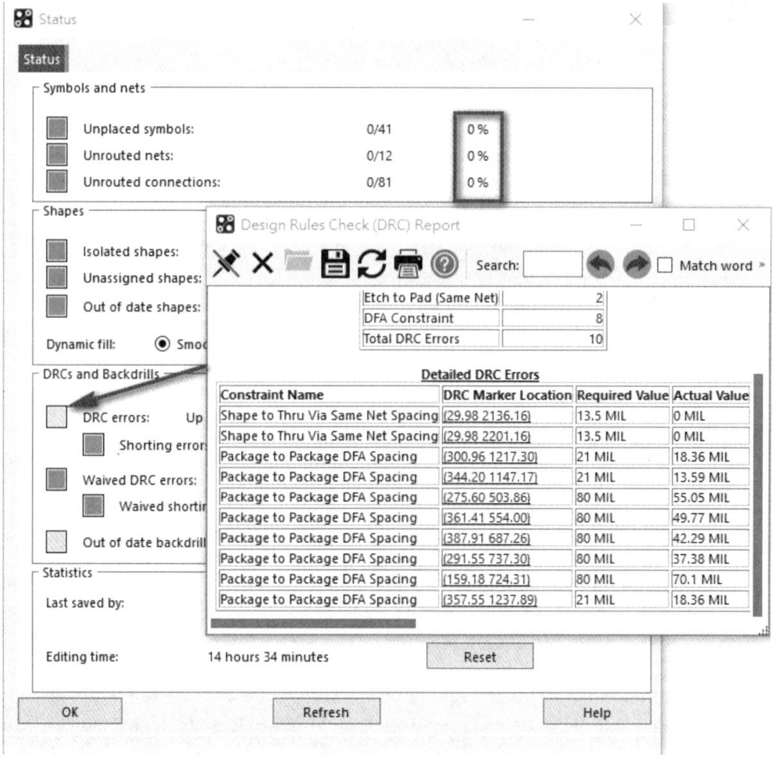
Status
Design Rules Check (DRC) Report
Search:
Match word
Etch to Pad (Same Net) 2
DFA Constraint 8
Total DRC Errors 10
Detailed DRC Errors
Constraint Name | DRC Marker Location | Required Value | Actual Value
Shape to Thru Via Same Net Spacing | (29.98 2136.16) | 13.5 MIL | 0 MIL
Shape to Thru Via Same Net Spacing | (29.98 2201.16) | 13.5 MIL | 0 MIL
Package to Package DFA Spacing | (300.96 1217.30) | 21 MIL | 18.36 MIL
Package to Package DFA Spacing | (344.20 1147.17) | 21 MIL | 13.59 MIL
Package to Package DFA Spacing | (275.60 503.86) | 80 MIL | 55.05 MIL
Package to Package DFA Spacing | (361.41 554.00) | 80 MIL | 49.77 MIL
Package to Package DFA Spacing | (387.91 687.26) | 80 MIL | 42.29 MIL
Package to Package DFA Spacing | (291.55 737.30) | 80 MIL | 37.38 MIL
Package to Package DFA Spacing | (159.18 724.31) | 80 MIL | 70.1 MIL
Package to Package DFA Spacing | (357.55 1237.89) | 21 MIL | 18.36 MIL
Editing time: 14 hours 34 minutes
Reset
OK
Refresh
Help

图 11-14

第12章　PCB流程设计——资料整理与工程文件输出

12.1　零件序号重新命名（Rename）

为了使整块板子上的零件序号编排更加顺畅，本节将介绍如何重新命名零件序号，并确保重新编排后的序号能够与线路图同步更新。通过这种方式，可以有效保持设计文件的一致性和清晰性。

1. 自动排序零件序号

（1）如图 12-1 所示，选择菜单【Logic】→【Auto Rename Refdes】→【Rename】。

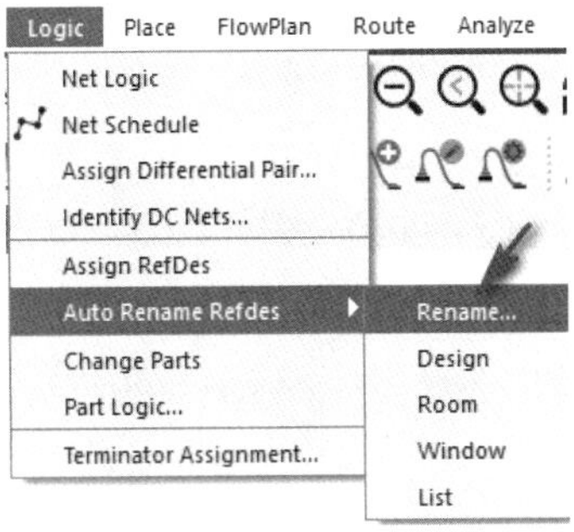

图 12-1

（2）在弹出的对话框中单击 Setup 按钮后，在弹出的对话框中，对重编零件序号的规则做细项设定。简单的设置按照图 12-2 中的三个步骤操作即可。

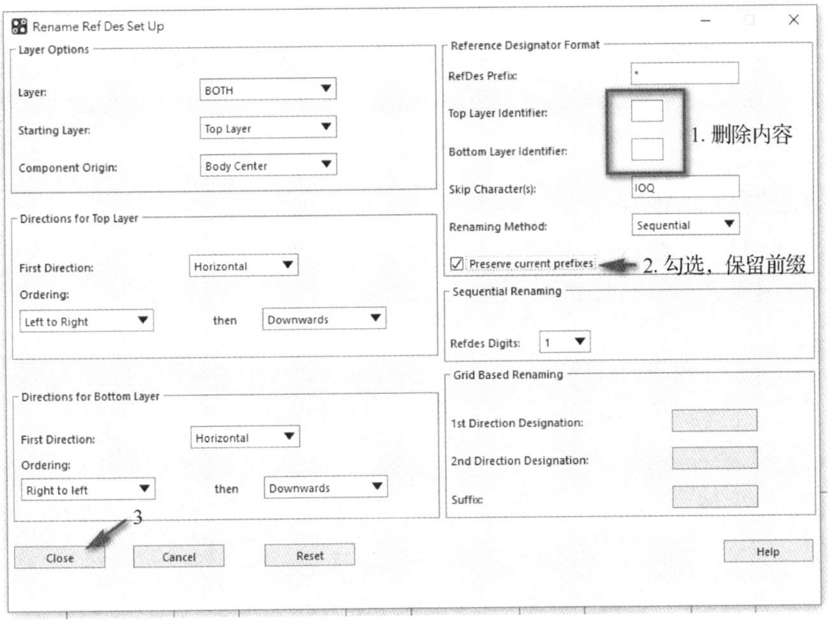

图 12-2

① Layer Options：Layer，选择层面；Starting Layer，起始层面；Component Origin，选择零件的参考点。

② Directions for Top Layer：定义从 Top 层开始的排序方式。

③ Directions for Bottom Layer：定义从 Bottom 层开始的排序方式。

④ Reference Designator Format：具体如图 12-3 所示。

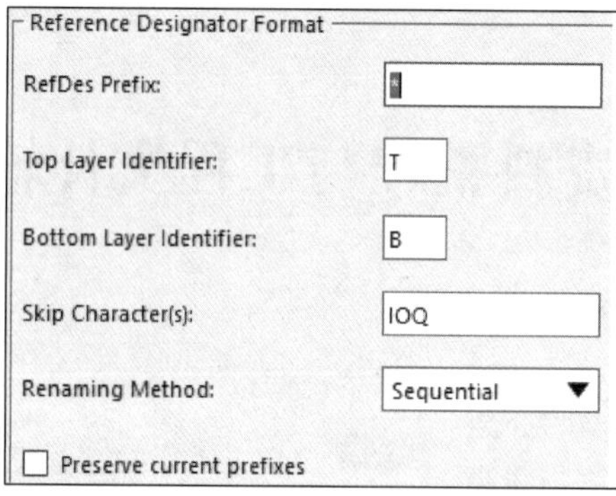

RefDes Prefix：定义前缀字符，“*”维持原字符。

Top Layer Identifier：设定 Top 层的判别字符。

Bottom Layer Identifier：设定 Bottom 层的判别字符。

Skip Character(s)：设定略过不易判别的字符，如 I、O、Q 等字符。

Renaming Method：序号编排模式。

图 12-3

（3）参数设置好以后，单击 Rename 按钮，实现零件序号的重新排序，如图 12-4 所示。

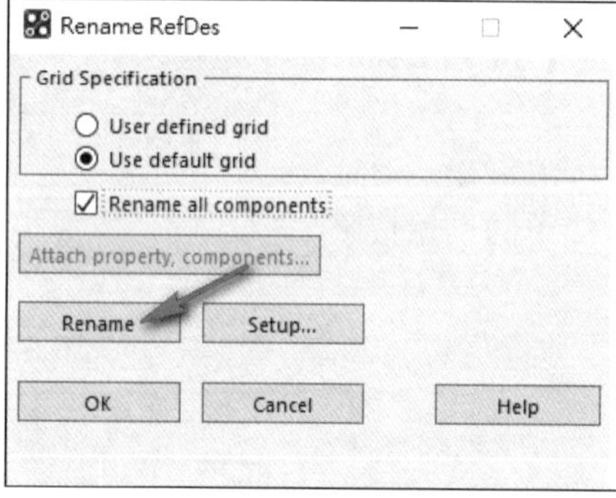

User defined grid：自定义在 Place_Grid_Top/Bottom 的格点（一般不用此方式）。

Use default grid：使用系统标准的格点。

Rename all components：针对所有零件做重新排序的动作。

图 12-4

2．手动更改零件序号

选择菜单【Edit】→【Text】，或者单击工具栏中的图标，然后单击零件的序号，文字高亮显示后即可进行手动编辑，如图 12-5 所示。

图 12-5

若不想更改零件序号，选择菜单【Edit】→【Properties】。在弹出的对话框中，进入“Find”面板。在该面板中，勾选“Comps”选项，如图 12-6 所示。单击零件，在弹出的对话框中选择“Hard Location”，在 Value 栏选择“True”，单击 OK 按钮，如图 12-7 所示。

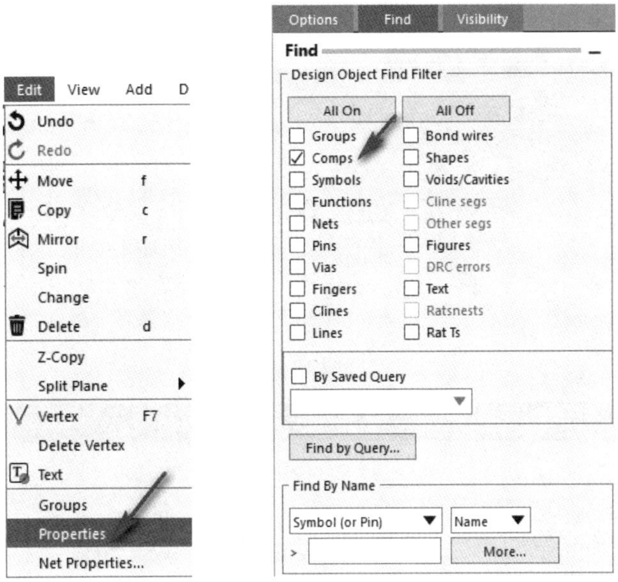

图 12-6

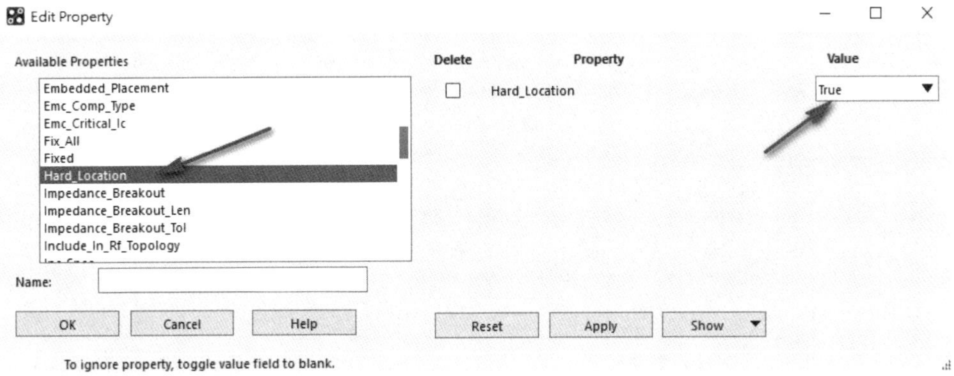

图 12-7

更改零件序号时，会弹出如图 12-8 所示的对话框，表示该零件序号不能被修改。

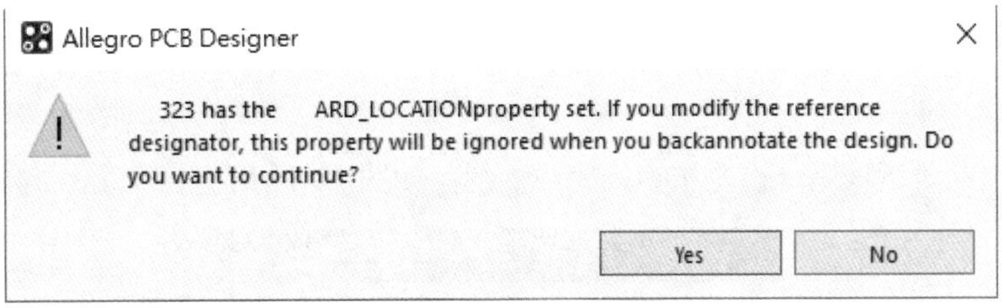

图 12-8

3. 零件序号回编线路图

（1）打开原理图，选中左边的*.DSN 文件，选择菜单【Tools】→【Back Annotate】，如图 12-9 所示。在进行回编线路图之前，最好先保存原理图的副本，因为回编操作容易出现失败。

（2）在弹出的对话框中，以下两项路径需指定，其他选择默认，单击确定按钮，如图 12-10 所示。

PCB Editor Board File：选择重新排好零件序号的文件。

Netlist Directory：选择此原理图生成的网表文件路径。

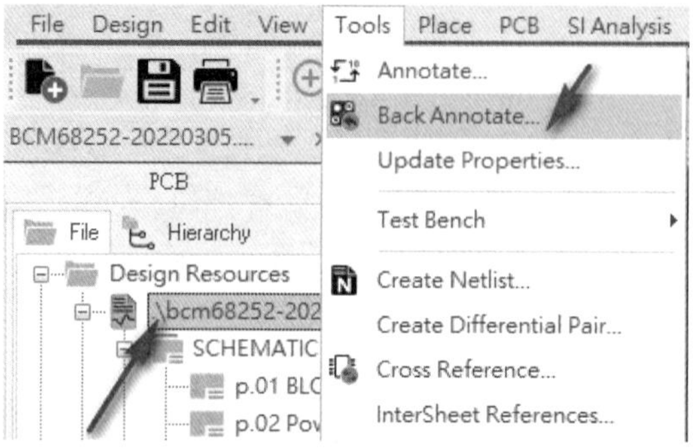

图 12-9

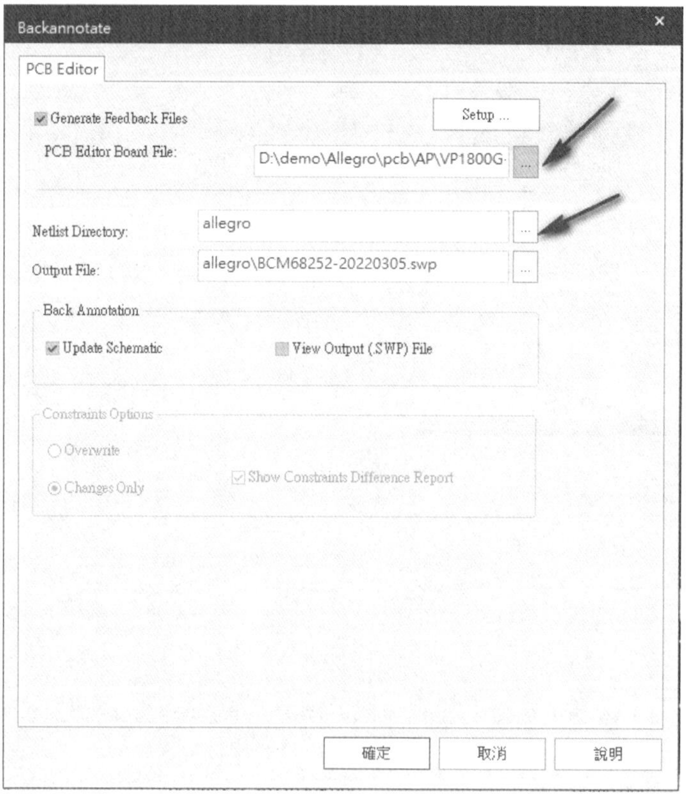

图 12-10

（3）在弹出的对话框中单击是按钮，完成回编，如图 12-11 所示。

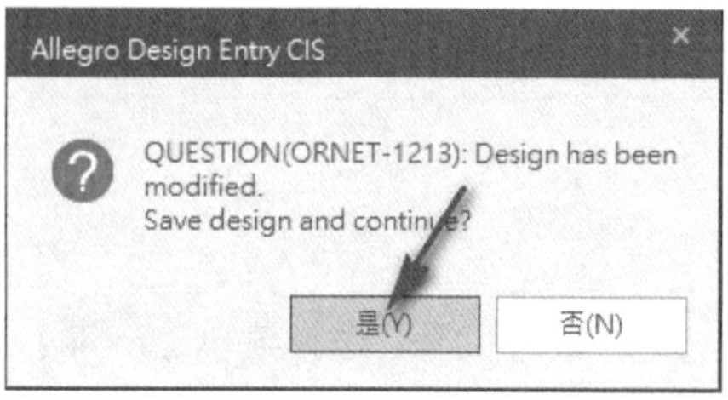

图 12-11

（4）检测回编是否正确。用回编后的原理图生成新的网表，并导入 PCB 文件，观察 Status 对话框中的内容，如果和原来一样，方框内数值都是 0%，表示回编成功，如图 12-12 所示。

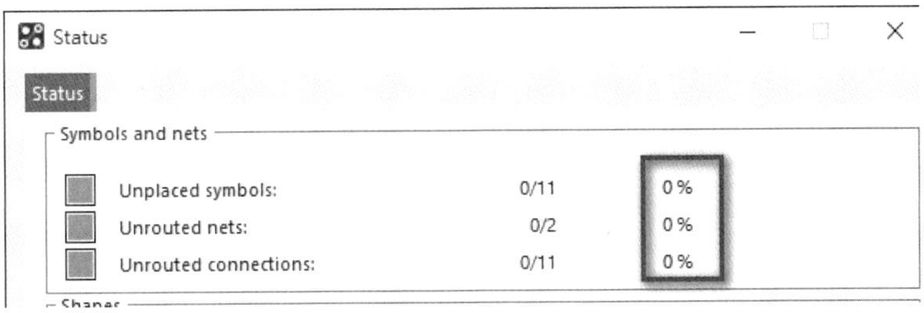

图 12-12

12.2 丝印和极性点的调整

在调整文字和极性点时，首先需要清楚标明每个零件序号对应的零件，避免混淆，否则会给后期的打件和维修工作带来困扰。具体操作步骤如下所述。

（1）丝印尺寸调整。选择菜单【Setup】→【Design Parameters】，或者单击工具栏中的图标，如图 12-13 所示。在弹出的对话框中，进入“Text”面板。在该面板中，单击“Setup text sizes”对应的方框，修改文字大小，如图 12-14 所示。在弹出的 Text Setup 对话框中修改各类字号的规格，一般推荐 Width:16、Height:25、Line Space:6、Photo Width:5、Char Space:6，既符合板厂的制程要求，又能保证清晰度，如图 12-15 所示。

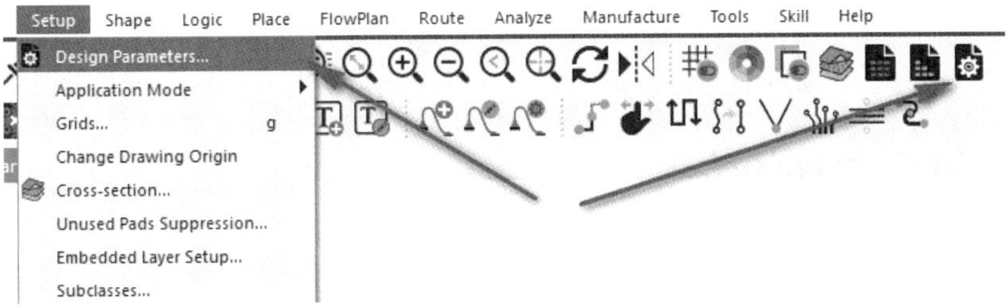

图 12-13

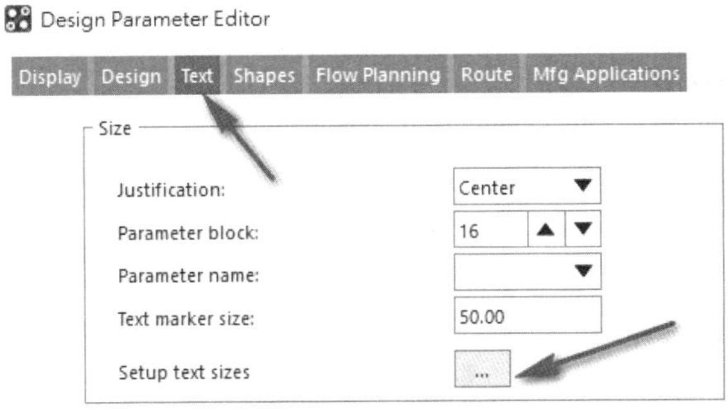

图 12-14

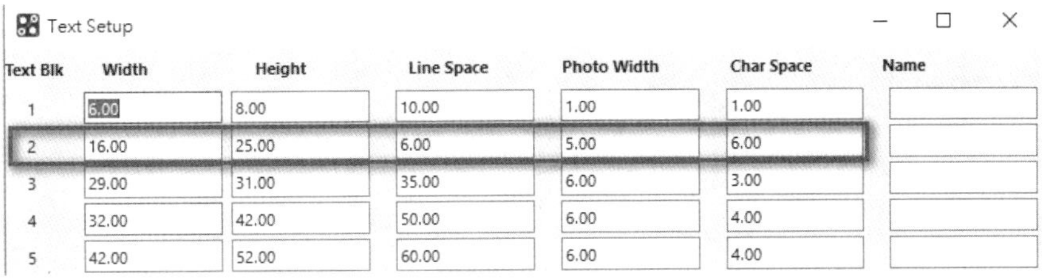

图 12-15

（2）选择菜单【Edit】→【Change】。在弹出的对话框中，进入“Find”面板。在该面板中勾选“Text“，如图 12-16 所示。进入“Options”面板，在该面板中，Class 选择为 Ref Des，New subclass 选择为 Silkscreen_Top/Silkscreen_Bottom；Text block 用于选择调整好的字号，如 2。

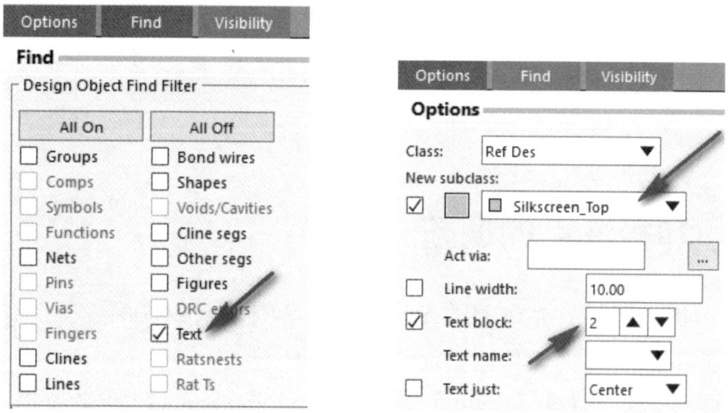

图 12-16

（3）框选所有文字，所有文字调整为标准字体。

（4）选择菜单【Edit】→【Move】。在弹出的对话框中，进入“Find”面板。在该面板中勾选“Text”，进行文字的摆放。摆放文字时建议一面文字保持 2 个方向，横向一个，纵向一个。

（5）极性点。丝印层会有封装的第一引脚标识，或者正负极的标识，在摆放丝印的时候注意检查这些极性点是否被焊盘或者其他文字压到，如有压到，需要局部移动调整。

12.3 PDF 文件的输出

在后期的 PCB 生产过程中，为了方便查看零件的序号，需要将零件和零件序号打印成 PDF 文件。通常情况下，只需输出 Top 层和 Bottom 层的资料即可。具体操作步骤如下所述。

（1）选择菜单【Manufacture】→【Artwork】，或者单击工具栏中的图标。在弹出的对话框中添加各层的资料信息，如图 12-17 所示。

（2）选择菜单【File】→【Export】→【PDF】，如图 12-18 所示。

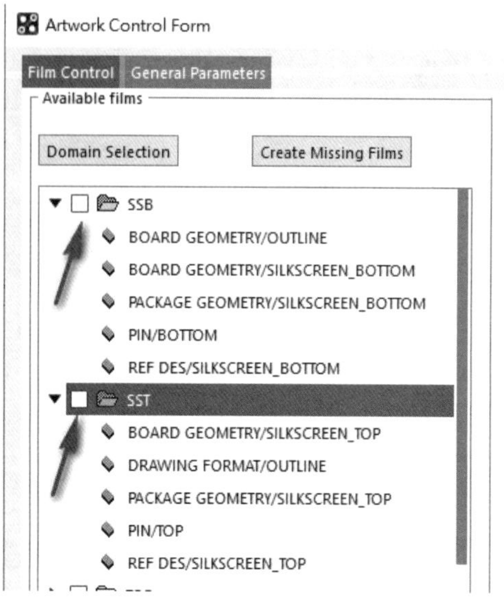

图 12-17

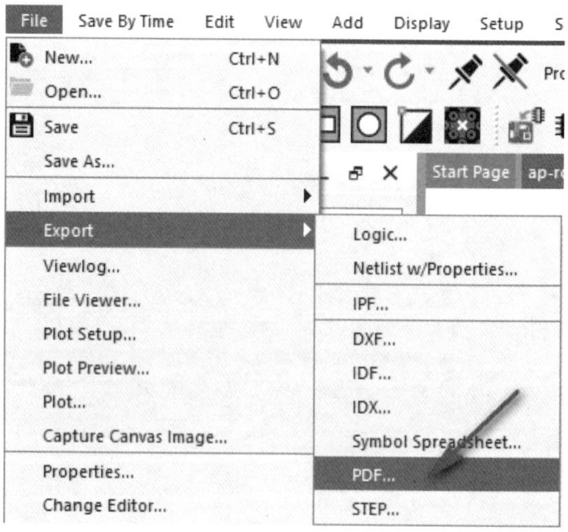

图 12-18

（3）如图 12-19 所示，在弹出的对话框中，勾选已设置好的两个层面。如果需要输出黑白 PDF 文件，勾选“Output PDF in black and white mode”。在“Output file name”框中设置输出 PDF 文件的名称，其他选项保持默认即可。单击 Export 按钮，完成 PDF 文件的输出。

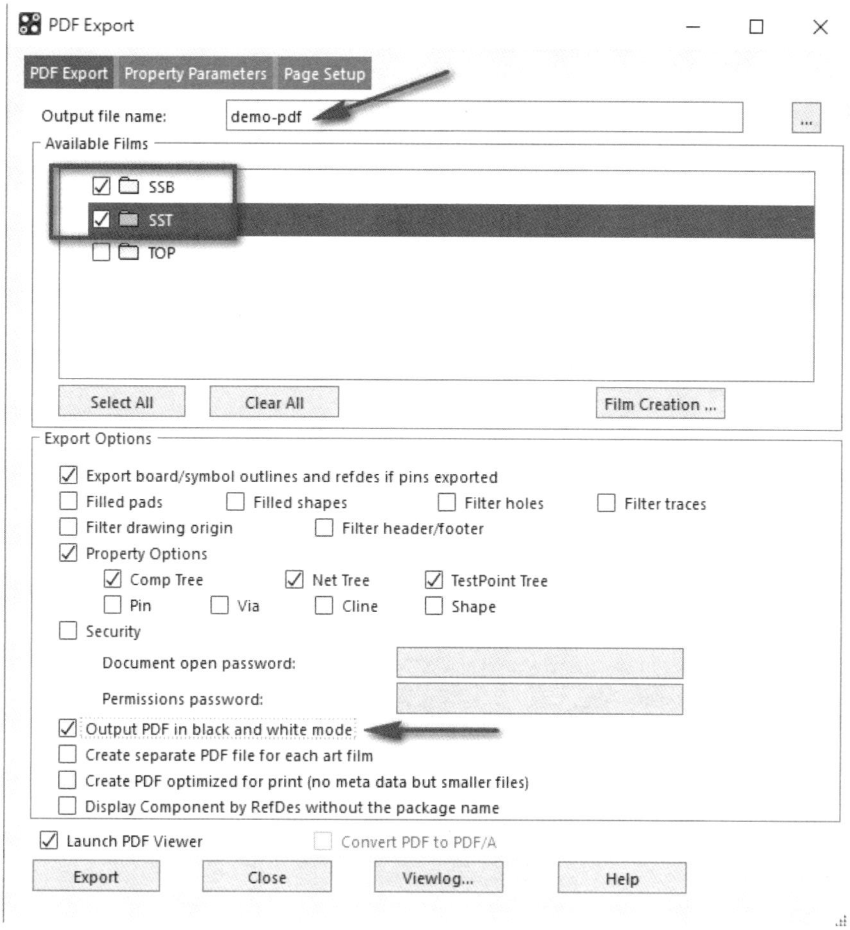

图 12-19

12.4 Gerber 底片输出

待所有资料核对无误后，需要将其转交给电路板制造厂家进行制作。直接将 PCB 文件交给制造厂家不仅不利于保护技术成果，还不方便加工。通常的做法是将 PCB 文件转换为 Gerber 文件后再用于制作电路板。不同的电路板加工厂家对 Gerber 文件的要求有所不同，如有些厂家可能不需要 Paste Mask 的 Artwork 文件。本章将 Paste Mask 也添加到 Artwork 文件的生成过程中，读者可根据具体需求进行取舍。

Gerber 文件是 PCB 制造行业的通用文件，种类繁多。我们以最常用的 274X 格式为例进行讲解，下面的示例以 4 层板为例。具体实现步骤如下所述。

（1）选择菜单【Manufacture】→【Artwork】，在弹出的对话框中，按照图 12-20 中所示进行设置。

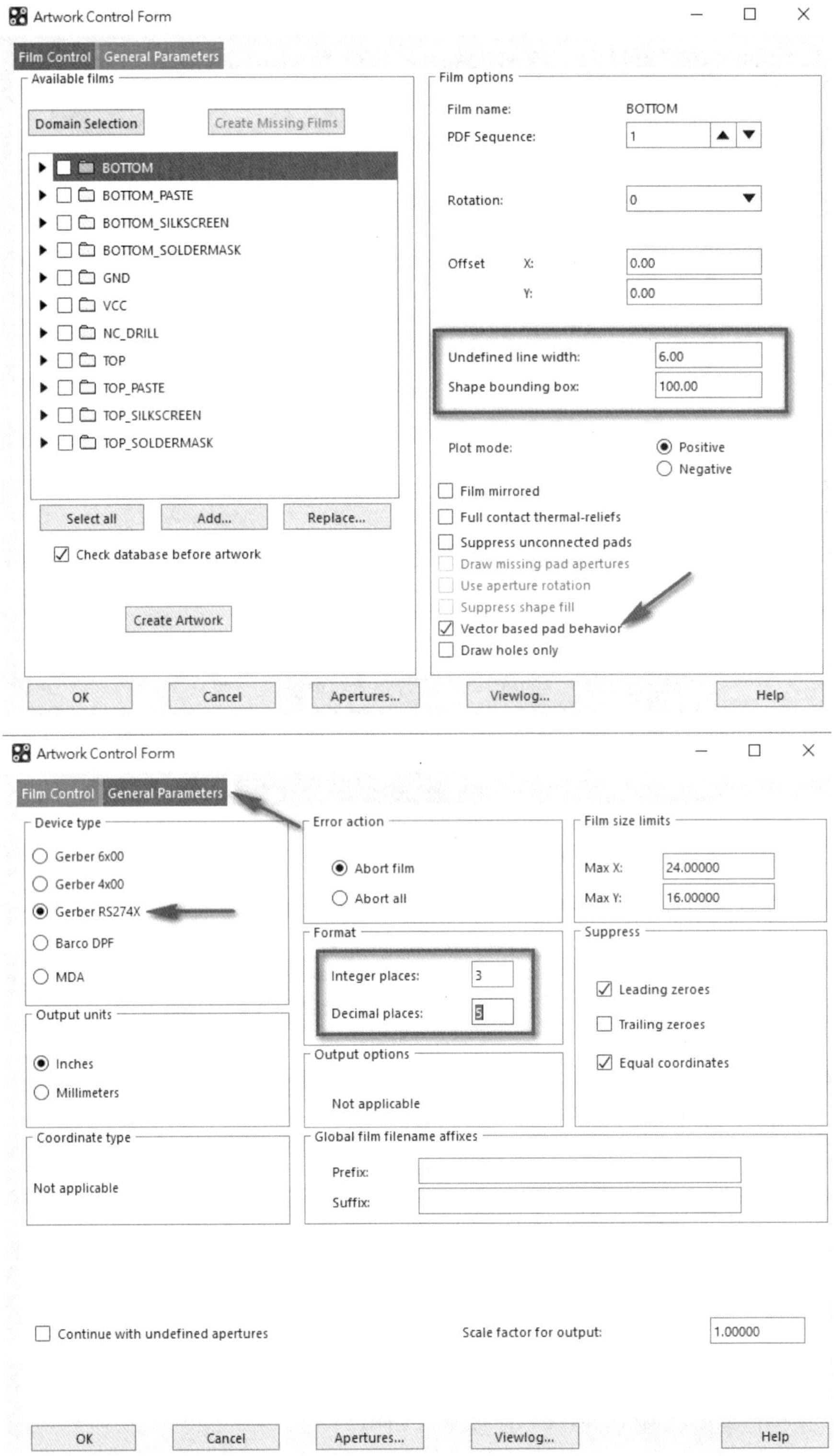

图 12-20

（2）设置输出层。单击鼠标右键，在弹出的菜单中选择【Add】或【Cut】以增加或删除层面，如图 12-21 所示。展开层面后，单击鼠标右键，在弹出的菜单中选择【Add】。在 Subclass Selection 里面选择子类，完成各层子类的添加，如图 12-22 所示。

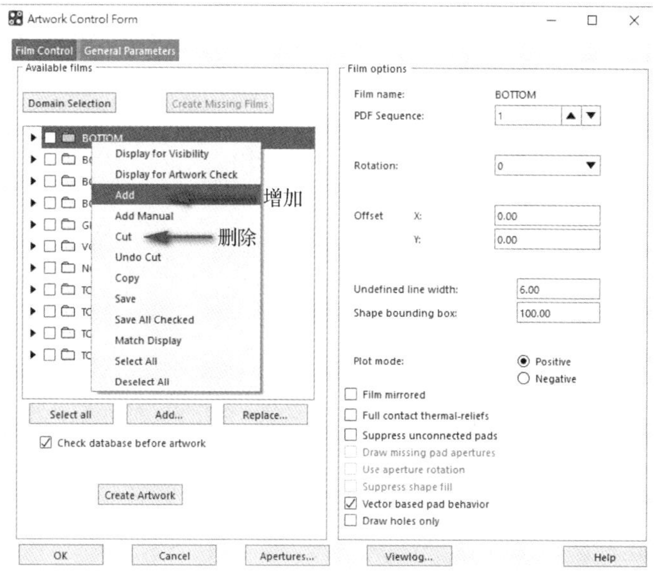

图 12-21

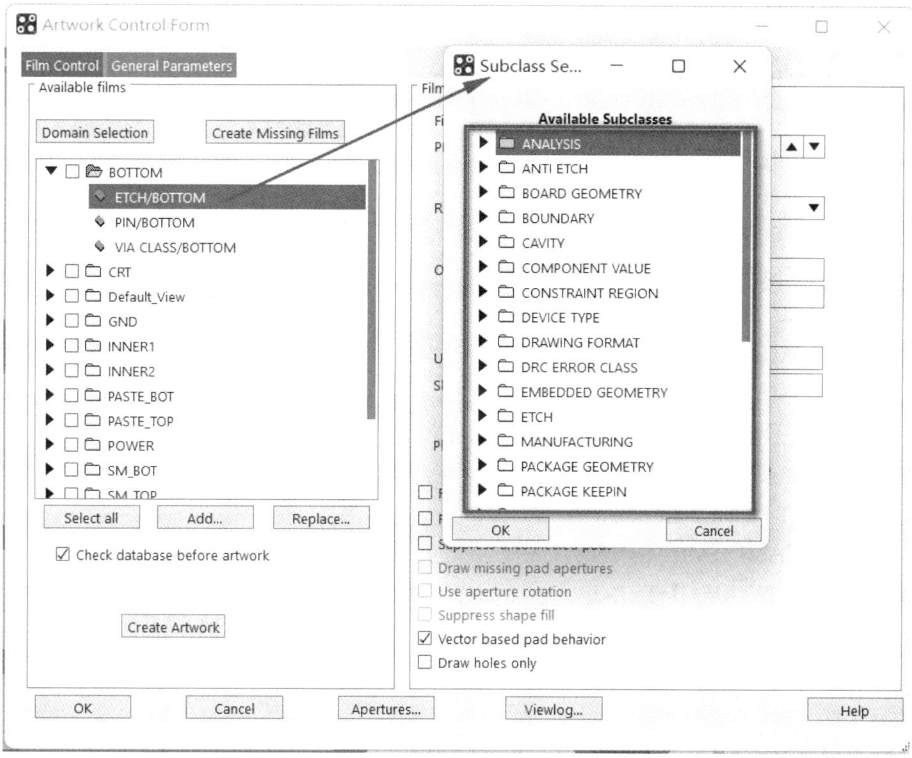

图 12-22

（3）以 4 层板为例，共有 11 个层的 Art 文件，具体各层的定义如下。如果层面有增加，只需要在走线类层面增加多个中间层。层面的名称可以根据需求自行定义。

① 走线类层面

- TOP 层

BOARD GEOMETRY/OUTLINE

ETCH/TOP

PIN/TOP
VIA CLASS/TOP
● VCC 层
BOARD GEOMETRY/OUTLINE
ETCH/VCC
PIN/VCC
VIA CLASS/VCC
● GND 层
BOARD GEOMETRY/OUTLINE
ETCH/GND
PIN/GND
VIA CLASS/GND
● BOTTOM 层
BOARD GEOMETRY/OUTLINE
ETCH/BOTTOM
PIN/BOTTOM
VIA CLASS/BOTTOM
② 文字类层面（或称“丝印类层面”）
● SILKSCREEN TOP 层
BOARD GEOMETRY/OUTLINE
BOARD GEOMETRY/SILKSCREEN_TOP
PACKAGE GEOMETRY/SILKSCREEN_TOP
REFDES/SILKSCREEN_TOP
● SILKSCREEN BOTTOM 层
BOARD GEOMETRY/OUTLINE
BOARD GEOMETRY/SILKSCREEN_BOTTOM
PACKAGE GEOMETRY/SILKSCREEN_BOTTOM
REFDES/SILKSCREEN BOTTOM
③ 阻焊类层面
● SOLDERMASK_TOP 层
BOARD GEOMETRY/OUTLINE
BOARD GEOMETRY/SOLDERMASK_TOP
PACKAGE GEOMETRY/SOLDERMASK_TOP
PIN/SOLDERMASK_TOP
VIACLASS/SOLDERMASK_TOP
● SOLDERMASK BOTTOM 层
BOARD GEOMETRY/OUTLINE
BOARD GEOMETRY/SOLDERMASK_BOTTOM
PACKAGE GEOMETRY/SOLDERMASK_BOTTOM
PIN/SOLDERMASK_BOTTOM
VIACLASS/SOLDERMASK_BOTTOM
④ 钢网层面
● PASTMASK_TOP 层

BOARD GEOMETRY/OUTLINE
PIN/PASTEMASK_TOP
PACKAGE GEOMETRY/PASTMASK_TOP
● PASTMASK_BOTTOM 层
BOARD GEOMETRY/OUTLINE
PIN/PASTEMASK_BOTTOM
PACKAGE GEOMETRY/PASTMASK_BOTTOM
⑤ 钻孔类层面
● DRILL 层
BOARD GEOMETRY/OUTLINE
MANUFACTURING/NCLEGEND-1-4
MANUFACTURING/NCDRILL_LEGEND
MANUFACTURING/NCDRILL_FIGURE

（4）层面和参数设置好后，单击 Select all 按钮，选择所有层面。接着，单击 Create Artwork 按钮，即可生成*.art 格式的 Gerber 文件，如图 12-23 所示。

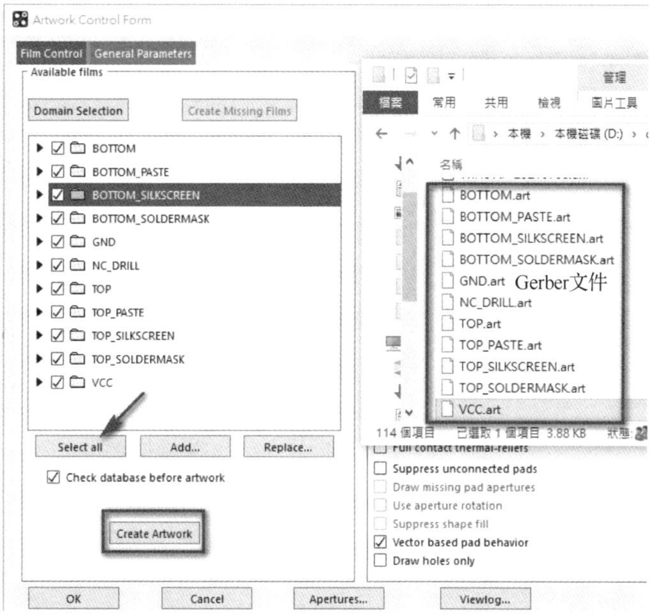

图 12-23

12.5 钻孔文件输出

PCB 中的所有钻孔都需要通过钻孔文件的方式输出，具体操作步骤如下所述。

（1）选择菜单【Manufacture】→【NC】→【Drill Customization】，弹出如图 12-24 所示的对话框。在该对话框中，依次单击 Merge 和 Auto generate symbols 按钮，然后单击 OK 按钮。其中，对于 Merge 按钮，如果存在相同的钻孔但符号不同，可以选择合并；而 Auto generate symbols 按钮会自动生成新的钻孔符号。

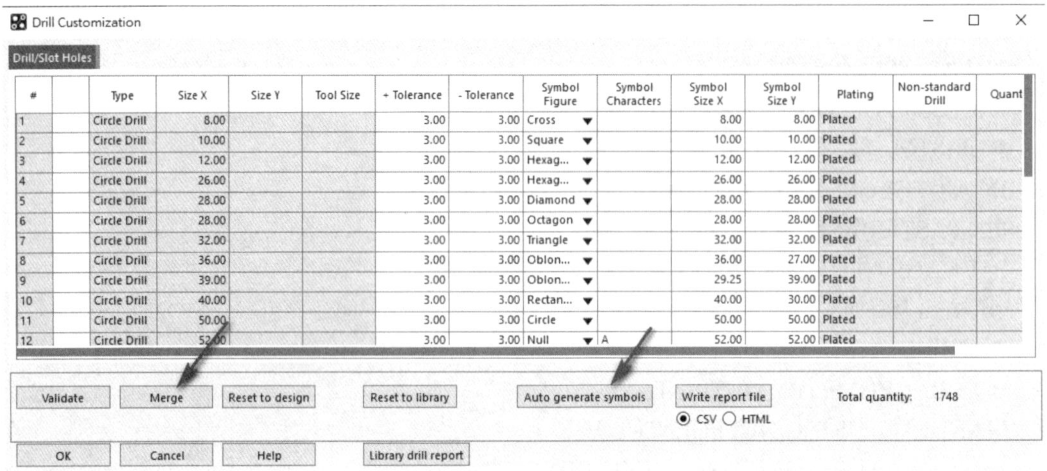

图 12-24

（2）产生钻孔符号表。选择菜单【Manufacture】→【NC】→【Drill Legend】，在弹出的对话框中，所有选项都保持默认值即可。注意，钻孔表应放置在板框外，如图 12-25 所示。

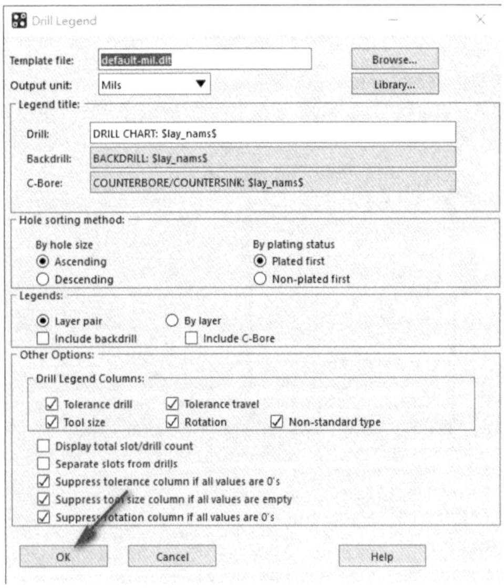

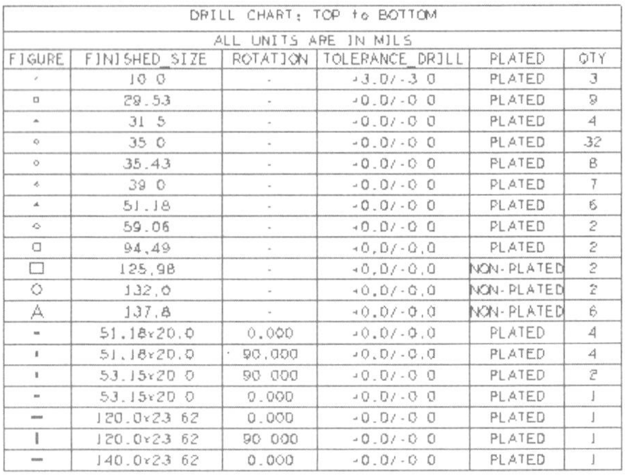

DRILL CHART: TOP to BOTTOM					
ALL UNITS ARE IN MILS					
FIGURE	FINISHED_SIZE	ROTATION	TOLERANCE_DRILL	PLATED	QTY
/	10.0	-	+3.0/-3.0	PLATED	3
□	28.53	-	+0.0/-0.0	PLATED	9
▲	31.5	-	+0.0/-0.0	PLATED	4
◇	35.0	-	+0.0/-0.0	PLATED	32
○	35.43	-	+0.0/-0.0	PLATED	8
◇	39.0	-	+0.0/-0.0	PLATED	7
▲	51.18	-	+0.0/-0.0	PLATED	6
◇	59.06	-	+0.0/-0.0	PLATED	2
□	94.49	-	+0.0/-0.0	PLATED	2
□	125.98	-	+0.0/-0.0	NON-PLATED	2
○	132.0	-	+0.0/-0.0	NON-PLATED	2
A	137.8	-	+0.0/-0.0	NON-PLATED	6
-	51.18x20.0	0.000	+0.0/-0.0	PLATED	4
ı	51.18x20.0	90.000	+0.0/-0.0	PLATED	4
ı	53.15x20.0	90.000	+0.0/-0.0	PLATED	2
-	53.15x20.0	0.000	+0.0/-0.0	PLATED	1
—	120.0x23.62	0.000	+0.0/-0.0	PLATED	1
ǀ	120.0x23.62	90.000	+0.0/-0.0	PLATED	1
—	140.0x23.62	0.000	+0.0/-0.0	PLATED	1

图 12-25

（3）产生钻孔输出的参数。选择菜单【Manufacture】→【NC】→【NC Parameters】。在弹出的对话框中，按照图 12-26 中所示进行设置。

Format：输出坐标数据的格式。

Leading zero suppression：指定输出坐标开始位置是否加 0。

Trailing zero suppression：指定输出坐标结束位置是否加 0。

Equal coordinate suppression：指定是否禁止输出相等的坐标值。

Enhanced Excellon format：是否为 NC Drill 和 NC Route 输出文件生成头文件。

（4）产生钻孔文件。选择菜单【Manufacture】→【NC】→【NC Drill】。在弹出的对话框中，所有选项保持默认值即可，单击 Drill 按钮，即可产生*.drl 钻孔文件，如图 12-27 所示。

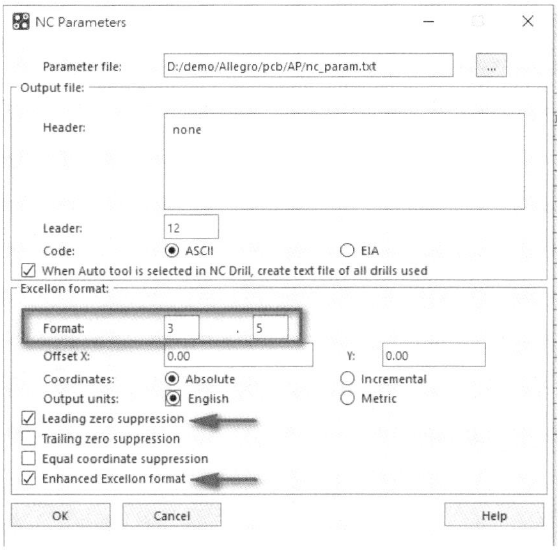

图 12-26

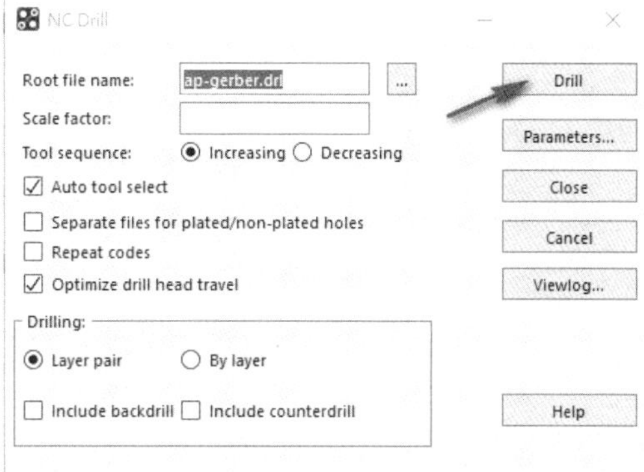

图 12-27

12.6 IPC 网表输出

在提交 Gerber 文件时，为了确保我们的设计资料与原理图一致，建议同步提供 IPC 网表给 PCB 板厂。PCB 板厂在制作之前，可以将 Gerber 文件与 IPC 网表进行比对，从而检查一些常规的开短路问题，避免错误的发生。

1）IPC-D-356A 简介

IPC-D-356A 是美国印刷线路学会制定的一种特定格式，用于记录设计文件中各逻辑关系的集合文件。它可以用来检查输出的 Gerber 文件及钻孔文件是否与 PCB 的原理图一致，尤其是在检查网络开短路的安全性方面。由于其能够有效识别设计中的潜在问题，IPC 网表被誉为“设计工程师的守护神”和“PCB 加工的安全站”。

2）IPC 的作用

（1）判断叠层顺序：单从层名字上无法准确判断 PCB 的正确叠层结构。此时，如果提供了 IPC 文件，可以使用写字板（如 Notepad）打开该文件。在文件的最上方，通常会看到叠层的排序信息，这有助于确保 PCB 板厂正确理解叠层顺序，避免判断失误，如图 12-28 所示。

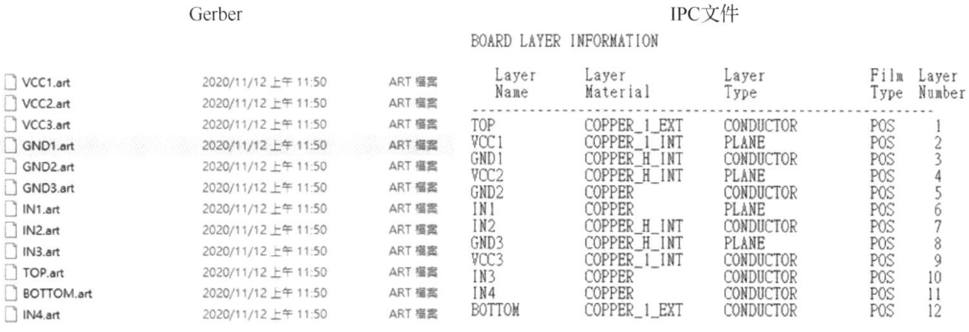

图 12-28

（2）检查 Gerber 的短路和开路：PCB 板厂可以根据提供的 IPC 文件来核对 Gerber 文件，确保其与设计文件一致。通过比对，PCB 板厂能够有效地检测出潜在的短路和开路问题，确保设计的正确性，避免生产过程中的错误。

3）产生 IPC 文件

选择菜单【File】→【Export】→【IPC 356】。在弹出对话框中，所有选项保持默认值即可，单击 Export 按钮，即可产生*.ipc 文件，如图 12-29 所示。

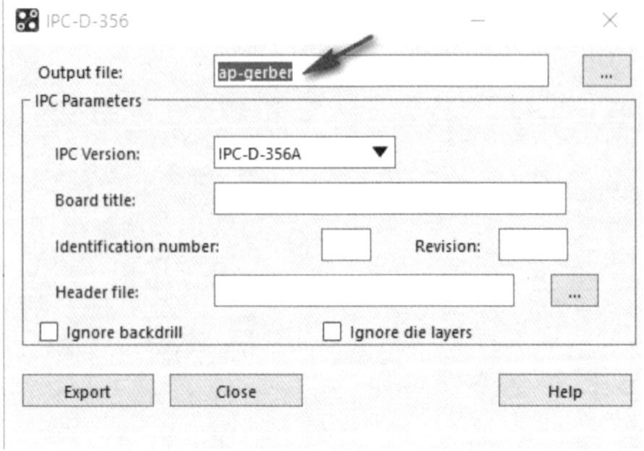

图 12-29

12.7 零件坐标文件输出

在后端生产线进行 SMT 贴片打件时，需要提供零件的坐标图。这个坐标图通常包含了每个零件在 PCB 上的精确位置和方向信息，以便于贴片机准确地将零件放置到指定位置。通过提供详细的坐标图，可以确保零件正确安装，避免生产过程中的错误和缺陷。

方法一：选择菜单【Tools】→【Reports】，在弹出的对话框中双击“Component Report”选项，按照图 12-30 中所示进行参数设置，单击 Generate Reports 按钮，即可产生 cmp_rep.rpt 坐标文件。

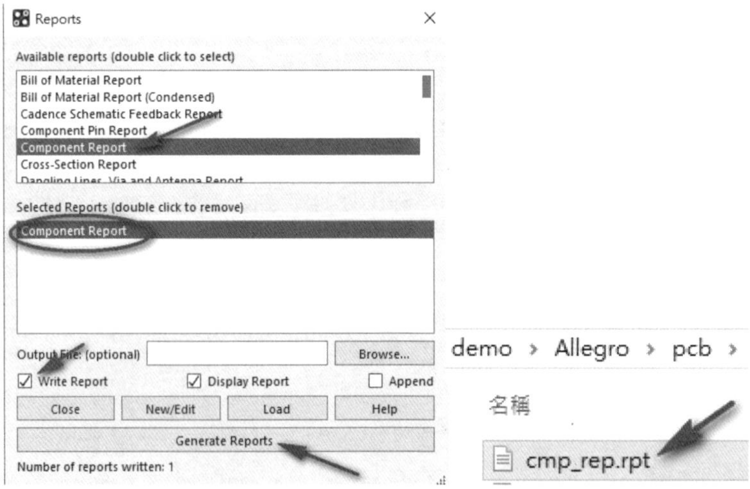

图 12-30

方法二：选择菜单【File】→【Export】→【Placement】，在弹出的对话框中选择 Symbol origin，以零件原点的方式输出坐标文件，如图 12-31 所示。

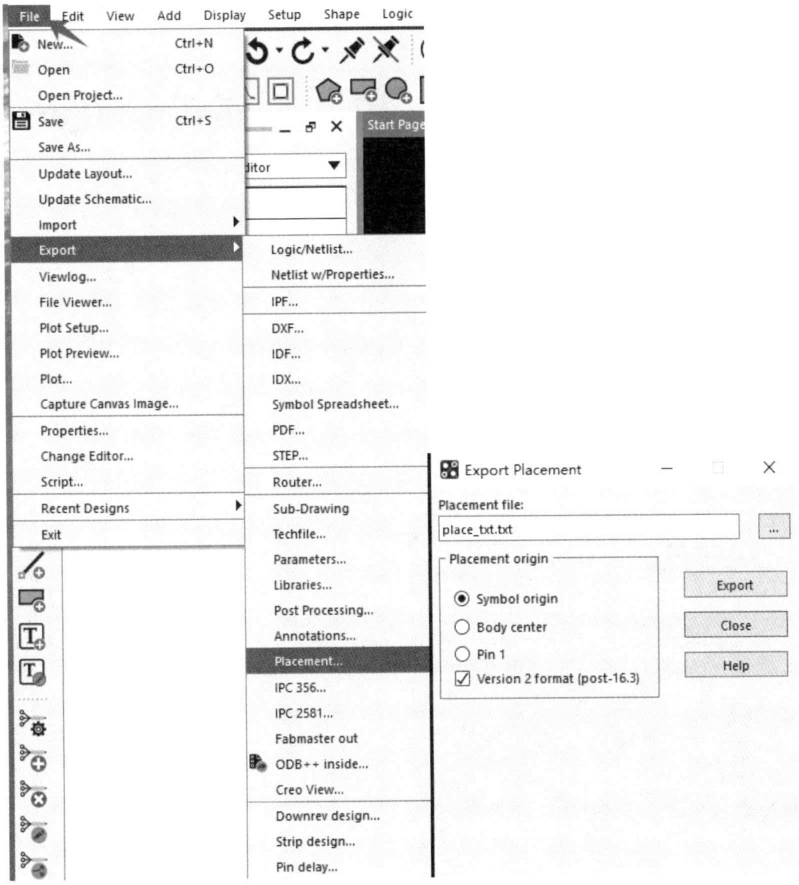

图 12-31

12.8 输出的生产文件打包

完成输出的文件种类繁多，在交付给生产厂家之前，需要对这些文件进行整理、归类和打包，以便板厂能够快速识别并获取所需文件进行生产加工。如图 12-32 所示，文件夹的组织结构如下：

ASM 文件夹：放置装配图纸；

CAM 文件夹：放置 Gerber 文件（包括信号图层、阻焊层、钻孔文件及 IPC 文件）；

PRJ 文件夹：放置 PCB 设计文件和原理图；

SMT 文件夹：放置钢网图纸。

图 12-32

第 13 章 Allegro 17.4 高级设计技巧

13.1 批量截断走线

1. 用方框的形式切断

选择菜单【Manufacture】→【Drafting】→【Delete by Rectangle】，使用鼠标左键框选需要截断的走线，选中的走线将会高亮显示，然后单击第一根线的上方，绘制一个矩形框，如图 13-1 所示。走线被批量剪断，如图 13-2 所示。

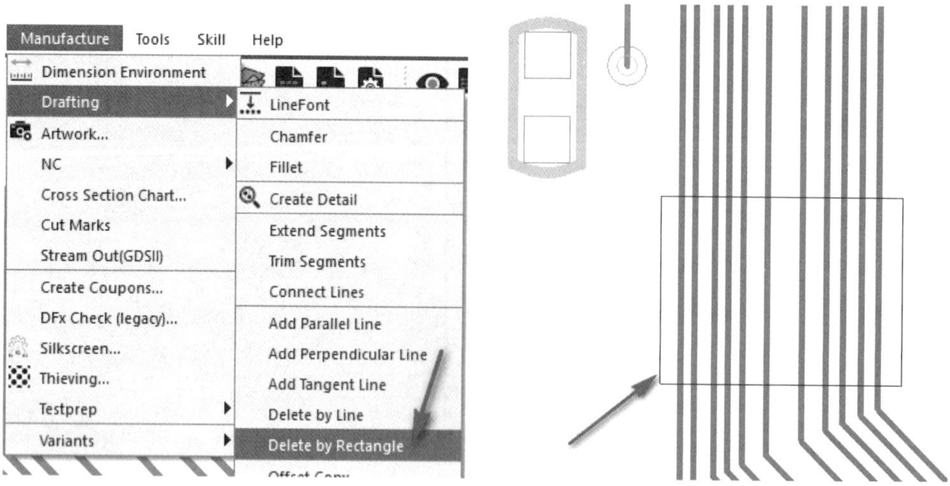

图 13-1

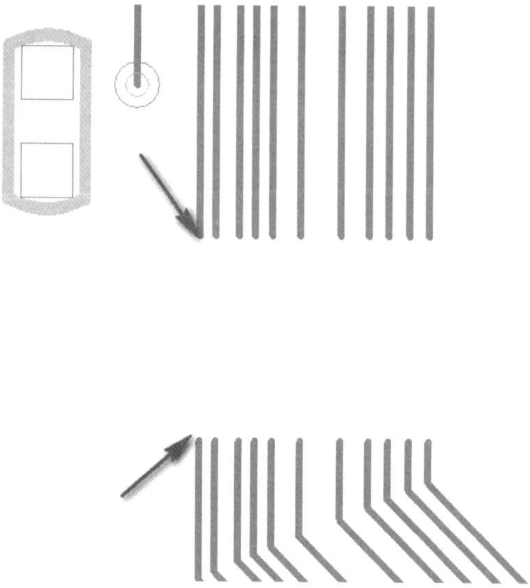

图 13-2

2. 用线的形式切断

选择菜单【Manufacture】→【Drafting】→【Delete by Line】，使用鼠标左键框选待删除的走

线，选中的走线将被高亮显示，然后单击鼠标左键，从第一根线的上方拉一条线至下方。此操作将删除框选范围内的走线。需要注意的是，衍生的问题是短侧的走线也会被自动删除，如图 13-3 所示。

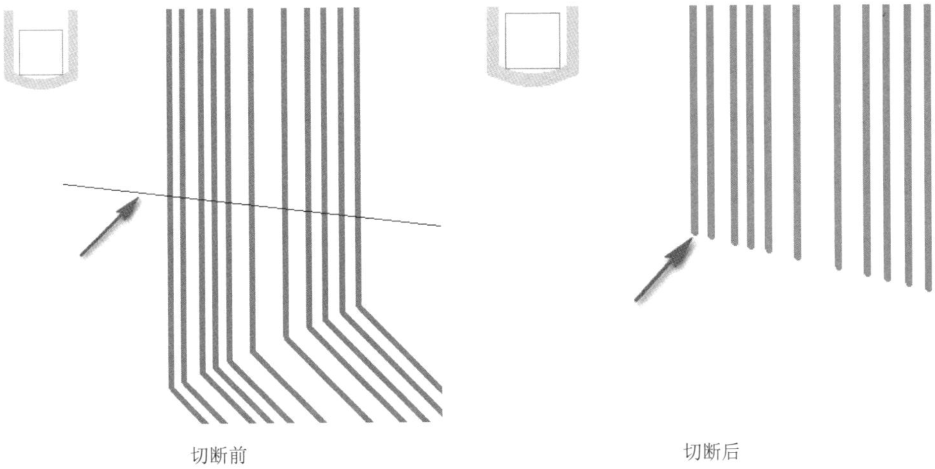

图 13-3

13.2 导入中文字符和图片

Cadence 是一家美国公司，因此对中文的支持相对较弱。如果想在 Board 文件中加入中文字符或图片，通常需要借助第三方软件生成 DXF 文件，再将其导入 Allegro 中。

不过，从 Allegro 16.6 版本开始，已经可以直接导入图片了。至于中文字符的导入，则可以通过将中文字符转为图片的形式进行实现，这样就能够在设计中展示中文字符。具体操作步骤如下所述。

（1）使用操作系统自带的小画家（Microsoft Paint）输入中文字符，并根据需要调整字体大小，直到达到适当的显示效果，如图 13-4 所示。

图 13-4

（2）将文件保存为.bmp 格式，如图 13-5 所示。

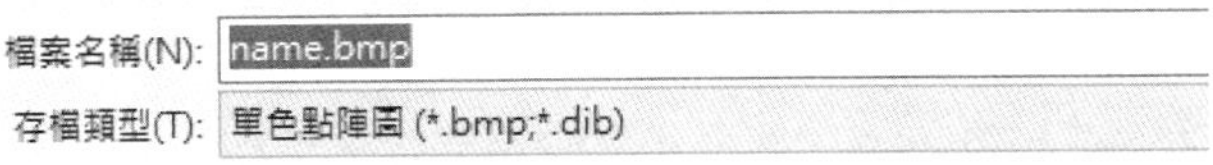

图 13-5

（3）选择菜单【File】→【New】，在弹出的对话框中选择 Mechanical symbol 组件，我们要在 Allegro 中新建 Mechanical 类型的封装，如图 13-6 所示。

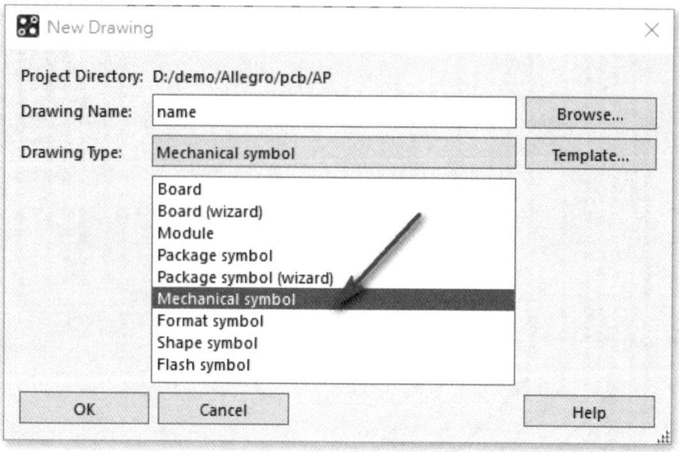

图 13-6

（4）选择菜单【File】→【Import】→【Logo】，在弹出的对话框中找到“Input Logo file”，选择之前保存好的*.bmp 图片文件。接着，在“Class and Subclass Selection”中设置导入后的层面，通常将图片放置在丝印层。最后，单击 Import 按钮完成导入操作，如图 13-7 所示。文字导入成功，但这时文字是空心的，如图 13-8 所示。

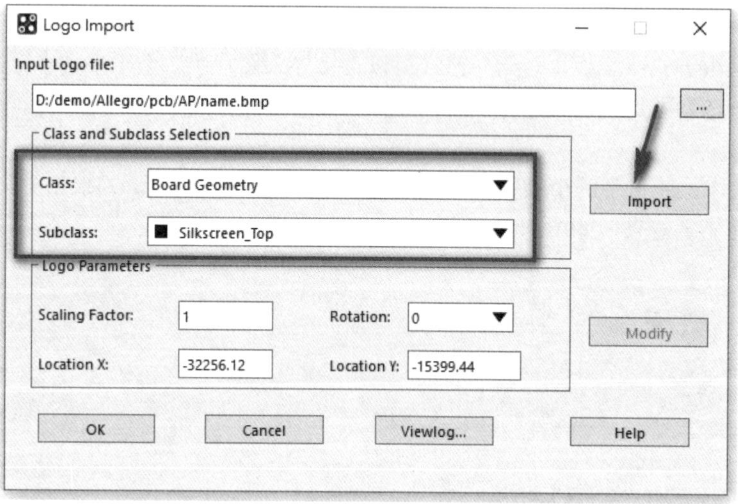

图 13-7

图 13-8

（5）选择菜单【Shape】→【Compose Shape】，在弹出的对话框中，进入“Options”面板。在该面板中，设置好层面［确保与步骤（4）中的层面一致］。然后，勾选“Filled shape”，并框选空心文字，以形成实心效果，如图 13-9 所示。

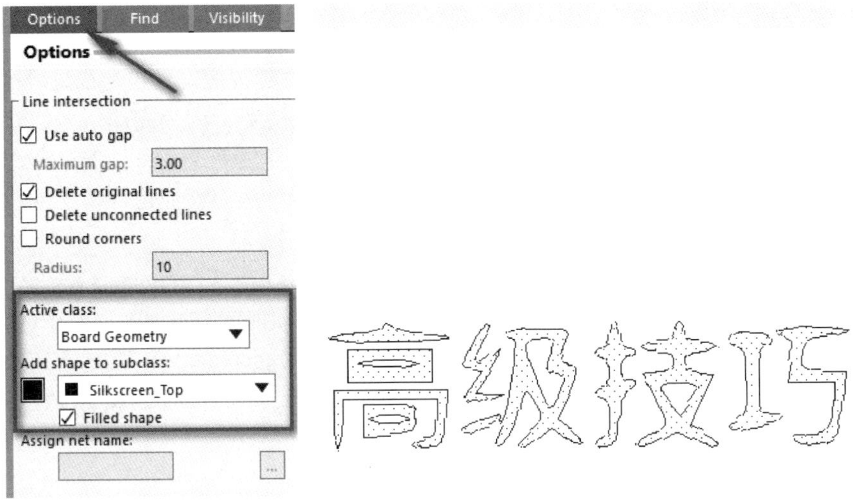

图 13-9

13.3 快速改变走线的线宽

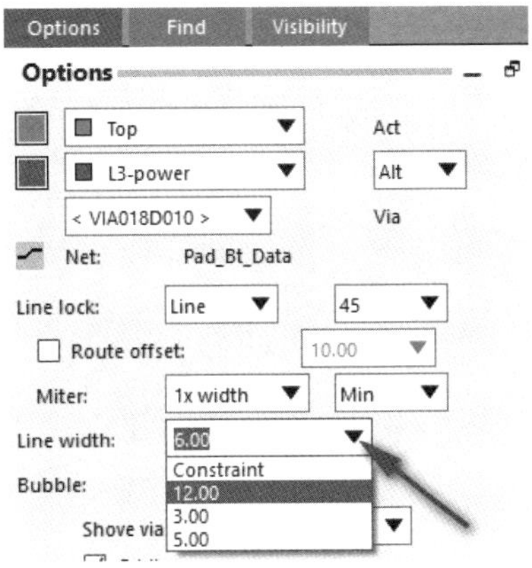

图 13-10

在 Allegro 执行走线指令时，线宽设置无法自动复位，软件会记住之前设置的线宽，即使在 Constraint Manager 中已经设置好了线宽，软件依然无法识别这些设置。这意味着需要手动调整“Options”面板中的 Line width，单击 Constraint 才能进行正确的设置，如图 13-10 所示，这给 Layout 带来了一定的困扰。

用写字板打开 env 文件，按如下格式设置 funckey（建议修改前将 env 文件备份，如果修改时出错还可以复原），如图 13-11 所示。

```
funckey 1 options acon_line_width constraint
```

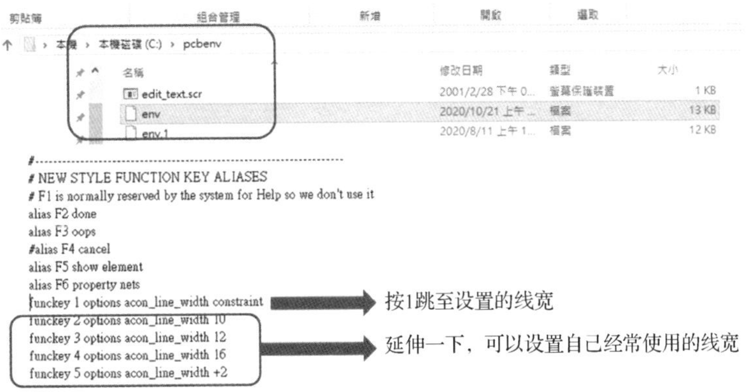

图 13-11

设置好 env 文件后，单击设置的快捷键就可以快速改变线宽了。

13.4 渐变式走线

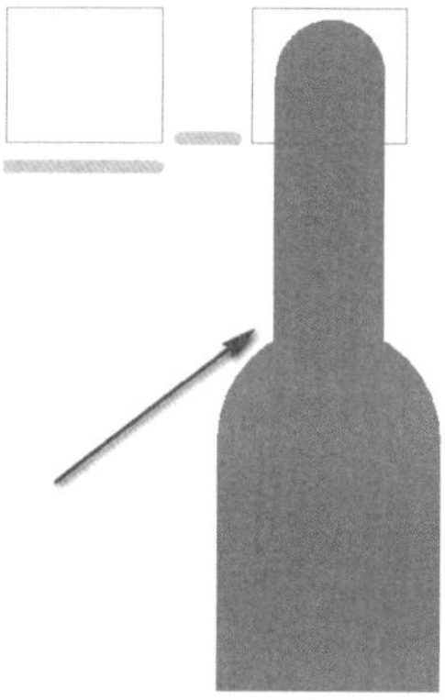

图 13-12

在 Allegro 走线时，线宽可能会突然改变，导致走线呈阶梯状，这种情况尤其在高速信号线的设计中需要避免，因为高速信号线要求走线更加平滑。为了解决这一问题，可以使用渐变式走线（Gradient Routing）来确保信号线的走向更加流畅和平滑，从而避免信号干扰或反射，如图 13-12 所示。

（1）选择菜单【Route】→【Gloss】→【Parameters】，在弹出的对话框中单击“Fillet and tapered trace”选项前的方框，弹出 Fillet and Tapered Trace 对话框。在该对话框中，勾选“Tapered traces”，根据实际要求填写角度和偏移量，一般默认即可。设置完成后，单击 OK 按钮，如图 13-13 所示。

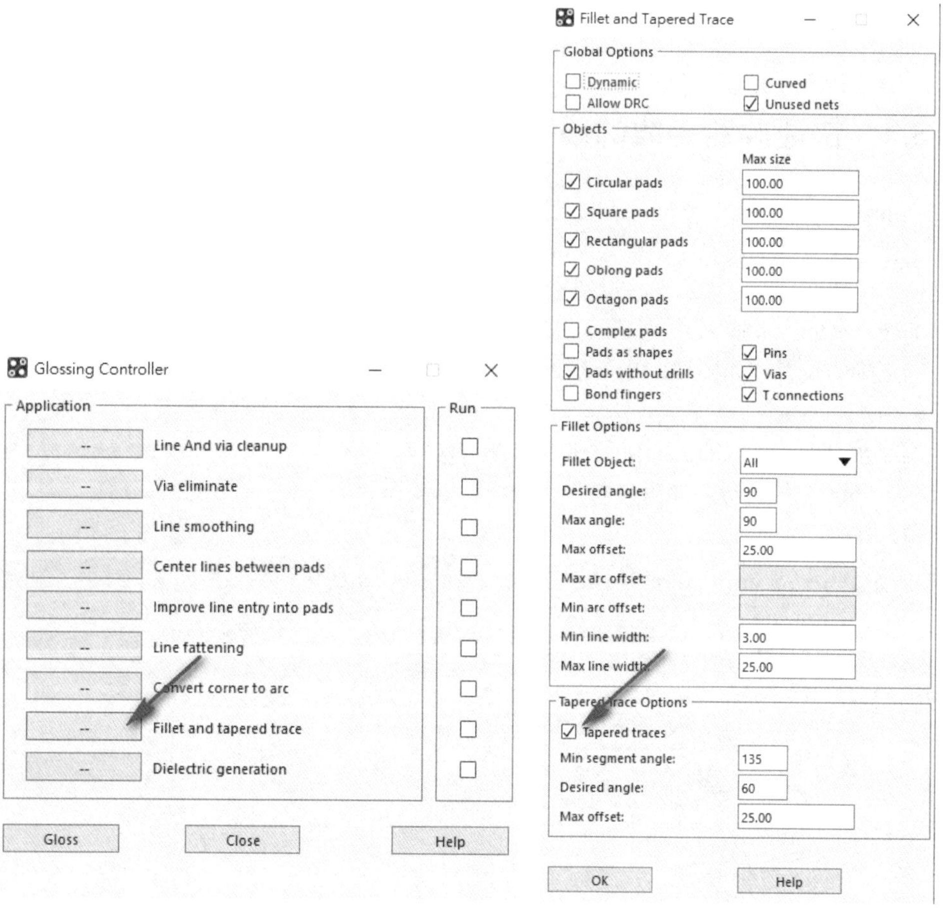

图 13-13

（2）选择菜单【Route】→【Gloss】→【Add Tapered Trace】，单击需要渐变式效果的走线即可，走线效果如图 13-14 所示。

（3）选择菜单【Route】→【Gloss】→【Delete Tapered Trace】，单击需要删除渐变式效果的走线，即可删除。

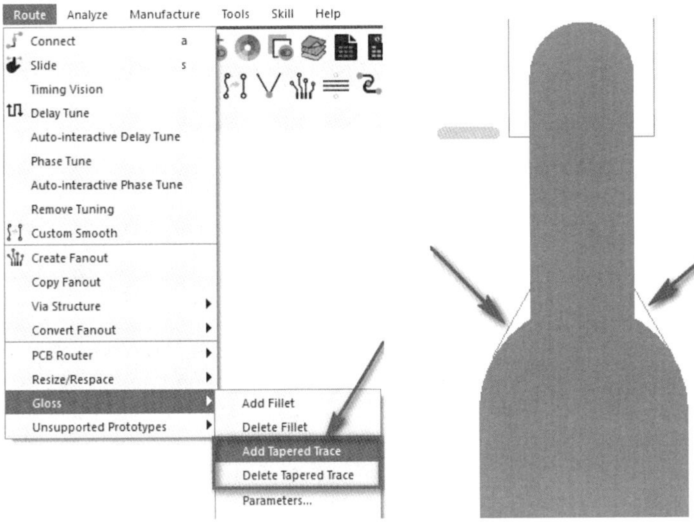

图 13-14

13.5 过孔网络修改

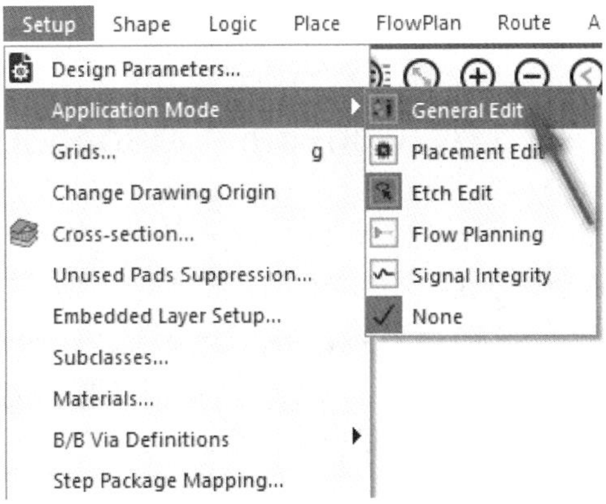

图 13-15

在 Allegro 中，给一个没有网络的过孔指定一个网络或修改过孔上的网络名称，可以按照以下操作步骤进行。

（1）选择菜单【Setup】→【Application Mode】→【General Edit】，如图 13-15 所示。

（2）在弹出的对话框中，进入“Find”面板。在该面板中，勾选“Vias”。在工作区单击修改网络的过孔，单击鼠标右键，在弹出的菜单中选择【Assign net to via】，如图 13-16 所示。

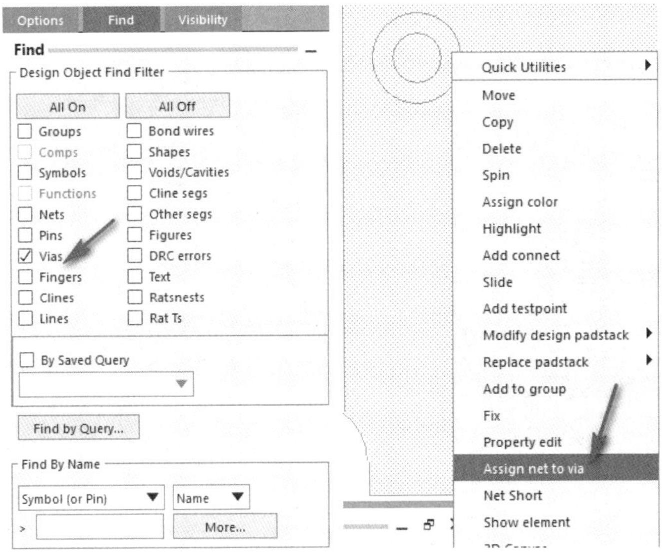

图 13-16

（3）在“Options”面板中选择网络名称，或者在 PCB 中单击目标网络（焊盘、飞线、铜箔、走线都可以)，过孔的网络名称被修改，如图 13-17 所示。

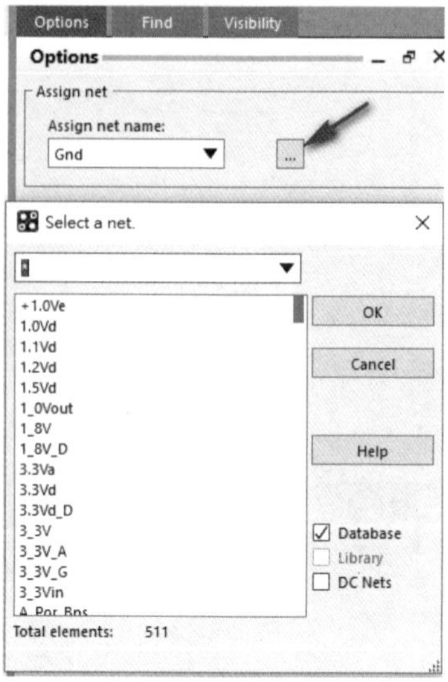

图 13-17

13.6 Constraint Manager 增加过孔的长度

在高速电路设计中，随着信息传输速率的提高，走线的长度控制变得尤为重要。对于一些等长的信号线，需要将孔的长度考虑进来，以确保信号的同步性和完整性。具体操作步骤如下所述。

(1) 选择菜单【Setup】→【Cross-section】，在弹出的对话框中修改 PCB 的叠层结构信息，确保叠层结构厚度与实际 PCB 的厚度一致，如图 13-18 所示。以图 13-19 为例，Trace 的长度是 118.9011mil，不包含孔长度。

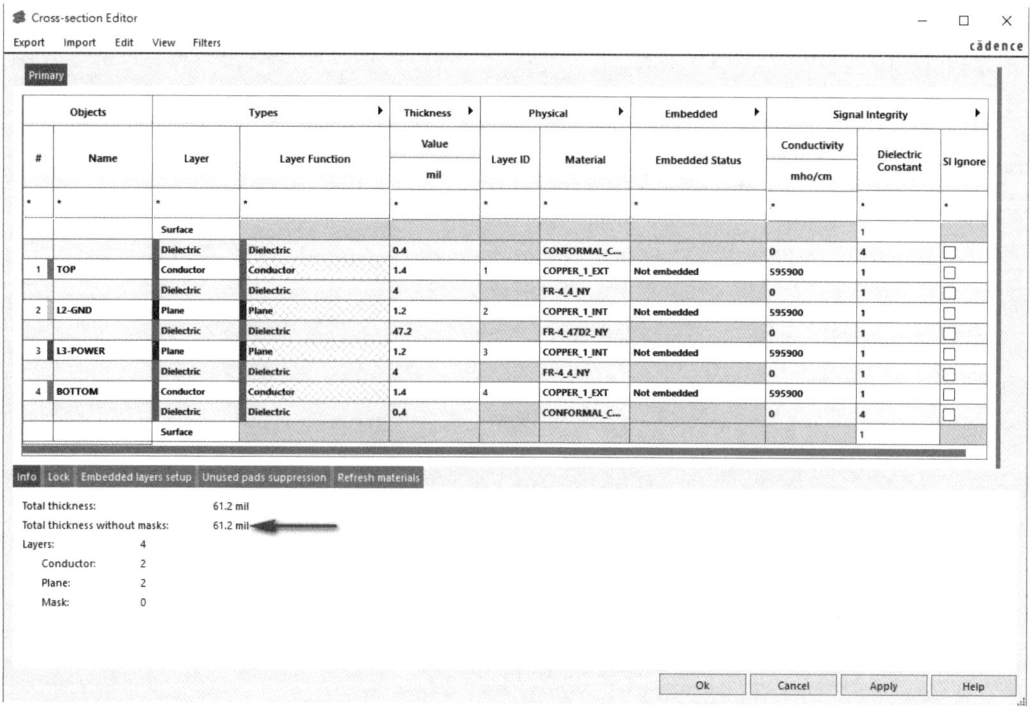

图 13-18

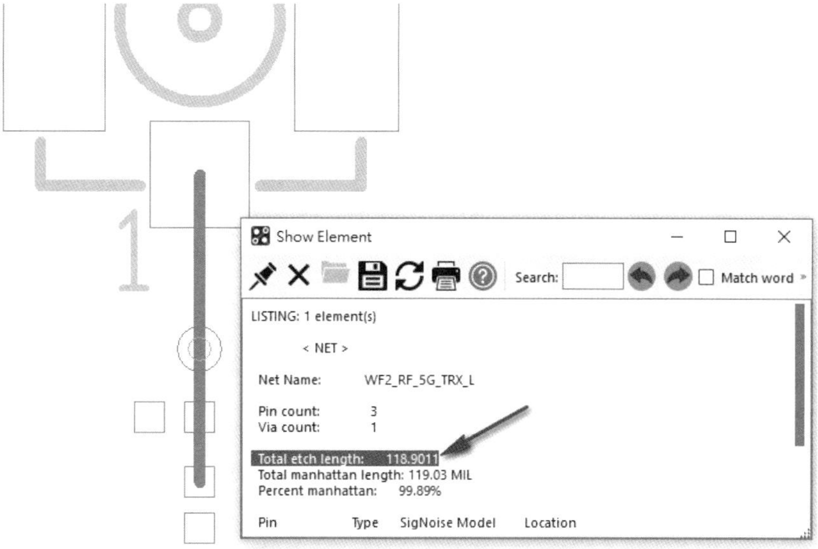

图 13-19

（2）选择菜单【Setup】→【Constraints】→【Modes】，在弹出的对话框中的设置如图 13-20 所示。

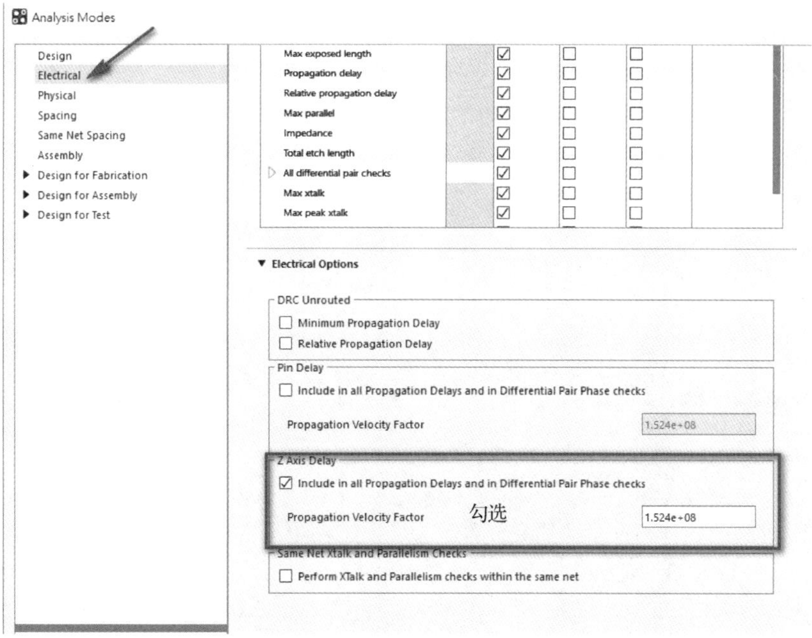

图 13-20

（3）选择菜单栏【Setup】→【Constraints】→【Constraint Manager】，进入 Constraint Manager 界面。如图 13-21 所示，在左侧的树形结构窗口中选择 【Electrical】→【Net】 →【Routing】→【Retrieve Propagation Delay】，选择相应的网络，单击鼠标右键，在弹出的菜单中选择 【Analyze】进行数据分析。分析结果将显示两组长度：上面为不含过孔的长度，下面为包含过孔的长度。

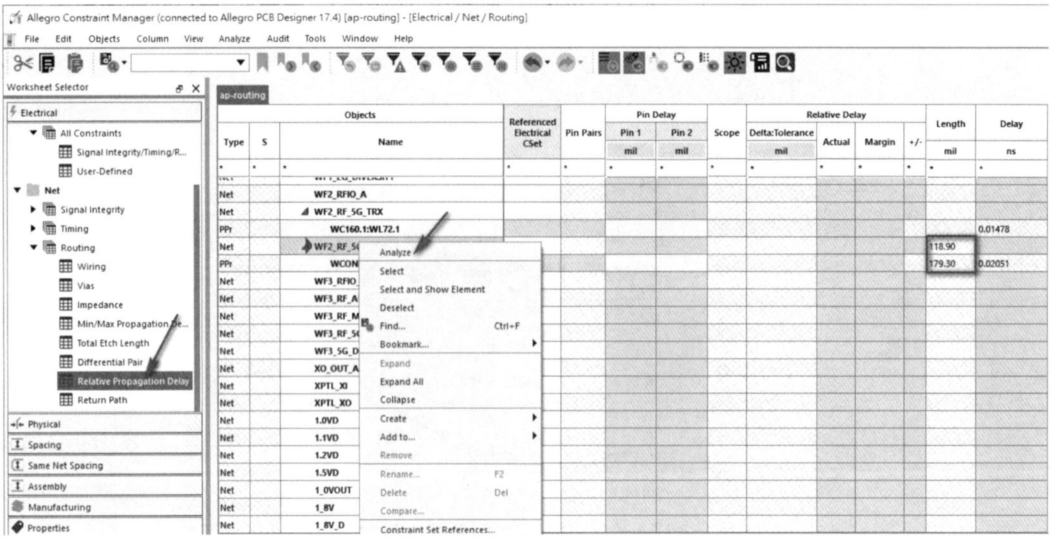

图 13-21

13.7 在铜箔及走线上显示网络名称

在铜箔及走线上显示网络名称的具体操作步骤如下所述。

选择菜单【Setup】→【User Preferences】，在弹出的对话框中的设置如图 13-22 所示。所有电气特性都会显示网络名称，如图 13-23 所示。

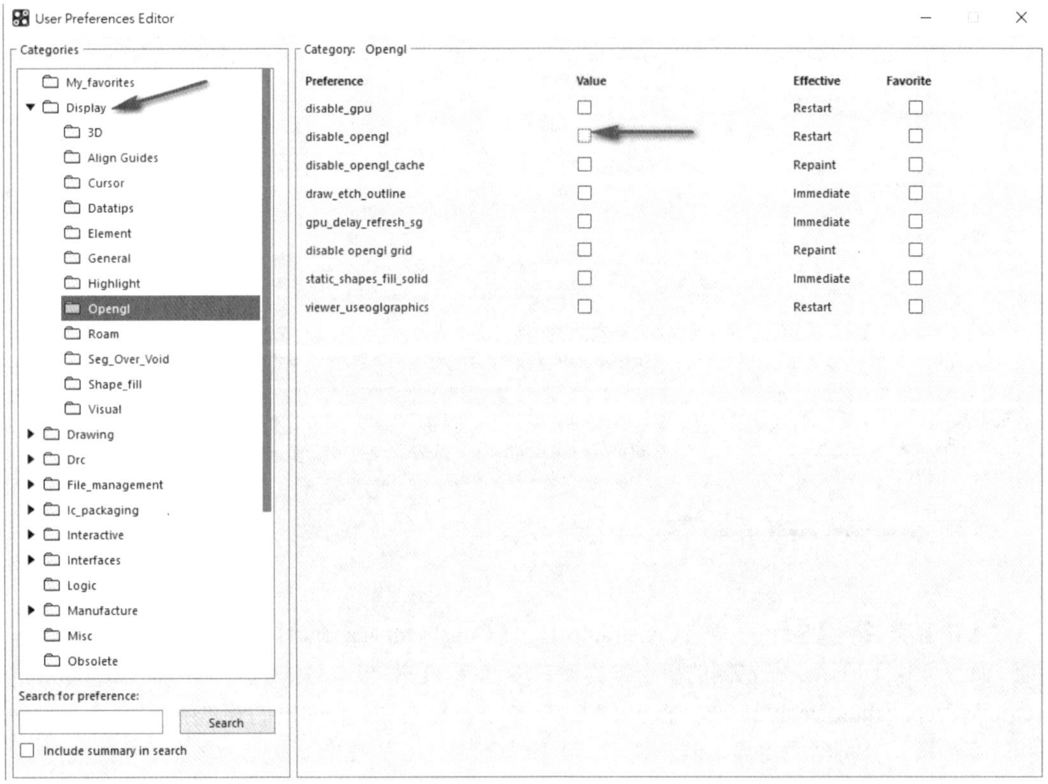

图 13-22

图 13-23

13.8 一键开启常用层面

在进行布局时，通常需要同时打开某几个层面，如检查文字、导出 DXF 文件供机构确认等。一键开启常用层面的具体操作步骤如下所述。

（1）选择菜单【Display】→【Color/Visibility】，在弹出的对话框中勾选需要显示的层面，单击 OK 按钮，如图 13-24 所示。

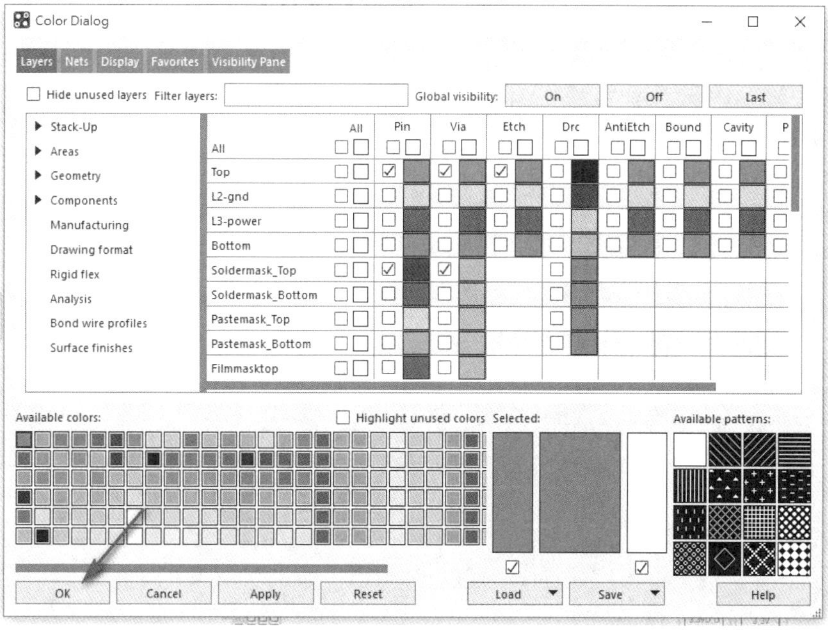

图 13-24

（2）选择菜单【View】→【Color View Save】，在弹出的对话框中输入导出的文件名称，其他选项默认，单击 Save 按钮后即可在当前的文件夹中生成.color 文件，如图 13-25 所示。

（3）将.color 文件放在 C:\Cadence\SPB_17.4\share\local\pcb\views 路径下，每次打开 Board 文件，可在“Visibility”面板的“View”栏一键打开该层面，非常方便，如图 13-26 所示。

（4）如果没有显示，选择菜单【Setup】→【User Preferences】，在弹出的对话框中的设置如图 13-27 所示。

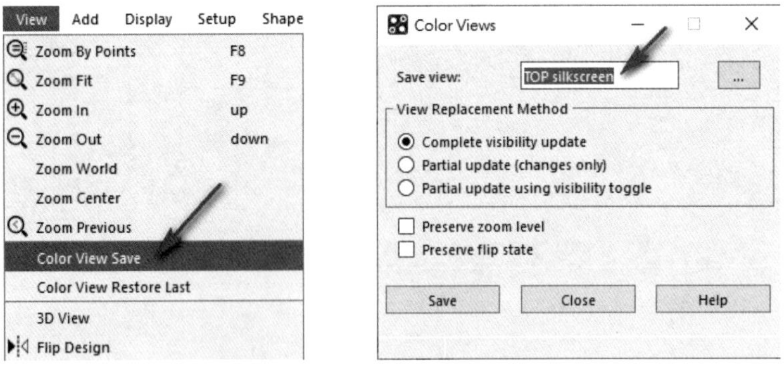

图 13-25

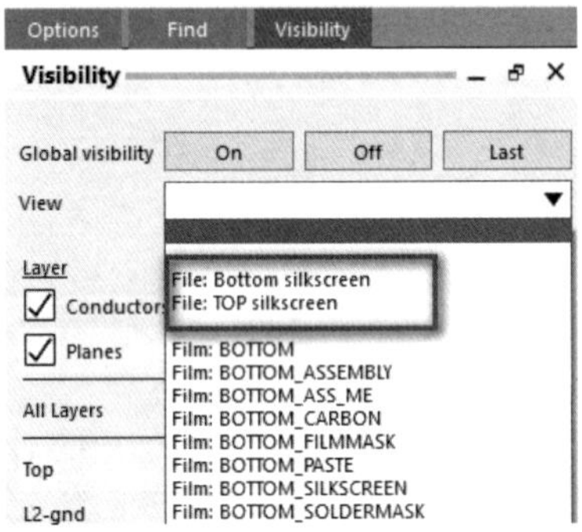

图 13-26

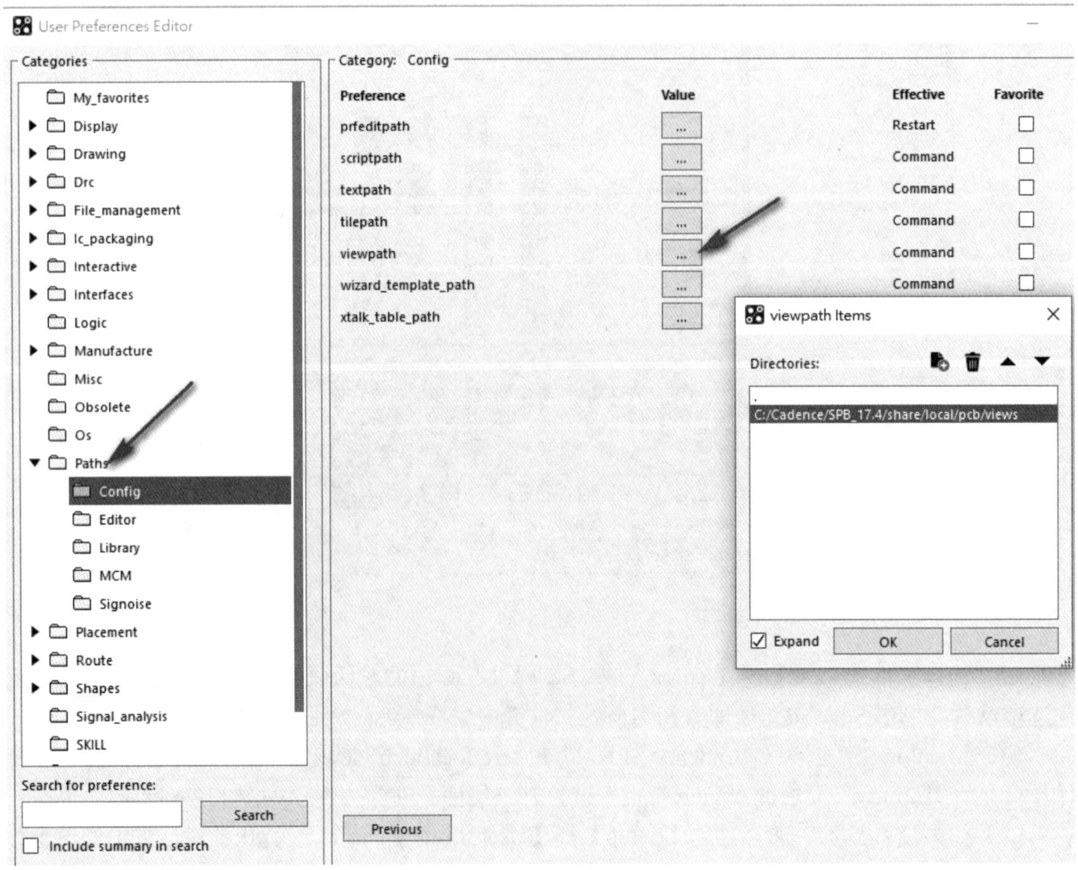

图 13-27

13.9 Allegro 各扩展名的含义

.brd：板文件（Allegro）。

.log：记录数据处理过程及结果。

.art：Artwork 文件。

.txt：文字文件，如参数数据、Device 文件等。

.tap：NC 钻孔文字文件。

.dat：数据文件。

.scr：脚本或宏记录文件。

.mdd：模块文件，可在 Allegro 中创建。

.sav：当出现此文件时，表示板文件的数据结构已损坏，若情况不严重，可使用 DB Doctor 修复。

.color：视图层面的切换文件。

.jrl：记录操作 Allegro 的文件。

.pad：焊盘文件。

.dra：零件封装或焊盘的可编辑保存文件，属于绘图文件。建立封装前先创建绘图文件，之后生成零件文件。

.psm：包装符号，实体封装零件。

.ssm：形状符号，自定义几何形状的焊盘，应用于 Padstack Designer。

.osm：格式符号，用于制造、组装、Logo 图形的零件。

.bsm：机械符号，没有电气特性的零件。

.fsm：闪光符号，负片导通孔的连接方式。

13.10 Allegro 属性说明

Groups：将一个或多个元件设定为同一组。

Comps：带有元件序号的 Allegro 元件。

Symbols：所有电路板中的 Allegro 元件。

Functions：一组元件中的一个元件。

Nets：一根导线。

Pins：元件的引脚。

Vias：过孔或贯穿孔。

Clines：具有电气特性的线段，包括导线到导线、导线到过孔、过孔到过孔之间的连接。

Lines：具有电气特性的线段，如元件外框。

Shapes：任意多边形。

Voids：任意多边形的挖空部分。

Cline Segs：在 Clines 中没有拐弯的导线段。

Other Segs：在 Lines 中没有拐弯的导线段。

Figures：图形符号。

DRC errors：违反设计规则的位置及相关信息。

Text：文字。

Ratsnets：飞线。

Rat Ts：T 型飞线。

13.11　通过 Funckey 设置多阶快捷指令

通过 Funckey 设置多阶快捷指令，将常用的指令设置成快捷键，能够大大提高 PCB 使用效率。如图 13-28 所示，以捕捉指令 Snap pick to 为例，下面将讲解如何通过快捷键执行此指令。

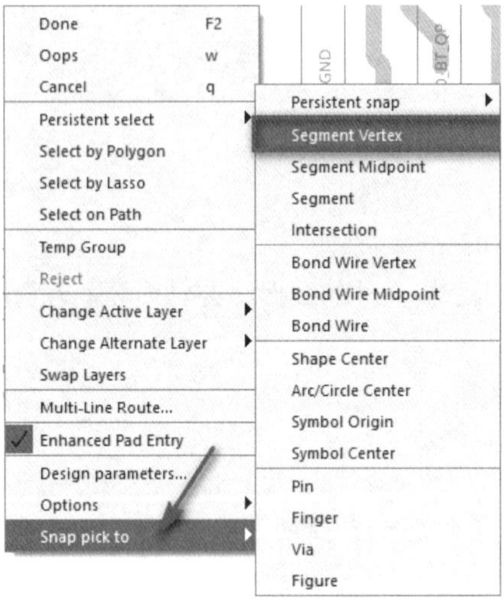

图 13-28　Snap pick to 菜单下的指令行示意图

用记事本打开 env 文件，添加以下指令并保存。

```
funckey n "prepopup;pop dyn_option_select 'Snap pick to@:@Segment Vertex' "
```

在指令栏输入 n 即可自动执行捕捉指令。接下来逐项解释指令的内容。

funckey：用于申请快捷键的指令说明，没有特殊用途，因此不需要详细解释。

n：这是设置的快捷键，可以根据需要替换为其他键。

" "（双引号）：双引号是必需的，指令中的所有内容都必须包含在双引号内，直到设置语句结束；

prepopup：当另一个指令处于活动状态时，prepopup 让你通过输入 *X* 和 *Y* 坐标来更改右键菜单的位置。官方解释是通过右键菜单定位 *XY* 坐标。

;：用于继续下一个指令的分隔符。

pop：表示使用右键菜单。

dyn_option_select：这是一个固定的语句，表示通过快捷键执行选项。

' '（单引号）：单引号在此指令中是必需的，直到设置语句结束。

Snap pick to@:@：这是捕捉指令的固定格式，表示启用捕捉功能。

Segment Vertex：这是捕捉对象，可以根据不同的对象进行设置。具体值可以通过执行指令后，右键单击 Snap pick to，然后选择任意菜单项。

熟悉了上述语法后，你可以将其扩展到任何多阶指令的设置中。例如：

funckey sd "prepopup;pop dyn_option_select 'Snap pick to@:@Pin' "

funckey sc "prepopup;pop dyn_option_select 'Snap pick to@:@Arc/Circle Center' "

funckey sh "prepopup;pop dyn_option_select 'Snap pick to@:@Shape Center' "

funckey sv "prepopup;pop dyn_option_select 'Snap pick to@:@Via' "

funckey sm "prepopup;pop dyn_option_select 'Snap pick to@:@Segment Midpoint' "

funckey so "prepopup;pop dyn_option_select 'Snap pick to@:@Symbol origin' "

funckey se "prepopup;pop dyn_option_select 'Snap pick to@:@Segment Vertex' "

funckey ss "prepopup;pop dyn_option_select 'Snap pick to@:@Segment' "
funckey ev "prepopup;pop dyn_option_select 'Snap pick to@:@Pad Edge Vertex' "
funckey em "prepopup;pop dyn_option_select 'Snap pick to@:@Pad Edge Midpoint' "
funckey ed "prepopup;pop dyn_option_select 'Snap pick to@:@Pad Edge' "

13.12 团队协作功能

通过团队合作设计，可以大大提高设计效率，缩短设计周期，加快产品的上市时间，并缩短版图时间。在此，我们介绍两种团队协作功能：PCB Team Design 和 Symphony Team Design。

1．PCB Team Design

它是一种允许多个设计人员在同一版图上进行协作的方法。但该方法需要在设计过程中对版图进行切割分区，并将各个分区分配给对应的工程师。各工程师完成其分配的部分后，再将其导入主设计中，从而获得完整的设计。当前，这种方法已经略显过时。图 13-29 为 PCB Team Design 的工作示意图。

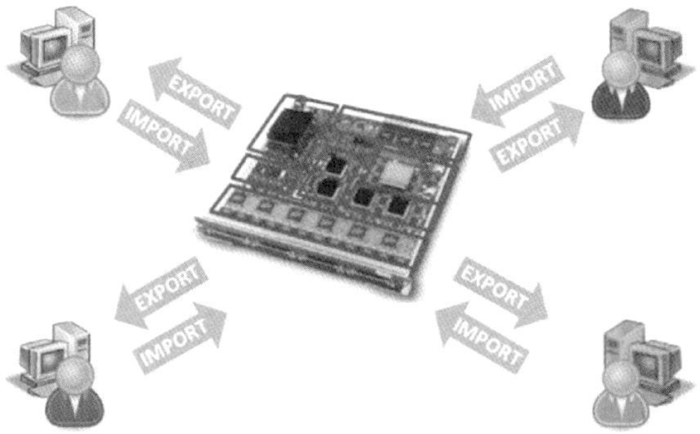

图 13-29

（1）PCB Team Design 的操作步骤如下所述。

打开 Allegro 17.4，在弹出的对话框中勾选“PCB Team Design”，如图 13-30 所示。

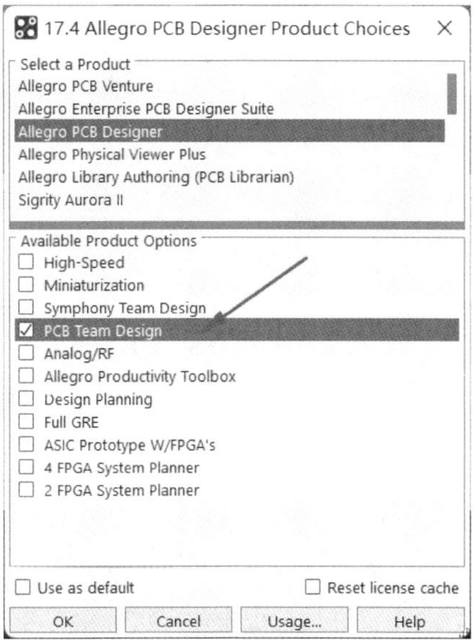

图 13-30

（2）建立分割区域。如图 13-31 所示，选择菜单【Place】→【Design Partition】→【Create Partitions】。在弹出的对话框中，单击鼠标右键，在弹出的菜单中选择【Add Rectangle】建立方形区域，或者选择【Add Shape】建立任意形状区域。进入“Options”面板，在该面板中选择 45°。

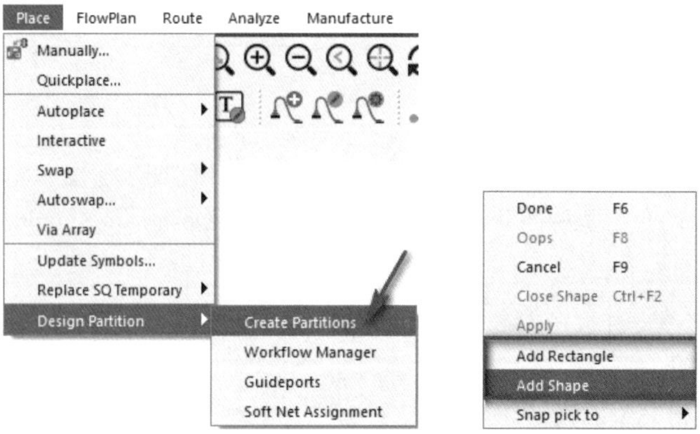

图 13-31

（3）可根据需要分割多个区域，如图 13-32 所示。

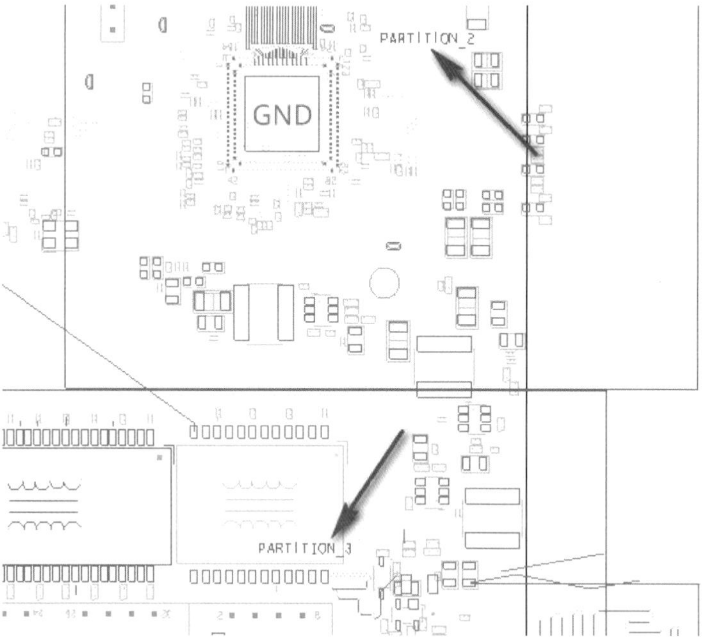

图 13-32

（4）分割区域导出。选择菜单【Place】→【Design Partition】→【Workflow Manager】。在弹出的对话框中，Name 为分割区域的名称，可以进行修改。在 Select 栏中，勾选对应的分割区域，单击 Export 按钮后，PCB 文件所在的文件夹中会生成一个 Partition_2 文件夹，并在其中生成对应的.dpf 文件，如图 13-33 所示。

分割出去的区域以灰色显示，主设计者可以继续对原始的.brd 文件进行编辑，而分割出去的.dpf 文件则由其他人员进行处理。需要注意的是，.dpf 文件只能在 Team Design 模式下打开。

（5）完成各自区域的设计后，需要进行合板操作。选择菜单【Place】→【Design Partition】→【Workflow Manager】。在弹出的对话框中，在 Select 栏中勾选对应的分割区域，在 Location 栏中选择.dpf 文件所在的路径，单击 Import 按钮，如图 13-34 所示。

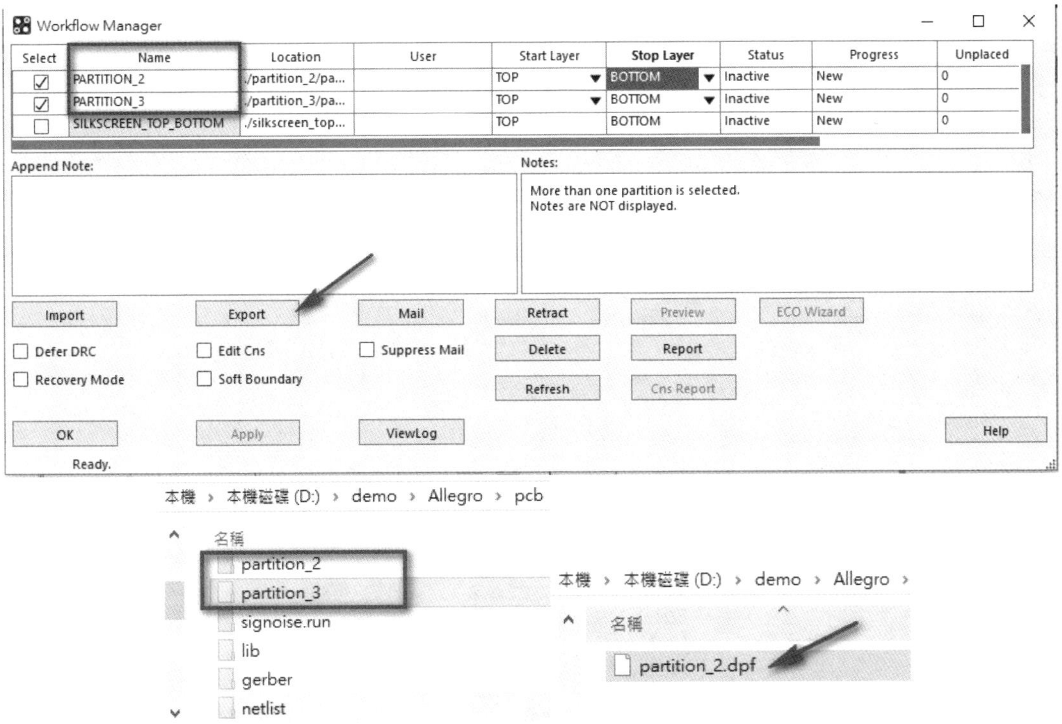

图 13-33

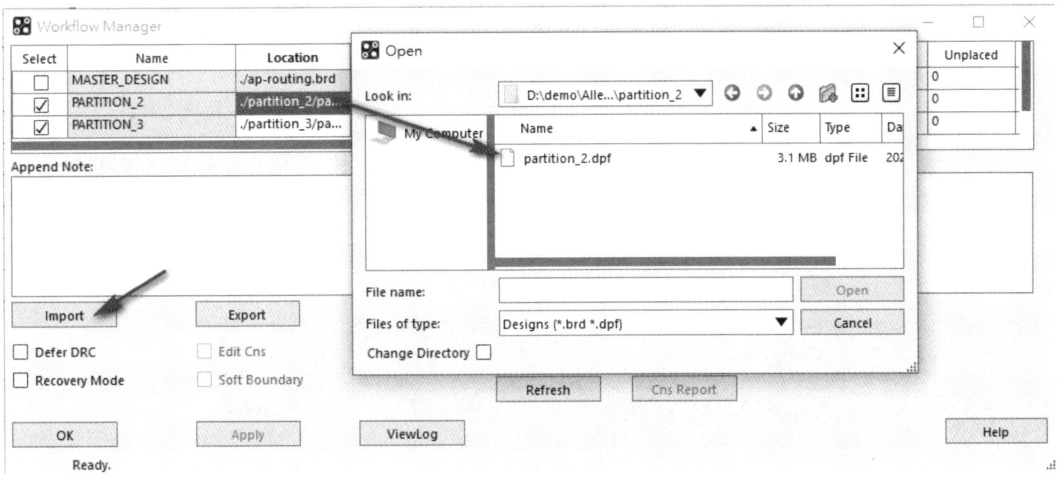

图 13-34

（6）导入后的分割区域会以亮色显示，表示该区域可以进行编辑。然而，分割区域的框仍然存在。如果需要删除分割区域，可以在 Workflow Manager 对话框中，在 Select 栏勾选要删除的分割区域，然后单击 Delete 按钮即可删除该区域，如图 13-35 所示。

2. Symphony Team Design

Symphony Team Design 提供了一种多用户、并行式在线协作的设计方法，无论团队成员地理上相距多远，多个设计师都可以在同一个版图上并行工作，并且可以访问同一数据库。每位设计师都能看到所有划分的部分，并且能够更新设计视图，监控其他用户的状态和进度，进行实时在线团队设计、实时互动布局布线、交叉修改以及实时全局 DRC 检查等。这种分割式设计方法能够显著缩短整体设计周期，加快设计过程，如图 13-36 所示。

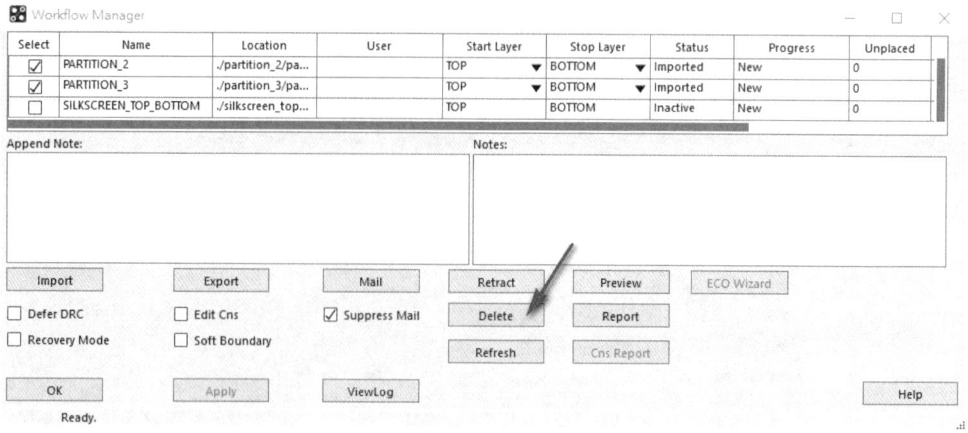

图 13-35

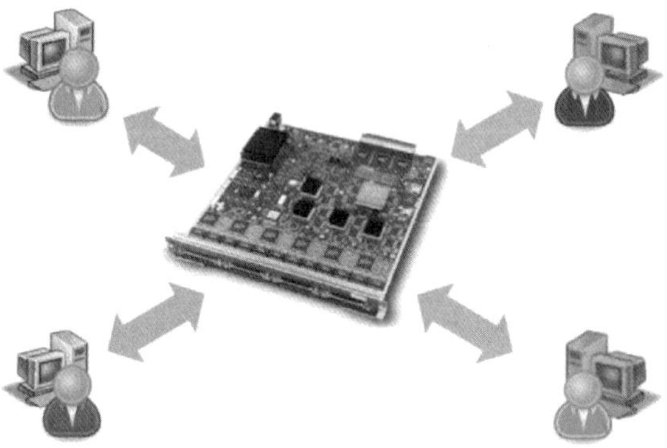

图 13-36

在 Allegro PCB 设计环境下，可以基于同一个电路板建立主机 HOST 服务器，将其作为主电路板，通过 TCP/IP 传输协议，分配多个子板到独立的客户端进行并行设计。这种方式确保了母板和子板都在同一块电路板上完成，且数据前后保持完全一致。如此，整个设计过程能够更加高效、协同进行，如图 13-37 所示。

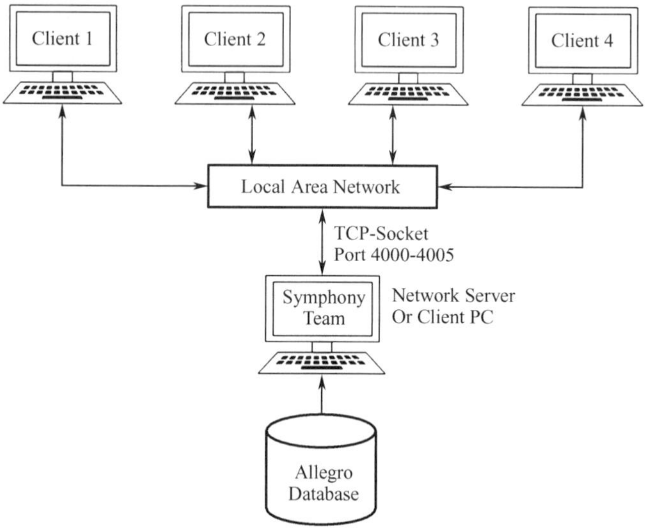

图 13-37

通过建立团队设计的主设计和子设计后，设计工程师在每个客户端都可以实时看到其他团队成员每次操作后的结果。该系统支持在 General Edit 模式下执行所有操作，如移动、镜像、删除、拉线、铺铜、在线 DRC 检查等。当发生操作冲突时，后台服务器会根据时间窗和优先级规则，允许优先选择的成员进行操作。对于已经完成的设计部分，可以通过 LOCK 指令锁定目标或区域。若子设计之间存在交互节点区域的操作，软件将发出通知请求，询问其他工程师是否允许修改。对方工程师可以选择接受或拒绝该操作，从而确保设计过程中的高效协作与冲突管理。具体操作步骤如下所述。

（1）在 Allegro 中启用或连接 Smphony 时，必须启动 Smphony Team Design 功能组件。启动该组件后，在【File】菜单中才会显示【Symphony Connect】和【Start Symphony Server】，如图 13-38 所示。

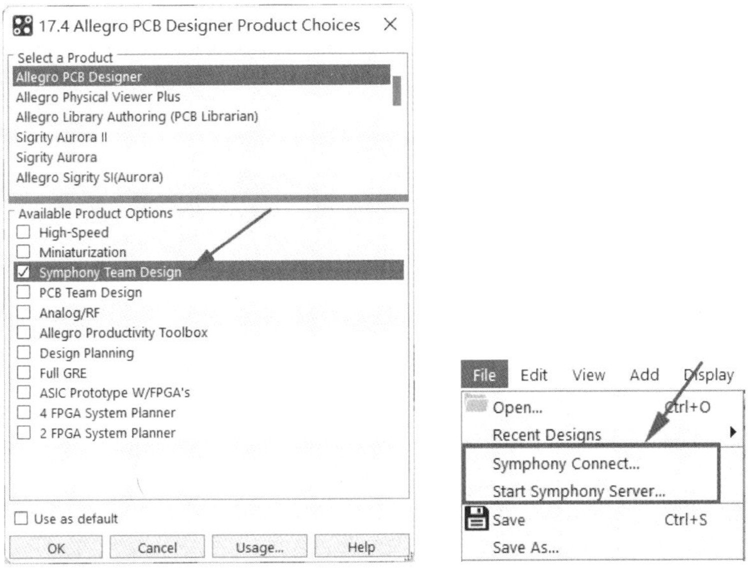

图 13-38

（2）创建协作时，选择菜单【File】→【Start Symphony Server】。在弹出的对话框中，单击 Open 按钮，打开需要进行协作的 Board 文件，如图 13-39 所示。

Database：当前操作的主设计文件。

Owner：服务主机的 IP 地址，其他设计可以通过显示的 IP 地址进行搜索并连接加入到此设计。

Open、Save、Close 按钮：分别用于对设计文件的打开、保存和关闭操作。

Connected Clients：当前参与的用户列表。

（3）选择菜单【File】→【Options】，在弹出的对话框中可以自定义服务器设置，如图 13-40 所示。

①“General”面板（见图 13-41）：Server Settings，设置服务器状态，包括最大连接数、端口范围等，通常可以采用默认值；Autosave Settings，设置自动保存功能（Enable，启用自动保存；Custom Name，自定义文件名；Interval，设置自动保存的时间间隔；Number of Files，设置保存的文件数量）。

②“Security”面板（见图 13-42）：Allow List，允许用户访问数据库的列表；Deny list，禁止用户访问数据库的列表；Password，用于访问数据库的密码，密码可以自动生成或手动定义，它附加到数据库中以限制访问。

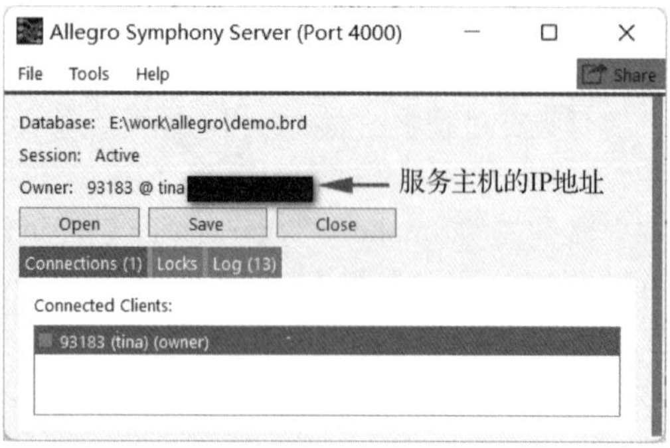

图 13-39

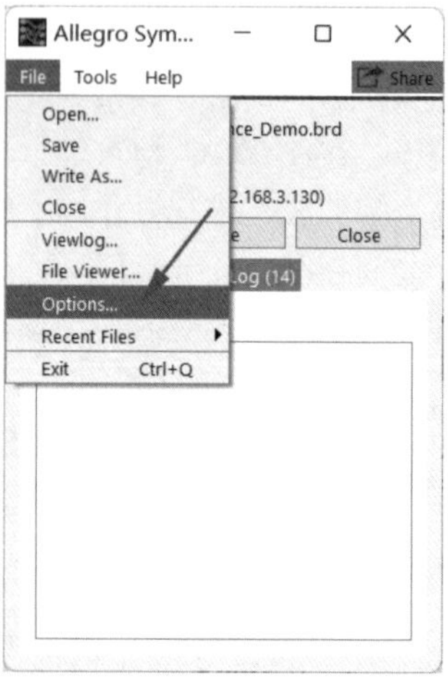

图 13-40

图 13-41

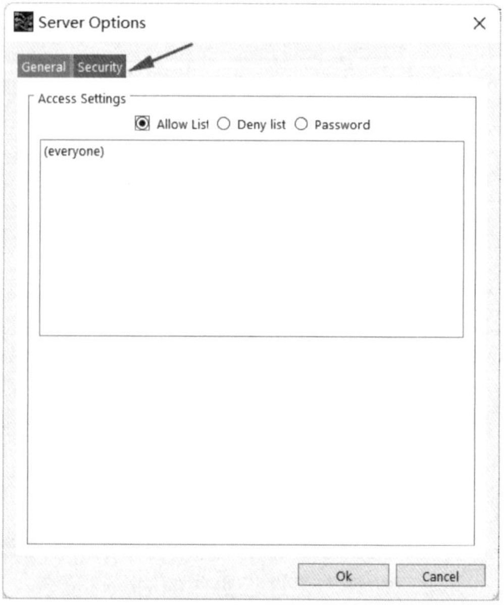

图 13-42

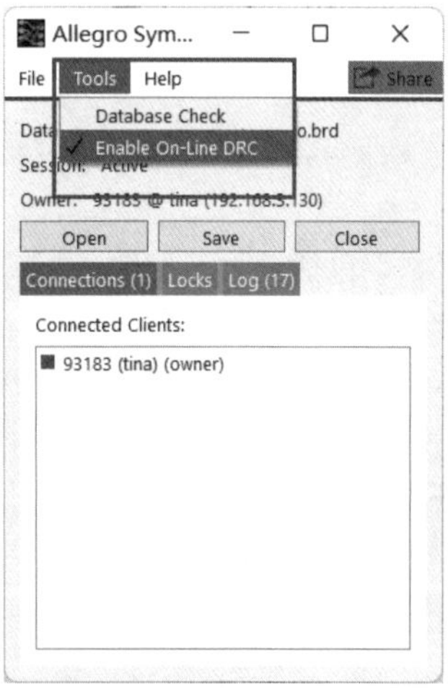

图 13-43

③【Tools】菜单（见图 13-43）：Database Check，提供对打开数据库的一些基本检查，并在日志选项卡中显示检查结果；Enable On-Line DRC，启用或禁用服务器数据库的在线设计规则检查（DRC）。

（4）加入协作。创建协作完成后，协作者需要打开 Allegro 17.4，并选择菜单【File】→【Symphony Connect】，打开 Symphony 对话框。在该对话框中，在 Host Name 栏中输入服务主机的 IP 地址，在 Database 栏中会显示服务主机上已经开启协作的设计文件名。单击 Connect 按钮，加入该设计的协作。经过短暂的下载后，Allegro 将显示协作界面，设计协作正式开始，如图 13-44 所示。

Connect：当前协作设计的主机情况以及对应的操作对象。

Users：当前协作的参与者。

Locks：显示团队协作人员锁定了哪些对象。

Log：所有协作者的操作日志情况。

Options：部分选项设置。

（5）操作事项。对于在协作过程中在 Symphony 对话框里可能进行的操作进行介绍，如图 13-45 所示。

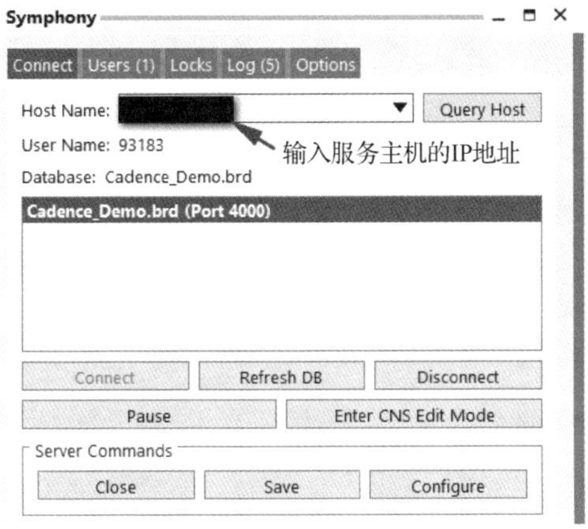

图 13-44

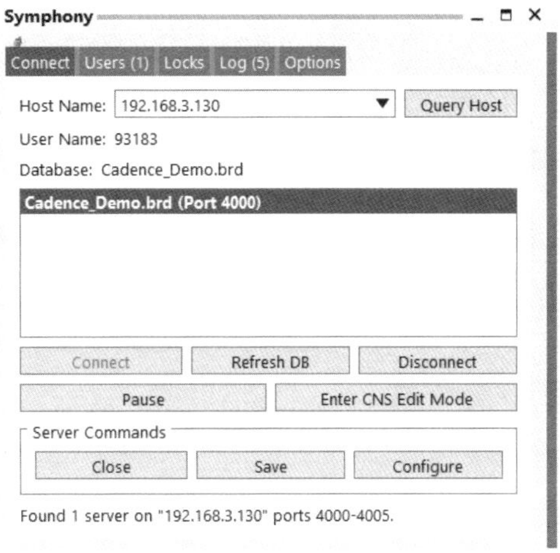

图 13-45

Refresh DB 按钮：按钮通常不常用，因为设计已经是实时更新的。但如果需要，用户可以通过此按钮强制更新一次数据库，以确保获取最新的设计数据。

Pause 按钮：在协作过程中，如果需要对设计进行全局更改操作，用户应使用暂停按钮。暂停操作会使控制端完全控制数据库，从而完成网表导入、网表回注等全局性编辑内容。

说明：选择暂停后，系统会要求指定一个等待时间，用于让其他协作者同意并及时暂停协作任务。如果超过等待时间，系统将默认同意暂停。如图 13-46 所示，当等待时间超过 60s 后，将自动进入暂停状态。协作者同意后，系统会进入暂停状态，如图 13-47 所示。

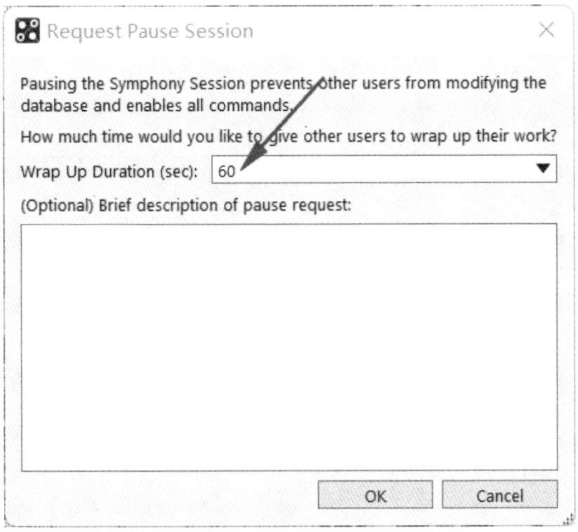

图 13-46

图 13-47

在暂停期间，协作者可以对数据库进行修改，但这些更改仅会保留在本地数据库中，不会更新到主数据库。每次指令完成后，系统都会显示一条提醒消息，提醒用户暂停状态下的操作。用户可以通过勾选“Do not show again.”选项，选择不再显示此提示，如图 13-48 所示。

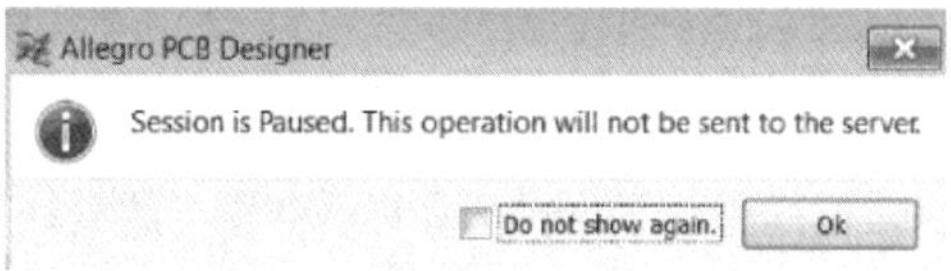

图 13-48

暂停后，主用户将获得数据库的完整控制权限，可以进行一些全局操作。当主用户完成操作后，可以单击 Resume 按钮，以恢复协作并恢复正常的协作状态，如图 13-49 所示。

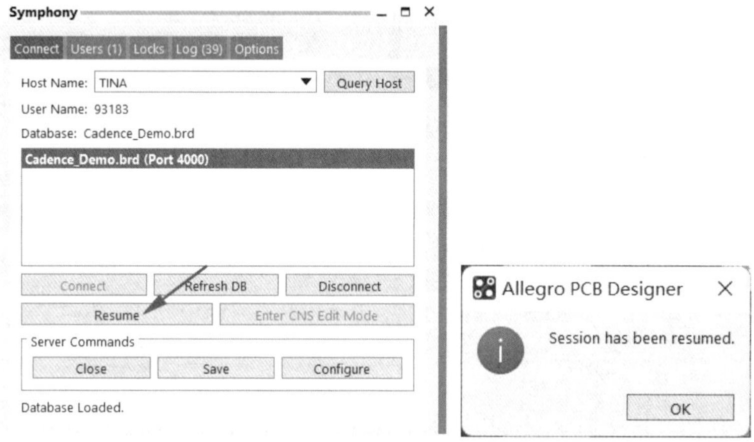

图 13-49

Disconnect 按钮：单击此按钮会断开所有连接，控制端将更新为当前设计的最新状态，并返回为独立设计模式。

Enter CNS Edit Mode 按钮：单击该按钮，进入 CNS（约束规则管理器）编辑模式。

说明：每个协作者都可以进入约束规则管理器编辑模式以更新设计约束，但每次只允许一个客户端进入该模式。规则更新完成后，服务器数据库以及所有其他客户端的设计将同步更新。

① 激活 CNS 编辑模式。选择菜单【Setup】→【User Preferences】，在弹出的对话框中勾选“mu_enable_cnseditmode”的 Value，如图 13-50 所示。此设置需要重启后生效。

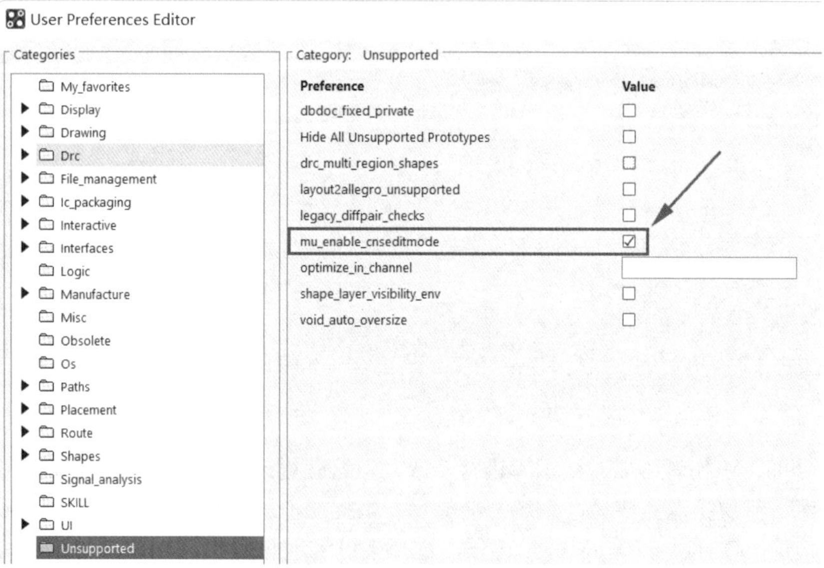

图 13-50

② 进入 CNS 编辑模式。单击 Enter CNS Edit Mode 按钮，即可进入 CNS 编辑模式。当用户成功进入该模式后，系统会显示当前用户的用户名，并附带 cns editor 的标识，表示该用户正处于 CNS 编辑模式中，如图 13-51 所示。

③ 退出 CNS 编辑模式。完成编辑后，用户可以通过单击 Leave CNS Edit Mode 按钮退出 CNS 编辑模式。此时，其他用户将收到提示，并同步更新设计规则确认等操作，具体操作内容不再赘述。

其他说明：Write As，用于将当前设计文件另存为一个新文件，相当于保存当前设计并将其复制到其他位置，而不会改变当前活动设计的状态，如图 13-52 所示。

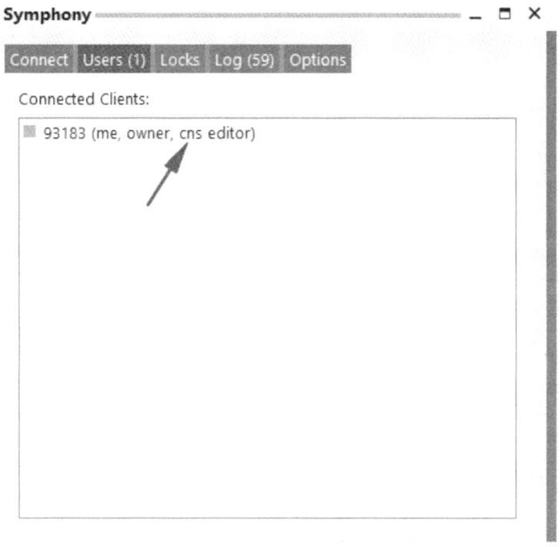

图 13-51

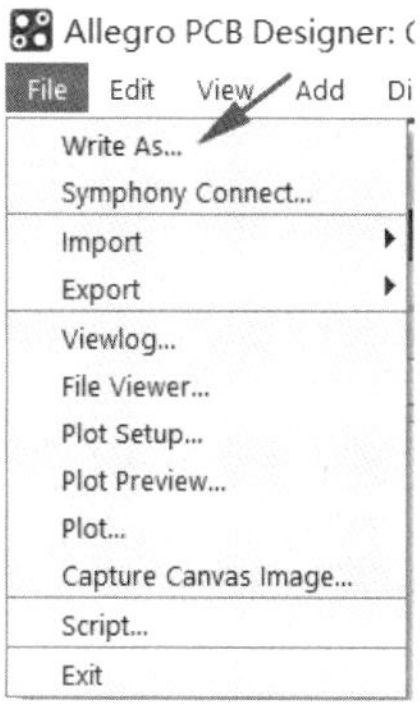

图 13-52

13.13　将 PADS 导入 Allegro

由于 EDA 软件种类繁多，文件格式之间的转换需求也随之增加。本节将介绍如何将 PADS 文件转换为 Allegro 格式。PADS 与 Allegro 之间的转换较为友好，因为 Allegro 自带了转换功能，无须额外的小插件支持。

（1）为了完成 PADS 到 Allegro 的文件转换，需要一个 pads_in.ini 文件。该文件由 Allegro 自带，默认路径为 C:\Cadence\SPB_17.4\tools\bin，如图 13-53 所示。

（2）在 PADS 中，导出一个低版本的.asc 文件，如图 13-54 所示。

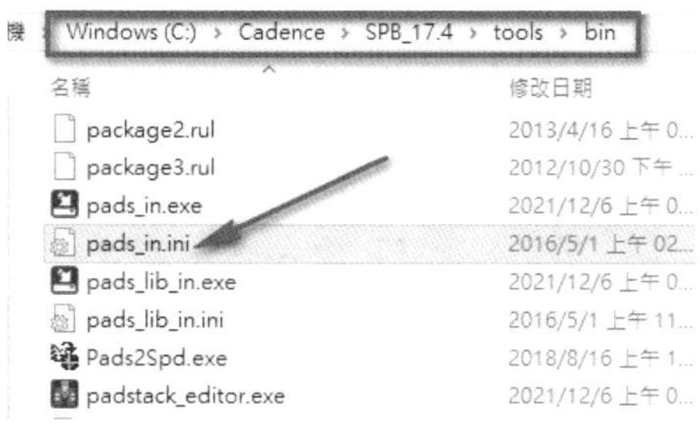

图 13-53

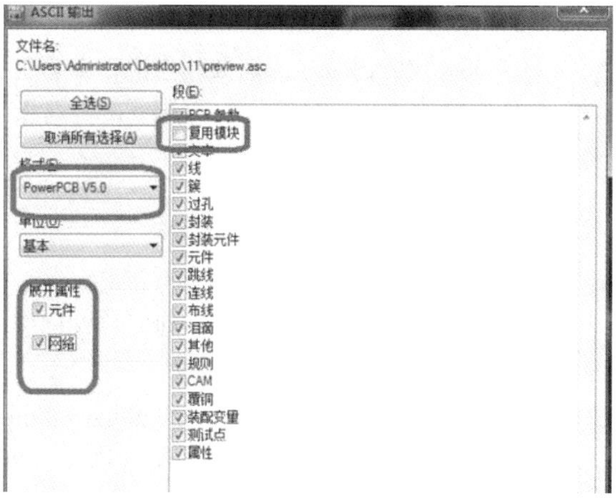

图 13-54

（3）打开 Allegro 软件进行转换。

选择菜单【File】→【Import】→【CAD Translators】→【PADS】，在弹出的对话框中，确保三个文件（PADS 导出的文件、pads_in.ini 文件及其他相关文件）都位于同一个文件夹中，如图 13-55 所示。此外，Allegro 的 Devpath 需要指向此文件夹路径，并确保该路径中包含零件和网络关系文件，如图 13-56 所示。若未设置正确，网络名称和零件位号将无法导入。

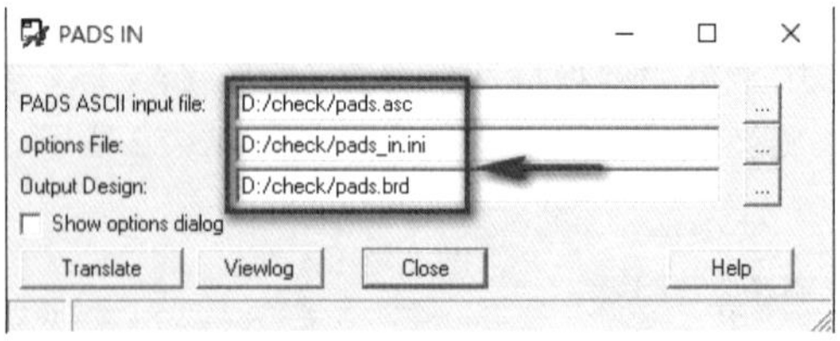

图 13-55

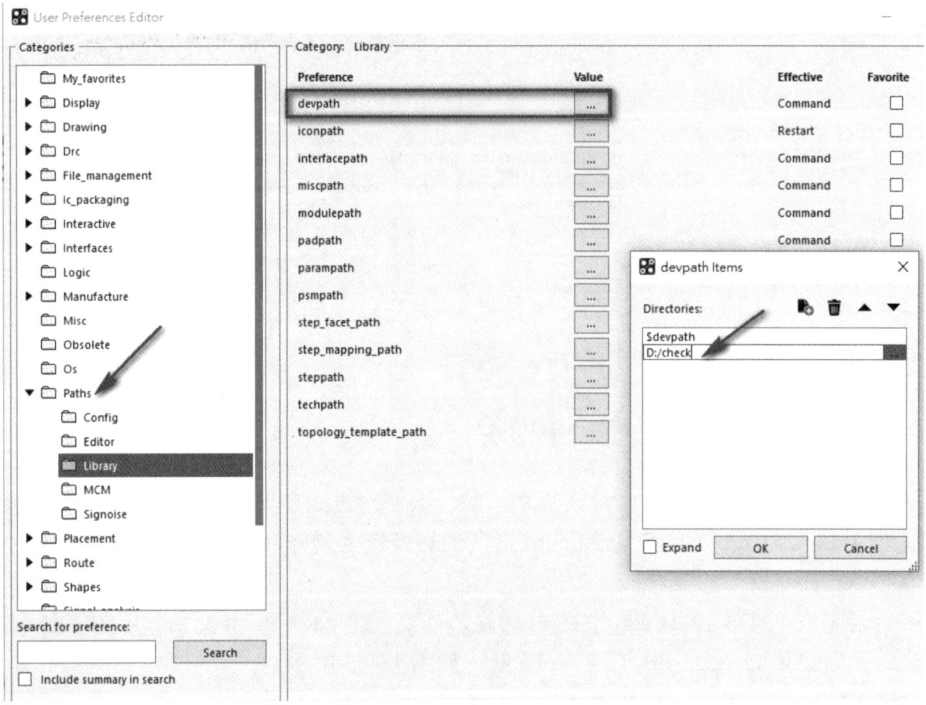

图 13-56

（4）PADS 转入 Allegro 后需要注意的部分。在资料转换的过程中，Pad 的 Soldermask 及 Paste 层面有丢失的现象，转换后请特别留意，最好导入 Allegro 的封装，并做 Gerber 比对，确保资料不要丢失。

13.14　Skill 文件的加载

在 Allegro 环境下使用 Skill，必须先载入程序后才能使用相关的指令。一种方法是直接在指令窗口中输入 skill load（Skill 文件名）来载入，这种方法只针对当前开启的 Allegro 有效；另一种方法是将载入语句写入 env 目录下的 allegro.ilinit 文件内，实现 Allegro 启动时自动加载，这种是比较通用的方法，下面以此方法为例介绍。

（1）查看环境变量所在目录。

① 通过查看计算机环境变量中的 HOME 变量值，可以确定 allegro.ilinit 文件的实际路径。例

如，如果 HOME 变量的值为 C:*，那么 allegro.ilinit 文件应该放置在 C:\pcbenv*目录下，如图 13-57 所示。

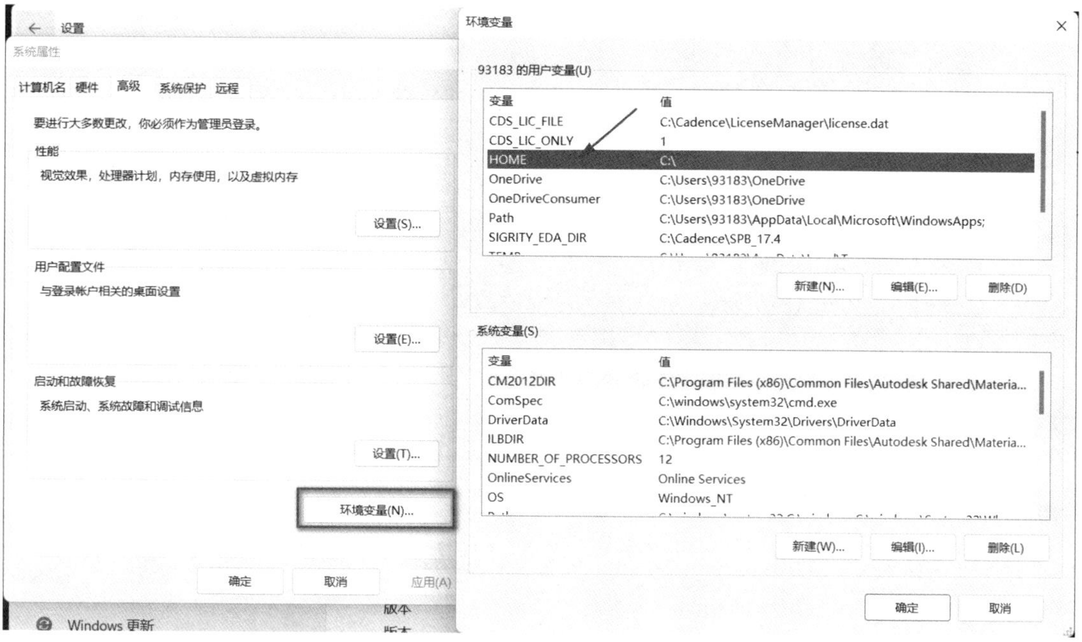

图 13-57

② 直接在指令行输入 echo $localenv，也可以得到实际的环境变量目录，如图 13-58 所示。

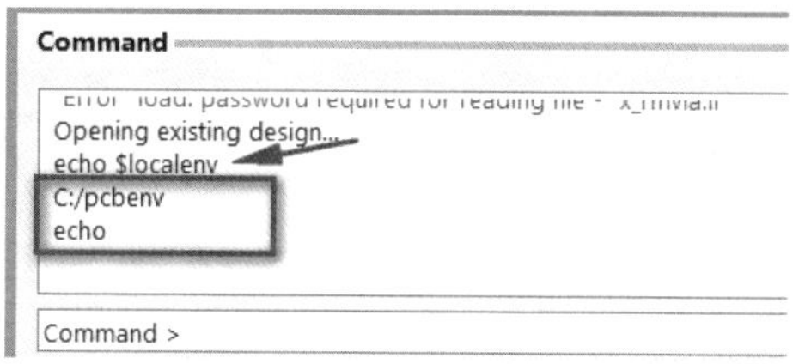

图 13-58

③ allegro.ilinit 文件的编写。在环境变量目录下如果没有 allegro.ilinit 文件，可以新建一个文本文件，然后修改文件名即可，Allegro 在启动时会在环境变量目录下查找 allegro.ilinit 文件，并执行其中的 Skill 语句。allegro.ilinit 文件中的内容如下：

```
---------------------------------------------------------
skillDir = (simplifyFilename "c://pcbenv/")
(load "xxx.il")
---------------------------------------------------------
```

（2）将.il 格式的 Skill 文件复制到 pcbenv 目录下，如图 13-59 所示。

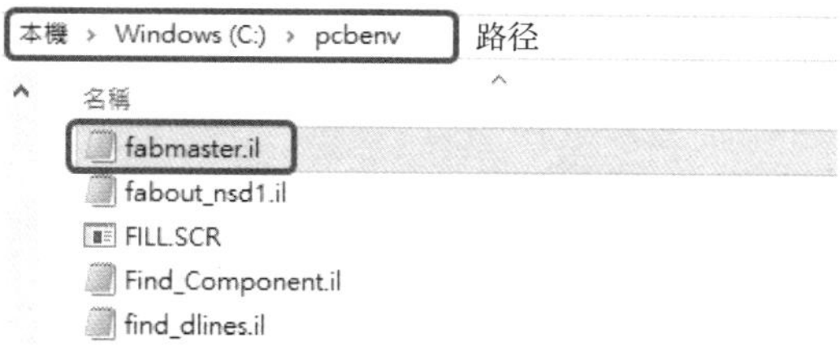

图 13-59

（3）载入 Skill 文件，如图 13-60 所示。

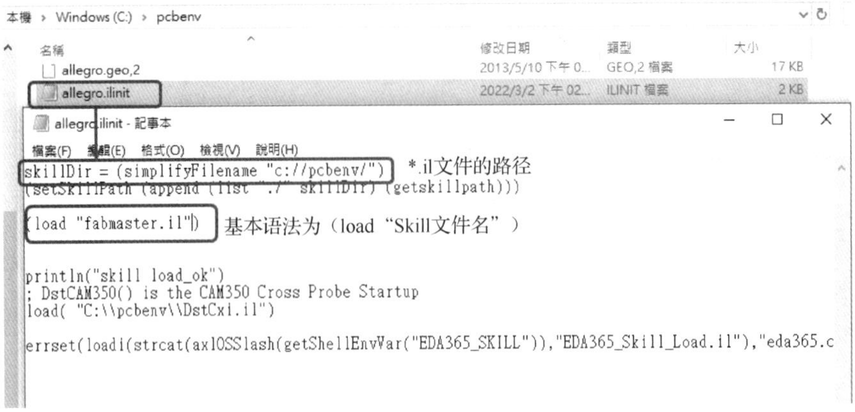

图 13-60

（4）定义菜单。按照图 13-61 中所示打开 allegro.men 文件，该文件中的内容如图 13-62 所示。

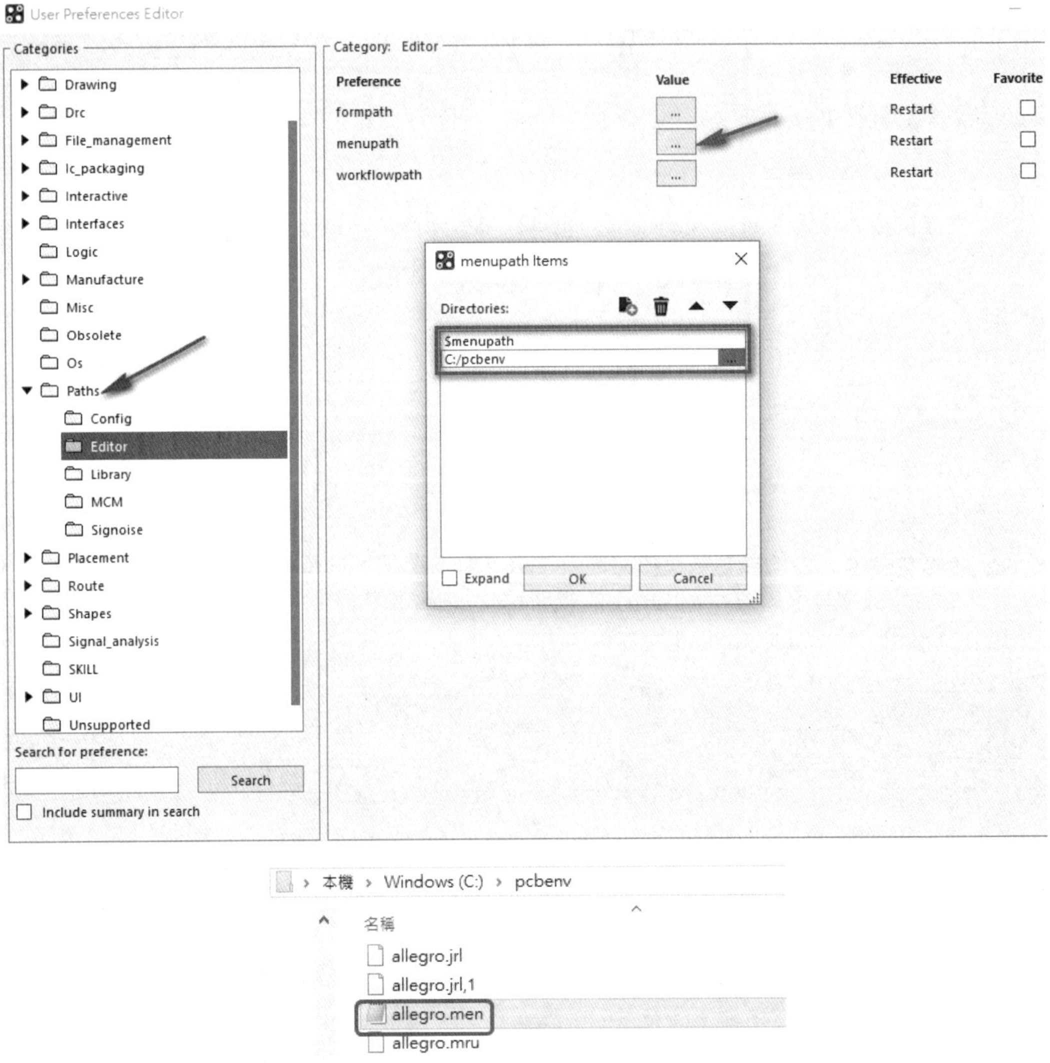

图 13-61

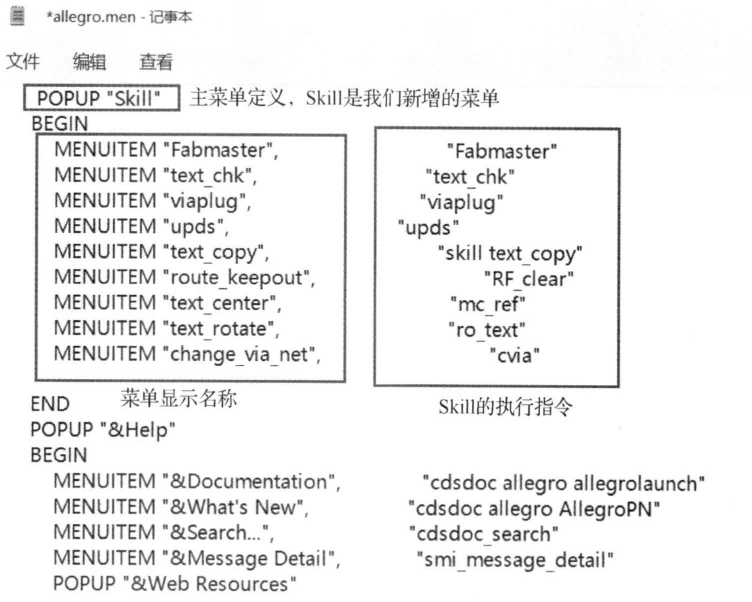

图 13-62

（5）重新启动 Allegro 时，menu 中已经有 Skill 了，我们可以从 Skill 的下拉菜单中选择相关的命令来执行，也可以在指令行输入相关指令来执行 Skill。菜单显示结果如图 13-63 所示。

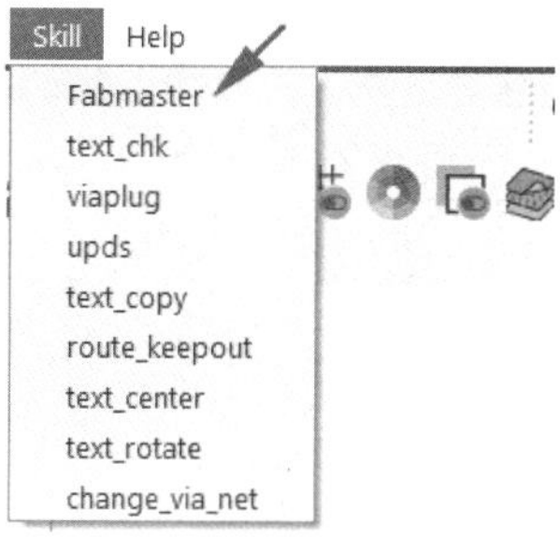

图 13-63

13.15 3D PCB 模型的设计和检查

Cadence Allegro 软件一直以来都支持 3D PCB 模型的制作和预览功能，但早期的立体感和视角效果并不理想。为了提供更直观的 PCB 立体设计体验，Cadence 进行了大量改进。在 Allegro 17.4 版本中，软件支持了更加完善的三维 PCB 设计和交互式预览功能，使工程师能够在三维模式下进行布局设计和交互操作。

在 Allegro 中，有两种方式可以为器件封装赋予 3D 模型。通过这些方式设计的 PCB 可以导出 PCB 的 3D 模型，为结构设计提供精准的验证和优化。

13.15.1 设置器件高度

在 Allegro 的封装库中，工程师可以通过 Package Geometry 的 Place Bound 层面来定义器件的大小和高度。

（1）获取器件高度信息。

在建立封装时，器件的高度信息通常可以在其规格书中找到。规格书中通常包含器件封装的三视图，即顶视图、底视图和侧视图，如图 13-64 所示。通过这些视图，工程师可以获取器件的最小高度和最大高度。例如，器件的最小高度为 0.8mm，最大高度为 1mm。

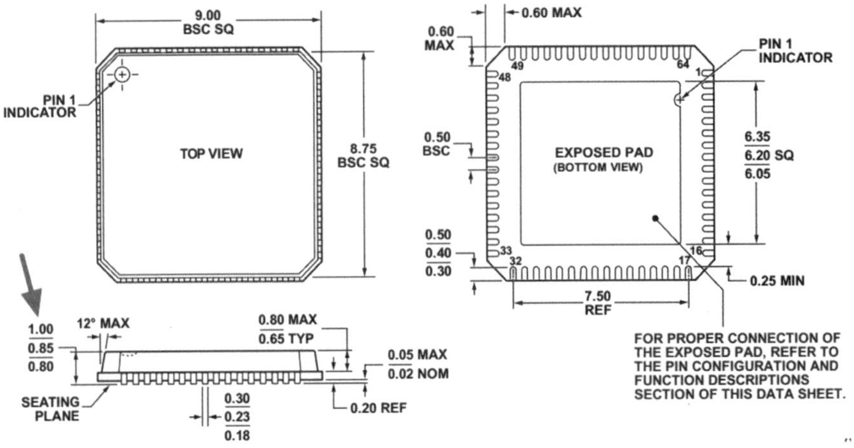

图 13-64

（2）给器件赋予高度。

在 PCB 库中打开器件封装的.dra 文件，选择菜单【Edit】→【Properties】，在弹出的对话框中按照图 13-65 中所示进行设置。在 Value 对应的文本框中，会根据当前设定的单位进行调整，输入 0.8mm，按回车键，软件会自动切换为 31.496mil。

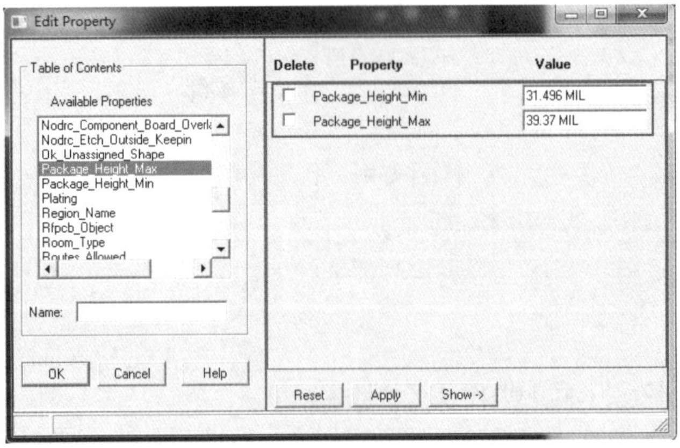

图 13-65

（3）执行菜单【View】→【3D Canvas】，可以看到加载 3D 模型的效果，如图 13-66 所示。

图 13-66

13.15.2 制定 STEP 模型

每个元件都有 STEP 格式的模型文件，这些文件可以在制作 Package 封装时加入，也可以在 BRD 文件生成后，针对某个具体的元件，添加匹配的 STEP 模型库。然而，无论采用哪种方式，都需要设置系统的 STEPPATH 路径，确保系统能够顺利找到对应的 STEP 文件。

（1）设置 STEP 路径。打开 Allegro PCB 文件，选择菜单【Setup】→【User Preferences】，在弹出的对话框中选择【Paths】→【Library】。单击 steppath 后面的方框，指定 STEP 模型库的路径，如图 13-67 所示。

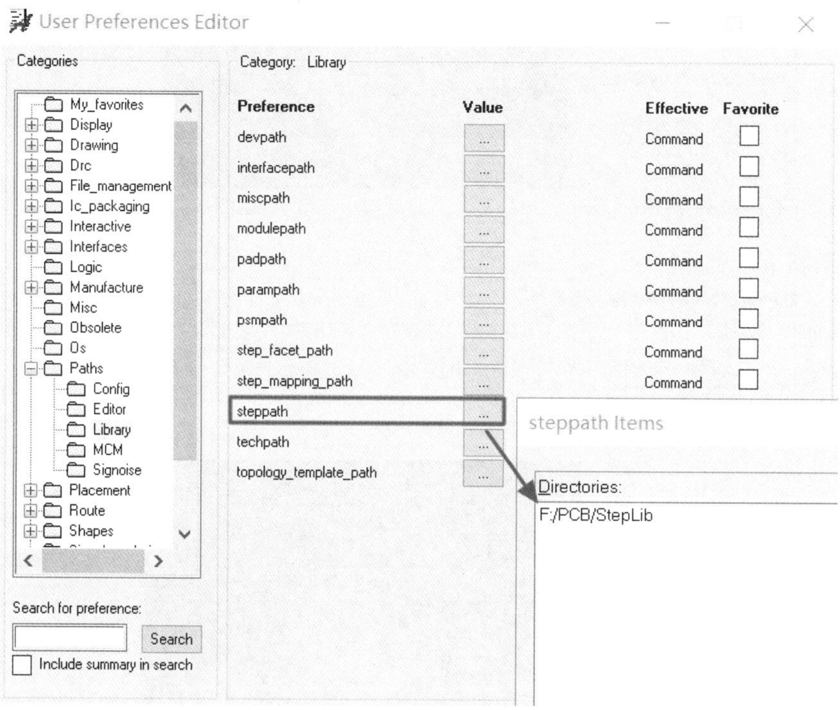

图 13-67

（2）选择菜单【Setup】→【Step Package Mapping】，如图 13-68 所示。在弹出的对话框中，Available Packages 对应的是 PCB 封装列表，Available STEP Models 则显示的是库中的 STEP 模型列表。用户可以从这两个列表中选择相应的封装和 STEP 模型，以便将其应用到设计中，如图 13-69 所示。

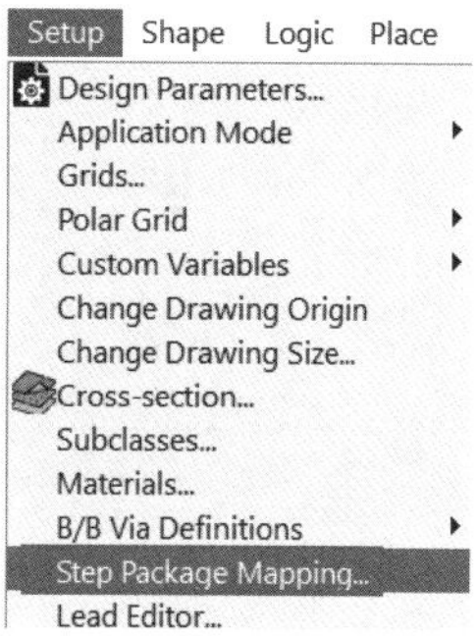

图 13-68

（3）如图 13-70 所示，通过运用视图辅助的几个功能可以看到上下两个 3D 视图的对比。视图辅助功能介绍如下。

View：浏览视图的方向。

Transparent：模型透明化设置。

Overlay：将 PCB 封装与 STEP 模型重合。

Hide board：隐藏 PCB。

STEP color：显示 STEP 模型的颜色。

（4）勾选“Overlay”，将上下模型重叠，可以看到 STEP 模型有明显的偏移，如图 13-71 所示。

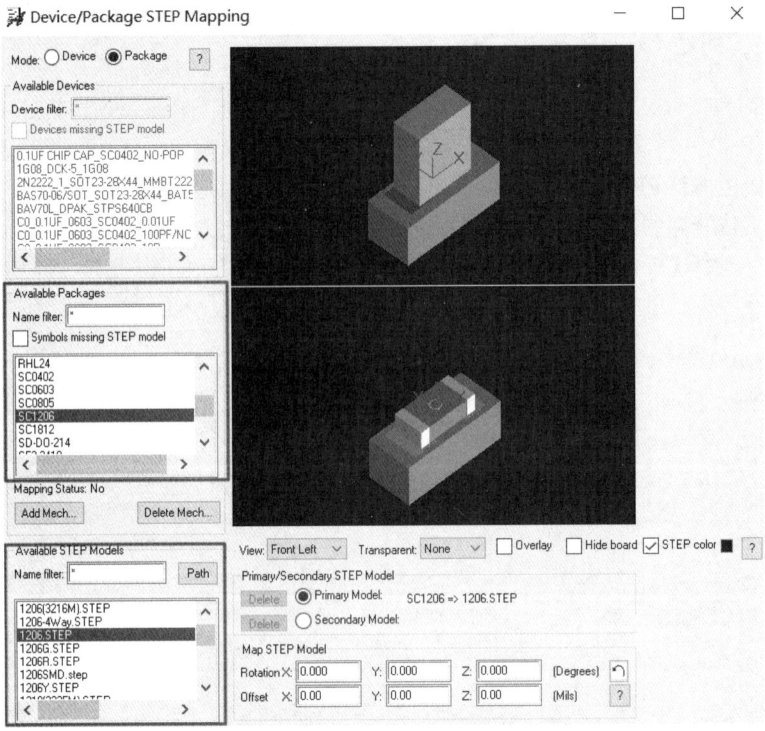

图 13-69

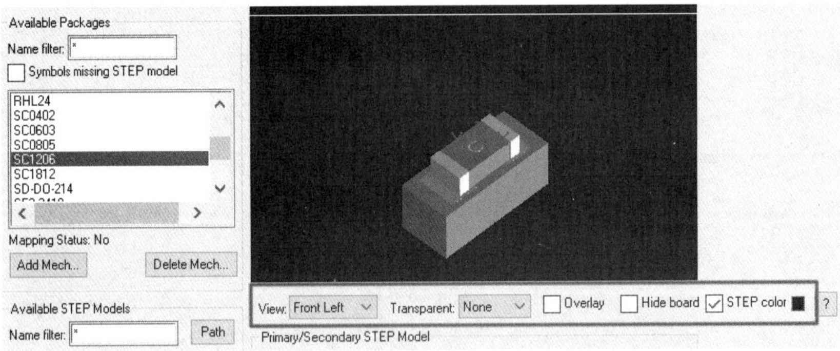

图 13-70

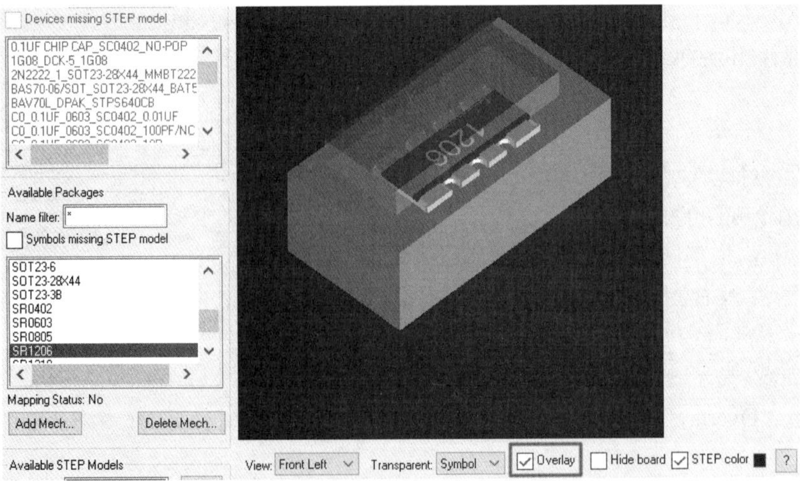

图 13-71

（5）在 View 的下拉框中切换不同视角来查看每个方向的偏移情况，如图 13-72 所示。

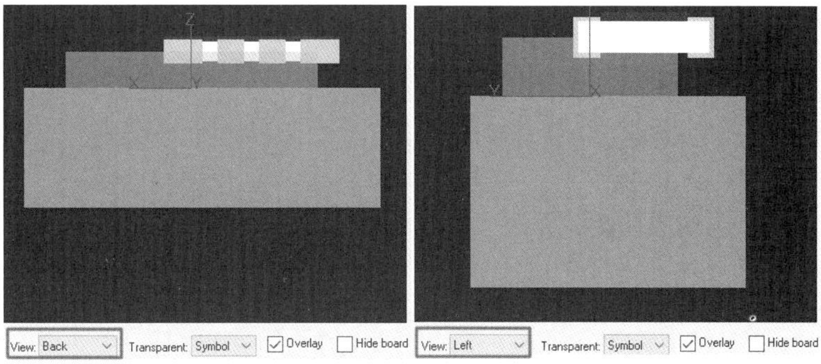

图 13-72

（6）通过调整 *X*、*Y*、*Z* 轴坐标，或者在视图中拖动鼠标光标来调整模型的位置，确保模型居中。此操作可以帮助将上下两个视图完全对齐，使其完美吻合，如图 13-73 所示。

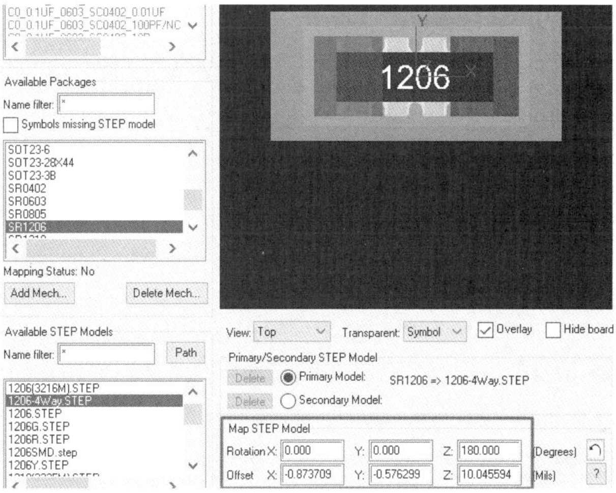

图 13-73

（7）保存后退出，Allegro PCB Editor 将在下次调用该封装时自动加载相应的 STEP 模型。通过这种方法，完成所有元件模型文件的匹配后，用户可以选择 3D View 功能，开启 3D 模式的显示窗口，查看和验证 3D 模型的布局效果，如图 13-74 所示。

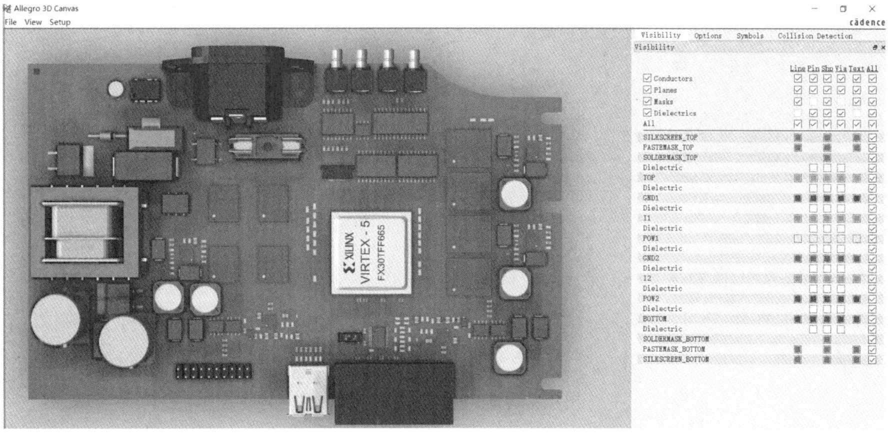

图 13-74

（8）在键盘上使用数字 1、2、3、4、5、6、7、8，可以将 PCB 从不同角度（上、下、左、右、前、后等）进行预览显示。此外，还可以按住 Shift 键并同时按住鼠标滚轮来任意角度拖动或旋转，进行 360°全方位的 PCB 预览。

（9）“Visibility”面板用于控制 3D 模式下可视化显示的对象。用户可以通过该面板打开或关闭 PCB 中各层的显示，帮助更好地查看和调整设计内容，如图 13-75 所示。

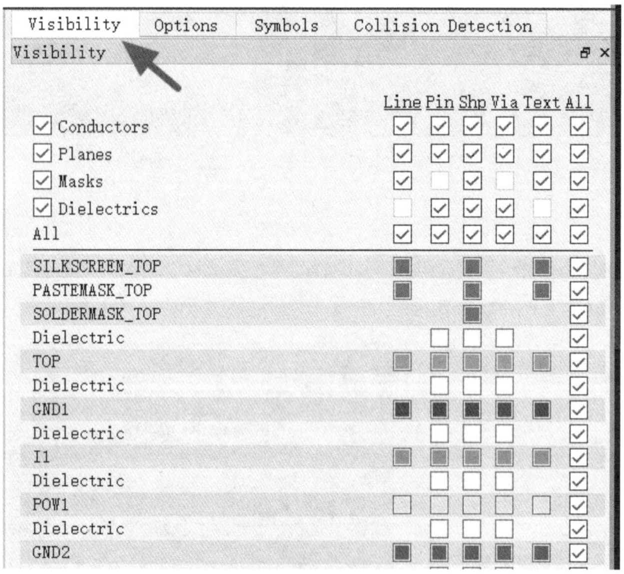

图 13-75

（10）“Collision Detection”面板可以帮助工程师进行干涉碰撞检查。在 Min-spacing 字段中输入间距的数值后，Allegro 会自动检查是否存在间距干涉的器件。例如，如果 J2 和 R3 存在干涉，系统会通过黄色高亮显示这些干涉区域，方便工程师进行修改和调整，如图 13-76 所示。

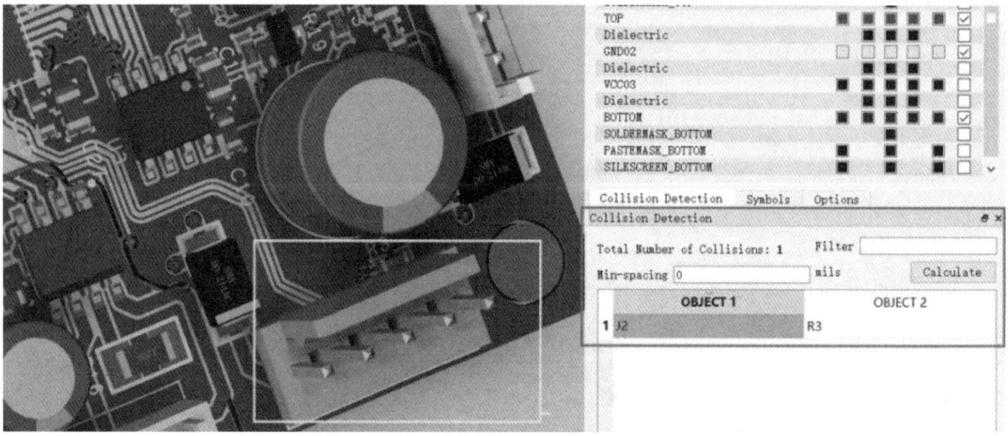

图 13-76

（11）“Symbols”面板中可以显示 PCB 上所有的元件，或进行反向显示。通过高亮显示，工程师可以清楚地看到每个元件在 PCB 中的位置，这有助于快速识别和解决设计中的潜在问题，如图 13-77 所示。

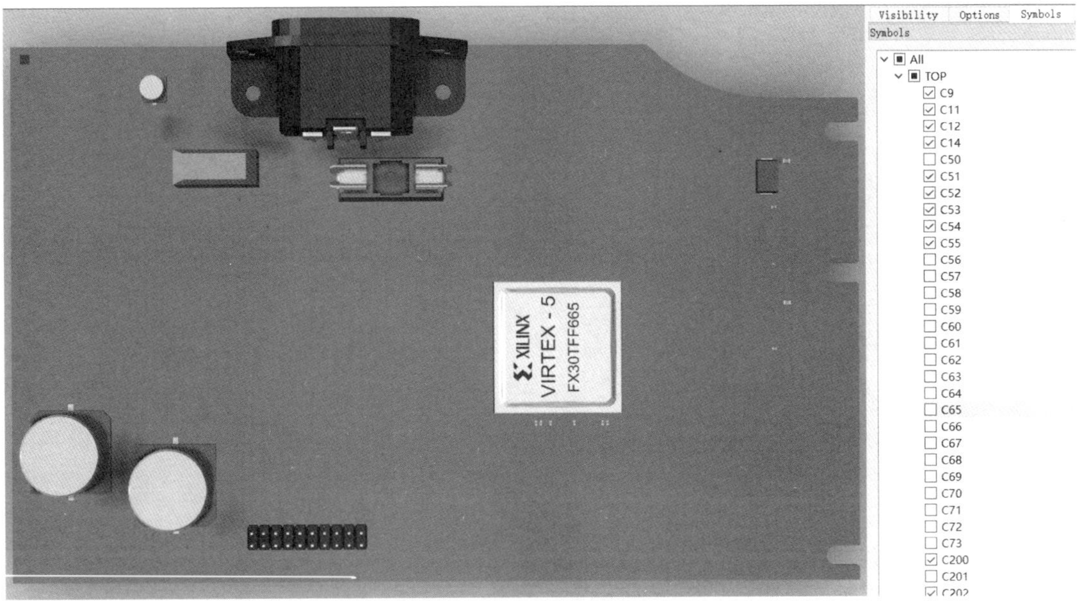

图 13-77

（12）在 3D 视图中选择菜单【Setup】→【Preferences】，在弹出的对话框中，工程师可以对参数进行修改，如图 13-78 所示。

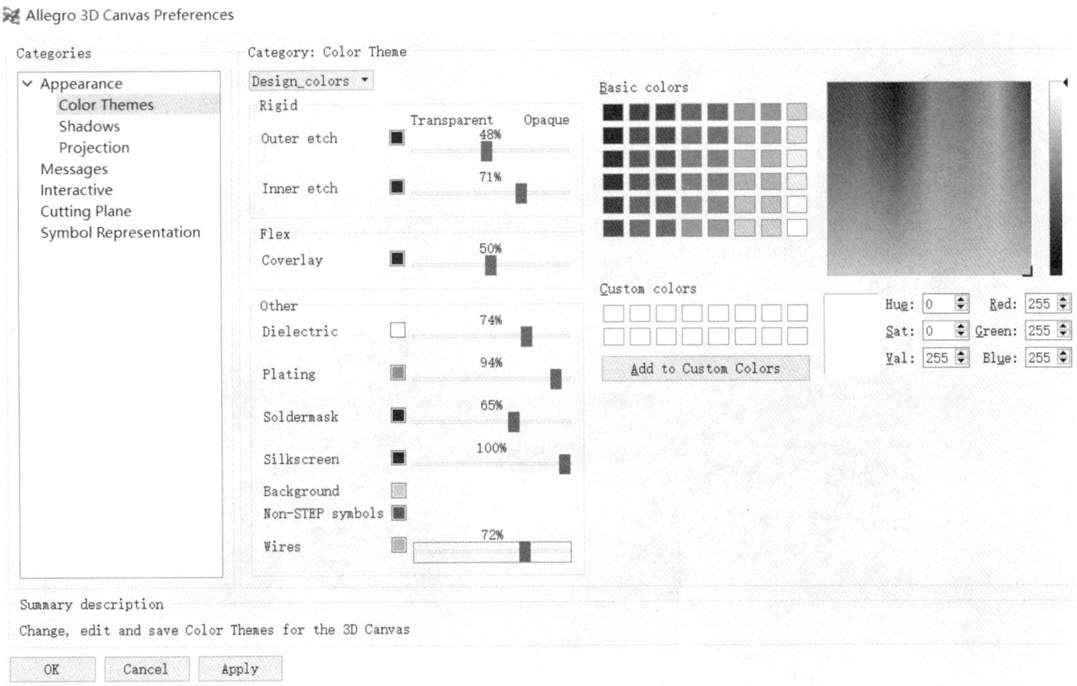

图 13-78

（13）可以在 3D *X*、*Y*、*Z* 方向上进行任意角度的虚拟裁切，帮助工程师更加轻松地观察设计中潜在的风险和问题。这种裁切视角使得设计的细节更加清晰易见，如图 13-79 所示。

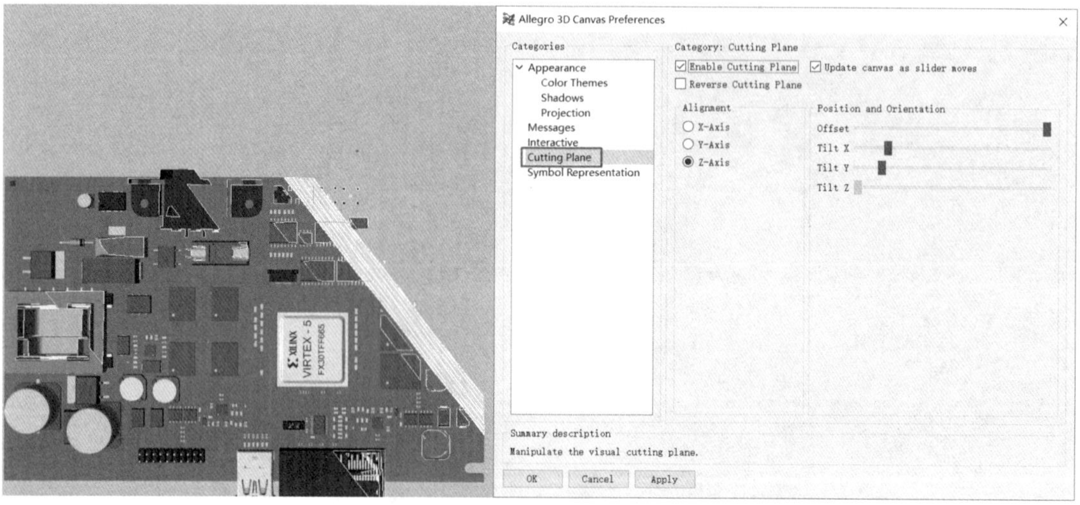

图 13-79

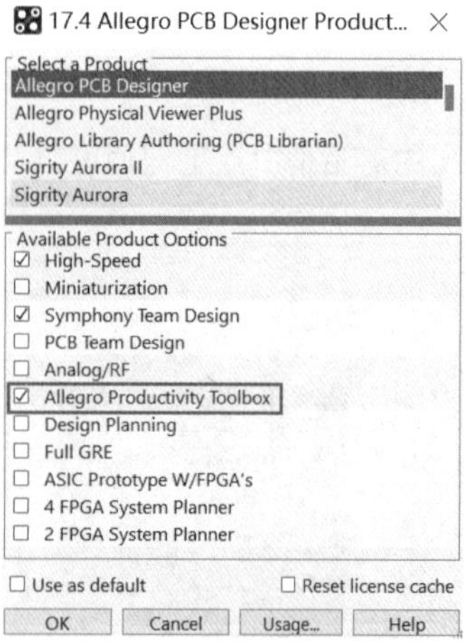

图 13-80

13.16 Advanced Mirror

在 Allegro PCB 17.4 版本中，Allegro Productivity Toolbox 是一个可选的高级组件。勾选该复选框后，用户可以使用该组件下的各种高级功能，如图 13-80 所示。其中，Advanced Mirror（高级镜像）功能就包含在这个组件中。该功能支持对整个 PCB 或选定部分电路板进行镜像、移动、旋转等操作。操作指令适用于 Symbols、Vias、Clines、Lines、Shape、Text 等元素，能够同时对器件、电气线、非电气线、铜皮和字符进行操作，如图 13-81 所示。下面来介绍其用法。

（1）选择菜单【Edit】→【Advanced Mirror】，即可进入 Advanced Mirror 功能状态。

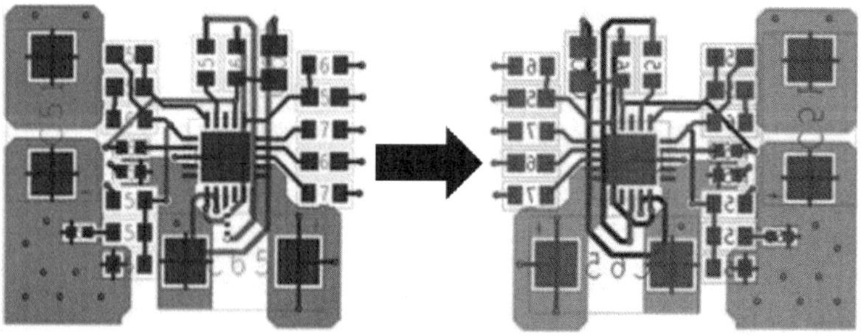

图 13-81

（2）在“Options”面板中，Mirror type（镜像类型）定义了指令执行的方式。None，不执行镜像操作。Geometry and Layer，对几何图形和电气层都执行镜像操作。对于电气层，TOP 层会镜像到 BOTTOM 层，BOTTOM 层会镜像到 TOP 层，内层也会随之镜像，等同于对电路板进行物理反转。Geometry only，仅对几何图形执行镜像，执行后 TOP 层对应的对象（如器件、过孔、电气线、非电气线、铜皮、字符）仍保持在 TOP 层，但是这些对象会进行左右、上下或角度的旋转，所在的层不发生改变。Mirror via padstacks，仅镜像过孔焊盘。Mirror text，仅镜像字符文字。Smart spin 2-pin devices，智能旋转具有两个引脚以上的器件。Mode（模式）表示指令操作的方式，可以选择 Copy（复制）或 Move（移动）。Rotation（旋转）用于旋转操作的对象，可以按照指定角度进行旋转，或设置为按一定增量进行旋转。

（3）在“Find”面板中可以设置指令支持操作的对象类型，共计有 6 种类型可以被复选。只针对 Symbos、Vias、Clines、Lines、Shapes、Text 都有效，可以通过勾选实现该类型的选择操作，如图 13-82 所示。

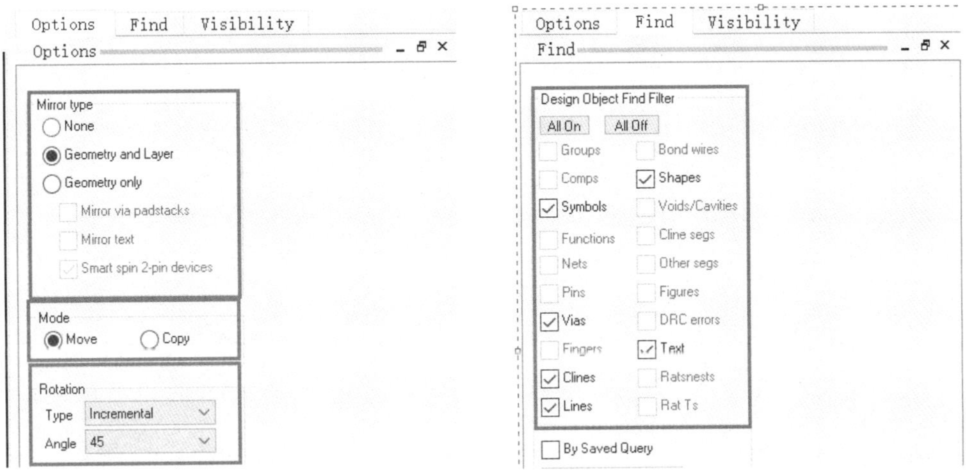

图 13-82

选择 Geometry and Layer 和 Copy 后的效果如图 13-83 所示。从图中可以看到，整个 PCB 的层和图形都进行了镜像操作。具体来说，器件、过孔、电气线、非电气线、铜皮、字符等元素都进行了镜像处理。

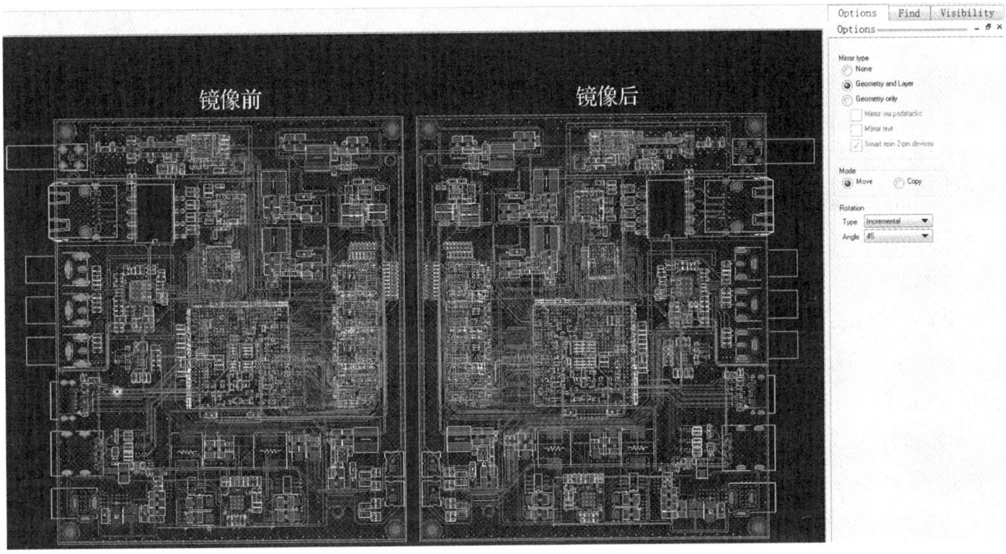

图 13-83

Allegro Productivity Toolbox 组件中的 Advanced Mirror，能够对已经设计完成的电路板中的器件、过孔、电气线、非电气线、铜皮、字符等进行整体或部分的镜像操作。这为已经完成布局、布线、叠层、模块等设计的 PCB 工程师提供了一种便捷的镜像功能，显著减少了工程师重复手动操作的次数和难度。与其他方法相比，该功能操作简便，功能强大。它不仅提升了设计效率，还对设计的准确性提供了重要保障。

13.17 LabelTune

在调整装配图时，通常将器件位号信息直接放置于器件的中心位置，以便生产人员能够快速识别器件的具体位置，如图 13-84 所示。

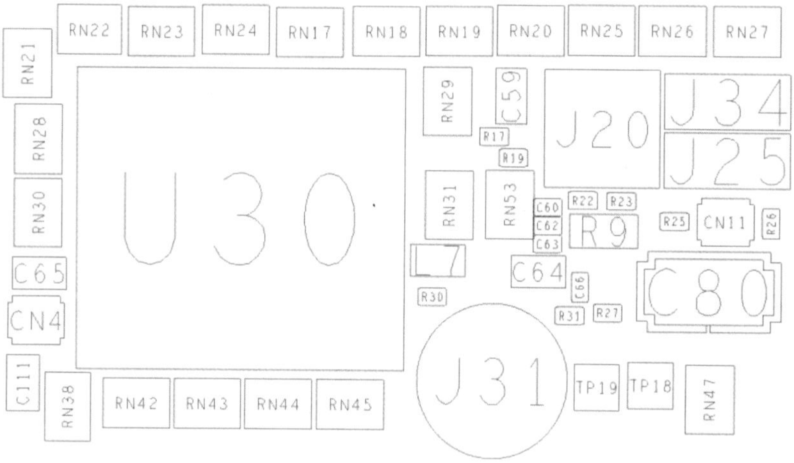

图 13-84

利用 Label Tune 功能，可以快速将器件的位号移到器件的正中心。Label Tune 的主要功能包括：

① 自动旋转文本标签：将文本标签旋转至设定的角度，如 0°或 90°。

② 自动调整器件位号位置：将器件的位号自动移至器件的正中心。

③ 调整字体大小：根据器件的外框尺寸，自动调整位号的字体大小，以确保清晰可读。

④ 层次自动调整：根据器件所在的层，自动调整位号至相应的层，确保位置准确。

下面来介绍其使用方法。

（1）在启动 Allegro 选择 License 特性时，要勾选 Allegro Productivity Toolbox 组件。

（2）选择菜单【Manufacture】→【Label Tune】。

（3）启动 Label Tune 功能后，将出现一个表单，它包含 Main 和 Advanced 两个窗口，如图 13-85 所示。

① Objects

- Label name：指定要处理的标签类型，包括 Refdes（器件位号）、Value（值）、Part Number（编号）、Device Type（类型）和 Tolerance（公差）。
- Label layer：指定要处理的标签所在的层级，可以选择三个层级，即 Assembly（装配层）、Display（显示层）、Silkscreen（丝印层）。
- Outline data：指定参考层，用于执行相关操作时作为标准的参考层。

② Visibility control

- Limit layers：单击此按钮只显示器件的轮廓和标签层指定的对象。
- Top On/Off：切换显示顶层器件的轮廓和标签。
- Bottom On/Off：切换显示底层器件的轮廓和标签。

③ Mode

指定要执行的文本操作，如 Rotate、Center、Fit。

- Center text：默认将文本精确地放置到所选器件 Outline data 中指定的包围框的中心，如图 13-86 所示。

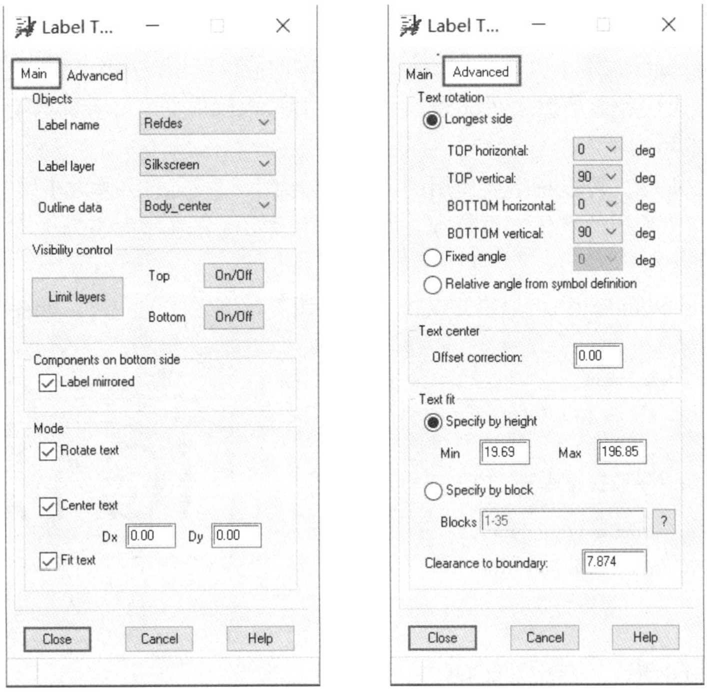

图 13-85

另外还可以指定 Dx 和 Dy 方向的距离（参考 Outline data 计算的中心点），从而相应地移动文本标签，如图 13-87 所示。

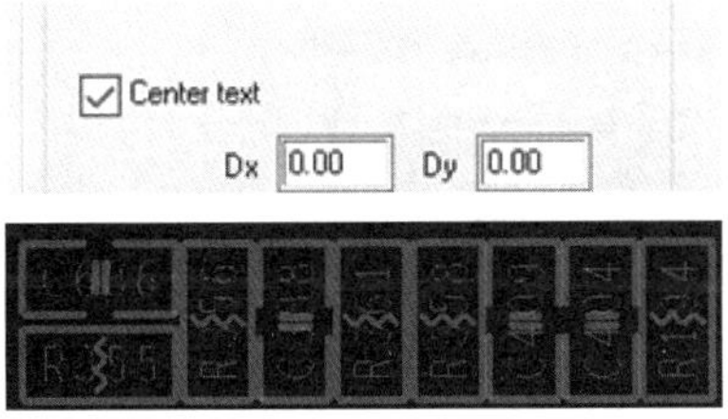

图 13-86

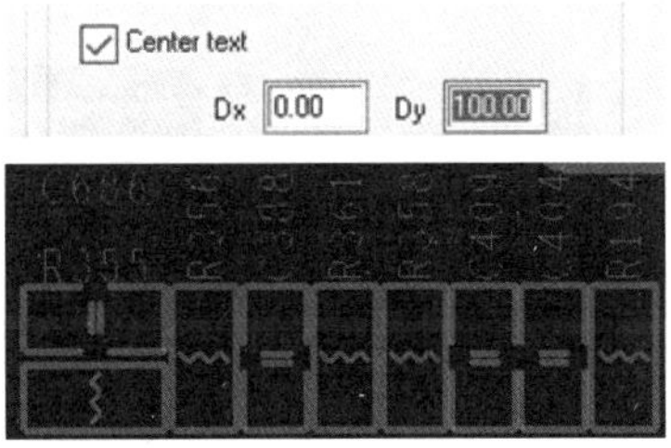

图 13-87

④ Text rotation

这是基本的文本操作，文本标签将以可读的方式进行旋转，确保文本能够清晰地呈现。例如，文本标签可用于水平对齐和垂直对齐，以优化布局并提升可读性。

⑤ Text center

该选项允许指定偏移纠正值，其范围在−0.5 到+0.5 之间。举例来说，负偏移量值会将旋转 0°的文本稍微向负 *Y* 方向移动，而正偏移量值则会将文本向正 *Y* 方向移动。默认偏移量为 0。不同的偏移量值会产生不同的显示效果，如图 13-88 所示。

图 13-88

⑥ Text fit

- Specify by height：最小值和最大值指的是文本的高度范围。Label Tune 会根据器件边框的大小，在最大值和最小值之间选择一个合适的值，以确保文本标签的高度与器件尺寸匹配，保持良好的可读性。
- Specify by block：可以指定要使用的文本字体大小，不同的字体大小用空格隔开。例如，“-”表示指定使用的字体大小范围，如“1-3”表示选择字体大小为 1、2 和 3，如图 13-89 所示。
- Clearance to boundary：可以指定文本与器件边界轮廓之间的距离，如图 13-90 所示。

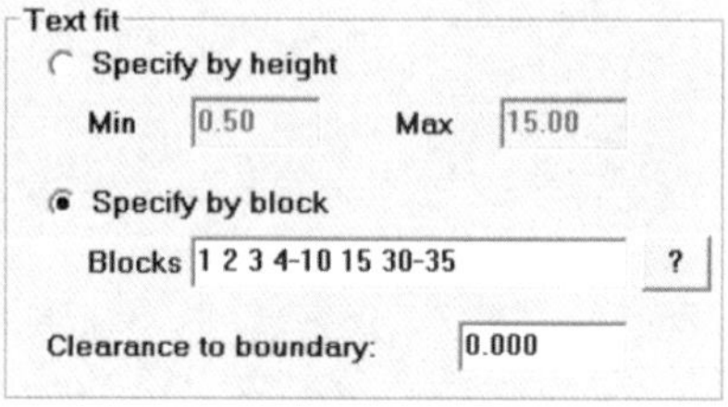

图 13-89

图 13-90

13.18 Shield Generator

Shield Generator（屏蔽结构生成器）功能可以通过选择不同的形状或模式，自动生成一个屏蔽结构，它包括电路板边缘的屏蔽环以及需要额外降噪的射频电路屏蔽罩等，如图 13-91 所示。

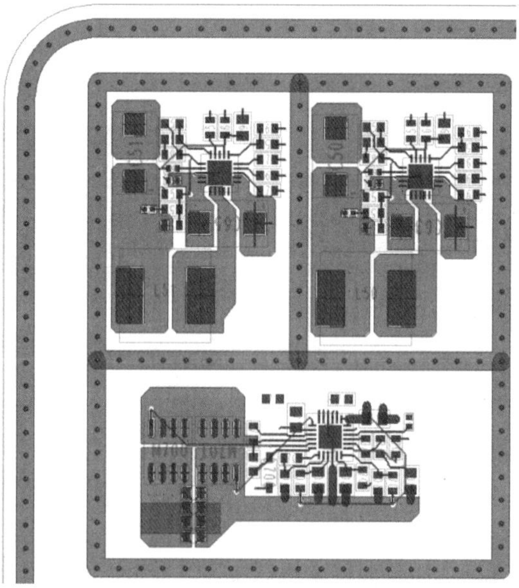

图 13-91

在 Allegro 17.4 中，提供了 Allegro Productivity Toolbox 作为可选的高级组件。勾选该复选框后，可以使用该组件中的各种高级功能，其中 Shield Generator（屏蔽结构生成器）功能就包含在该组件中。

下面来介绍下 Shield Generator 功能的用法。

（1）执行菜单【Route】→【Shield Generator】。

（2）在弹出的对话框中，可以通过 4 种不同的模式生成一个新的护盾，如图 13-92 所示。

① Select Boundary：在这个模式中，可以选择一个边界，如板框，从而沿着板框的边界创建一个屏蔽结构。

② Draw Rectangle/Place Rectangle：此模式允许绘制或直接放置具有特定长度和宽度的屏蔽结构。

③ Derive from Line：通过选择线段来创建屏蔽结构，此模式特别适用于屏蔽盒内存在任意分区的情况。

（3）Shield Settings。首先是方向的设置，如图 13-93 所示。

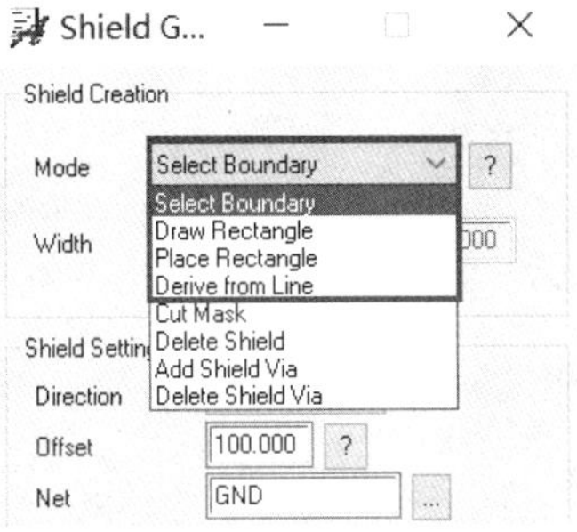

图 13-92

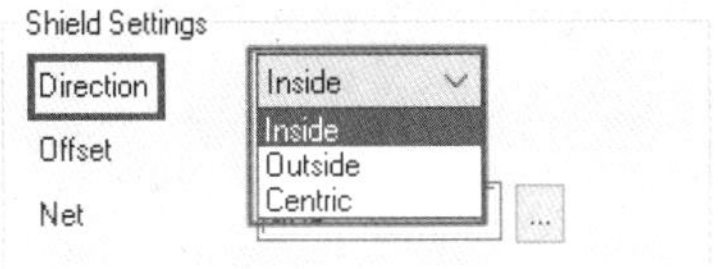

图 13-93

在封闭多边形的情况下，方向可以指定为内、外或中心，如图 13-94 所示。

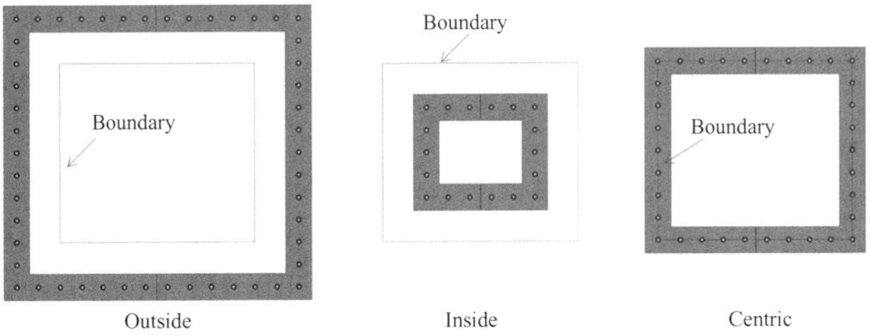

图 13-94

偏移量的值指定的是中心路径对于活动边界的距离，如图 13-95 所示。

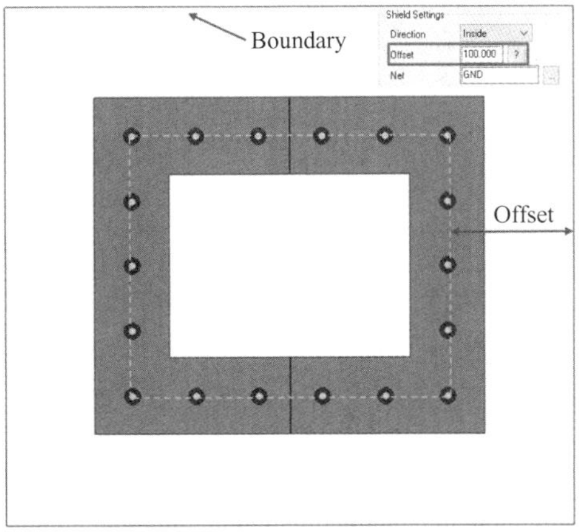

图 13-95

（4）Create Shapes。可以指定铜皮的宽度、铜皮的类型，以及需要在哪些层绘制铜皮，如果需要，可以指定多个层，如图 13-96 所示。

（5）Create Vias。在屏蔽结构中主要通过确定过孔间的间距、中心偏移量和初始偏移量的参数来控制过孔的排列方式。

① Via Gap：设置过孔与过孔之间的中心间距。

② Center Offset：指定的是过孔的排列路径相对于屏蔽结构中心路径的偏移量。这个值可以是正的也可以是负的。正值会扩展路径，负值会收缩路径，如图 13-97 所示。

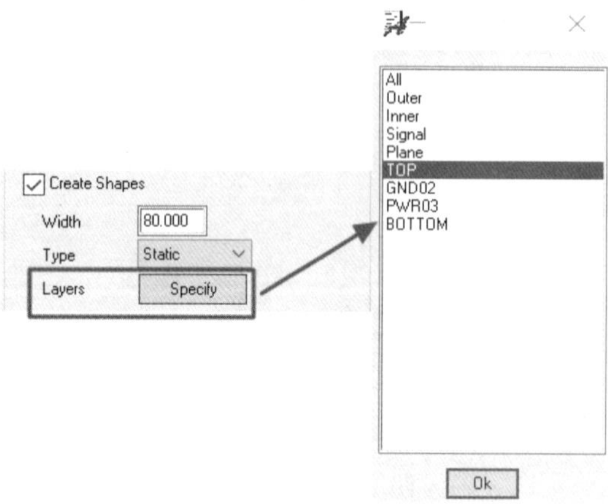

图 13-96

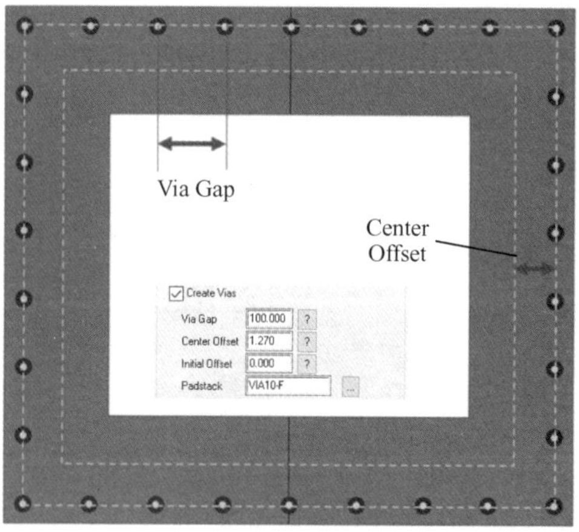

图 13-97

③ Initial Offset：该值指定的是第一个过孔相对于多边形或者路径起始点的偏移量。该值默认为 0，意味着第一个过孔会放置在多边形或路径的起始点处，如图 13-98 所示。

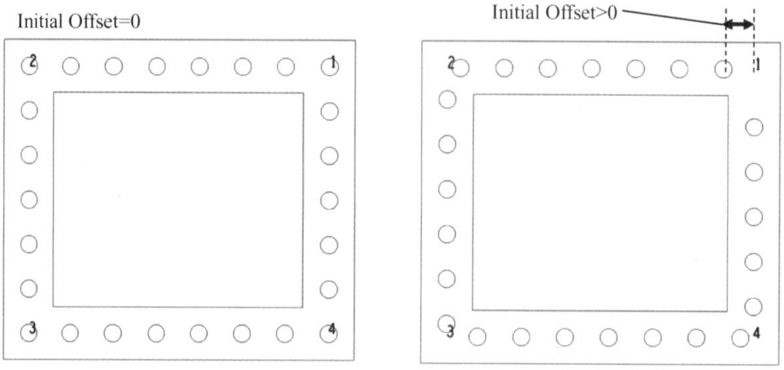

图 13-98

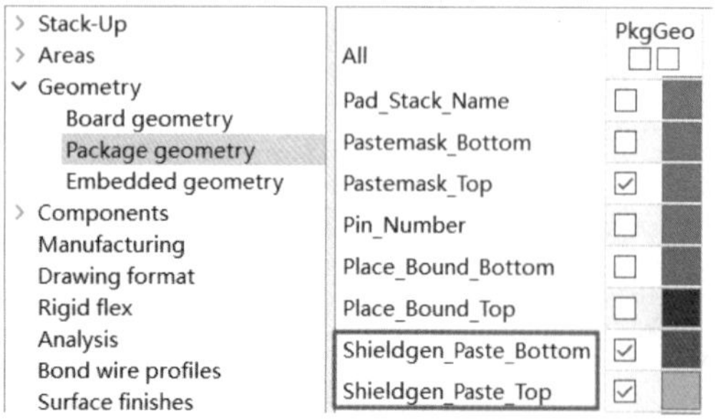

图 13-99

（6）Mask Settings。勾选该选项可以创建阻焊层和钢网层的铜皮，可以创建顶层和底层，也可以顶底层同时创建。阻焊层创建在 Package geometry/Soldmask_Top and Bottom 层。因为屏蔽盖的焊接需要一个独立的过程，所以钢网层会创建在 Shieldgen_Paste_Top/Bottom 层，如图 13-99 所示。

（7）Deriving shield structure from lines。

① 在屏蔽盒内有任意分区的情况下，可以先绘制屏蔽线，如图 13-100 所示，线条已经绘制。

② Shield Creation 里的 Mode 切换为 Derive from Line，注意查看指令栏中的信息，如图 13-101 所示。意思是要我们先选择属性为（c）line 属性的屏蔽线，依次选中后单击鼠标右键，在弹出的菜单中选择【Complete】。当所选择的对象不需要时，可以按住 Ctrl 键单击取消选中。

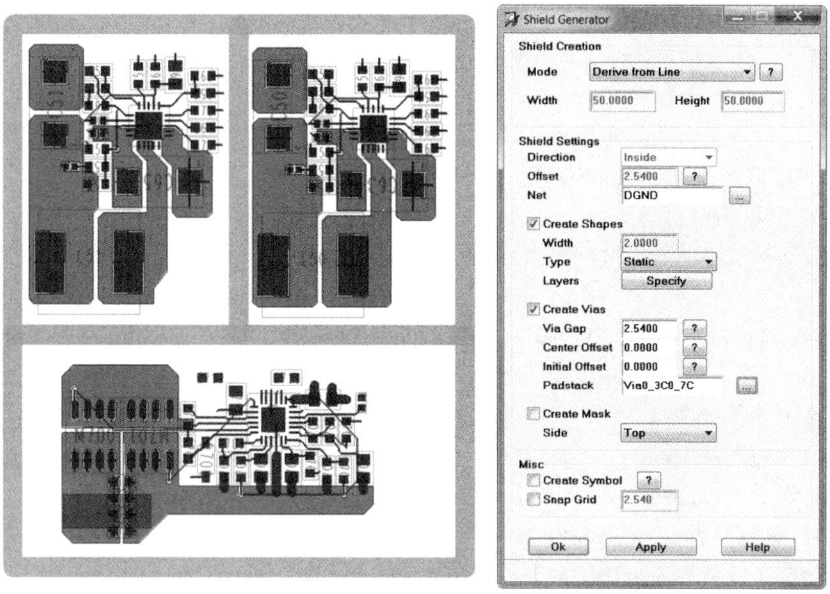

图 13-100

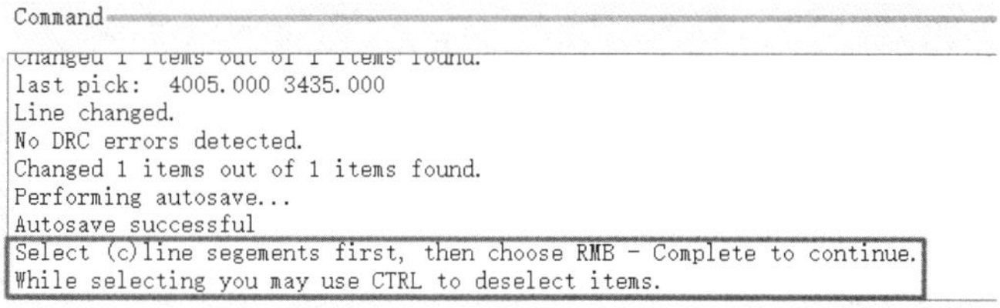

图 13-101

③ 依次选中所有的屏蔽线，单击 Apply 按钮，即可生成屏蔽结构，如图 13-102 所示。

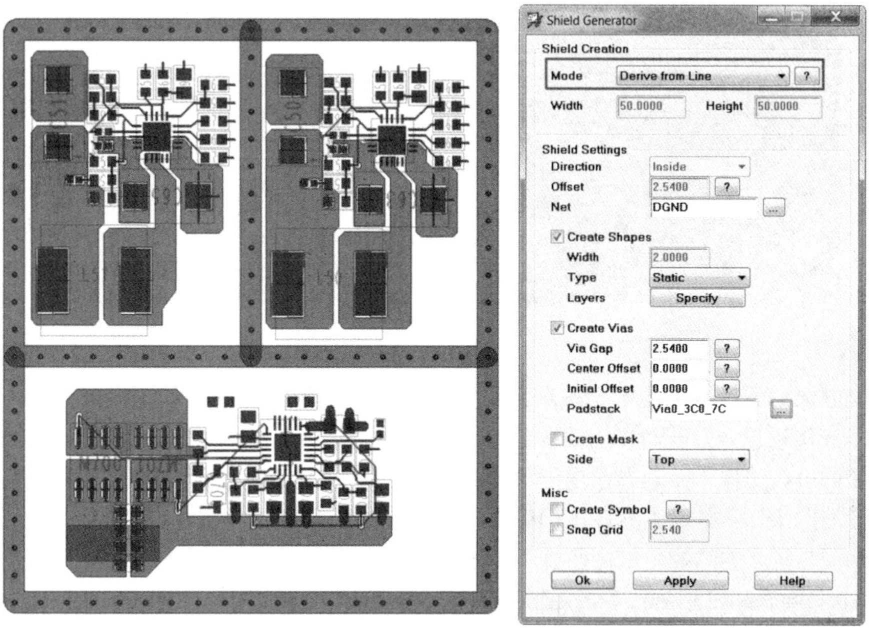

图 13-102

13.19 Allegro 自动包地并打孔

通常，RF 信号或一些关键信号需要通过包地打孔进行屏蔽保护，以最小化串扰和噪声。Shield Routing 功能可以帮助工程师在 PCB Editor 中自动创建屏蔽结构，从而有效保护这些信号。接下来将介绍该功能的使用方法。

（1）在 Allegro 17.4 版本中，Allegro Productivity Toolbox 是一个可选的高级组件。勾选该复选框后，可以使用该组件中的各种高级功能，其中 Shield Router 自动屏蔽功能就在此组件中。

（2）执行菜单【Route】→【Shield Router】。

（3）在弹出的对话框中，进入“Options”面板，所有的指令参数都可以从该面板中进行设置，如图 13-103 所示。

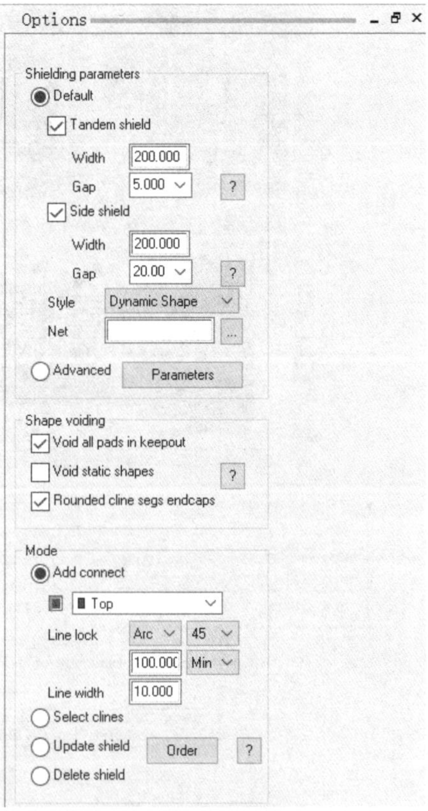

图 13-103

① Shielding parameters。

- 串联屏蔽（Tandem shield）：指在关键信号的相邻层添加屏蔽线。例如，如果信号位于 Top 层，选择 Tandem shield 选项后，屏蔽线将被添加到第二层。
- 侧面屏蔽（Side shield）：指在关键信号的同层添加屏蔽线。图 13-104 所示的效果即 Side shield 的应用。

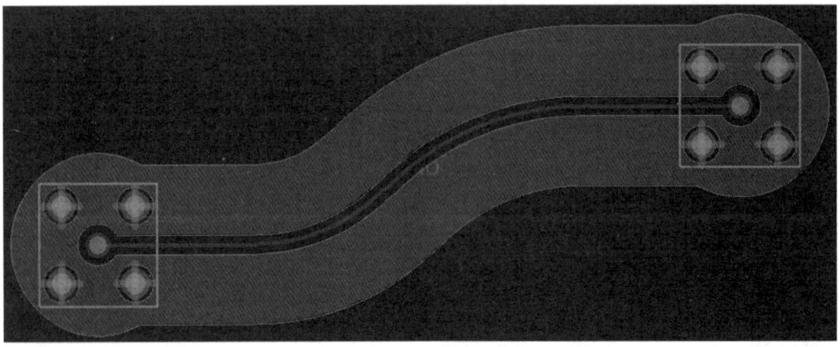

图 13-104

- Width 和 Gap 分别对应的是屏蔽线的宽度和与关键信号之间的距离，如图 13-105 所示。

另外，还可以选择屏蔽结构的铜皮类型，用户可以选择静态或动态铜皮类型。静态铜皮指的是固定不变的屏蔽结构，而动态铜皮则可以随着信号和布局的变化进行调整。此外，还可以指定铜皮所对应的网络，具体设置如图 13-106 所示。

② Mode。屏蔽的结构可以由两种不同的模式生成。

- Add connect：在此模式下，走线的同时，屏蔽罩的路径及其宽度也会动态显示出来，如图 13-107 所示。

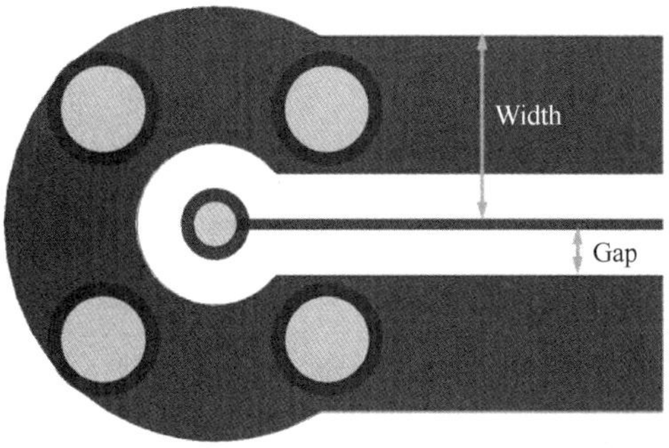

图 13-105

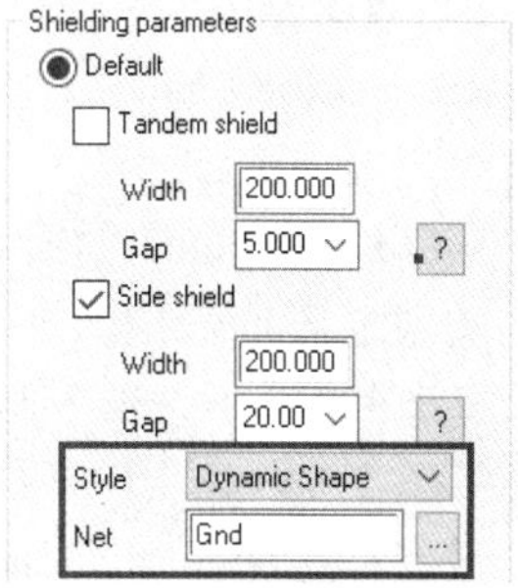

图 13-106

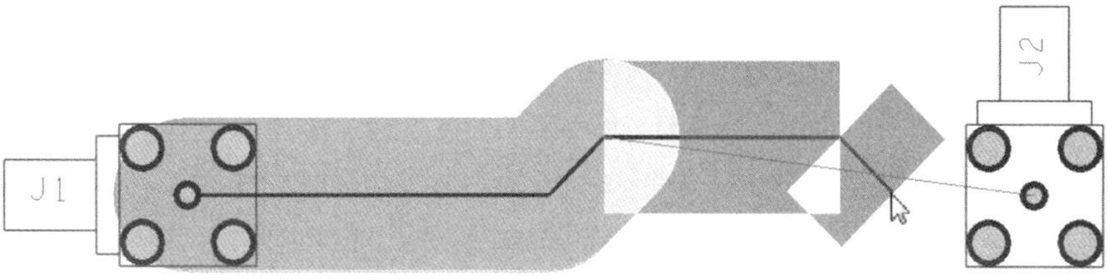

图 13-107

信号连接上后，屏蔽结构也随之生成，如图 13-108 所示。

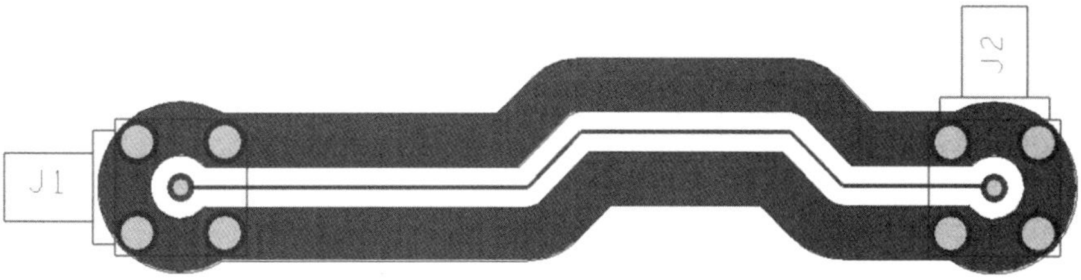

图 13-108

- Select clines：在这种模式下，用户需要先选择关键网络的某个 clines，每次选择都会触发屏蔽结构的生成。可以通过右键单击 Temp Group，对关键网络中整段线的所有 clines 进行多选。选择完成后，系统将自动生成整段线的屏蔽结构，具体效果如图 13-109 所示。

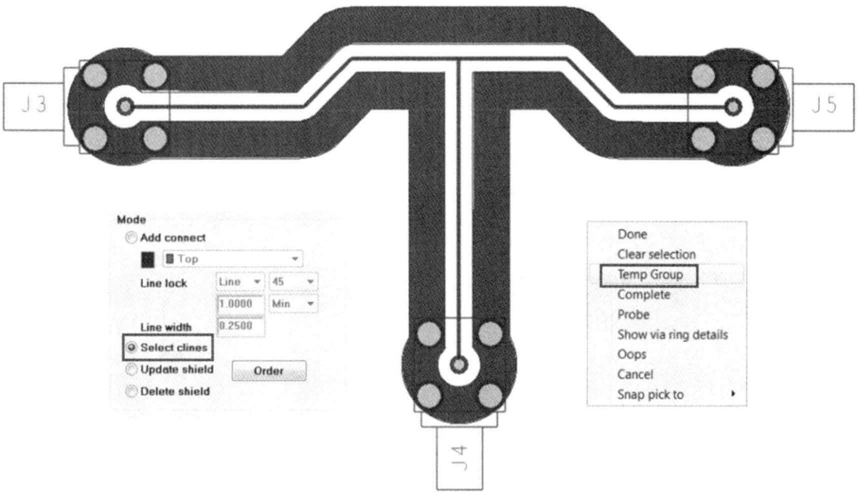

图 13-109

（4）高级屏蔽结构的创建。在“Options”面板中选择 Advanced 选项，单击 Parameters 按钮，如图 13-110 所示。

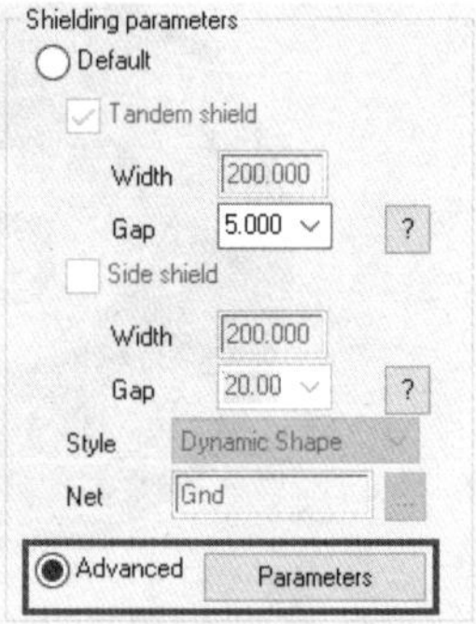

图 13-110

- 选择高级模式后，用户可以对串联屏蔽（Tandem shield）和侧面屏蔽（Side shield）进行更高级的设置。例如，当需要在两个以上的层定义屏蔽结构，或者需要设置不同的宽度和间距时，这种模式非常有用。完成高级模式的参数设置后，用户还可以进行导入导出操作，以实现参数的重用，具体操作如图 13-111 所示。
- 通过启用 Tandem shielding 电子表格中的相应项，可以生成阻焊层，相应阻焊层的宽度和间隙值也可以在表格中设置，阻焊会在 Board Geometry/Soldermask 中创建。当 Width=0，Gap=NA 时，创建的阻焊层将和被屏蔽的信号完全重合，如图 13-112 所示。

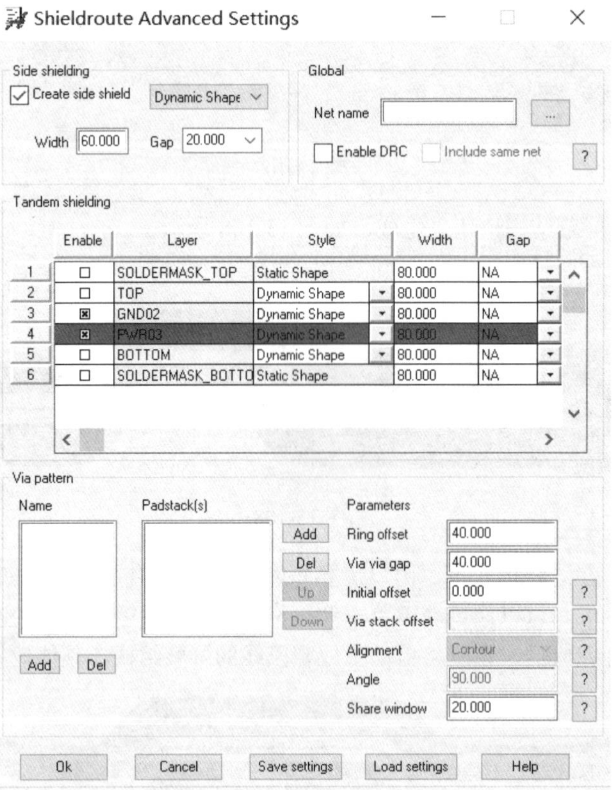

图 13-111

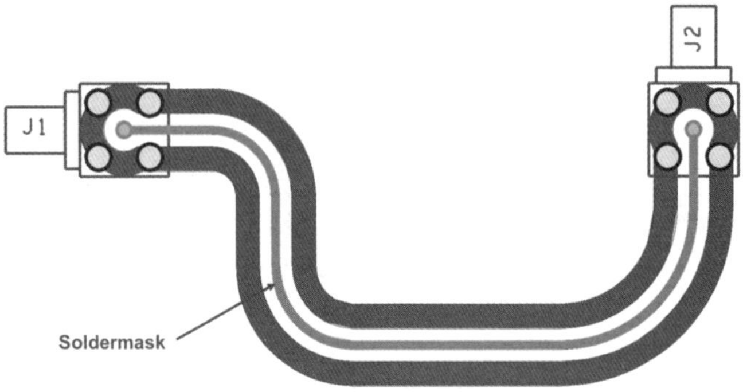

图 13-112

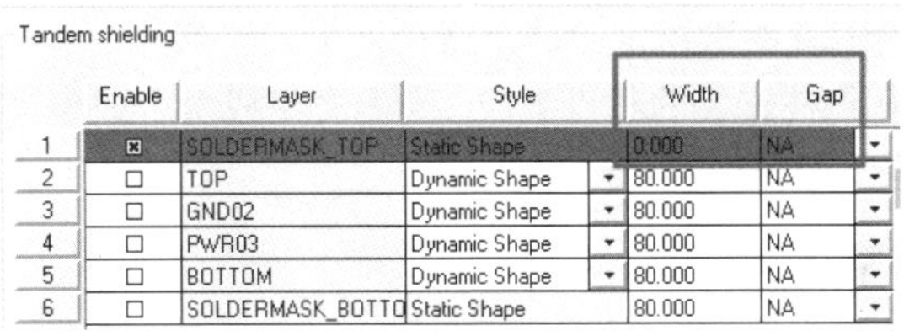

图 13-112（续）

- Create side shield：一般情况下是用铜皮来创建屏蔽结构的，在高级设置中还可以用走线来创建屏蔽结构，如图 13-113 所示。

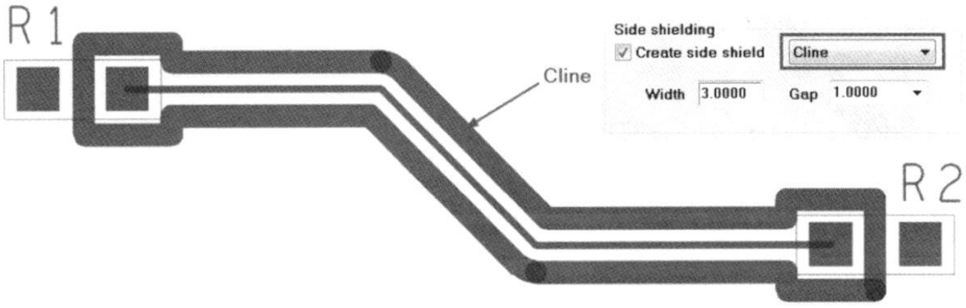

图 13-113

（5）增加屏蔽孔。包地通常会伴随着地孔，在高级模式下可以自动添加屏蔽孔，具体步骤如下所述。

① 定义要生成屏蔽孔结构的名称，如 RING1。

② 选择要使用的过孔，如 Via10-bga-full。

③ 指定环形偏移量，如 80mil。

④ 指定过孔与过孔之间的距离，如 50mil。

以上设置如图 13-114 所示。

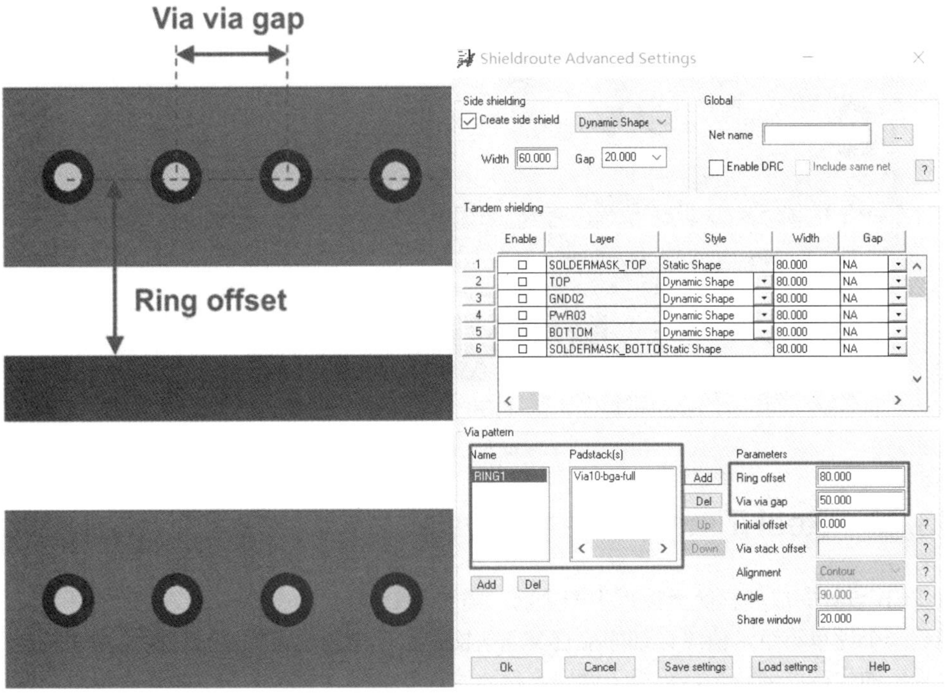

图 13-114

- Initial offset：初始偏移参数指定的是在路径上生成的第一个过孔的偏移量。默认值是 0，意思是第一个过孔将在路径的起点生成。当需要生成两个或多个屏蔽过孔结构时，该参数对于调优非常有用，如图 13-115 所示。

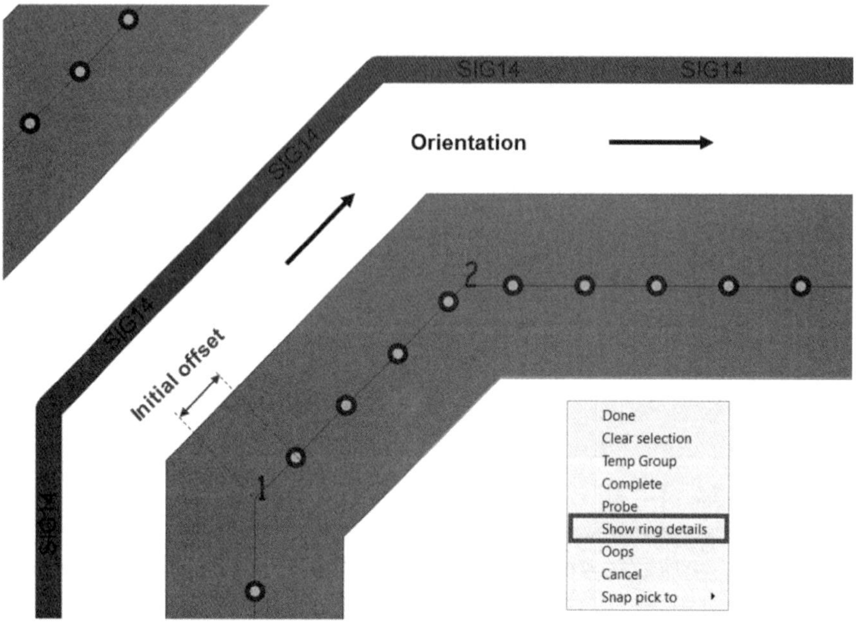

图 13-115

- Stagger out：是一种交错打孔的方式，常用于射频链路中。通常需要设置两个参数，即水平方向过孔间的距离和垂直方向过孔间的中心距离，以确保孔的交错排列。具体设置效果如图 13-116 所示。

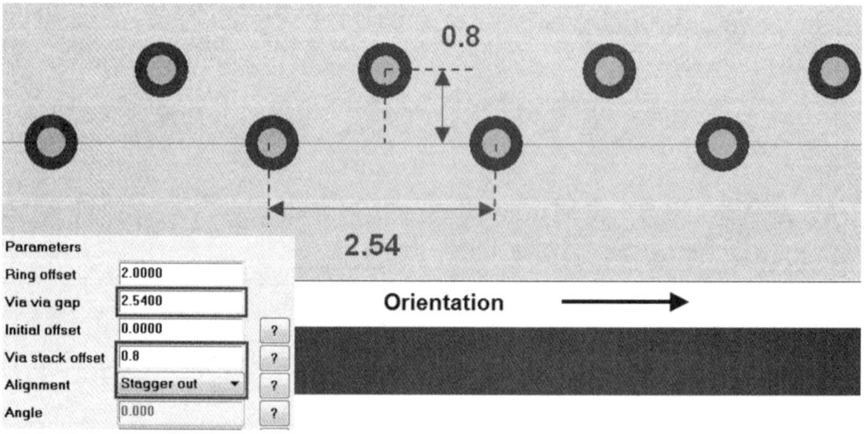

图 13-116

13.20 Real-Time Route Analysis

在 PCB 设计完成并提交至板厂生产之前，需要对 PCB 设计文件进行交付前的评审。此时，需要组建一个评审小组，依照详细的检查表逐条检查各项规则约束和潜在风险。由于打样成本较高，且板厂的生产周期较长，等板子做回来后才发现低级错误所带来的成本不可接受。即使在投板前通过评审发现了问题并进行修改，再次评审所消耗的时间成本也相当可观。

为了解决这一问题，Real-Time Route Analysis（实时布线分析）功能应运而生。这项功能能够在 PCB 设计过程中实时进行交互式规则检查，帮助设计人员轻松查找并修复在制造 DRC 核查中可能被忽视的布线违规问题。通过这种实时分析，设计人员可以显著减少返工风险和成本，提高设计的准确性和效率。接下来，将详细介绍该功能的使用方法.

（1）执行菜单【View】→【Vision Manager】，打开 Visions 对话框，该对话框是可以移动的。在该对话框中，在下拉选项框里选择“Route Vision”就可以切换到 Real-Time Route Analysis 功能，如图 13-117 所示。

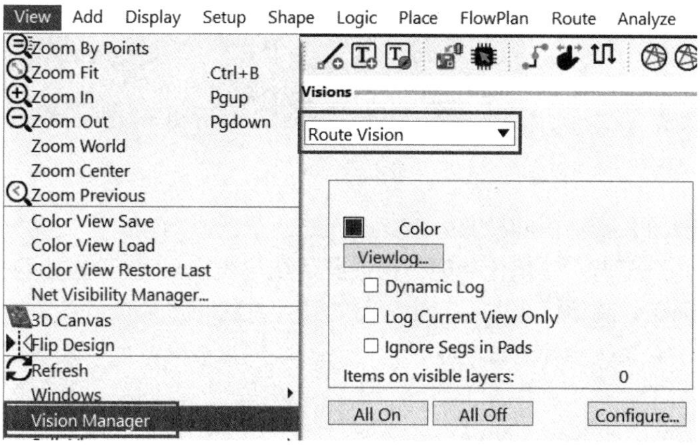

图 13-117

（2）单击 Configure 按钮，可以对需要进行实时检测的项目进行选择，如图 13-118 所示。

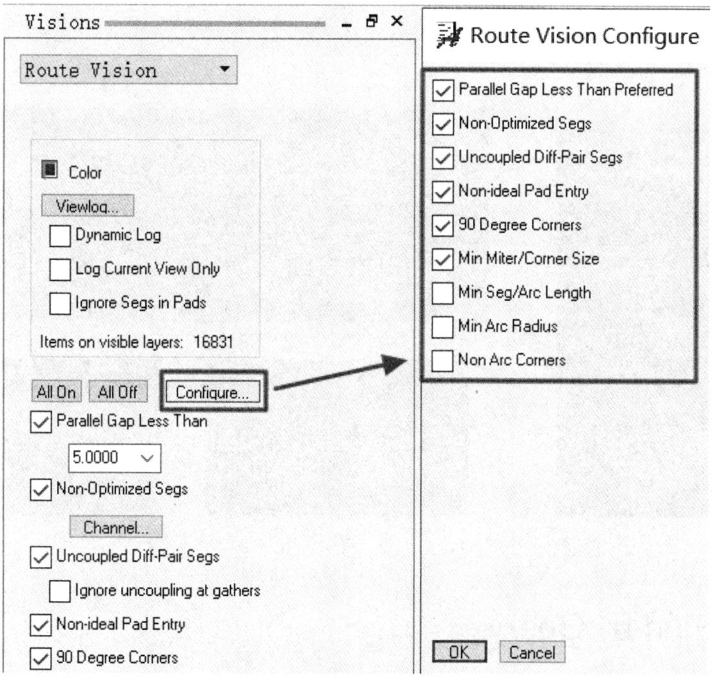

图 13-118

① Parallel Gap Less Than Preferred：检查线与线的间距是否违规。如果 Visions 对话框中对应的参数设置为 5，小于 5mil 的间距为不正常间距，就会显示为红色，大于或等于 5mil 的间距为正常间距，会显示为紫色，如图 13-119 所示。

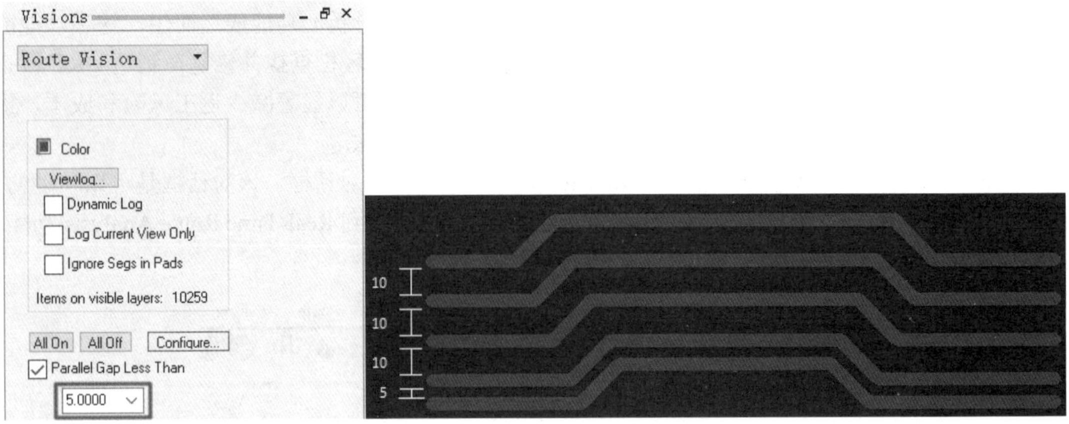

图 13-119

② Non-Optimized Segs：Route Optimization（走线优化）功能，旨在优化扇出区域内以及在过孔和引脚之间的走线距离。该优化功能在保证满足线与线最小间距的前提下，尽可能地最大化走线与焊盘之间的间距。具体而言，在扇出区域布线或走线穿过两个过孔或焊盘时，如果只有一根走线或一对差分线，系统会使走线居中于两个过孔或焊盘之间；如果走线数量较多，在满足最小线间距要求的情况下，系统会尽量平均分布走线与焊盘之间的间距，从而优化整体布线效果。

在 Visions 对话框中的 Non-Optimized Segs 选项，用于检查那些未经过优化的走线线段，并通过设置警告色进行提示。上面两组线段未经过优化，标记为红色；下面两组线段为居中走线，标记为紫色，如图 13-120 所示。

③ Uncoupled Diff-Pair Segs：顾名思义，就是检查未耦合差分对的线段，如果勾选“Ignore uncoupling at gathers”，则忽视差分对在进入焊盘分叉的那一小部分未耦合的情况，如图 13-121 所示。

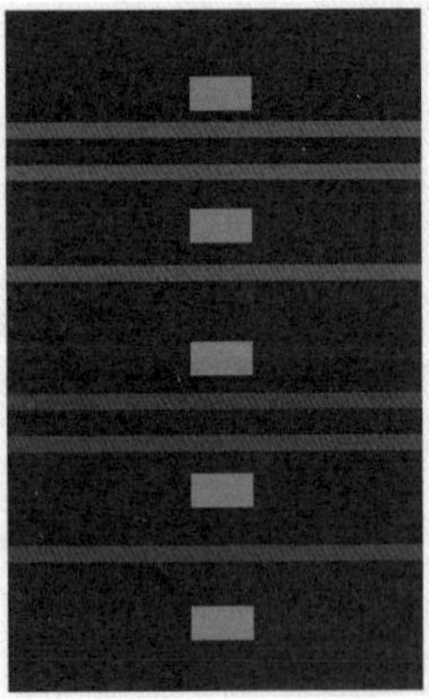

图 13-120

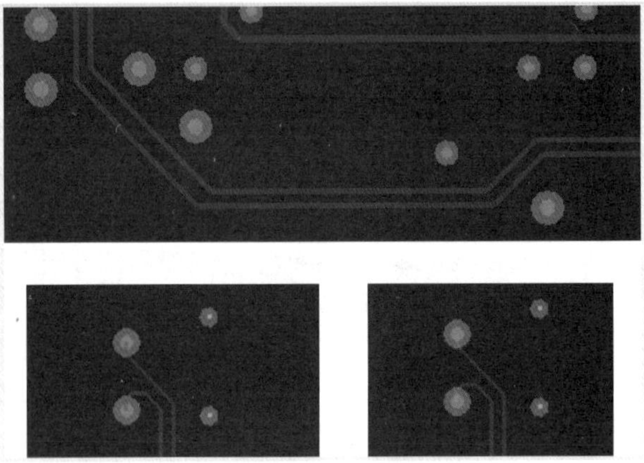

图 13-121

13.21 Find by Query

在 Allegro 17.4 中，工程师可以利用强大的查询引擎（Find by Query，FbQ）快速定位设计对象，无论设计规模大小。通过简单的几个单击操作，用户即可创建、使用、保存查询，并高效调用查询结果。例如，以下将以查询并定位具有 5 个过孔的 DDR 信号为例，介绍其具体用法。

（1）在“Find”面板中单击 Find by Query 按钮，如图 13-122 所示。

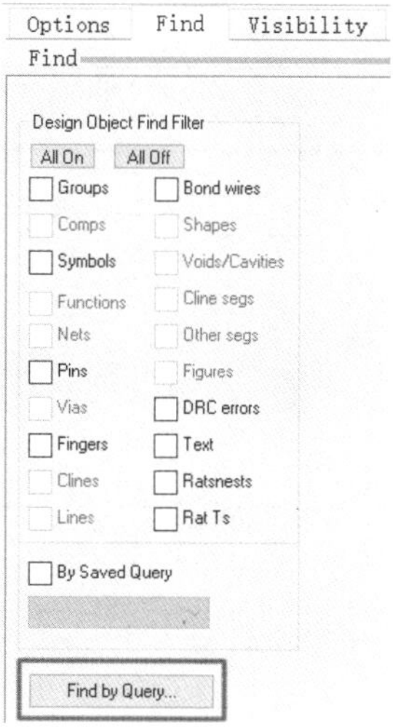

图 13-122

（2）在弹出的对话框中，在 Objects 栏中双击 Nets，然后在 Fields 栏中分别双击 Net Name 和 Via Count，如图 13-123 所示。

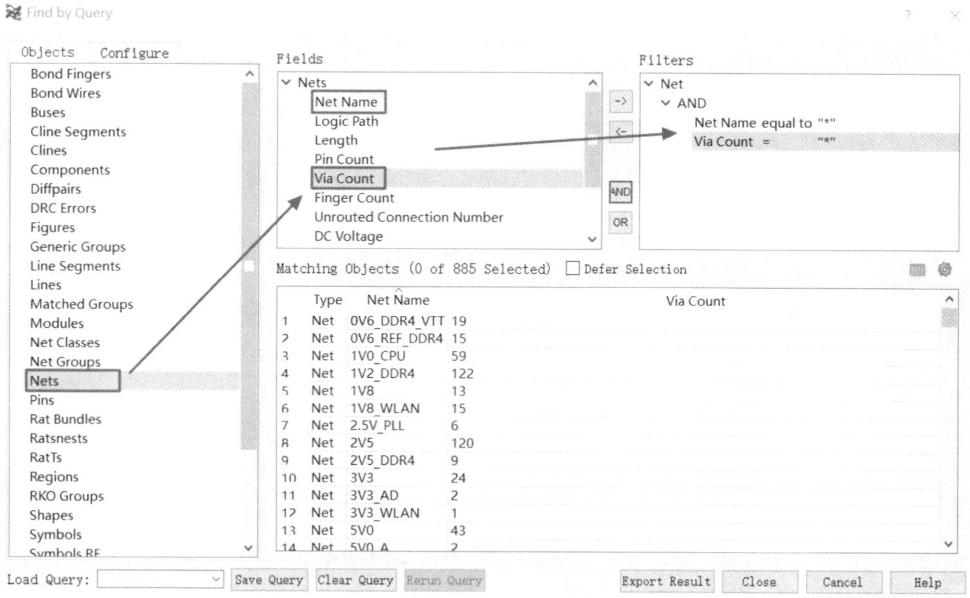

图 13-123

（3）在图 13-123 的 Filters 栏中双击 Net Name equal to “*”，弹出 Filter Setting 对话框。在该对话框中，在 Value 对应的文本框中筛选 DDR 信号，筛选好后单击 OK 按钮，如图 13-124 所示。

（4）在图 13-123 的 Filters 栏中双击 Via Count=　　“*”，在弹出的对话框中，在 Value 对应的文本框中输入过孔数量，单击 OK 按钮，如图 13-125 所示。

（5）打了 5 个过孔的 DDR 信号就被查询出来，如图 13-126 所示。单击任意信号就可以定位到其在 PCB 上的具体位置。这个快捷定位出来的对象可以保存起来，方便下次查询时直接调用，具体步骤如下所述。

① 相关对象被查询出来后，单击 Save Query 按钮，将查询结果保存至 PCB 文件的根目录下。如图 13-127 所示，查询条件和结果将以查询文件的形式保存在指定位置，方便下次调用。

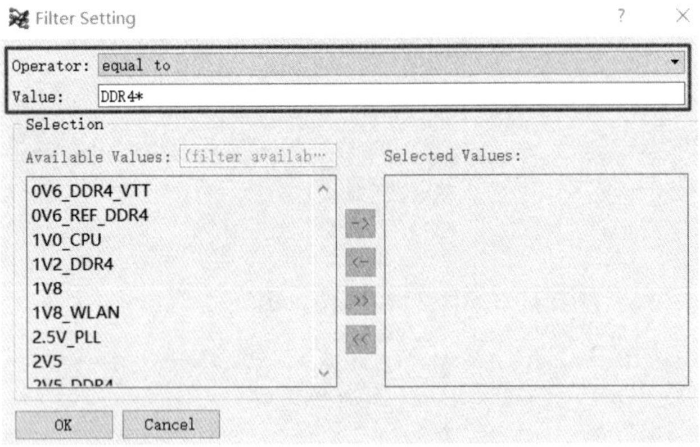

图 13-124

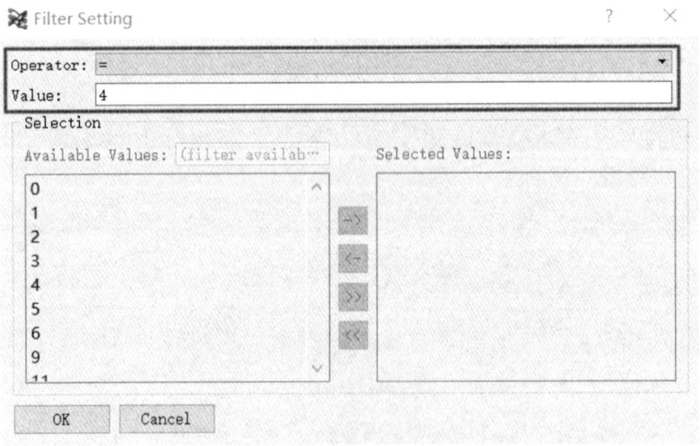

图 13-125

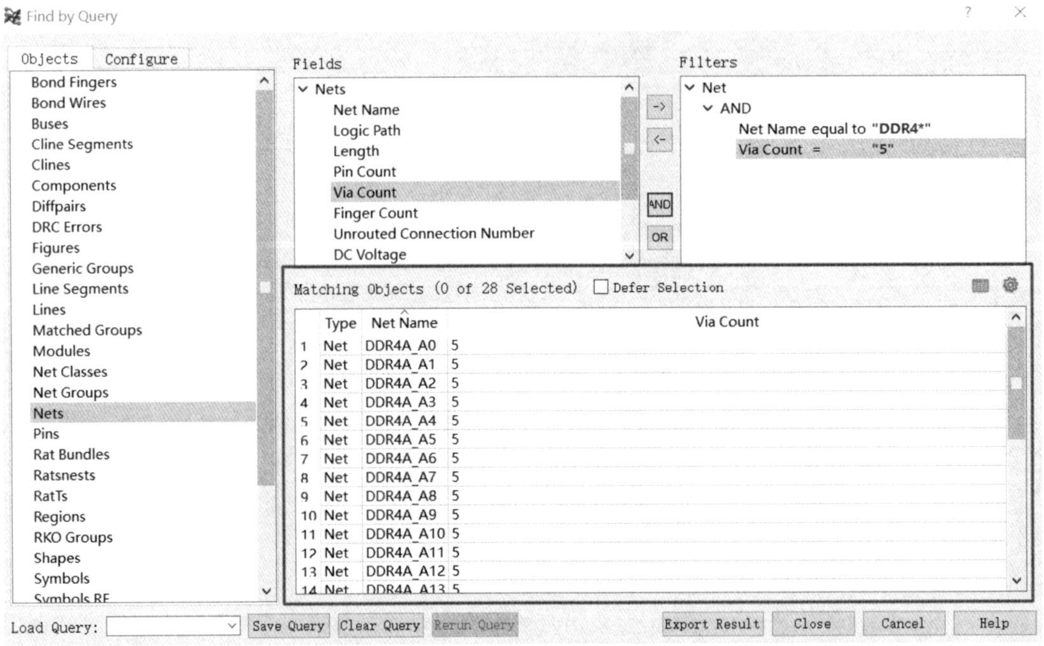

图 13-126

② 需要调用时，单击 Load Query 下拉框即可找到需要的.qfnd 文件，如图 13-128 所示。

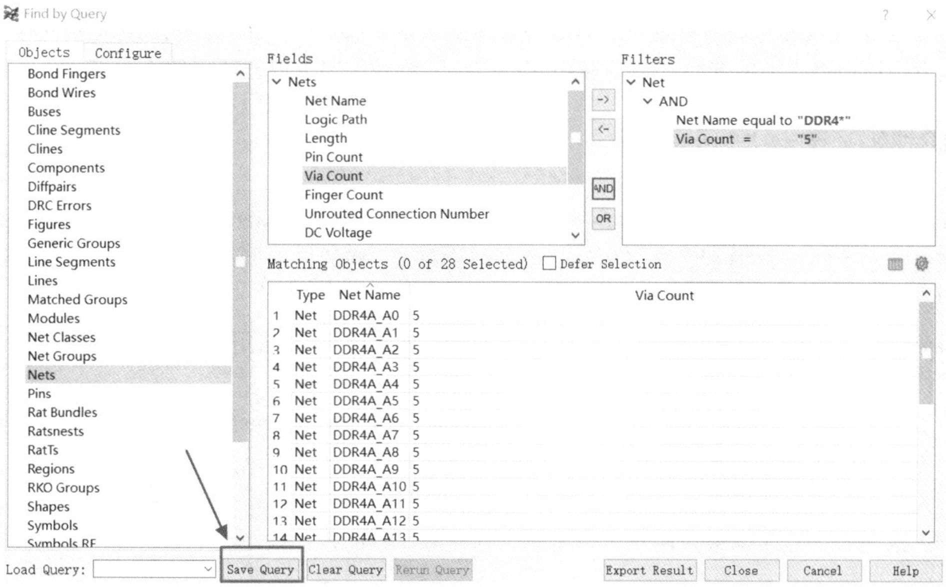

图 13-127

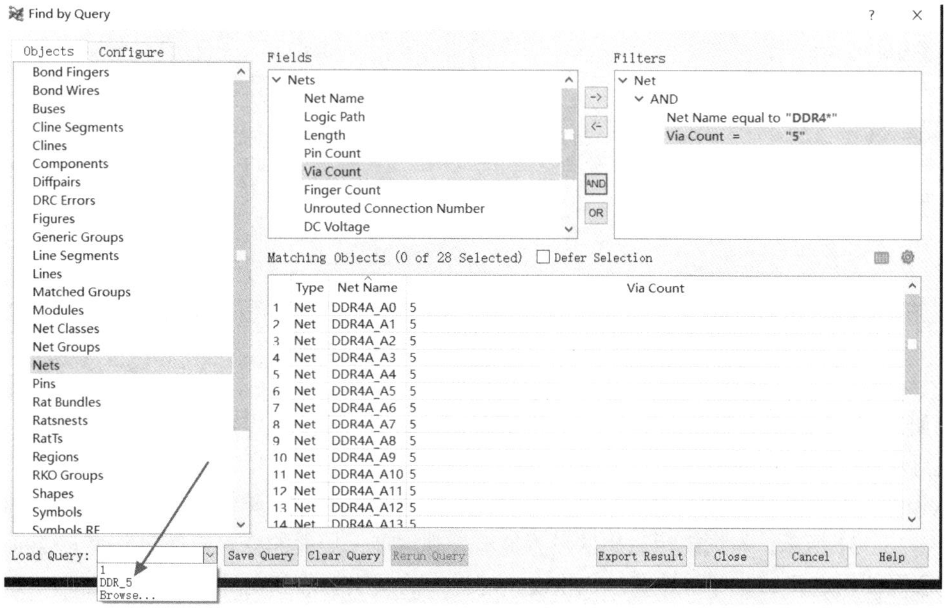

图 13-128

FbQ 功能可以用来查询和定位的对象种类繁多，本节仅介绍了查询、定位、保存和调用的方法。读者可以根据本节的介绍，灵活应用这些方法，查询和定位自己所需的设计对象。

13.22 定制显示面板

Allegro 17.4 增强了显示面板的功能，使设计工程师能够更加高效地访问和管理图层内容。特别是在设计刚柔结合 PCB 时，除了传统的单一层叠显示，新的显示面板功能可以让你快速访问不同的层叠区域。这一更新使层次管理更加灵活和高效。

此外，显示面板现在也新增了功能，允许用户管理除电气层外的所有板层，进一步提升了操作便捷性。

在 Color Dialog 对话框的显示面板中，你可以根据需求定制显示面板的设置，调整不同层次的显示方式，以适应特定设计需求。通过这些定制选项，工程师可以更加精确地控制和优化板层显示，提升设计和调试效率。

（1）通过设置显示面板，用户可以定制个性化的显示面板，如图 13-129 所示。

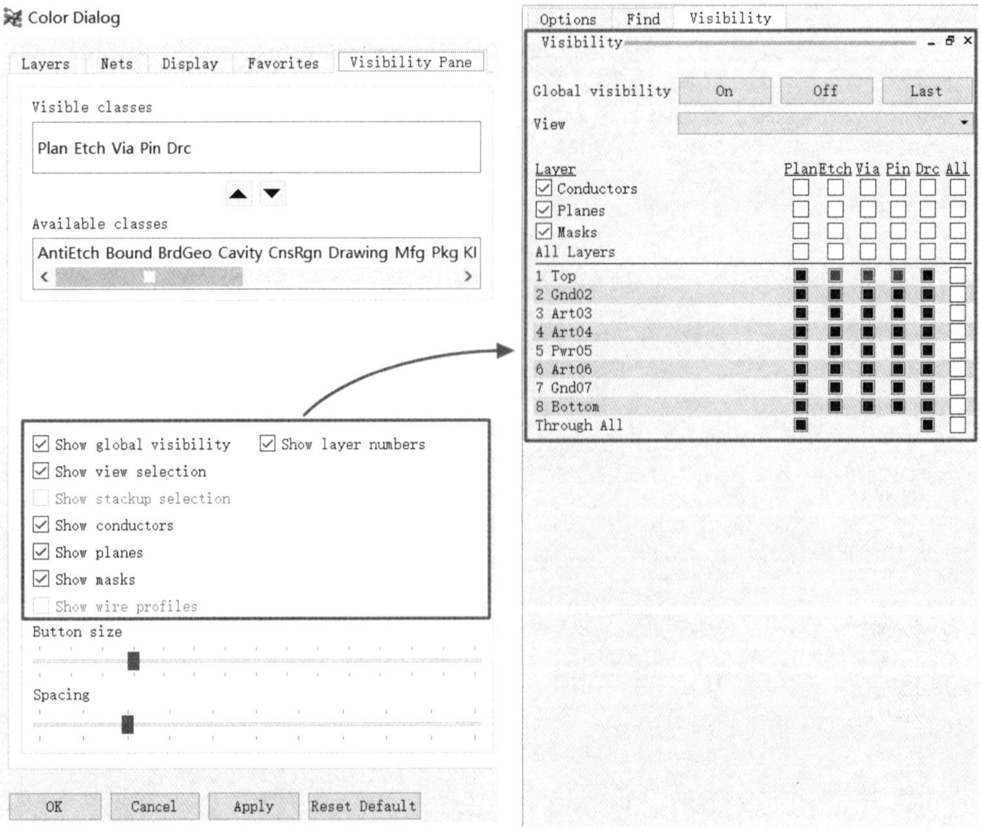

图 13-129

例如，在“Visibility”面板中不想看到 Global visibility 选项，可以在 Color Dialog 的显示面板中取消“Show global visibility”的勾选，如图 13-130 所示。

“Visibility”面板显示内容时，可以通过勾选不同选项来控制可见性，进而影响板层的显示效果。如图 13-131 所示，勾选前后对比的设置能够直观地展示层叠的变化，帮助设计工程师更清晰地看到不同板层之间的差异与重叠，优化设计过程中的层次管理和调试工作。

图 13-130

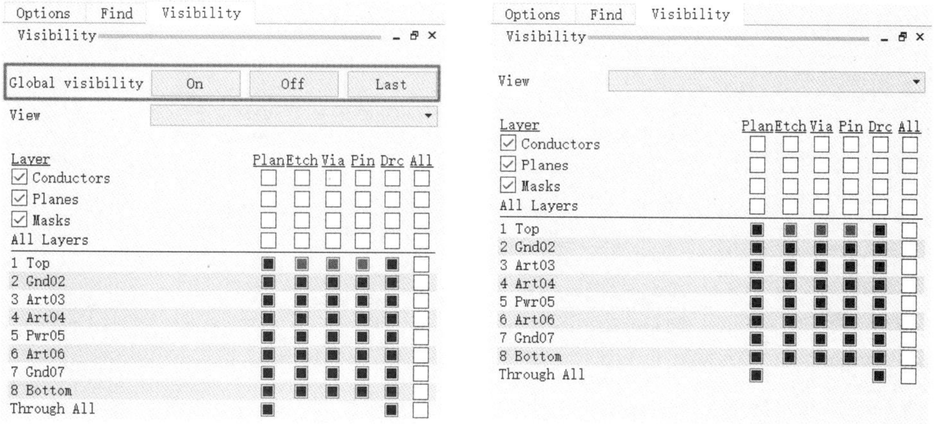

图 13-131

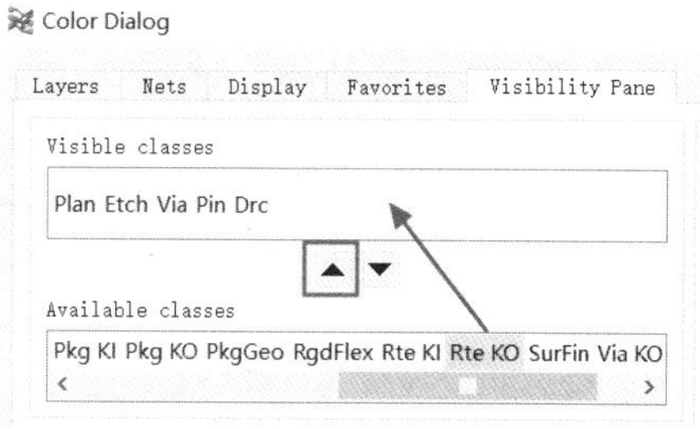

图 13-132

（2）设计师也可以配置显示面板的列。只需简单地拖曳或使用向上的箭头，即可添加 Visible classes 中的 Class 显示到面板中。

例如，将走线禁布区 Rte KO 显示到面板中，可在 Available classes 中选中 Rte KO 拖曳或者单击向上的箭头将 Rte KO 添加到 Visible classes，如图 13-132 所示。将 Rte KO 添加到 Visible classes 后，单击 OK 按钮，Rte KO 即可显示到“Visibility”面板中，如图 13-133 所示。

如果不需要将 Rte KO 显示到面板中，可在 Visible classes 中选中 Rte KO 拖曳或者单击向下的箭头将 Rte KO 添加到 Available classes 即可，如图 13-134 所示。

（3）移动 Spacing 选项的滑块，可以控制彩框的尺寸及彩框间的距离，如图 13-135 所示。间隔最大的最小按钮尺寸，效果如图 13-136 所示。间隔最小的最大按钮尺寸，效果如图 13-137 所示。

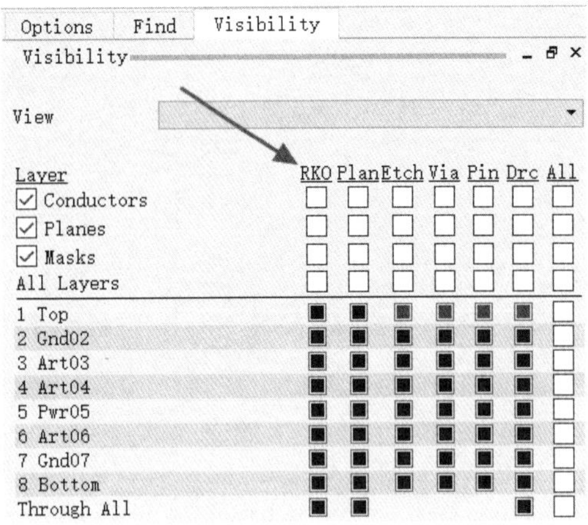

图 13-133

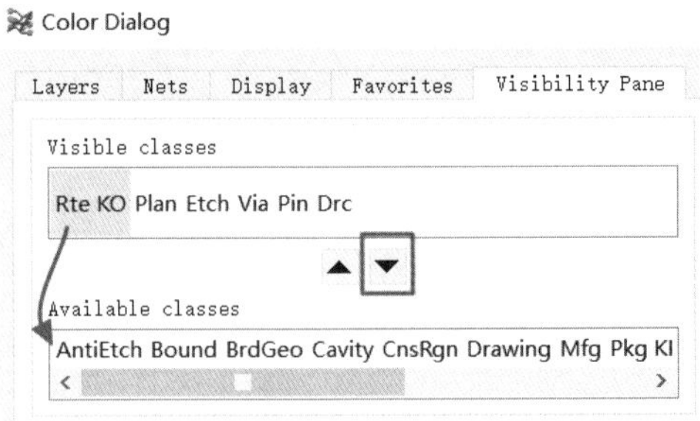

图 13-134

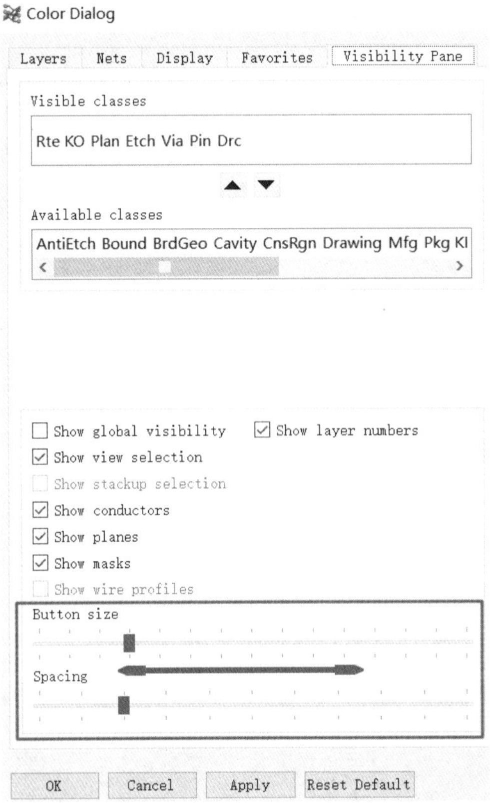

图 13-135

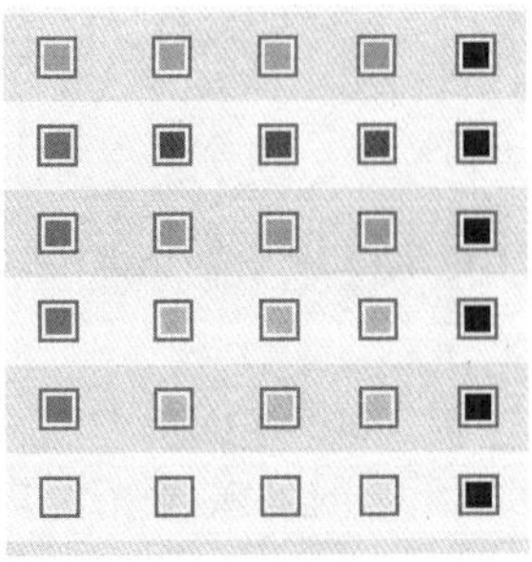

图 13-136

图 13-137

13.23　板层选择模式

Allegro 17.4 增强了显示面板的功能。在“Visibility”面板的最下方，设计师可以进入“板层选择模式”，如图 13-138 所示。在该模式下，设计师可以调出“单层”视图，以快速查看或翻转每一层的内容。选中板层选择模式后，板层名称会变为蓝色的 HTML 链接。

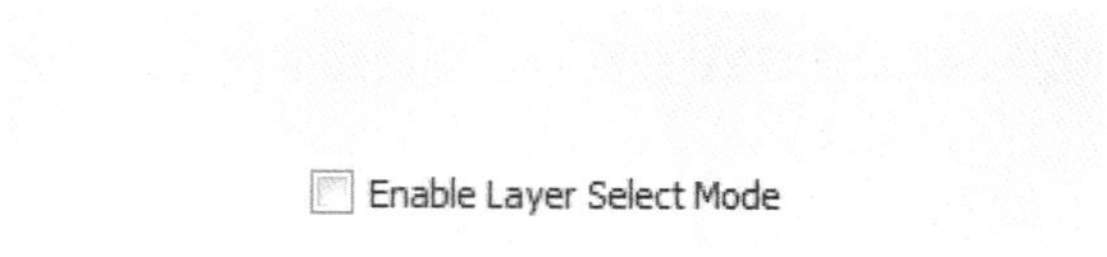

图 13-138

（1）设计师可通过 HTML 链接在各层视图转换。只需简单地单击板层名称即可，如图 13-139 所示。

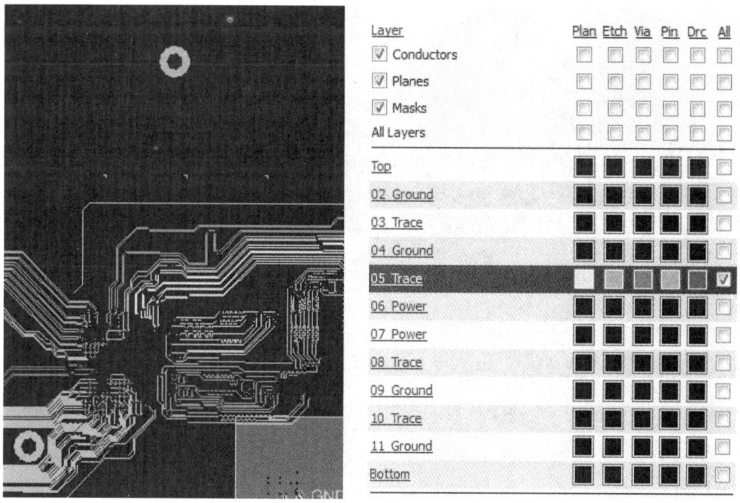

图 13-139

（2）在板层选择模式下，设计师可以使用 Ctrl+所选层进行多层选择，如图 13-140 所示。

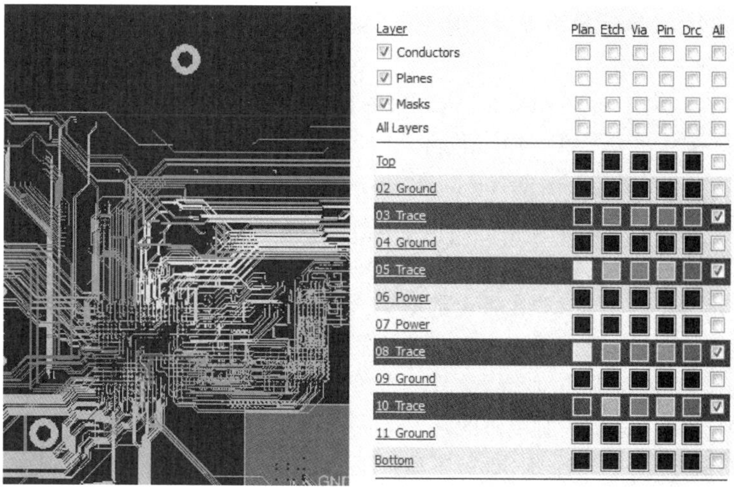

图 13-140

如果想找到最后几个难以布通的走线，就可以使用板层选择模式来实现。

13.24 Coil Designer

在许多 RF 和电源应用中，电感器通常需要以螺旋图形的方式直接蚀刻在 PCB 上，如图 13-141 所示。然而，创建这些螺旋电感的过程非常耗时且复杂，许多工程师会选择依赖外部绘图工具来实现这一设计。例如，使用 Gerber 或 DXF 文件将最终的螺旋电感结构导入 PCB 设计中进行进一步编辑和优化，从而节省设计时间并提高工作效率。

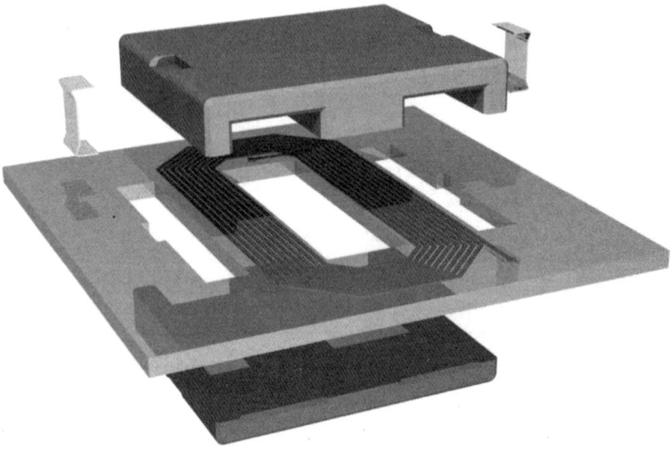

图 13-141

Coil Designer（线圈设计器）是一种强大的工具，可以直接在 PCB 设计中使用，通过编辑相关参数来创建所需的螺旋电感。线圈设计涵盖以下几个功能：

- 支持不同的螺旋图案：圆形、长方形、八角形、六角形。
- 可以设置线圈走线的宽度、间距、匝数等。
- 支持旋转、翻转和缩放。
- 参数更改期间的动态预览。
- 线圈的组成可以是一段线或者一个独立的铜皮。
- 可以在线圈的开始和结束点处添加 Pad Stack。
- 自动生成走线禁布区。

下面来介绍 Coil Designer 的用法。

（1）在 Allegro 17.4 中，提供了一个可选的高级组件——Allegro Productivity Toolbox。勾选该复选框后，用户可以启用该组件下的各种高级功能，其中 Coil Designer（线圈设计器）就是该组件的一部分。

（2）选择菜单【Route】→【Coil Designer】，如图 13-142 所示。

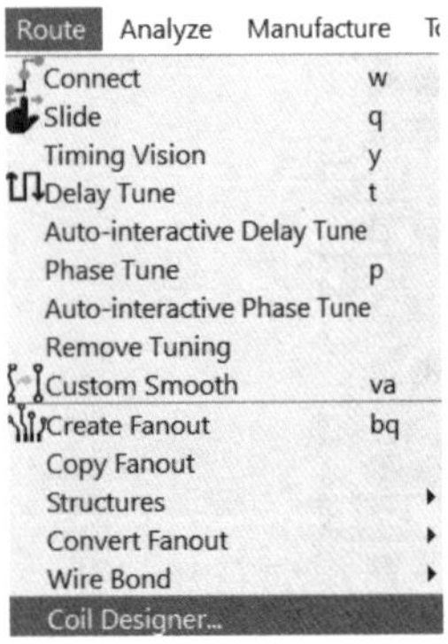

图 13-142

（3）在弹出的对话框中，右侧的图表清晰地显示了螺旋电感的基本参数。所有螺旋图形都具有一系列关键参数，包括宽度、间距、直径、旋转角度和匝数等，如图 13-143 所示。通过调整这些参数，设计师可以精确控制电感的几何形状，以满足特定的电气性能要求。

- 在 Scale 中输入某个数值，整个线圈结构将进行相应比例的缩放。
- 勾选“Clockwise”，整个线圈结构将沿 *Y* 轴镜像。

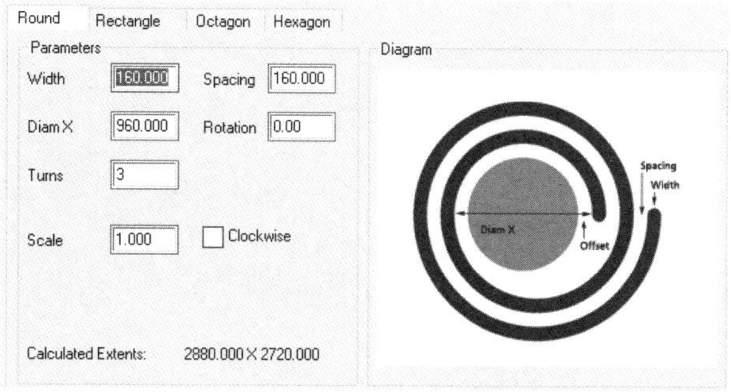

图 13-143

（4）General 设置。

- Create coil on subclass：指定创建螺旋电感器的层。
- Add route keepout：指定添加走线禁布区的层以及禁布区相对于螺旋电感器的偏移量，如图 13-144 所示。

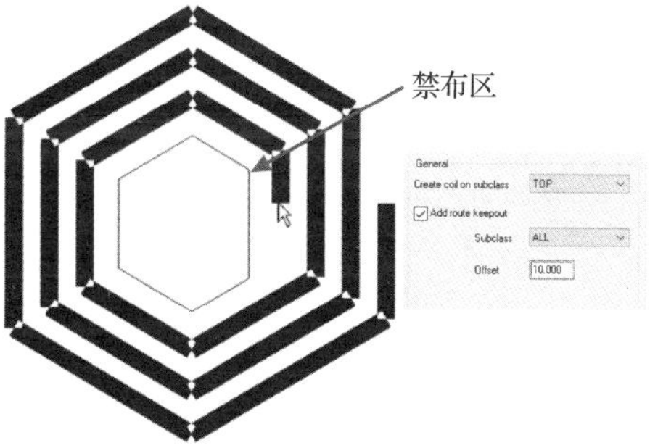

图 13-144

（5）Miscellaneous 设置。

通过激活相应的复选框，用户可以选择适当的 Padstack，并将其添加到螺旋电感的起点和终点，如图 13-145 所示。

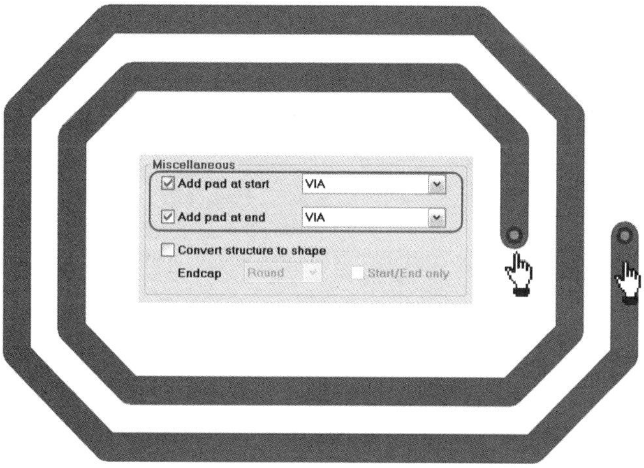

图 13-145

勾选“Convert structure to shape”选项后，螺旋结构将从走线线段转换为铜皮。这不仅使螺旋电感的设计更加符合实际制造需求，还允许用户进一步指定 Endcap 样式。可选的 Endcap 样式包括圆形、方形和八边形，如图 13-146 所示。

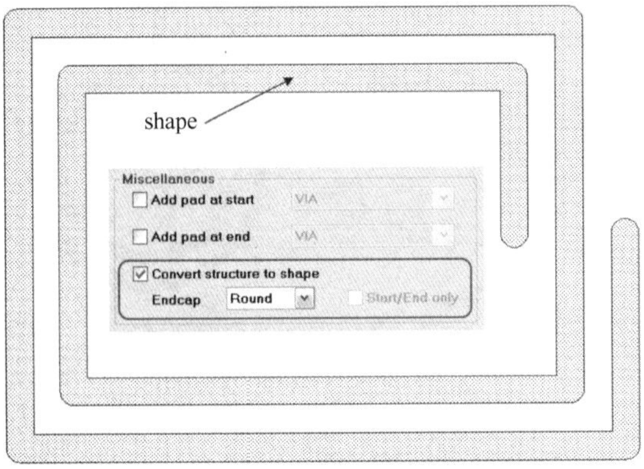

图 13-146

（6）设置好相关参数后，单击 Place 按钮，将生成的螺旋电感放置在 PCB 中，如图 13-147 所示。

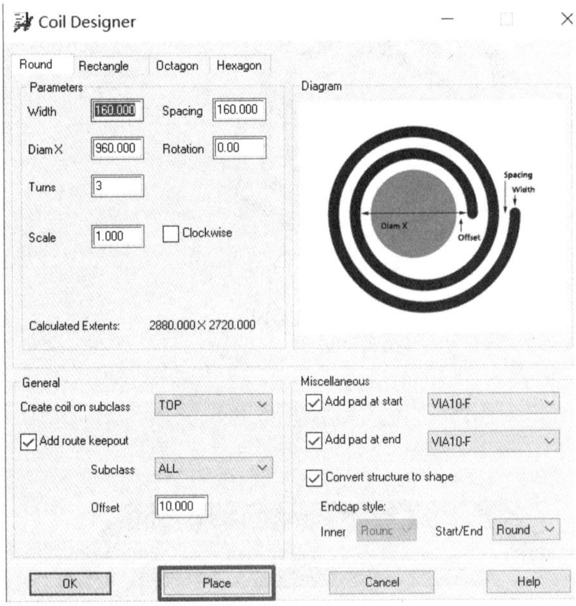

图 13-147

第 14 章　RK3566 主板 PCB 设计实例

14.1　PCB 叠层设计

RK3566 的核心部分 DDR 设计有两种常见的叠层结构：4 层和 6 层。其中，以 4 层板使用较为广泛。如果选择其他类型的叠层结构，可以根据 PCB 厂商提供的规格，重新计算阻抗。

1．6 层板叠层设计

在 6 层板叠层设计中，顶层信号（L1）的参考平面为 L2，而底层信号（L6）的参考平面为 L5。此外，L3 和 L5 层也被用作 L4 高速信号走线的参考平面，具体选择视实际叠层情况而定。常见的建议叠层结构为：TOP-GND-POWER-SIGNAL-GND-BOTTOM。其中，L3 和 L4 层之间的距离较远，L4 层的主要参考平面为 L5。

建议在设计时，采用 1oz 铜厚度，以保证信号完整性。图 14-1 展示了 1.6mm 板厚的参考叠层结构，具体的 Core 厚度应根据板厚要求进行调整。

Layer No.	sig/pln	Copper thk. before process (oz)	Construction	Finished thikness (um)	Finished thikness (mil)	Tolerance	Dk (1GHz)
S/M				18	0.71	+/-10	3.8
1	TOP	1		35	1.38	+/-10	
			PP 1080X1(RC64%)	80	3.15	+/-10	4.2
2	GND	1		30	1.18	+/-10	
			PP 2116X1(RC50%)	102	4.02	+/-10	4.2
3	POWER	1		30	1.18	+/-10	
			Core	1008	39.69	+/-10	4.2
4	SIGNAL	1		30	1.18	+/-10	
			PP 2116X1(RC50%)	102	4.02	+/-10	4.2
5	GND	1		30	1.18	+/-10	
			PP 1080X1(RC64%)	80	3.15	+/-10	4.2
6	BOTTOM	1		35	1.38	+/-10	
S/M				18	0.71	+/-10	3.8
			总计：	1598	62.91		

图 14-1

2．4 层板叠层

在 4 层板叠层设计中，顶层信号（L1）的参考平面为 L2，而底层信号（L4）的参考平面为 L3，具体选择应根据叠层情况而定。通常建议使用 1oz 铜厚度，以确保良好的信号质量。图 14-2 展示了 1.6mm 板厚的参考叠层结构，具体的 Core 厚度应根据板厚要求进行相应调整。

Layer No.	sig/pln	Copper thk. before process (oz)	Construction	Finished thikness (um)	Finished thikness (mil)	Tolerance	Dk (1GHz)
S/M				18	0.71	+/-10	3.8
1	TOP	1		30	1.18	+/-10	
			PP 1080X1(RC68%)	80	3.15	+/-14	4.2
2	GND	1		30	1.18	+/-10	
			Core	1265	49.80	+/-30	4.2
3	POWER	1		30	1.18	+/-10	
			PP 1080X1(RC68%)	82	3.23	+/-14	4.2
4	BOTTOM	1		30	1.18	+/-10	
S/M				18	0.71	+/-10	3.8
			总计：	1583	62.32		

图 14-2

14.2　RK3566 扇出设计

（1）最外面两圈的 Ball 扇出设计：在设计时，靠近最外圈的 Ball 可以从 TOP 层走出 4mil 线宽的信号线。对于第二圈的信号，可以从两个 Ball 之间的中间位置走 4mil 线宽的信号线。建议的设计方式是从两个 Ball 的正中间走线出去，以确保信号走线的均匀性和稳定性，如图 14-3 所示。

图 14-3

（2）内圈的 Ball 扇出设计：如果第一圈和第二圈的信号都已使用，那么从第三圈开始，信号需要切换到内层。此时，必须遵循换层过孔规则进行过孔放置，并建议每 2～4 排放置一次换层过孔，同时空一排不放置换层过孔，以为地平面和电源平面留出尽可能大的通道空间。

如图 14-4 所示，地层平面覆铜情况展示了多条通道与外部地连接，这有助于优化信号完整性（SI）、电源完整性（PI）以及散热性能。

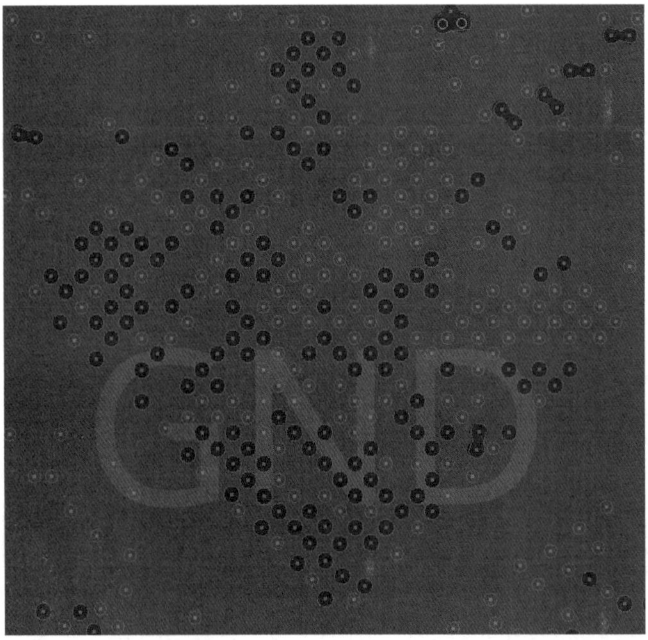

图 14-4

（3）如图 14-5 所示，电源层平面覆铜情况通过规则地放置过孔，为各类电源提供尽可能大的覆铜通道，从而有效提高电源供电质量。

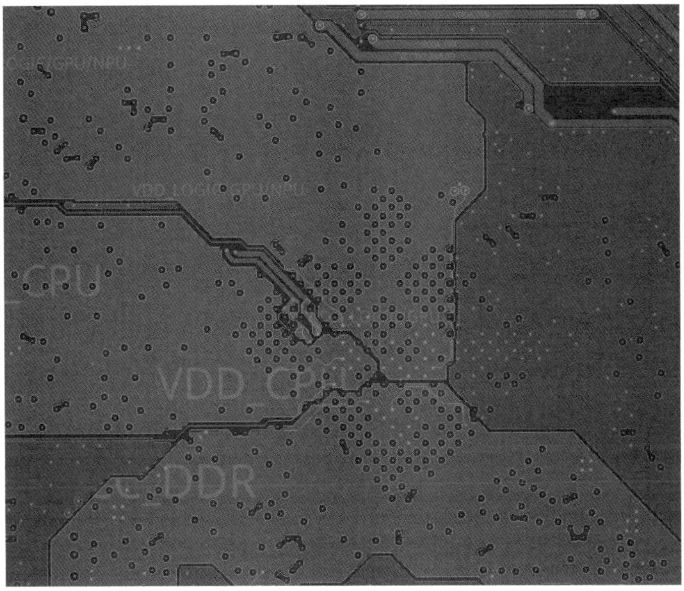

图 14-5

（4）如图 14-6 所示，底层走线（内层走线类似）采用按格点设置的换层过孔，过孔位置放置在 Ball 的正中间。在两个过孔之间，可以布设 3.5mil 宽的扇出走线。

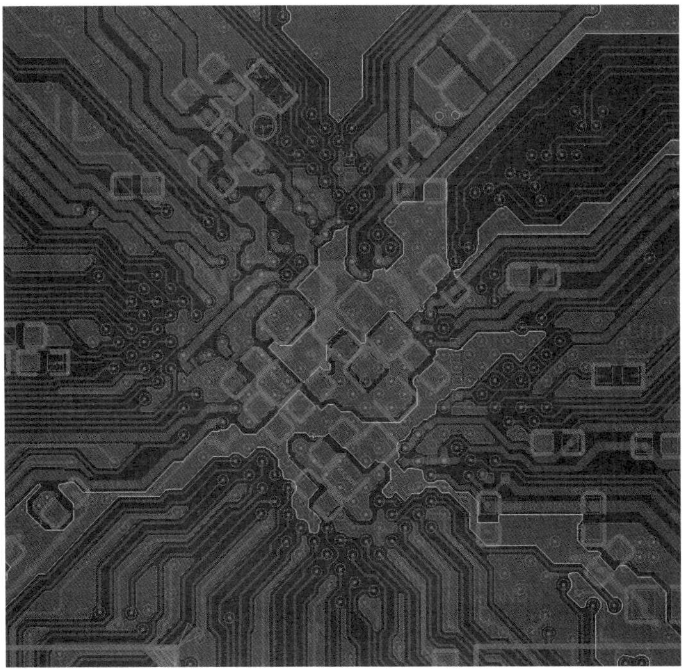

图 14-6

14.3　高速信号 PCB 设计要求

（1）HDMI 2.0 信号阻抗、等长及走线长度打孔等设计要求如图 14-7 所示。

参数	要求
走线阻抗	100Ω±10% 差分
最大对内容差	小于 12mil
时钟与数据对长度容差	小于 480mil
载板最大走线长度	小于 6inches
最小对间间距	建议大于或等于 5 倍 HDMI 走线线宽 至少大于或等于 4 倍 HDMI 走线线宽 尽可能增加间距
HDMI 与其他信号最小间距	建议大于或等于 5 倍 HDMI 走线线宽 至少大于或等于 4 倍 HDMI 走线线宽
最大允许过孔数	建议小于或等于 2 个过孔

图 14-7

（2）USB2.0 信号阻抗、等长及走线长度打孔等设计要求如图 14-8 所示。

参数	要求
走线阻抗	90Ω±10% 差分
最大对内容差	小于 20mil
载板最大走线长度	小于 6inches
最大允许过孔数	建议少于 4 个过孔 不得超过 6 个过孔

图 14-8

（3）USB3.0 信号阻抗、等长及走线长度打孔等设计要求如图 14-9 所示。

参数	要求
走线阻抗	90Ω±10% 差分
最大对内容差	小于 12mil
载板最大走线长度	小于 6inches
交流耦合电容	100nF±20%优选 0201 封装贴片电容
最小对间间距	大于或等于 4 倍 USB 走线线宽
USB 与其他信号间距	大于或等于 4 倍 USB 走线线宽
最大允许过孔数	建议小于或等于 2 个过孔

图 14-9

（4）MIPI 信号阻抗、等长及走线长度打孔等设计要求如图 14-10 所示。

参数	要求
走线阻抗	100Ω±10% 差分
最大对内容差	小于 12mil
数据-时钟容差	小于 36mil
载板最大走线长度	小于 6inches
最小对间间距	建议大于或等于 3 倍 MIPI 走线线宽 尽可能增加对间间距
MIPI 与其他信号间距	建议大于或等于 3 倍 MIPI 走线线宽

图 14-10

（5）SDIO 信号阻抗、等长及走线长度打孔等设计要求如图 14-11 所示。

参数	要求
走线阻抗	50Ω±10% 单端
数据-时钟容差	小于 120mil
最大走线长度	数据速率小于或等于 50Mbps 时：小于 6 英寸 数据速率大于 50Mbps 时：小于 4 英寸
SDIO 信号最小间距	至少 2 倍 SD10 走线线宽
最大允许过孔数	建议小于或等于 4 个过孔

图 14-11

（6）eMMC 信号阻抗、等长及走线长度打孔等设计要求如图 14-12 所示。

参数	要求
走线阻抗	50Ω±10% 单端
数据-时钟容差	小于 120mil
最大走线长度	小于 4inches
eMMC 信号最小间距	至少 2 倍 eMMC 走线线宽
eMMC 与其他信号间距	建议 3 倍 eMMC 走线线宽 至少 2 倍 eMMC 走线线宽
最大允许过孔数	建议小于或等于 4 个过孔

图 14-12

（7）RGMII 信号阻抗、等长及走线长度打孔等设计要求如图 14-13 所示。

参数	要求
走线阻抗	50Ω±10% 单端
（TXD0，TXD1，TXD2，TXD3，TXEN）与 TXCLK 容差	小于 120mil
（RXD0，RXD1，RXD2，RXD3，RXDV）与 RXCLK 容差	小于 120mil
最大走线长度	小于 5inches
RGMII 信号最小间距	至少 2 倍 RGMII 走线线宽
RGMI1 与其他信号最小间距	推荐 3 倍 RGMII 走线线宽 至少 2 倍 RGMII 走线线宽

图 14-13

14.4 DDR4 PCB 设计要求

（1）数据信号的拓扑结构一般是点对点的结构，如图 14-14 所示。

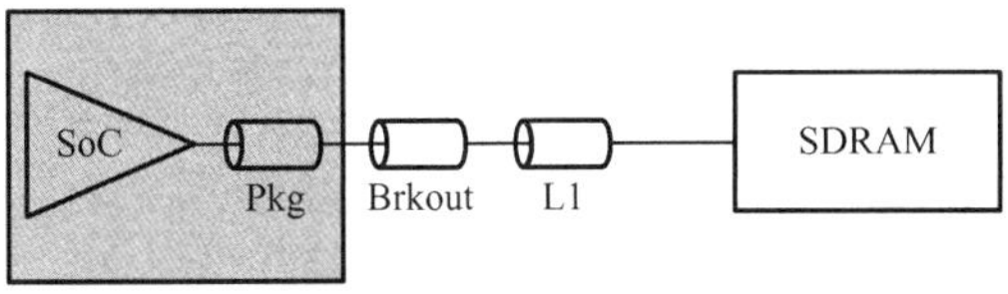

图 14-14

数据信号阻抗、等长、走线长度及打孔等详细设计要求如图 14-15 所示。

参数	要求
单端阻抗	50Ω±10%
差分阻抗	100Ω±10%
字节组内 DQ 与 DQS 长度容差	小于 660mil 无须与 DQS 等长 DQ 应尽量缩短
字节组内 DM 与 DQS 长度容差	小于 660mil 无须与 DQS 等长 DM 应尽量缩短
字节组内差分 DQS 对偏移	小于 12mil
差分 CLK 对偏移	小于 12mil
DQS 与 CLK 时序容差	小于 1500mil
字节组间最小间距	大于或等于 2 倍线宽
字节组内 DQ 间最小间距	大于或等于 2 倍线宽
字节组内 DQ-DQS 最小间距	推荐大于或等于 3 倍线宽 至少大于或等于 2 倍线宽
CLK 与其他信号最小间距	推荐大于或等于 3 倍线宽 至少大于或等于 2 倍线宽

图 14-15

（2）地址、控制、命令等信号的拓扑结构一般是 T 型结构，如图 14-16 所示。

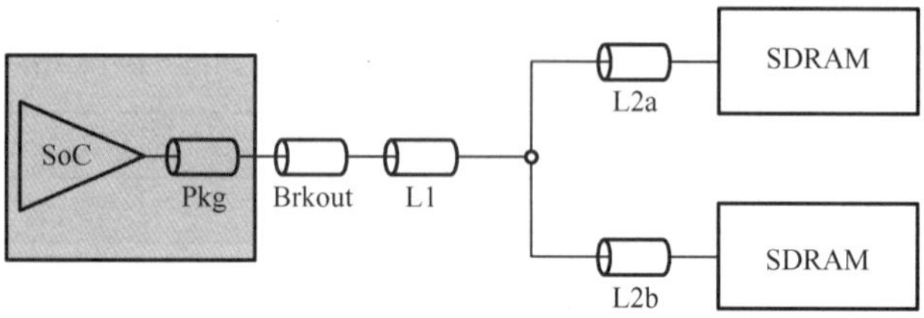

图 14-16

地址、控制、命令等信号的阻抗、等长、走线长度及打孔等详细设计要求如图 14-17 所示。

参数	要求
单端阻抗	50Ω±10%
差分阻抗	100Ω±10%
（CSn，CKE，ODT 信号）与 CLK 容差	小于 30mil
（命令/地址）到（命令/地址）间距	大于或等于 2 倍走线宽度
L2a 与 L2b 容差	小于或等于 20mil
CSn/CKE/ODT 信号的 L2a 长度	小于或等于 600mil 确保 CSn/CKE/ODT 信号长度尽可能短

图 14-17

强烈建议 DDR 核心部分直接复用原厂设计，因为 RK 提供的核心设计模板经过仿真验证，已证明其可以稳定运行。在实际项目中，可以将 RK 发布的参考图中 DDR 部分的原理图完整地剪切并导入。如果将其复制到自己的项目原理图中，部分电容等元器件的编号可能会发生变化，这可能导致在 Layout 的 ECO 过程中，元器件信息丢失。另外，有以下几点需要注意。

（1）参考设计中的滤波电容不得随意移动或删除。这些电容的设计目的是改善电源和信号质量。如图 14-18 所示，滤波电容的布局对系统的稳定性和性能至关重要，任何调整都可能影响整体电源和信号的完整性。

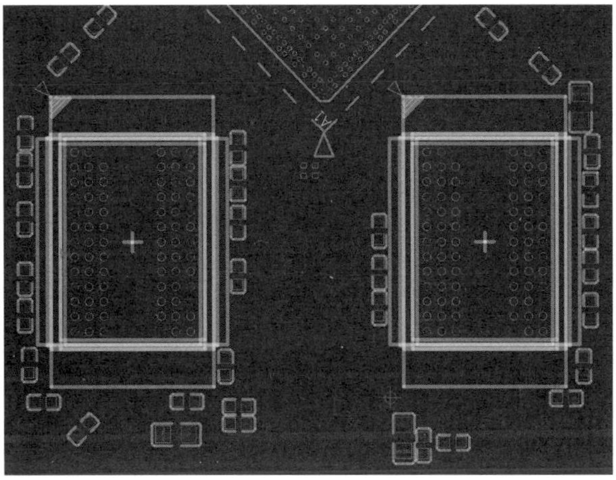

图 14-18

（2）保证铺铜的完整性是十分重要的，电源或地的完整性能够对 DDR 性能及 DDR 兼容性起到直接影响，按图 14-19 这种铺铜效果设计。

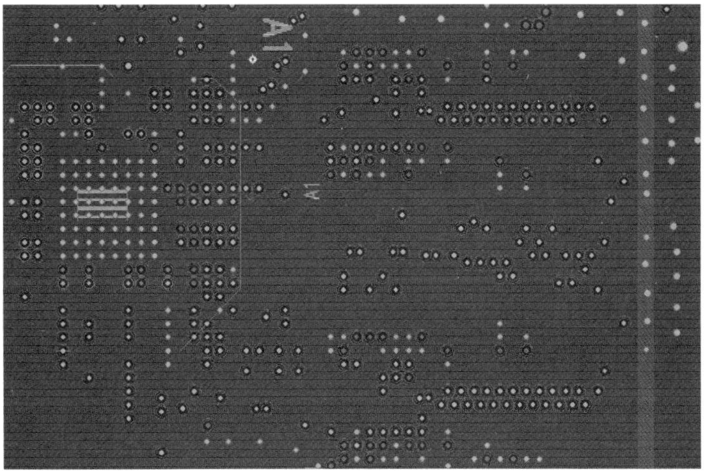

图 14-19

附赠内容